전기전자기초실험

Introductory Laboratory for Electrical and Electronic Engineering

최창규 | 이영일 | 최병욱 | 이수영 | 전태현 | 류정래 | 차혁규 지음

홍릉과학출판사

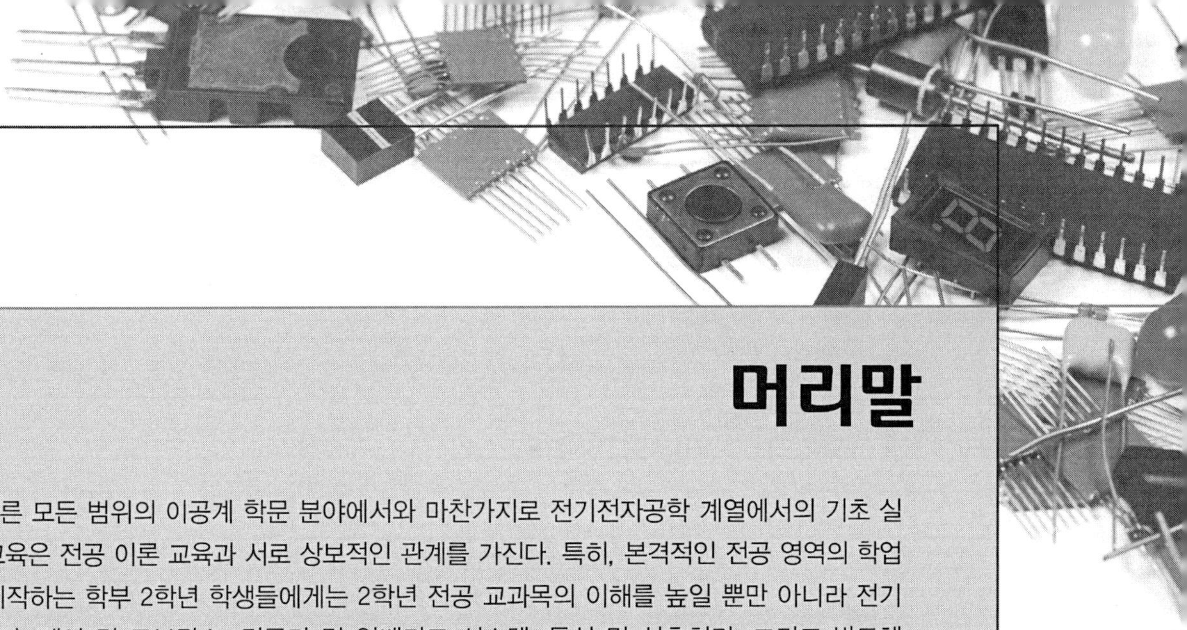

머리말

다른 모든 범위의 이공계 학문 분야에서와 마찬가지로 전기전자공학 계열에서의 기초 실습 교육은 전공 이론 교육과 서로 상보적인 관계를 가진다. 특히, 본격적인 전공 영역의 학업을 시작하는 학부 2학년 학생들에게는 2학년 전공 교과목의 이해를 높일 뿐만 아니라 전기에너지, 제어 및 로보틱스, 컴퓨터 및 임베디드 시스템, 통신 및 신호처리, 그리고 반도체 및 물리 전자에 이르기까지 다양한 심화 전공 지식의 이해 및 관련 실습에 있어서 그 기초를 제공한다는데 큰 의미를 가진다.

본 교재는 전기전자공학 계열의 학부 2학년 학생들을 대상으로 하는 실습 교육에 활용할 목적으로 집필되었다. 기초 전공 교과목 중에서 회로이론과 디지털 논리회로와 관련된 실험 내용을 수록하였는데, 각각 1부 아날로그 회로와 2부 디지털 회로로 구분하여 구성하였다.

- 1부 아날로그 회로: 기본 계측 장비의 사용법 소개, 회로 해석의 기초 이론과 RLC 회로에 대한 실험, 연산증폭기 내용과 함께 다이오드와 트랜지스터의 기본 동작 등 기초 전자 회로에 대한 내용, 그리고 컴퓨터를 이용한 회로 모의실험 방법 등으로 구성.
- 2부 디지털 회로: 기본 논리 게이트와 플립플롭으로 구성되는 논리회로, VHDL을 활용한 논리회로 구현, ModelSim을 활용한 모의 실험, 그리고 FPGA 활용 방법 등의 내용으로 구성.

본 교재를 활용한 실습 교과목의 운영에 있어서 회로이론과 디지털 논리회로 등의 타 교과목과 같은 학기에 진행이 가능하다. 교재의 구성상 아날로그 회로와 디지털 회로로 구분하였으나, 관련 교과목의 이론 강의에 맞추어 실습 순서를 목차 순서와 다르게 진행할 수 있다.

각 장은 1개의 실험에 해당하며, 총 26개의 실험 중 5개는 설계 교육을 위한 내용으로 작성되었다. 매주 1개의 실험을 수행할 때, 2개 학기에 걸쳐 본 교재를 활용할 수 있다. 각 장에는 해당 실험과 관련된 기초 이론을 기술하여 전공 이론 지식에 바탕을 둔 실험을 진행하고 그 결과를 분석할 수 있도록 하였다. 기본 실습 장비의 활용 방법을 익힘으로써 스스로 실험을 계획하고 수행하는 능력을 배양함과 동시에 실험 결과와 이론의 차이점을 확인하고 그 원인을 분석하는 과정에서 이론 교과목에서 학습한 내용의 이해도를 높일 수 있다.

끝으로, 이 책이 출판되기까지 도와주신 모든 분들께 감사의 마음을 전하며, 다소 부족한 부분은 멀지 않은 미래에 개선할 기회가 있으리라 기대해본다.

2013. 2. 저자일동

목 차

Eletrical & Electronic Basic Experiments

Part I 아날로그 회로

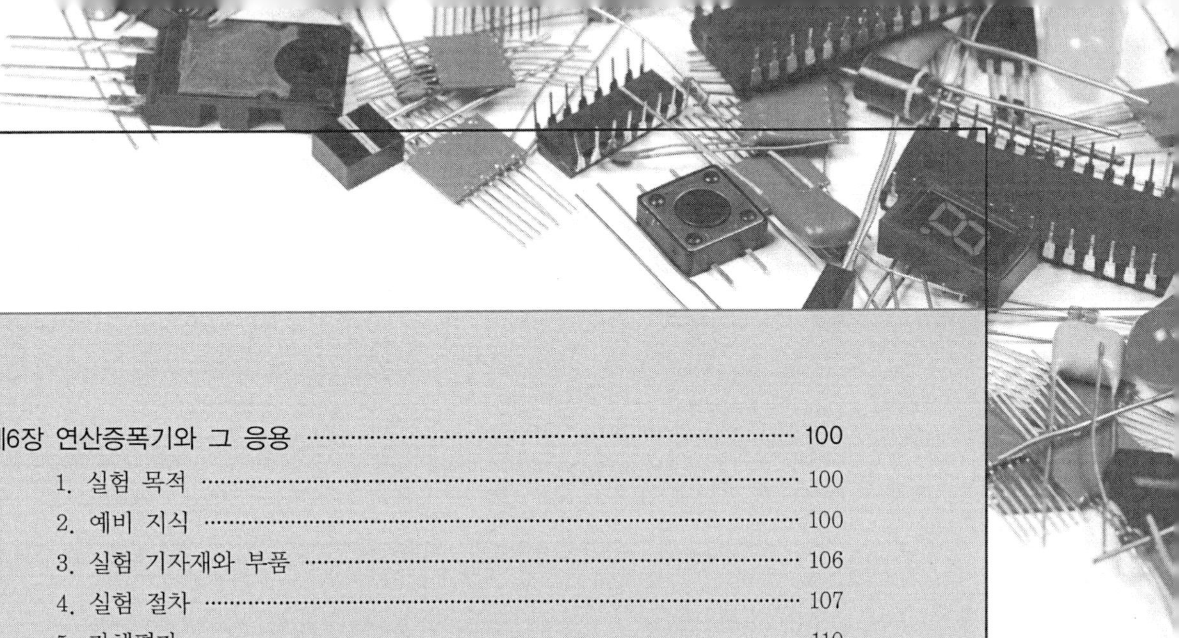

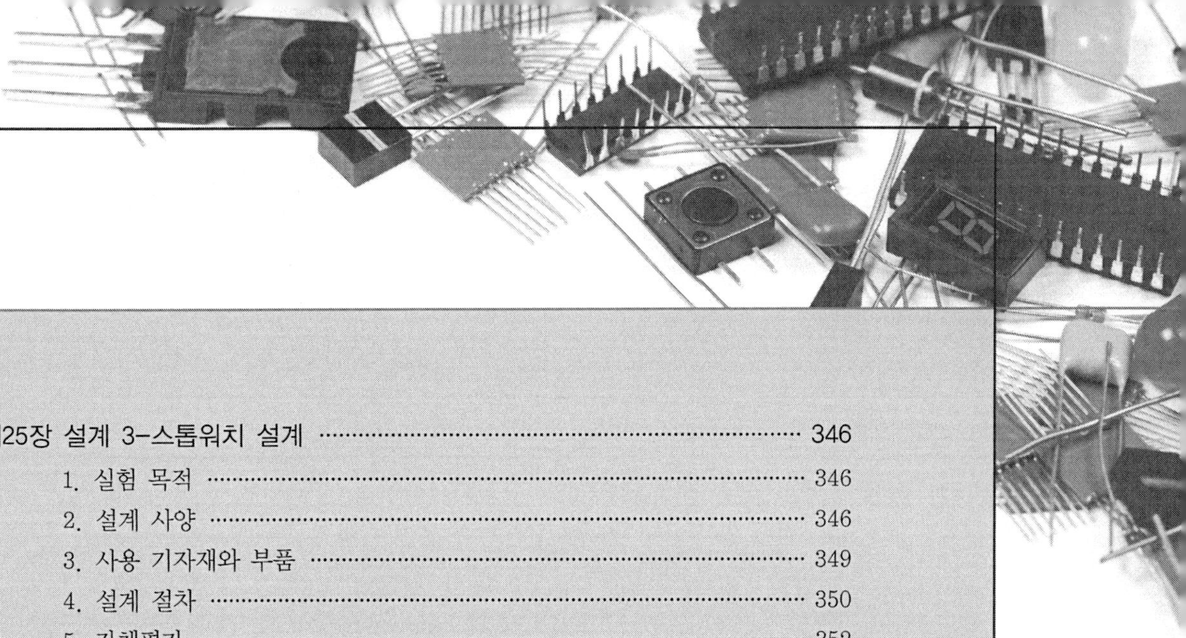

부록

Eletrical & Electronic Basic Experiments

PART

I

아날로그 회로

제01장

계측기 및 전원장치 사용법

1 실험 목적

디지털 멀티미터, 직류전원장치, 오실로스코프, 함수파발생기 등의 기능과 사용법을 알아보고 익히도록 한다.

1 직류전원장치(DC Power Supply) 사용법

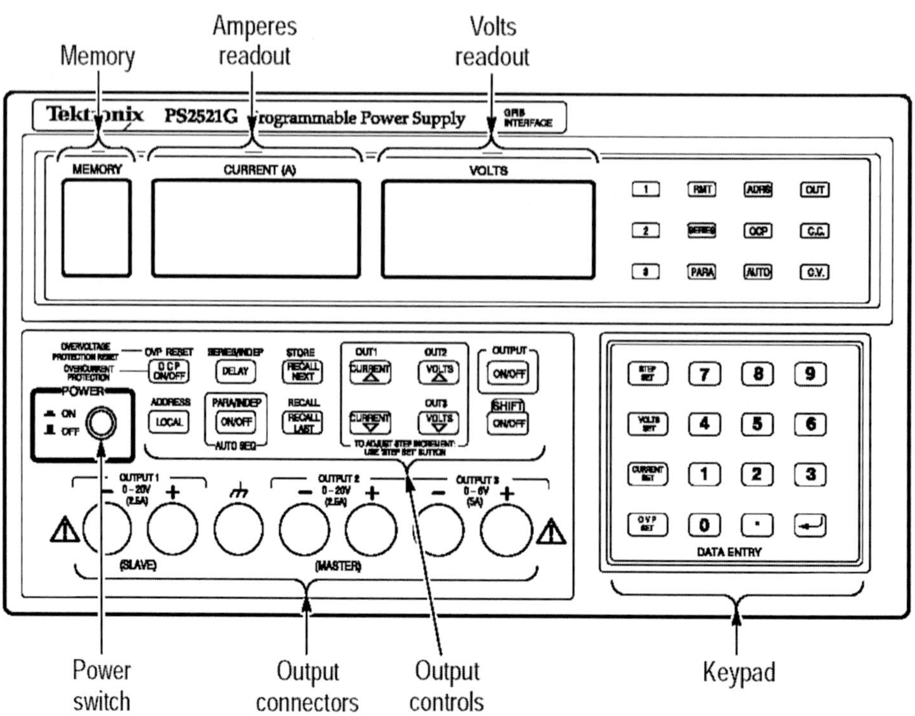

그림 1.1 직류전원 장치

실험에 건전지를 직류전원으로 사용할 수 도 있으나 전지의 수명이 길지 않고 전압안정도, 가격, 사용 후 처리 등도 어려움이 있기 때문에 일반적으로 교류전원을 직류전원으로 변환하는 전원장치를 사용한다. 특히, 이것은 대개의 경우 부하와 교류공급전압의 변화가 발생하여도 미리 정해 놓은 전압이 유지되도록 하는 기능을 가지고 있고, 과전압과 순간적인 과부하가 발생하여도 장치를 보호하기 위한 보호시스템이 추가되어 있으며, 이를 직류안정화전원장치라고 한다.

이후 실험에서 사용하는 직류전원장치는 Tektronix사의 PS2521G라는 기종이다.

① 전면 패널(Front Panel)

전면 패널은 표시창과 스위치와 누름키로 이루어져 있다. 먼저 표시창을 보면 메모리 표시창과 전류 표시창, 전압 표시창으로 이루어져 있다. 설정 값 입력키 패드(Keypad)에는 단계 값 설정(STEP SET)키, 전압 값 설정(VOLT SET)키, 전류 값 설정(CURRENT SET)키, 최대출력전압 값 설정(OVP SET)키, ENTER 또는 RETURN(↵)키, 소수점키, 아라비아 숫자키 등으로 이루어져 있다. 그리고 전원 스위치, 출력 단자, 출력 제어용 키, 전압초과보호 동작 리셋 키를 겸하고 있는 전류초과보호 설정 및 해제(Overcurrent Protection ON/OFF)키, 직류전압출력(Output) ON/OFF 키, 시프트(Shift) ON/OFF 키, 출력채널 1 선택키를 겸한 설정전류 값 증가키, 설정전류 값 감소키, 출력채널 2 선택키를 겸한 설정전압 증가키, 출력채널 3의 선택키를 겸한 설정전압 감소키 등이 갖추어져 있다.

② 누름키 조작 방법

전면 패널의 키를 이용하여 전압, 전류, 보호를 위한 각 최대출력 값 등의 설정을 할 수 있다. 이 설정 과정을 완료하기 위해서는 정해진 누름조작순서를 지켜야 하며

기능설정 키 ➜ 숫자 키 ➜ 리턴 키(↵)

의 순서대로 눌러야 한다.

그 한 예로 출력전압을 2.34V로 하고 싶으면

VOLTS SET키 ➜ 2.34(각각의 숫자 및 소수점)키 ➜ 리턴 키

의 순서대로 누르면 된다. 또 다른 한 예로 각 키의 위에 표시된 기능을 설정할 때는 시프트(SHIFT)키를 먼저 누르고 해당키를 누른다. 즉 과전압보호기능이 동작된 상태를 해제(리셋)시키려면

SHIFT 키 ➜ OVP RESET 키

의 순서로 누르면 된다.

③ 출력 전압, 전류 및 초과보호 값의 설정 또는 선택

출력전압 값, 출력전류 값, 초과보호 값의 설정 전에 먼저 필히 시프트키를 이용하여 채널을 선택하여야 한다. 즉 출력채널 2를 선택하려면

SHIFT 키 ➜ OUT2 키

의 순서로 누르면 된다.

④ 초과보호 전압 값의 설정

실험하고 있는 회로 또는 직류전원장치 자체를 과전압 또는 과전류로부터 보호하기 위해서 초과보호 값을 설정할 수 있으며 전압 또는 전류 값을 설정 값 이상으로 설정하게 되면 전원장치가 동작하지 못하도록 한다. 따라서 실험을 시작할 때 실험하고자 하는 회로에 공급될 수 있는 최대 전압, 전류 값을 미리 이 기능을 이용하여 설정해 놓으면 우발적인 잘못으로 인해 실험회로가 망가지는 것을 방지할 수 있다.

초과전압 설정 방법의 한 예로 출력채널 1의 초과보호전압을 6V로 설정한다고 하면

1. SHIFT키 ➜ OUT1키
2. OVP SET키 ➜ 6키 ➜ 리턴 키

의 순서대로 누르면 된다. 제대로 설정되었는지 알기 위해서 OVP SET키를 잠시 동안 다시 한 번 누르면 OVP 값이 표시창에 나타날 것이고 이것으로 확인할 수 있다.

앞에서와 같이 초과보호전압을 6V로 설정해놓으면, 출력전압을 6V로 조작할 경우 전원장치가 동작불능상태로 된다. 이때 잠시 동안 "Err-013"이란 메시지가 표시창에 나타난다. 이를 리셋 또는 해제하기 위해서 우선 출력전압을 6V 미만이 되도록 설정해 놓고

SHIFT 키 ➜ OVP RESET 키

의 순서로 누르면 된다.

⑤ 초과보호 전류 값의 설정

OCP ON(전류초과 보호기능 가동)키를 누르면 출력전류의 값이 초과보호 전류 값에 도달할 경우 전원장치가 동작불능상태로 된다. OCP가 가동상태에 있을 때에는 표시창에 OCP 표시등이 켜진다. 출력전류가, 앞의 방법으로 미리 설정된 초과보호 전류 값에 도달하게 되면 표시창에 "Err-012"라는 메시지가 나타나면서 OCP회로

가 전원장치를 불능상태가 되도록 한다. 이렇게 되면 전류가 초과되는 원인을 찾아 제거하고 OCP Off키를 눌러 에러 메시지를 제거하고 다시 한 번 눌러 OCP 기능을 활성화(ON)시킨다.

OCP 기능이 활성화(ON)되어 있지 않으면 전원장치는 스스로 출력전류를 설정된 수준까지 도달하게 되고 전원을 제어하는데 필요한 수준까지 전압을 감소시키게 될 것이다.

⑥ 출력전압과 출력전류의 한계 설정

전원장치는 부하에 일정한 전압과 전류를 공급해주게 되어 있다. 출력전압의 한계, 출력전류의 한계, 출력단자에 연결된 부하의 크기 등이 전원장치의 출력전압과 전류를 일정하게 유지할 수 있는 조건을 결정한다. 일정 전압(C.V.) 또는 일정 전류(C.C.)의 공급이 가능한지 아닌지를 나타내기 위한 표시등이 표시창에 나타난다. 키 패드를 이용하여 출력채널 3의 출력전압 한계 값 즉 최대 값을 4.2V, 전류의 한계 값 즉 최대 값을 0.3A로 설정하려면

1. SHIFT 키 ➜ OUT 3
2. VOLTS SET 키 ➜ 4.2 ➜ 리턴 키
3. CURRENT SET 키 ➜ .3 ➜ 리턴 키

의 순서로 누르면 된다.

이렇게 설정하여 놓고 부하가 0.3A를 초과하는 전류가 흐르게 하지 않으면 전원장치는 일정전압을 유지하게 될 것이고 표시창에 C.V. 라는 표시등이 켜진다. 그러나 일단 부하에 0.3A 이상의 전류가 흐르게 되면(OCP가 활성상태가 아닌 경우) 전원장치는 0.3A에 전류를 고정시키고 전압이 변하도록 내버려 둔다. 이렇게 되면 표시창에 C.C 라는 표시등이 켜지게 된다.

⑦ 전압 및 전류의 단계변화 값 설정

전압(VOLTS)과 전류(CURRENT)의 화살표 키 △(한 단계증가), ▽(한 단계감소)를 이용하여 학생들은 전압과 전류출력 값을 세밀하게 조절할 수 있다.

본 실험에서 사용하는 직류전원장치의 경우 전압의 단계는 2.000V까지 전류의 단계는 0.200A까지 조절할 수 있다.

STEP SET기능은 이 화살표 키를 이용하여 조절할 수 있는 한 단계의 값을 설정할 수 있다. 한 단계씩 출력전압 값을 증가 또는 감소하고자 할 때는

STEP SET ➜ VOLTS SET ➜ (숫자 키) ➜ 리턴 키

의 순서로 키를 누르면 된다. 마찬가지로 한 단계씩 출력전류 값을 증가 또는 감소하고자 할 때는

STEP SET ➜ CURRENT SET ➜ (숫자 키) ➜ 리턴 키

의 순서로 누르면 된다.

예를 들면 전압을 0.5V씩 전류를 0.1A씩 단계 설정하기 위해서는

1. 전압 단계조절을 0.5V로 설정

STEP SET ➜ VOLTS SET ➜ .5 ➜ 리턴 키

의 순서로 누른 다음

2. 전류 단계조절을 0.1A로 설정

STEP SET ➜ CURRENT SET ➜ .1 ➜ 리턴 키

의 순서로 누르면 된다. 또한 한 단계에 0.5V씩 전압의 한계 값을 증가시키거나 감소시키고자 할 때는 VOLTS △ 또는 VOLTS ▽ 키를 누르면 된다. 화살표 키를 누르고 있으면 한 단계씩 증가 또는 감소하는 속도를 빠르게 할 수 있다.

⑧ 출력의 연결

전압과 전류 한계 값을 설정한 후 전원장치의 전원스위치를 OFF 시키고 출력단자와 하나 또는 그 이상의 부하를 연결한다. 전면 패널 상에 있는 출력단자와 연결할 때는 피복선의 절연피복을 벗겨내고 연결하거나, 러그를 이용하거나, 바나나 플러그를 이용할 수 있다. 뒷면에는 여분의 출력단자가 준비되어 있다. 전원장치의 출력단자를 직렬 또는 병렬로 연결할 수 있고 기준접지에 연결하거나 연결하지 않고 사용할 수 있다.

출력을 기준접지에 연결하는 방법

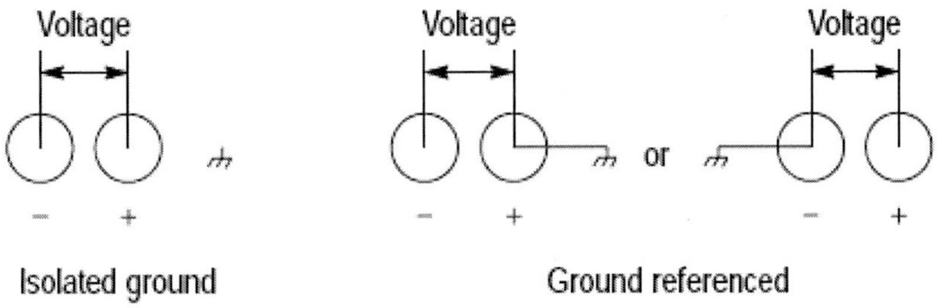

▌그림 1.2 **비접지(Isolated)출력과 기준접지(Ground referenced)단자**

전원장치의 접지방법은 두 가지가 있다. 즉 비접지와 접지연결 방법이 그것이며 그림 1.2에 나타나 있다. 비접지 방법은 출력단자를 접지에 연결할 필요가 없거나 해서는 아니 될 때 사용한다.

출력을 접지할 때는 다음의 방법 중 한 가지를 사용한다.

- 부하에 0보다 낮은 전압을 공급할 때는 출력의 + 단자를 접지시킨다.
- 부하에 0보다 높은 전압을 공급할 때는 출력의 − 단자를 접지시킨다.

별개의 출력으로 동작시키는 법

전원장치의 세 개의 출력을 각각의 세 개의 부하에 연결하여 사용하거나 연결선을 이용하여 직렬, 병렬로 연결하여 각각 사용할 수 있다.

그림 1.3의 맨 위는 세 개의 출력을 비접지로 각각 세 개의 부하에 연결하여 사용하는 방법, 중간은 세 개의 − 단자 전부 접지시켜 사용하는 방법, 맨 아래는 출력 1과 3은 + 단자를 접지시켜 부하에 0보다 낮은 전압을 가하고 출력 2는 − 단자를 접지시켜 부하에 0보다 높은 전압을 공급하는 방법을 나타낸다.

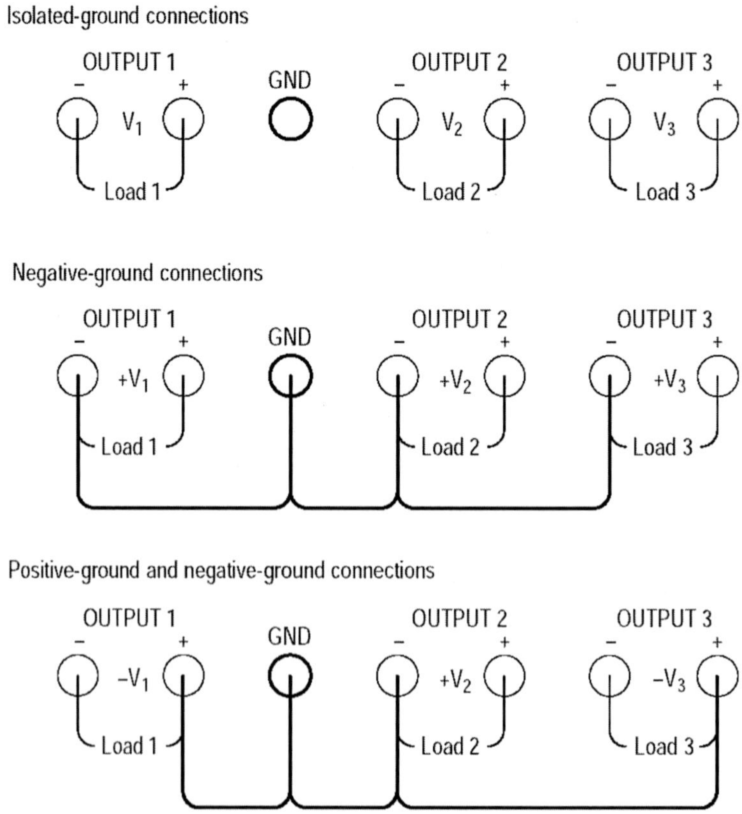

그림 1.3 출력의 분리 동작방법

외부연결선을 이용하여 출력을 직렬로 동작시키는 방법

전원장치의 하나의 출력전압보다 높은 전압을 부하에 공급할 필요가 있을 때에는 두 개 또는 세 개의 출력단자를 외부연결선을 직렬로 연결하여 사용할 수 있다. 그림 1.4는 그 한 예를 나타낸 것이며 전압은 두 출력단자의 것이 합해져 부하에 가해지지만 전류는 그렇지 않다는 것에 유념하여야 한다.

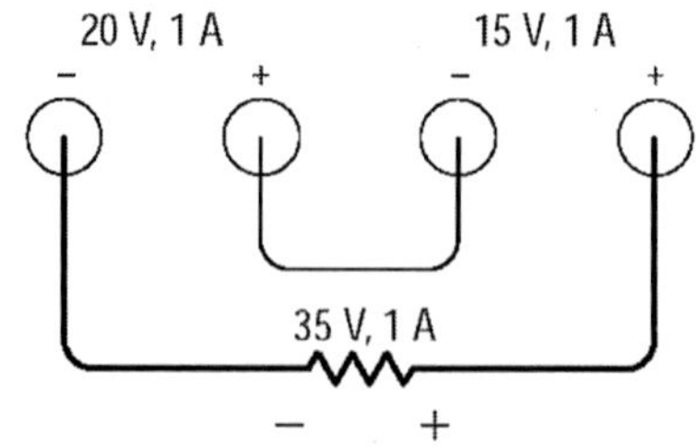

그림 1.4 출력단자의 직렬연결(전원장치의 직렬운전)

직류전압이 60V를 넘어서면 치명적인 전기적 충격을 받을 수 있으므로 주의해야 한다.

그림 1.5는 전원장치를 직렬로 운전할 수 있는 몇 가지 방법을 나타낸다.

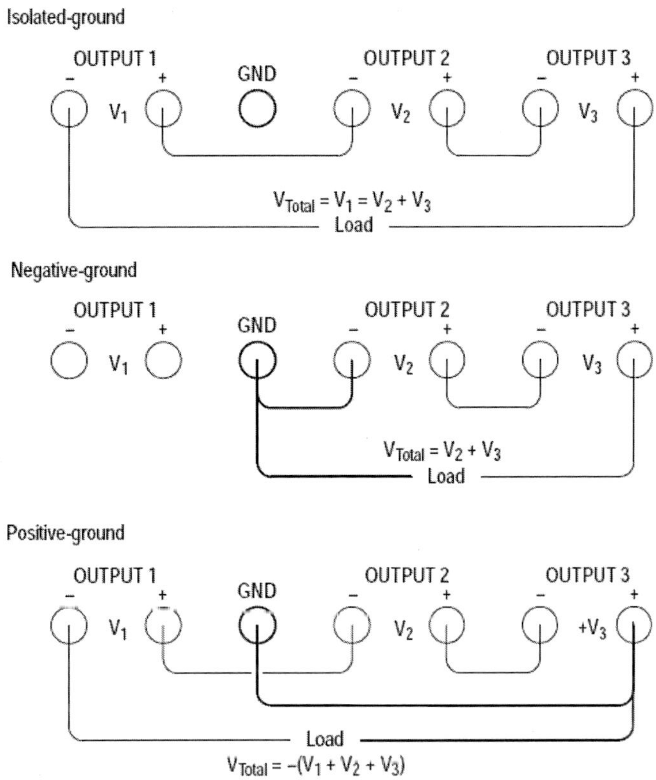

▌그림 1.5 **외부연결선을 이용한 직렬운전법의 예**

전원장치를 병렬로 운전하는 방법

한 개의 출력단자에서 공급되는 전류보다 큰 전류를 부하에 공급할 필요가 있을 때는 두 개 또는 세 개의 출력을 병렬로 운전할 수 있다. 그림 1.6은 외부연결선을 이용한 병렬운전의 한 예를 보여주고 있다. 여기서 전류용량은 커지지만 전압은 합해지지 않는다는 것을 유념할 필요가 있다.

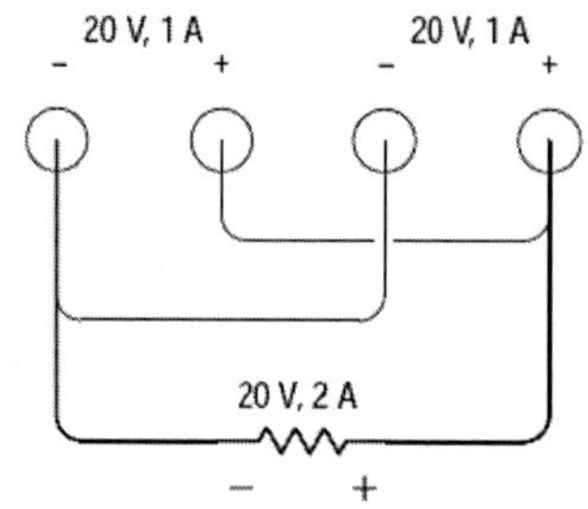

▎그림 1.6 **전원장치의 병렬운전**

전원장치의 전류공급회로의 손상을 막기 위해서 어떤 출력단자의 정격전압을 초과하는 다른 출력단자의 전압을 공급해서는 아니 된다는 것에 주의한다.

그림 1.7은 세 개의 출력단자를 이용하여 병렬운전 하는 몇 가지 방법을 보여준다.

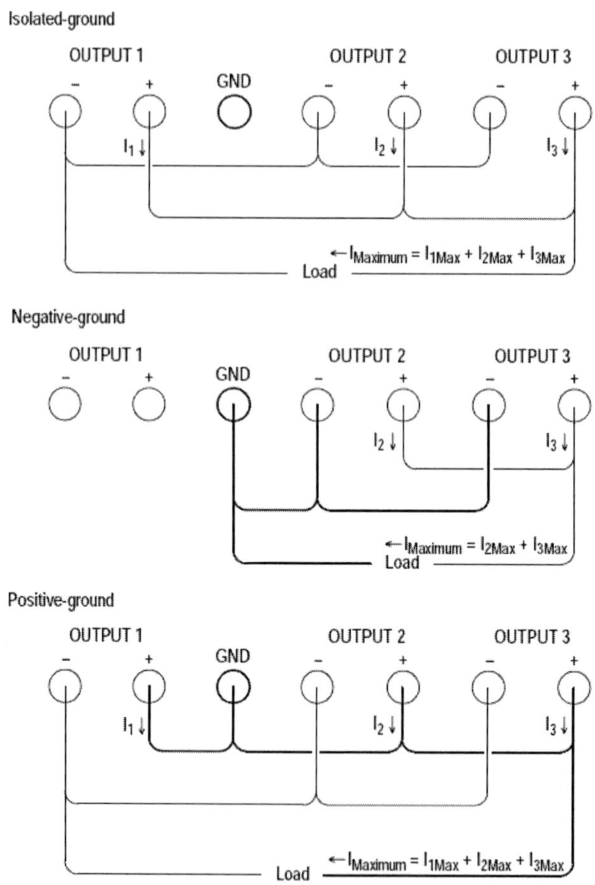

▎그림 1.7 **전원장치를 병렬운전 하는 몇 가지 예**

맨 위의 그림은 비접지로 세 개의 출력은 병렬운전 하는 경우, 중간은 출력 2와 3을 부하에 0보다 높은 전압을 공급하기 위한 병렬운전법, 맨 아래는 세 개의 출력단자 + 측을 모두 접지시키고 부하에 0보다 낮은 전압을 공급하여 병렬운전 하는 방법을 보여준다.

2 함수파 발생기(Function Generator)

(a) 함수파 발생기(function generator)에 대한 일반사항

함수파 발생기는 정현파(sine wave), 삼각파(triangle wave), 구형파(square wave) 등의 신호를 발생하여 회로에 입력할 수 있도록 만들어진 장비이며 출력임피던스는 일반적으로 50Ω과 600Ω이지만 50Ω인 것이 대부분이다. 이 실험에서 사용할 함수파 발생기의 경우도 출력임피던스가 50Ω이며 기종은 Sony Tektronix의 SG310이다. 여기서 임피던스는 교류성분의 저항을 말하며 순수저항은 주파수에 무관하게 일정한 값을 가지나, 커패시터나 코일은 주파수에 따라 그 값이 변화하기 때문에 직류저항과 교류저항은 주파수가 0인 경우를 제외하고는 일반적으로 같지 않다.

① LCD 표시 창을 비롯한 전면 조작부

이 표시 창에는 파형의 종류, 주파수, 진폭, 오프셋 값, 모드, 변조, 위상각 등이 표시된다. 또한 커서가 있어 커서 전면 조작부에 있는 버튼을 이용하여 조질하고자 하는 값에 커서를 위치시키고 키 또는 버튼조작으로 값을 변경할 수 있다. 전면 조작부에 있는 키와 버튼들은 숫자 키들(Numeric Keys)과 단위 키(Unit Keys), 지우기 버튼(Delete Button)으로 이루어진 숫자입력 키와 버튼들(Numeric Input Keys and Buttons), 취소/나가기(CANCEL/EXIT)버튼, 입력/선택(ENTER/SELECT)버튼, 앞으로/뒤로(PREV/ NEXT)버튼, INC/DEC(증가/감소)버튼으로 이루어진 제어버튼들(Control Buttons), CH(채널), FREQ(주파수), AMPL(진폭), OFFSET(오프셋), PHASE(위상), FUNC(함수), MODE(모드), MODUL(변조), RECALL(불러오기) 버튼과 CH1, CH2 출력버튼 및 동작표시등(Indicators), 수동 트리거(TRIGGER MANUAL)버튼 등으로 이루어진 주기능 버튼들(Main Buttons)로 이루어져 있다.

② FUNC 버튼

이 버튼은 우측에 있는 주 기능 버튼(Main Button) 패널에 위치해 있으며 이것을 누르면 순차적으로 정현파, 삼각파, 구형파, 램프, 펄스, 직류 등을 선택할 수 있다.

③ MODE 버튼

이 버튼도 주 기능 버튼 패널에 있으며 동작모드를 선택할 때 사용한다. 모드는 CONT(연속), TRIG 등의 메뉴가 있으며 이 실험에서는 연속모드만 사용한다.

④ OUTPUT 버튼

이 버튼은 출력신호를 On-Off할 때 사용한다. 한 번씩 누를 때마다 On과 Off가 반복된다.

⑤ FREQ 버튼

이 버튼을 누르면 신호의 출력 주파수를 지정할 수 있다. 우선 이 버튼을 누르면 표시창의 커서가 주파수를 나타내는 숫자로 이동한다. 주파수를 지정할 때는 숫자 버튼 또는 커서 제어버튼(상하, 좌우, 입력, 취소) 모두 사용할 수 있다. 단 숫자 버튼으로 주파수를 정한 후에는 필히 입력버튼을 눌러야 입력이 완료된다.

⑥ AMPL 버튼

이 버튼은 출력신호의 크기 즉 진폭 또는 전압을 지정할 수 있다. 우선 이 버튼을 누르면 표시항의 커서가 진폭(전압)을 나타내는 숫자로 이동한다. 출력전압을 지정할 때는 숫자 버튼 또는 커서 제어버튼 모두 사용할 수 있다. 단 숫자 버튼으로 전압을 정한 후에는 필히 입력버튼을 눌러야 입력이 완료된다.

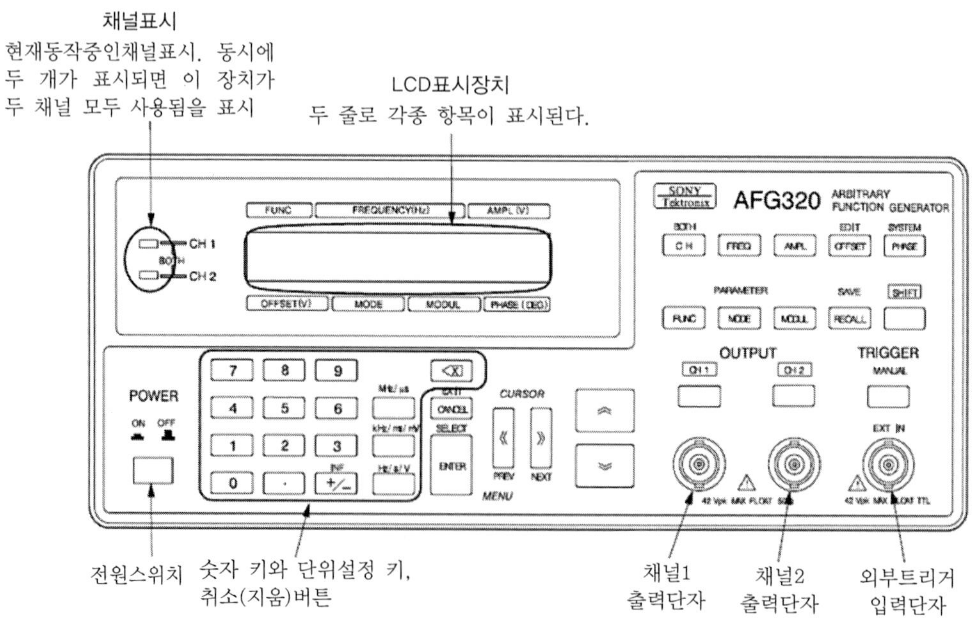

▌그림 1.8 **함수파 발생기의 전면도**

CH / BOTH Button (AFG320 only)

동작 대상채널을 바꾼다. SHIFT버튼과 함께 누르면 두 채널을 함께 켜거나 끌 수 있다.

Item and Menu Buttons

설정메뉴종류를 선택할 수 있고 SHIFT버튼을 누른 후에 주 메뉴를 선택할 수도 있다.

SHIFT Button and Indicator

SHIFT버튼은 전면패널상의 푸른 상에 표시되는 기능을 선택할 수 있다. SHIFT상태가 활성화되어 있음 나타낸다.

Main Buttons

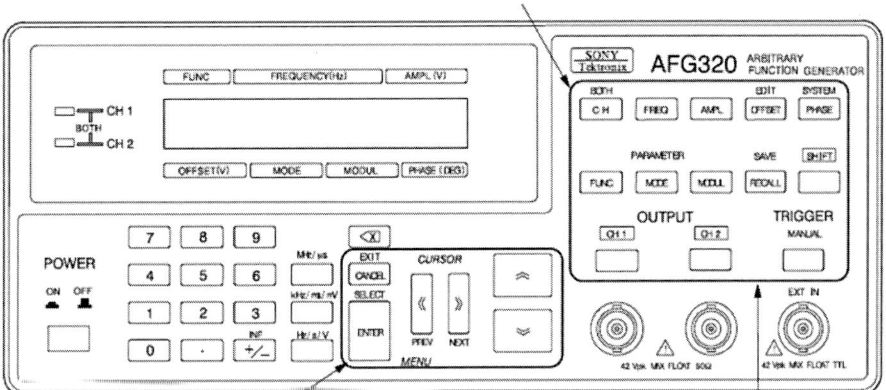

Control Buttons　　　　Main Buttons

CANCEL / EXIT Button

선택 item 또는 선택 또는 입력되는 값을 취소하고 블록커서가 표시될 때 이전의 상태를 다시 저장한다. 하위 값 커서가 표시될 때 메뉴 중에서 동작레벨을 좌우이동시킨다.

ENTER / SELECT Button

선택된 item과 선택을 확정한다. 같은 단위로서 수치를 확정한다.

PREV / NEXT Button

item을 바꾼다. 수치상의 커서를 움직인다.

INC / DEC Button

선택을 바꾼다. 수치를 증가 또는 감소시킨다.

OUTPUT Switch and Indicators (CH2 for AFG320)

파형을 출력을 켜거나 끌 때 이 스위치를 사용한다.

TRIGGER MANUAL Button

이 버튼을 누르고 있으면 트리거 신호가 발생된다.

(b) 함수파 발생기의 출력신호선

실험하고자 하는 회로에 함수파 발생기의 출력신호를 연결하기 위해서는 출력단자인 BNC커넥터 와 연결해야 하며 도체로는 일반적으로 50Ω의 동축케이블을 사용한다. 이 실험에서는 한 쪽 끝이 악어클립으로 된 출력신호선을 사용한다.

3 오실로스코프(Oscilloscope) 사용법

(a) 오실로스코프에 대한 일반지식

오실로스코프는 전압 또는 전류의 파형을 눈으로 관찰할 수 있는 장치이며, 앞으로 실험에서 사용할 Tektronix사의 TDS220오실로스코프의 주요 기능은 다음과 같다.

① 입력의 AC-GND-DC 전환버튼

오실로스코프에 입력된 신호는 위 스위치가 AC로 되어 있을 때에는 교류성분만 오실로스코프 내부로 입력되며 입력신호가 커패시터를 통하여 흘러들어 간다. 일반적으로 커패시터의 용량에 따라 낮은 주파수대역의 특성이 달라지며 이 용량이 작을수록 낮은 주파수대역의 감쇄율이 커진다. 즉 낮은 주파수대역의 신호가 통과하는 양이 작아진다. DC로 되어 있을 때에는 교류와 식류 모두 입력된다. GND로 되어 있으며 신호가 내부로 입력되지 않고 접지로 흘러 버린다. 이 단자는 오실로스코프 화면(디스플레이)상의 0 레벨을 맞출 때 사용한다.

② Volt/Div 조절스위치

오실로스코프에 입력된 신호는 적정한 수준으로 감쇄시키도록 되어 있다. 이 감쇄정도를 조절할 수 있는 스위치가 Volt/Div 스위치이다. 이 스위치를 이용하며 디스플레이 상에 표시되는 신호의 진폭을 조절할 수 있다.

③ Time/Div 조절스위치

오실로스코프의 수평축 출력증폭기의 이득을 조절하면 디스플레이 상에 나타나는 파형의 좌우를 확대하여 볼 수 있으며 이는 파형을 자세히 관찰하는 데 아주 유용하다.

(b) 오실로스코프의 측정탐침(probe)

probe의 한 쪽은 오실로스코프의 입력단자에 꽂을 수 있도록 되어 있고 다른 한 쪽은 접지용 클립(clip)과 신호를 관찰하고자 하는 부분에 접촉시킬 수 있는 훅(hook)형 탐침으로 되어 있다.

(c) TDS 220 오실로스코프

① TDS 220 오실로스코프의 전면패널은 파형 표시창(display), 수직조절용 손잡이(knob) 및 버튼, 수평조절용 손잡이 및 버튼, 트리거 조절용 손잡이 및 버튼, 메뉴

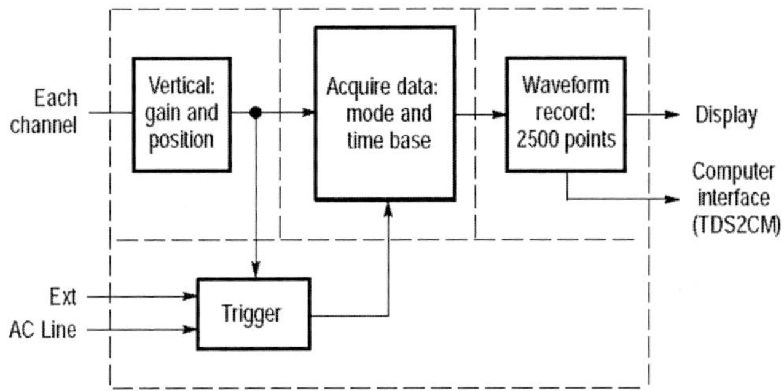

▌그림 1.9 **오실로스코프 내부구조**

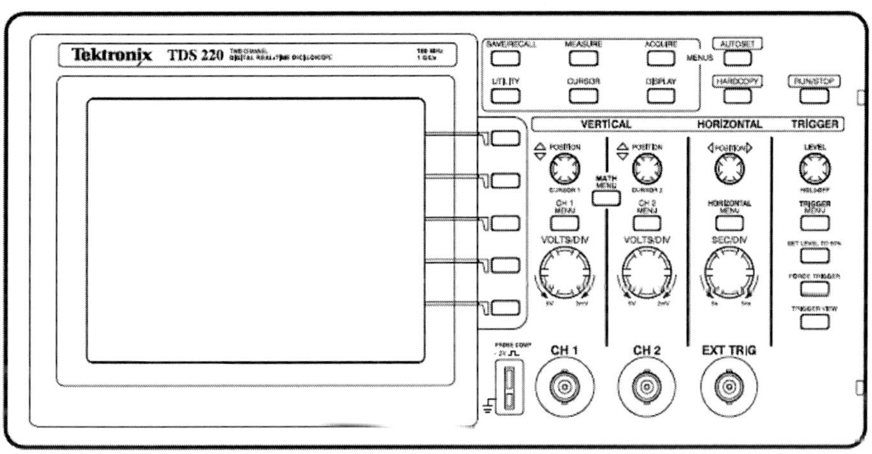

▌그림 1.10 Tektronix TDS220 오실로스코프

및 제어 버튼, 입력단자와 외부트리거 단자 및 probe 보상용 신호출력단자 등으로 이루어져 있다. 우선 오실로스코프를 올바르게 사용하려면 트리거링, 데이터 획득, 파형을 표시창에 나타내는 법, 파형의 측정, 오실로스코프의 설정 등에 대해서 알아야만 한다. 그림 1.9는 오실로스코프 내부회로를 블록선도로 그린 것이다.

② 트리거링

트리거 기능은 오실로스코프가 신호데이터를 받아들이고 파형을 표시하기 시작하는 시기를 결정하는 역할을 한다. 트리거가 적절하게 정해졌다면 불안정한 표시상태나 표시가 되지 않는 표시상태를 측정 가능한 파형이 표시되도록 바꿔준다. 오실로스코프가 파형을 받아들이기 시작하면 충분한 데이터를 모아서 트리거 지점의 왼쪽에 파형을 표시하기 시작한다. 오실로스코프는 트리거 조건이 일어나기를 기다리는 동안 데이터를 계속 받아들인다. 트리거가 감지된 후 오실로스코프는 충분한 데이터를 연속적으로 받아들여 트리거 지점의 우측에 파형을 표시한다.

사용자는 트리거 소스(source)로서 입력 채널, 교류입력선, 외부트리거신호 등을 사용하여 트리거링 할 수 있다.

트리거 입력 시 가장 많은 경우가 입력 채널 중 어떤 하나를 트리거 소스로 사용하는 것이다.

교류입력 또는 이와 관련이 있는 조명기기와 전원기구 등의 신호파형을 오실로스코프로 보고자 할 때는 트리거 소스로서 교류입력선(AC Line)을 사용한다. 이럴 경우 오실로스코프 내부에서 트리거신호를 만들기 때문에 트리거 입력신호를 만들어 넣어줄 필요가 없다.

외부 트리거링은 두 채널 상에 데이터를 받으면서 제 3의 신호원에서 트리거 입력신호를 받고자 할 때 사용한다. 예로서 외부 클록(clock)신호 또는 지금 시험하고자 하는 회로의 다른 부분에서 출력되는 신호로서 오실로스코프를 트리거링하고 싶을 때가 있을 것이며 이런 경우에 사용한다. EXT 또는 EXT/5 트리거 소스를 EXT TRIG 단자에 연결하여 외부 트리거 신호로 사용가능하다. EXT로서 외부 트리거신호를 직접 사용할 수 있으며, EXT는 +1.6V에서 -1.6V의 전압범위의 트리거 신호를 사용할 수 있다. EXT/5는 외부트리거신호의 1/5을 사용하게 되는데 이럴 경우 입력단자에 넣어줄 수 있는 신호의 범위는 +8V에서 -8V까지이다.

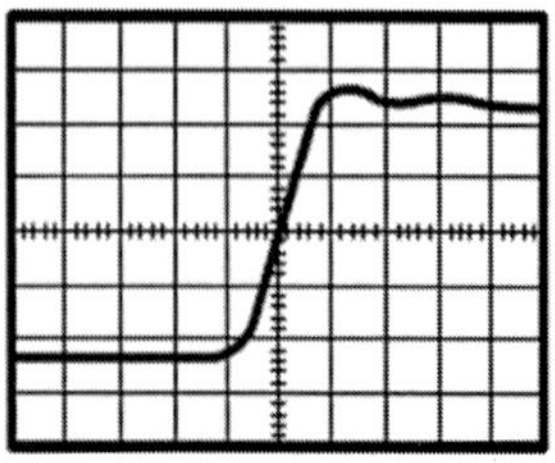

trigger된 파형

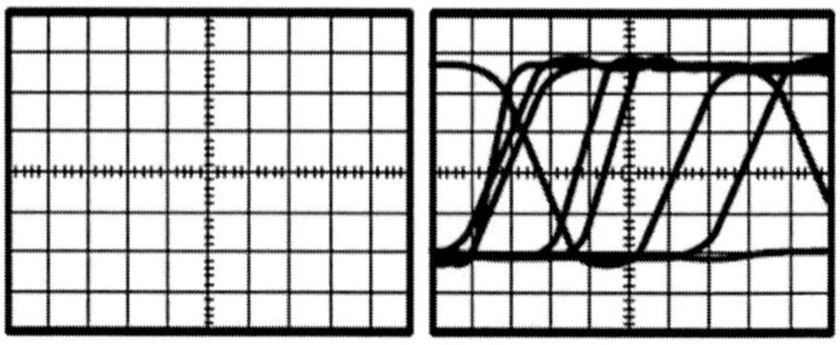

trigger되지 않은 파형

그림 1.11 **트리거 된 파형과 되지 않은 파형**

오실로스코프에서는 Edge와 Video 등 두 가지의 트리거타입이 사용된다. Edge 트리거는 아날로그와 디지털 시험을 동시에 할 때 사용되며, 이 방식의 트리거는 정해진 방향과 정해진 수준의 전압을 트리거 입력신호가 넘어섰을 때 트리거가 일어나게 되어 있다. Video 트리거는 표준 영상신호의 필드 또는 라인에 대해서 사용할 수 있다.

트리거 모드는 오실로스코프가 트리거 원(trigger source)이 사라졌을 때 어떻게 동작하느냐를 정해준다. 오실로스코프는 자동, 정상, 단일 등 세 가지 모드의 트리거 기능을 가지고 있다.

자동트리거모드는 오실로스코프가 트리거 조건을 감지하지 못했음에도 파형을 받아들일 수 있도록 해준다. 만약 정해진 기간 동안(time base의 설정으로 정해진) 오실로스코프가 트리거 조건이 일어나지 않으면 오실로스코프는 자체 트리거를 사용한다.

Time Base : 오실로스코프는 입력신호의 모든 점이 아닌 한정된 점들의 값들을 받아들여 파형을 디지털화한다. time base는 오실로스코프가 디지털화할 이 점들을 얼마나 빈번하게 채취하느냐를 정할 수 있도록 해주는 기능이다. time base는 사용자의 목적에 적합한 수평축 스케일을 조절할 수 있게 해주며 SEC/DIV 손잡이를 사용해 조절한다.

트리거가 적합하게 되지 않으면 오실로스코프는 입력파형에 동기 시킬 수 없으며 화면상에 파형이 계속 움직이는 것같이 보인다.

정상트리거모드의 경우 오실로스코프는 파형이 트리거 되었을 때만 파형을 받아들일 수 있도록 되어있다. 트리거 되지 않으면 오실로스코프는 새로운 파형을 받아들이지 않으며 이전에 받아들인 파형이 있다면 그것이 디스플레이 상에 남아있게 된다.

단일트리거모드의 경우 오실로스코프는 사용자가 RUN버튼을 누를 때마다 한 번씩만 파형을 받아들인다.

오실로스코프가 받아들이는 데이터는 오실로스코프의 데이터 획득모드(Acquisition Mode)에 의해 정해진다.

주의사항

평균획득모드에서 단일트리거 모드를 사용할 때, 오실로스코프의 데이터획득 동작이 정지되기 전에 평균될 것으로 정해진 숫자에 해당하는 수의 파형이 획득될 것이다.

홀드오프(holdoff) : 트리거는 홀드오프 시간(한 번의 데이터 획득이 행해지는 기간)동안 인식되지 않을 것이다. 어떤 신호의 경우에는 안정적으로 파형이 화면상에 디스플레이 되도록 하기위해 홀드오프 시간을 조절할 필요가 있을 수 있다.

트리거신호는 디지털 펄스 트레인(digital pulse train : 길게 연결되어 있는 디지털 신호)과 같이 그 신호 상에서 트리거할 수 있는 수많은 점들을 가진 아주 복잡한 파형일 수 있다. 같은 파형이 반복된다 하더라도, 단순한 트리거는 매번 똑같은 패턴 대신 스크린 상에 일련의 패턴이 나타나게 할 수도 있다.

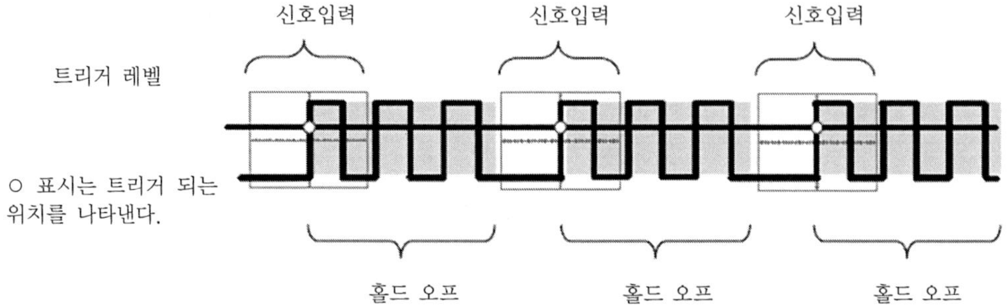

▌그림 1.12 **홀드오프 시간동안은 트리거 신호가 인식되지 않는다.**

한 예로 사용자는 펄스트레인 상의 맨 처음 펄스를 제외한 어떠한 펄스에서도 트리거링 되지 못하게 홀드오프 주기를 사용할 수 있다. 이 방법은 오실로스코프가 항상 첫 번째 펄스를 디스플레이 하도록 해줄 것이다.

홀드오프 제어기능을 사용하도록 하기 위해 수평(HORIZONTAL)메뉴 버튼을 누르고 홀드오프를 선택한 다음 HOLDOFF 손잡이를 사용해서 홀드오프 기간에 해당하는 시간을 조절해주면 된다.

- 입력의 결합(Coupling)

트리거 커플링은 트리거 회로상에 입력신호의 어떤 부분을 통과시킬 것인지 결정한다. 커플링 타입은 DC(직류), AC(교류), Noise Rejection(잡음제거), High Frequency Rejection(고역제거), Low Frequency Rejection(저역제거) 등이 있다.

직류결합 : 직류결합은 교류와 직류신호 모두를 통과시킨다.

교류결합 : 직류성분을 차단하고 교류성분만 통과시킨다.

잡음제거 : 잡음제거 기능은 트리거 감도를 낮춤으로서 안정적인 트리거링을 할 수 있는 크기가 큰 신호만 통과시킨다. 이 기능은 잡음에 의해 트리거가 잘못 이루어지는 것을 어느 정도 막아준다.

고역제거 : 이 기능은 저주파 성분만 통과시키고 고주파 성분은 차단해준다.

저역제거 : 이 기능은 고주파 성분만 통과시키고 저주파 성분은 차단해준다.

- 위치(Position)

수평 위치 제어 기능은 트리거 지점과 스크린의 중앙 지점간의 시간을 설정해준다.

- 기울기와 레벨(Slope and level)

기울기와 레벨 제어기능은 트리거 되는 위치를 정하도록 해준다. 기울기 기능은 오실로스코프가 신호의 상승엣지(rising edge : 상승하는 가파른 신호)과 하강엣지(falling edge)중에서 어떤 지점에서 트리거할지 찾도록 결정해준다. 트리거 기울기 제어(trigger slope control)기능을 사용하기 위해 TRIGGER 메뉴 버튼을 누르고 Edge를 선택한 다음 Slope 버튼을 이용하여 상승(Rising) 또는 하강(Falling)을 선택하면 된다. 레벨 제어 기능은 트리거 지점이 엣지(edge)의 어느 부분이 되어야 하는지 정해준다. 이 트리거 레벨 제어기능을 사용하기 위해 HORIZONTAL 메뉴 버튼을 누른 다음 Level 을 선택하고 LEVEL 손잡이를 사용하여 값을 조절해준다.

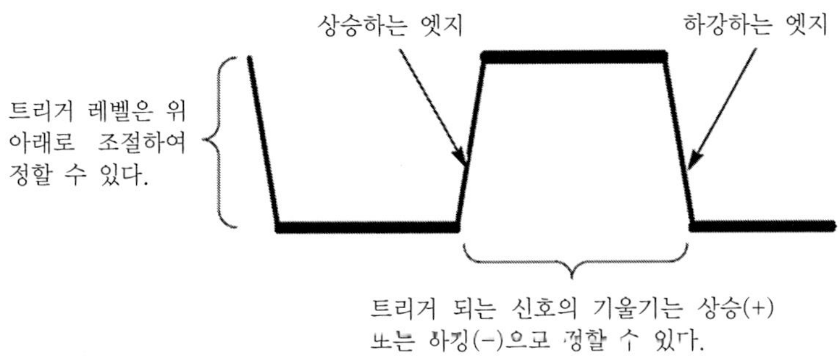

▌그림 1.13 **트리거 레벨과 엣지(edge)**

- 데이터의 획득(Acquiring Data)

아날로그 데이터를 획득할 때 오실로스코프는 이 아날로그 신호를 디지털 데이터로 변환한다. 사용자는 데이터 획득에 세 가지 다른 모드(Sample, Peak Detect, Average 등)를 사용할 수 있다. timebase(시간기준) 셋은 오실로스코프가 얼마나 빨리 데이터를 받아들일 것인가에 영향을 준다.

Sample(샘플)모드 : 이 데이터 획득모드에서 오실로스코프는 파형을 구성하기 위하여 균일한 간격으로 신호를 채취(sample)한다. 이 모드는 거의 모든 시간대의 아날로스 신호를 정확하게 화면에 나타내준다. 그러나 이 모드는 채취하는 시간 사이에 일어날 수 있는 아날로그신호의 빠른 변화를 획득할 수 없다. 이 때문에 aliasing(僞信號)가 생기고 좁은 폭의 펄스를 놓치게 된다. 이러한 경우 데이터 획득에 Peak Detect 모드를 사용하여야 한다.

Peak Detect 모드 : 이 모드의 경우 오실로스코프는 채취기간 전체에 걸친 입력신호의 최대치와 최소치들을 찾아서 파형을 디스플레이 하는데 사용한다. 이 모드의 경우 오실로스코프는 좁은 폭의 펄스를 획득하고 디스플레이 할 수 있으며 샘플모드에서는 놓칠 수 있는 데이터들도 채취할 수 있다. 그러나 잡음이 실제 신호보다 더 큰 데이터로 나타날 수 있다.

Average(평균)모드 : 이 모드에서 오실로스코프는 몇 개의 파형을 획득한 다음 이를 평균한 파형을 디스플레이 한다. 이 모드를 사용하면 비주기성(random)잡음이 나타나는 것을 감소시킬 수 있다.

- Time Base

오실로스코프는 입력신호의 모든 점이 아닌 한정된 점들의 값들을 받아들여 파형을 디지털화한다. time base는 오실로스코프가 디지털화할 이 점들을 얼마나 빈번하게 채취하느냐를 정할 수 있도록 해주는 기능이다. time base는 사용자의 목적에 적합한 수평축 스케일을 조절할 수 있게 해주며 SEC/DIV 손잡이를 사용해 조절한다.

- 파형의 크기조절과 위치변경(Scaling and Positioning Waveforms)

크기조절기능(Scaling)을 이용하여 스크린에 디스플레이 되는 파형의 크기를 조절할 수 있다. 또한 위치변경(Positioning)기능을 이용하여 디스플레이 되는 파형의 상하좌우 위치를 변경할 수 있다. 수직상의 위치를 조절하여 스크린에 나타난 두 파형의 데이터를 비교할 수 있다.

Aliasing(위신호:僞信號) : 위신호는 오실로스코프가 입력된 신호의 파형을 정확하게 화면에 디스플레이 할 수 있을 만큼 충분히 빠르게 신호를 처리하지 못할 때 발생한다. 위신호가 발생하면 사용자는 실제 입력되는 신호의 주파수보다 낮은 주파수의 신호를 스크린 상에서 보게 되거나 오실로스코프가 제대로 트리거 되더라도 불안정한 파형을 보게 된다.

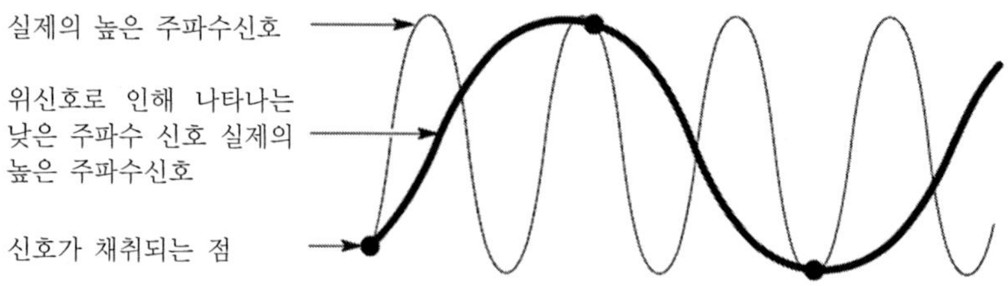

그림 1.14 Aliasing 현상

위신호 현상이 발생하고 있는지 검사하기 위한 하나의 방법으로서 SEC/DIV 손잡이를 사용하여 수평축의 크기를 천천히 가변시켜 본다. 이때 만약 파형의 형태가 갑자기 변화한다면 위신호일 수 있다고 판단할 수 있다. 이와 같은 위 신호현상을 피하기 위해서는 적어도 입력신호주파수의 두 배 이상 빠른 속도로 신호를 채취(sampling)하여야 한다. 즉 한 예로 5MHz의 신호의 경우 초당 10 메가 샘플보다 빠른 속도로 입력신호를 채취(sampling)하여야 한다. 다음의 표는 위 신호현상을 피하기 위해 사용하여야 할 time base이다.

표 1.1 위신호현상을 피하기 위한 time base 값

Time base	Samples per second	Maximum frequency	Time base	Samples per second	Maximum frequency
1.0μs	250.0MS/s	125.0MHz*	5.0ms	50.0kS/s	25.0kHz
2.5μs	100.0MS/s	50.0MHz*	10.0ms	25.0kS/s	12.5kHz
5.0μs	50.0MS/s	25.0MHz*	25.0ms	10.0kS/s	5.0kHz
10.0μs	25.0MS/s	12.5MHz*	50.0ms	5.0kS/s	2.5kHz
25.0μs	10.0MS/s	5.0MHz*	100.0ms	2.5kS/s	1.25kHz
50.0μs	5.0MS/s	2.5MHz*	250.0ms	1.0kS/s	500.0Hz
100.0μs	2.5MS/s	1.25MHz*	500.0ms	500.0S/s	250.0Hz
250.0μs	1.0MS/s	500.0kHz	1.0s	250.0S/s	125.0Hz
500.0μs	500.0kS/s	250.0kHz	2.5s	100.0S/s	50.0Hz
1.0ms	250.0kS/s	125.0kHz	5.0s	50.0S/s	25.0Hz
2.5ms	100.0kS/s	50.0kHz			

* Bandwidth is not valid for the P2100 probe when the switch is set to 1X.

위신호현상을 피하기 위한 또 다른 방법으로서 수평축의 파형크기 조절, AUTOSET 버튼 누르기, 데이터 획득모드의 변경 등 몇 가지가 있다.

- 파형 측정하기(Taking Measurements)

오실로스코프는 시간에 대한 전압의 변화를 스크린에 그래프로 디스플레이해주며 디스플레이 된 파형의 여러 가지 값들을 측정할 수 있도록 해준다. 이러한 측정을 행하는 방법에는 계수선(또는 격자선 ; graticule), 커서(cursor), 자동측정 등이 있다.

• 계수선 이용하기

이 방법을 이용하면 빠른 시간에 시각적으로 측정을 할 수 있다. 예로 계수선 한 칸이 100mV 즉 100mV/DIV이고 파형의 최대치와 최소치 간의 간격이 5개 칸으로 되어 있으면 전압의 첨두-첨두치가 500mV가 된다.

• 커서 이용하기

이 방법은 한 쌍의 커서를 최대점과 최소점에 위치하도록 하고 스크린에 나타나는 숫자로 나타난 값을 읽으면 된다. 커서의 형태는 전압커서와 시간커서가 있는데 전압커서는 한 쌍의 수평점선, 시간커서는 한 쌍의 수직점선으로 되어있다.

• 자동측정 이용하기

자동측정 기능을 사용하면 오실로스코프가 모든 값을 계산하여 보여준다. 이 측정은 오실로스코프가 기록되어 있는 파형상의 점들을 이용하기 때문에 계수선이나 커서를 이용하는 것보다 더 정확한 값을 얻을 수 있다.

• 오실로스코프의 셋업(Setting Up the Oscilloscope)

사용자는 오실로스코프를 동작할 때 자동셋업(Autoset), 셋업의 저장, 셋업 불러오기 등 세 가지 기능을 사용할 수 있어야 한다.

• 자동셋업 사용하기

자동셋업 기능은 사용자가 안정적으로 디스플레이 되는 파형을 볼 수 있도록 해준다. 이 기능은 파형의 수직과 수평 크기를 자동조절해주고 트리거 커플링, 트리거 종류, 파형의 위치, 기울기, 레벨, 모드의 세팅(mode setting) 등을 자동으로 해준다.

• 셋업 저장하기

애당초 디폴트로서 여기서 사용하는 오실로스코프는 전원을 끌 때 동작 중 사용하던 셋업 값들을 자동으로 저장하도록 되어 있다.

주의사항

셋업 값을 변경하였을 경우 전원을 끄기 전에 적어도 5초 정도 기다려야만 셋업 값들이 저장된다.

사용자는 오실로스코프의 메모리에 다섯 개의 셋업 값들을 영구히 저장해놓거나 다시 저장할 수 있다.

- 셋업 값 불러오기

오실로스코프는 저장되어 있는 셋업 값 또는 출하 시 공장에서 디폴트로 만들어 놓은 셋업 값을 불러올 수 있다.

- 디폴트 값(팩토리 셋업 ; Factory Setup)

이 오실로스코프는 공장에서 선적될 때 정상적인 동작을 하도록 셋업 되어 있다. 이 값을 사용자가 언제나 불러 사용할 수 있다.

- 디스플레이 영역(Display Area)

파형을 디스플레이 하는 것 외에 스크린 상에는 파형에 대한 것과 오실로스코프의 제어기능(control)에 대한 수많은 자세한 사항이 디스플레이 된다.

1. 데이터 채취모드를 나타내는 아이콘

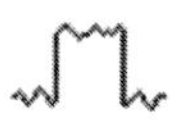
신호채취 모드

첨두치 모드

평균값 모드

2. 트리거 상태를 나타내는 아이콘

- □ Armed : 오실로스코프가 앞서 트리거된 데이디를 받고 있음을 나타내는 아이콘. 이 상태에서는 모든 트리거가 무시된다.
- [R] Ready : 앞서 트리거된 모든 데이터가 받아들여졌고 다음 트리거 준비가 완료되었음을 나타내는 아이콘
- [T] Trig'd : 오실로스코프가 트리거된 데이터를 보여주고 있으며 다음 트리거된 데이터를 받고 있음을 나타내는 아이콘
- [R] Auto : 오실로스코프가 자동트리거모드상태에 있고 트리거 없이 파형을 받아들이고 있음을 나타내는 아이콘
- □ Scan : 오실로스코프가 스캔모드로 데이터를 스캔모드로 연속적으로 받아들여 디스플레이 하고 있음을 나타내는 아이콘
- ⬡ Stop : 오실로스코프가 파형 데이터를 받아들이는 것을 중단한 것을 나타내는 아이콘

3. 수평 트리거 위치를 나타내는 마커로서 수평위치 제어에 의해 조절된다.
4. 계수선의 중심과 수평 트리거 위치사이의 시간차이를 나타내며 스크린의 중앙은 0(zero)이다.
5. 트리거 레벨을 나타내는 마커.
6. 트리거 레벨의 값을 숫자로 나타낸다.
7. 다음과 같은 트리거 종류에서 선택된 트리거 형태를 나타내는 아이콘

 입력신호가 상승 엣지 때 트리거시키기 위한 엣지 트리거

 입력신호가 하강 엣지 때 트리거시키기 위한 엣지 트리거

 라인 신호에 동기시켜 트리거시키기 위한 비디오 트리거

 필드 신호에 동기시켜 트리거시키기 위한 비디오 트리거

8. 트리거에 사용되고 있는 트리거 소스를 나타낸다.
9. 이것이 사용되고 있을 경우 윈도우 타임 베이스를 나타낸다.
10. 메인 타임 베이스 설정을 나타낸다.
11. 수직축상의 크기를 나타낸다.
12. on-line 메시지를 잠시 디스플레이해주는 영역.
13. 디스플레이된 파형의 접지 기준점을 나타내주는 온 스크린 마커로서 채널이 디스플레이 되지 않으면 마커가 나타나지 않는다.

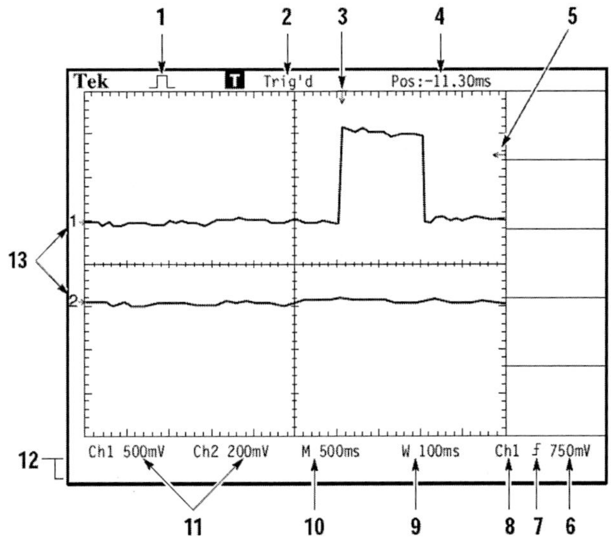

▌그림 1.15 **오실로스코프 표시 창**

• 메뉴 시스템 사용하기

TDS 200시리즈 오실로스코프의 사용자 인터페이스(UI ; User Interface)는 메뉴 구조를 통하여 특수화된 기능을 손쉽게 적용(access)할 수 있도록 만들어져 있다.

전면 패널에 있는 메뉴버튼을 누르면 스크린의 우측 상단에 해당되는 메뉴이름이 나타난다. 메뉴 항목아래 다섯 개의 메뉴박스가 나타난다. 각 메뉴박스의 우측에 있는 베젤 버튼을 이용하여 메뉴설정을 바꿀 수 있다.

사용자는 순환목록(Circular List), 활성 버튼(Action Button), 라디오 버튼(Radio Button), 페이지 선택(Page Selection) 등 메뉴 설정을 바꿀 수 있는 네 가지 형태의 방법을 사용할 수 있다.

• 파형의 디스플레이

파형의 디스플레이는 여러 가지 오실로스코프의 설정방법에 의해 달라진다. 일단 오실로스코프를 통해서 파형을 얻으면 파형에 대한 측정을 할 수 있다. 그러나 스크린상에 나타나는 이들 파형 자체로서도 그에 대한 중요한 정보를 제공해준다.

형태에 따라서 파형은 검은색, 회색, 점선 등 세 가지 다른 형태로 디스플레이 되도록 할 수 있다.

1. 검은색의 실선으로 나타나는 파형은 현재 디스플레이 되고 있는 파형(live)을 나타낸다. 디스플레이된 파형의 정확도를 떨어뜨리도록 오실로스코프를 컨트롤하지 않는다면 데이터 획득이 끝나면서 검은색으로 남게 된다. 사용자가 수평 및 수직 컨트롤을 바꾸면 데이터 획득이 정지하게 된다.
2. 참조 파형 및 잔존하는 파형은 회색으로 나타난다.
3. 점선은 파형의 정밀도가 확실하지 않을 때 나타난다. 이것은 데이터 획득의 중지결과로 나타나고 사용자가 컨트롤을 바꾸었을 때 오실로스코프가 그에 맞는 파형을 디스플레이 할 수 없을 때도 나타난다. 예로서 사용자가 트리거 컨트롤을 바꾸면 데이터 획득이 중지되면서 파형은 점선으로 디스플레이 된다.

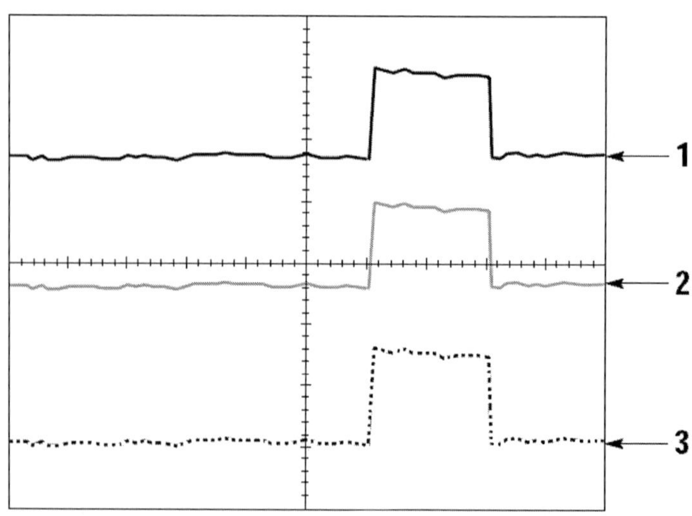

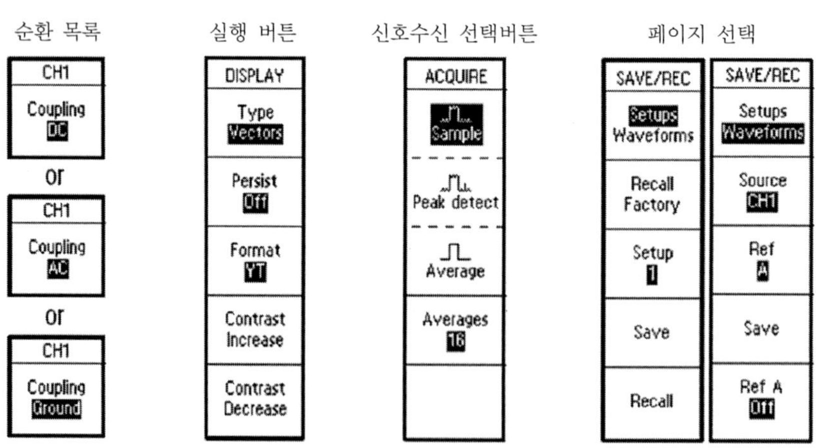

- 수직 컨트롤(Vertical Controls)
  - 채널 1, 2와 커서 1, 2 위치(position) : 파형을 수직방향으로 움직일 때 사용. 커서가 표시되고 커서메뉴를 활성화 시키면 이 손잡이를 이용하여 커서 위치를 바꿀 수 있다.
  - 채널 1, 채널 2 메뉴 : 채널 입력메뉴선택을 디스플레이하고 채널 디스플레이를 on 또는 off 상태에 고정(toggle)할 때 사용한다.
  - VOLTS/DIV(채널 1, 채널 2) : 스크린에 디스플레이 되는 파형의 전압의 크기를 선택할 수 있다.
  - MATH 메뉴 : 파형의 수학적 연산 메뉴를 디스플레이 하고 연산된 파형을 on 또는 off 할 때 사용한다.

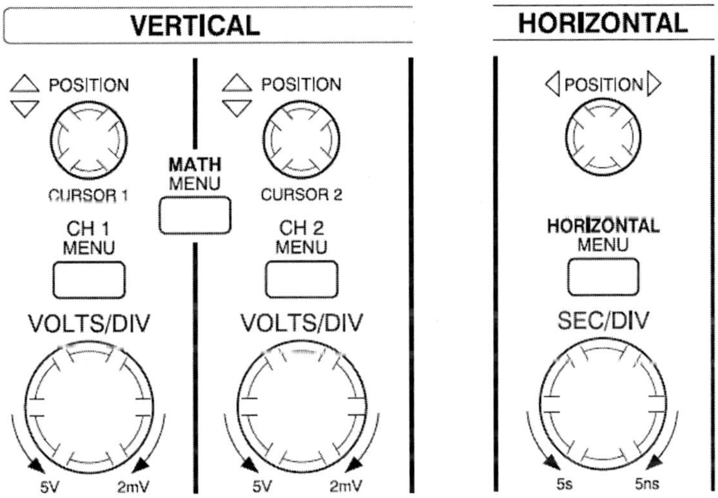

- 수평 컨트롤(Horizontal Controls)

위치(position) : 모든 채널의 수평위치를 바꿀 때와 파형의 수학적 조작을 할 때 사용한다.

주의사항

수평위치를 크게 바꾸기 위해서는 SEC/DEV 값을 50ms로 조절하고 수평위치를 바꾼 다음 다시 원래 값의 SEC/DIV로 바꾼다.

· 수평 메뉴 : 수평메뉴들을 스크린에 디스플레이한다.

· SEC/DIV : time/div로 나타낸 수평축의 크기(scale)를 선택할 수 있다. 표시범위 영역(Window Zone)기능이 활성화되면 윈도의 time base를 바꿔서 표시범위 영역의 폭을 조절할 수 있다.

● 트리거 컨트롤(Trigger Controls)

· 레벨과 홀드오프(Level and Holdoff) : 이 컨트롤은 두 가지의 목적으로 사용된다. 상승선 또는 하강선 트리거 레벨을 컨트롤할 때, 트리거 레벨을 신호에 교차하도록 해야만 데이터의 획득이 이루어진다. 홀드오프 컨트롤을 할 때는 또 다른 트리거가 발생하기 전까지의 시간으로 설정해야만 홀드오프 기능이 이루어진다.

· 트리거메뉴 : 트리거 메뉴들이 디스플레이 된다.

· 50%레벨 트리거(SET LEVEL TO 50%) : 트리거 레벨이 트리거 신호의 수직축 최대치와 최소치 중간에 설정되도록 한다.

· 강제 트리거(FORCE TRIGGER) : 적합한 트리거 신호의 여부에 상관없이 데이터 획득이 시작되게 한다. 데이터 획득이 이미 정지했다면 이 버튼은 효과가 없다.

· TRIGGER VIEW : TRIGGER VIEW 버튼을 누르고 있을 때에는 스크린 상에 입력신호의 파형 대신 트리거 파형이 디스플레이 된다. 이 기능을 이용하면 예를 들어 트리거 커플링과 같은 트리거 설정이 트리거 신호에 어떻게 영향을 주는지 볼 수 있다.

● 메뉴와 컨트롤 버튼(MENU and CONTROL Buttons)

· 저장/불러오기(SAVE/RECALL) : 설정(setup)과 파형을 위한 메뉴를 저장하거나 불러올 때 사용한다.

· 측정(MEASURE) : 자동 측정 메뉴가 디스플레이 한다.

· 획득(ACQUIRE) : 데이터 획득 메뉴를 디스플레이 한다.

· 디스플레이(DISPLAY) : 디스플레에 메뉴를 디스플레이 한다.

· 커서(CURSOR) : 커서 메뉴를 디스플레이 한다. 커서가 켜져 있고 커서메뉴가 디스플레이 되고 있는 동안에는 수직위치 컨트롤을 이용하여 커서위치를 조절할 수 있다. 커서메뉴에서 빠져나온 후에는 커서를 끄지 않더라도 커서가 표시되기는 하지만 조절할 수는 없다.

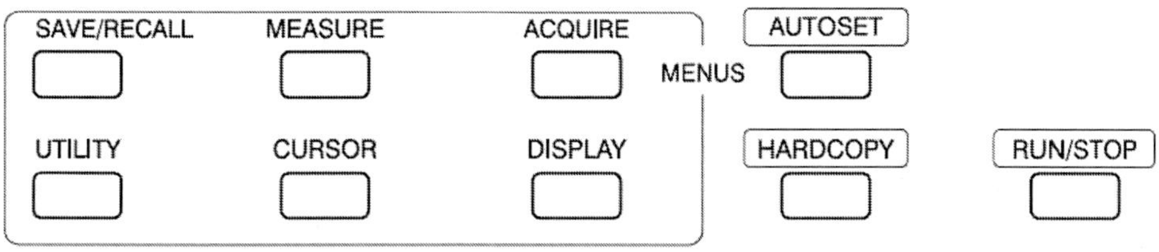

- 유틸리티(UTILITY) : 유틸리티 메뉴를 디스플레이 한다.
- 자동설정(AUTOSET) : 입력신호의 유용하게 디스플레이 되도록 하기위해 오실로스코프의 컨트롤들을 자동으로 설정한다.
- 하드카피(HARD COPY) : 측정된 파형을 외부장치로 출력(프린트)이 시작되도록 한다. 연장신호선 연결에는 센트로닉스, RS-232, GPIB 포트 등이 필요하다.
- RUN/STOP : 파형 데이터 획득을 시작하거나 멈추게 한다.

● 커넥터(연결단자, Connectors)

- PROBE COMP : 전압 probe의 보상출력과 접지단자가 있다. 이 단자를 이용하여 probe를 입력회로에 전기적으로 matching(정합)시킬 수 있다. probe 보상접지 단자과 BNC의 실드부분은 접지되어 있으므로 전압원과 연결되도록 하면 아니 된다.
- CH 1, CH 2 : 파형을 디스플레이 하고자 하는 입력신호를 연결하는 단자.
- EXT TRIG. : 외부 트리거 소스를 연결하기 위한 입력단자. 트리거 소스를 선택하기 위한 트리거 메뉴를 사용하여 설정하고 사용한다.

● 간단한 측정의 예

회로의 신호를 보고 싶지만 신호의 전압(진폭)이나 주파수에 대해 전혀 알고 있는 것이 없는 경우. 빠른 시간에 신호를 스크린에 디스플레이 되도록 하고 주파수, 주기, 진폭의 첨두-첨두치를 측정하기 원하는 경우.

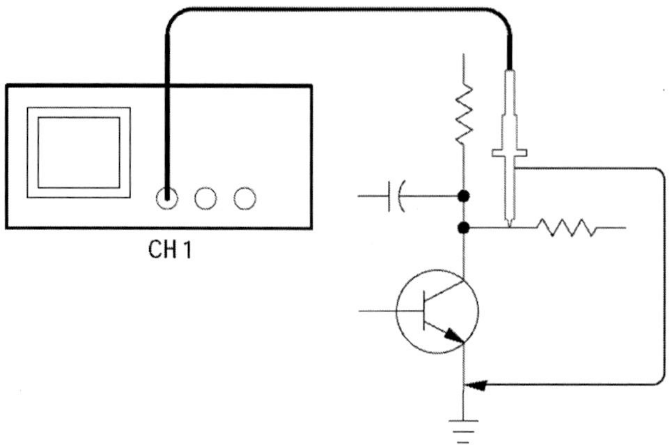

• 자동설정의 사용 예

신속하게 신호가 디스플레이 되게 하고자 할 때는 다음의 과정을 행한다.

1. 측정 탐침(probe) 감쇄 메뉴를 10×로 설정한다. 프로브(probe)에 있는 선택 슬라이드 스위치를 10×에 고정한다.
2. 신호를 채널 1 커넥터에 꽂혀 있는 프로브(probe)에 연결한다.
3. AUTOSET 버튼을 누른다.

이렇게 하면 오실로스코프는 스스로 수직, 수평, 트리거 컨트롤을 자동으로 실행한다. 파형의 디스플레이가 최적화되기를 원한다면 사용자가 이것들을 수동으로 조절한다.

2개의 채널을 사용할 때에는 자동설정 기능이 각 채널에 대해 수직 컨트롤을 행하고 수평 및 트리거 컨트롤을 설정하기 위해 최소의 채널을 활성화하여 사용한다.

• 자동 측정기능의 사용 예

오실로스코프는 디스플레이 된 대부분의 신호에 대해 자동측정을 할 수 있다. 신호 주파수, 주기, 진폭의 첨두-첨두치 등을 측정하려면 다음과 같은 단계를 행한다.

1. 측정 메뉴를 볼 수 있도록 측정실시(MEASURE) 버튼을 누른다.
2. 신호원(Source)을 선택하기 위해 최상단의 메뉴박스 버튼을 누른다.
3. 초기의 세 가지 측정을 행하기 위해 CH1을 선택한다.
4. Type을 선택하기 위해 최상단의 메뉴박스 버튼을 누른다.
5. 주파수를 선택하기 위해 첫 번째 CH1 메뉴박스 버튼을 누른다.

6. 주기를 선택하기 위해 두 번째 CH1 메뉴박스 버튼을 누른다.
7. 첨두치-첨두치를 선택하기 위해 세 번째 CH1 메뉴박스 버튼을 누른다.

이렇게 하면 메뉴 상에 주파수, 주기, 첨두-첨두치의 측정치가 주기적으로 갱신되어 디스플레이 될 것이다.

4 디지털 멀티미터(DMM, Digital Multimeter)

디지털 멀티미터는 전류, 전압, 저항 등 기본적인 전기량의 측정을 겸하여 할 수 있는 간편한 측정기이다. 보통 테스터라고 부르기도 하고, 전압계, 저항계, 전류계의 종합계기라는 의미에서 VOM(Volt-Ohm-Milliammeter)이라고 부르기도 한다.

디지털 멀티미터의 측정방법은 기능스위치를 DCV, ACV, Ω, mA, μA 등 측정하고자 하는 대상에 맞춘 후 단자를 연결하고 액정화면에 나온 측정값을 읽으면 된다. 그림 1.2는 앞으로 디지털 실험에서 자주 사용될 디지털 멀티미터로 그림 1.17에 표시되어진 번호를 참조하여 각부의 명칭과 각각의 버튼의 사용법을 학습할 수 있도록 한다.

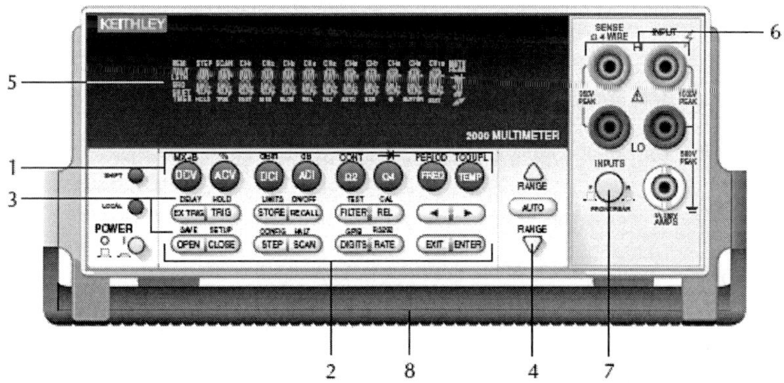

그림 1.16 KEITHLEY 2000

① 기능선택 키(shifted and unshifted)

측정 기능(DC와 AC 전압, DC와 AC 전류, 2선 또는 4선을 이용한 저항측정, 주파수, 주기, 열전대를 사용한 온도측정), 수학적 연산 기능(mX+b, %, dBm, dB), 또는 특수 기능(연속측정, 다이오드 시험)을 선택한다.

② 동작선택 키

- EXTRIG : 외부 트리거(front panel, bus, trigger link)신호 선택
- TRIG : 프론트 패널로부터 트리거 측정
- STORE : 저장된 정보 읽기 선택
- RECALL : 저장된 내용을 나타내고, 통계를 수행 (maximum, minimum, average, standard deviation)
- FILTER : 현재 기능의 디지털 필터 상태를 나타내고, 필터를 on/off
- REL : 현재 기능에서 읽은 내용에 의해 활성/비활성 한다. 그리고 functions 과 operation에서 선택을 통해 이동한다. 만약 스캐너 카드가 설치되었다면, 수동으로 채널을 검색
- OPEN : 내부의 스캐너 카드 상에 있는 모든 채널을 열기
- CLOSE : 선택된 내부 채널을 닫기
- STEP : 채널을 통해 조작, 각 채널 마다 트리거를 보내기
- SCAN : 채널을 통해 검색, 마지막 채널 후에 트리거를 보내기
- DIGITS : 해상도 변경
- RATE : 해석률 변경, fast, medium, slow
- EXIT : 선택 취소, 뒤로 가기
- ENTER : 선택 수락, 다음 선택으로 이동
- SHIFT : access shifted keys 사용
- LOCAL : GPIB 원격제어 모드 취소

③ 시프트 동작 키(Shifted operation keys)

- DELAY : 트리거와 측정사이에 사용자 지연 설정
- HOLD : 선택된 샘플의 수가 허용 한계 범위 안일 때 해석을 정지
- LIMITS : 해석을 위해 상한/하한 값 설정
- ON/OFF : 한계선 활성/비활성, 한계선 테스트를 위해 beeper 동작 선택
- TEST : 탑재된 자체기능에 의한 시험, 진단, 표시장치 시험 선택

- CAL : 교정(calibration) 실시
- SAVE : 전원을 킨 사용자 디폴트 값을 위해 현재 구성 저장
- SETUP : 작업 복구 또는 사용자 디폴트 구성
- CONFIG : 최소/최대 채널, 타이머를 선택
- HALT : 스텝/스캔 모드 전환
- GPIB : GPIB 인터페이스 활성/비활성
- RS232 : RS-232 인터페이스 활성/비활성; baud rate, 데이터흐름 제어, 데이터 최종 도착지 선택

④ 측정범위 키(Range keys)

- ▲ : 위로 이동, 숫자 증가, 다음 선택 이동
- ▼ : 아래로 이동, 숫자 감소, 이전 선택 이동
- AUTO : 자기 조절 활성/비활성

⑤ 호출 또는 선택표시장치(Annunciators)

- *(asterisk) : 저장된 내용 읽기
- ⇥(diode) : 다이오드 테스트 기능
-))) (speaker) : 연결 상태 또는 한계치 테스트에서 소리 발생
- ↗ (more) : 나타낸 부가 선택들을 이용
- 4W : 4선 저항 해석 표시
- AUTO : 자동조절 활성
- BUFFER : 저장된 해석 재호출
- CH 1-10 : 표시된 내부 채널은 닫힘
- ERR : 의심스러운 해석
- FAST : 빠른 해석률
- FILT : 디지털 필터 활성
- HOLD : 측정 값 유지 모드

- LSTN : 현재 GPIB상에서 Listener(데이터 또는 명령을 받는 측)임을 표시
- MATH : 수학기능 (mX+b, %, dB, dBm) 활성
- MED : 중간 속도 해석률
- REAR : 후방 입력으로부터 취득한 해석
- REL : 상대적인 측정값 표시
- REM : GPIB 원격제어 모드
- SCAN : 검색 모드
- SHIFT : shifted keys 접근
- SLOW : 느린 해석률
- SRQ : GPIB 서비스 요구
- STAT : 버퍼 통계 표시
- STEP : 스텝 모드
- TALK : 현재 GPIB상에서 Talker(데이터 또는 명령을 보내는 측)임을 표시
- TIMER : 시간 탐색 사용
- TRIG : 선택된 외부 트리거(front panel, bus, trigger link) 표시

⑥ 입력 연결(Input connections)

- INPUT HI and LO : 직류전압, 교류전압, 2단자 측정법(일반적인 측정법)을 사용하여 저항을 측정하기 위해 사용
- AMPS : 직류전류와 교류전류 측정 시 INPUT LO와 연결하여 사용할 때.
- SENSE Ω4 WIRE : INPUT HI와 LO를 사용하여 4단자 측정법을 사용하여 저항을 측정할 때.

⑦ 입력(INPUTS)

입력 단자 선택

옴의 법칙(Ohm's Law)

1 실험 목적

1) 여러 가지 저항기(resistor)에 대해 알아본다.
2) 색띠(color code)로 표시된 저항 값을 알아본다.
3) 저항기의 정격소비전력과 수명에 대하여 알아본다.
4) 저항으로만 구성된 임의의 폐회로에서 저항, 전압 및 전류를 구할 때 사용되는 옴의 법칙의 적용법을 배운다.
5) 간단한 회로의 계산결과를 실험적으로 증명한다.
6) 저항의 직렬회로에서 합성저항과 병렬회로에서의 합성저항 계산법을 익히고 증명한다.
7) 저항의 직렬회로에서는 전류 통로는 하나가 있을 뿐이며 그 회로의 어느 점에서나 전류의 값은 같다는 사실을 실험적으로 증명하고, 병렬회로에서의 전류의 통로(지로)는 2개 이상이고 그 지로에 걸리는 전압은 모두 같다는 것을 실험적으로 증명한다.

2 예비 지식

1 저항기의 종류

저항기의 중요한 특성은 저항 R (단위: Ω)과 전력소비정격 P(단위: W)이다. 저항기는 수 Ω에서부터 수 kΩ과 MΩ까지 넓은 범위의 저항 값을 가지는데, 1kΩ은 1,000Ω이고 1MΩ은 1,000,000Ω이다. 전력 정격도 0.1W에서부터 수백 W까지 다양한 크기를 갖는다.

또 하나의 중요한 값인 소비전력 정격은 과도한 열이 발생되지 않는 상태로 사용할 수 있는 저항기 자체의 최대 소비전력을 나타낸다. 전력소비는 저항에서 발생하는 열이 회로에 사용될 수 없기 때문에 버려진다는 의미이다. 지나치게 열이 발생하면 저항은 타버리게 된다. 저항의 소비전력 정격은 안전을 위해서 실제 소비시킬 수 있는 전력보다 약간 작게 표시되어 있다.

또한 저항 값이 큰 저항기일수록 전류가 적게 흐르기 때문에 더 낮은 정격전력을 가진다. 예로서 0.25W의 1MΩ용 저항기는 단지 0.5[in]의 길이이다. 일반적으로 정격전력이 낮을수록 저항기의 크기는 더 작아진다. 그러나 저항 값의 크기는 저항기의 외관상 크기와 직접적인 관계는 없다.

(a) 권선 저항기

권선 저항기는 절연 코어 주위를 저항선이라고 부르는 특별한 종류의 선을 감은 것이다. 선의 길이와 선의 저항률에 의해 저항 R의 크기가 결정된다. 저항선으로는 보통 텅스텐 선이나 망간선이 사용된다. 절연체 코어는 보통 자기(瓷器 : porcelain)와 시멘트(cement) 혹은 압축된 종이(plain pressed paper)를 사용한다. 권선에 사용되는 선은 절연피복이 없는 나선(bare wire)을 사용하고, 저항기 전체를 절연 물질로 씌운다.

낮은 저항에 대 전류가 흐르는 저항의 경우에는 상당한 전력이 필요로 하므로 보통 5W이상 100W 정도의 전력 정격을 갖는 권선 저항기가 사용된다. 이러한 저항기의 크기는 1Ω이하에서 수천Ω까지의 크기를 갖는다.

부가하면 권선 저항기는 정밀하고, 안정된 저항 값을 필요로 하는 곳에 사용된다. 예를 들면 전류 분류의 기능을 위한 정밀 저항기나 정확한 저항 값을 조절하기 위한 정밀 전위차계(potentiometer : 다회전볼륨 또는 다회전가변저항기)에 사용된다.

2W 이하의 전력에는 탄소 저항기가 소형이고 값싼 이점 때문에 널리 사용되고, 2W에서 5W사이에는 탄소 저항기와 권선 저항기가 같이 사용된다. 또한 소형 권선 저항기는 3W 혹은 4W 정격으로 사용된다.

(b) 탄소합성 저항기

탄소합성 저항기는 아주 미세하게 분쇄된 탄소나 흑연과 접합제로서 절연 물질을 혼합하여 만드는데, 저항 값은 그 혼합 비율에 의해 조정할 수 있다. 탄소 저항기는 기계적인 강도와 절연을 위해 플라스틱 케이스로 씌워 사용한다. 탄소 저항기 양쪽의 두 단자는 회로에 납땜으로 연결할 수 있도록 주석이 도금된 구리선을 금속 캡에 연결해 놓았다. 이런 것을 동축 리드 선이라고 한다.

탄소 저항기의 크기는 1Ω에서 20MΩ의 범위로 제조되며, 전력 정격은 1/8, 1/4, 1W, 2W 등이 있다.

(c) 피막형 저항기

피막형 저항기는 두 종류가 있으며 절연체(주로 자기를 사용) 주위에 탄소를 얇게 붙인 것이 탄소피막 저항기이고, 금속피막 저항기는 자기 위에 나선형으로 금속을 얇게 입힌 것(coating) 것이다. 저항의 값은 탄소피막을 나선형으로 홈을 파면서 제거하여 절연체 표면에 남아 있는 나선형 탄소피막의 폭을 조절하여 만든다. 탄소합성 저항기에 비하여 탄소피막 저항기는 허용 오차가 작고, 온도와 경년에 의한 변화가 심하지 않으며, 일반적으로 내부 잡음이 작다는 장점을 가지고 있다.

금속피막 저항기는 탄소피막 저항기와 비슷한 방법으로 만들어진다. 금속피막 저항기는 속이 빈 가는 막대형태(rod라고 한다)의 세라믹 몸체 위에 얇은 금속피막을 입히고, 그것을 나선형 홈을 파서 일부를 제거한다. 절연체에 남아있는 나선형 금속의 길이, 두께, 폭을 세밀하게 조절하여 저항 값을 정밀하게 만든다. 금속 피막 저항기는 탄소 피막 저항기보다 더 정밀한 값을 가진다. 탄소 피막 저항기와 같이 금속 피막 저항기도 온도 경년 변화에 거의 영향을 받지 않는다. 또한 내부적으로 매우 작은 소음을 가진다. 전체 외관으로 살펴보면 금속 피막 저항기가 가장 작고 탄소 피막 저항기가 다음이고, 마지막이 탄소 합성 저항기의 순서이다. 탄소와 금속 피막저항기는 양쪽 끝에 금속 덮개를 씌우고 여기에 리드선이 연결되어 있으므로 양쪽 끝이 몸체의 직경보다도 약간 크다. 이 때문에 탄소 합성 저항기와 쉽게 구별할 수 있다.

(d) 표면장착용(surface mounting)저항기

칩 저항기(chip resistor)라고도 불리는 표면장착용 저항기는 세라믹 판 위에 두꺼운 탄소 피막을 증착시켜 만든다. 정확한 저항 값은 탄소막의 두께 그리고 탄소와 혼합재료의 조성비에 의해서 결정된다. 저항 값은 소수점에서부터 100만 Ω에 이르기까지 다양하다. 정격소비 전력은 일반적으로 (1/8)에서 (1/4)W 정도이다. 이러한 저항기를 전기 회로에 연결시킬 경우 c자 모양으로 된 두 개의 단자(납이 묻어 있음)를 이용한다. (1/8)W인 칩 저항기의 외관상 크기는 대략 길이 3.175 mm(0.125 in), 폭 1.6 mm (0.063 in), 두께 0.711 mm(0.028 in) 정도이다.

이것은 동축리드 선을 가진 저항기보다 훨씬 작은 크기이다. 칩 저항기는 매우 안정된 온도 특성을 가지고 있으며, 매우 단단한 것이 특징이다. 양 단자는 PCB의 구리 패드 또는 트레이스에 바로 납땜할 수 있으며, 이것이 '표면장착 저항기'라고 불리는 이유다.

(e) 가용성 저항기

가용성 저항기는 권선 저항기의 형태로 만들어지는데 전력 정격을 초과할 경우 쉽게

타서 개방되도록 되어 있다. 즉, 전류를 제한하는 저항기와 퓨즈의 기능을 동시에 갖고 있는 저항기이다.

2 저항 값의 색 띠 표시

탄소 저항은 크기가 작기 때문에 저항 값을 색 띠(color code)로 표시한다. 각 색에 해당하는 숫자를 표 2.1에 나타내었다. 어두운 색이 작은 수를 나타내며, 밝을수록 숫자가 커지도록 되어있다. 즉 검은색은 0, 갈색은 1, 흰색은 9를 나타낸다. 이러한 색 띠 표시는 EIA(Electronic Industries Association)에 의해 표준으로 정해져 있다.

표 2.1 **색띠 표시**

색	수치	승수	허용오차 [%]
흑(black)	0	0	-
갈(brown)	1	1	±1
빨(red)	2	2	±2
주(orange)	3	3	±0.05
노(yellow)	4	4	-
초(green)	5	5	±0.5
파(blue)	6	6	±0.25
보(violet)	7	7	±0.1
회(gray)	8	8	-
백(white)	9	9	-
금(gold)	-	-1	±5
은(silver)	-	-2	±10
무(몸체색)	-	-	±20

(a) 저항의 색 띠

탄소 저항기는 대부분 색 띠 표시로 저항 값을 나타낸다. 색띠는 저항의 표면에 입혀진 절연체(주로 에폭시)에 표시한다. 색 띠 중 저항기의 끝과 가까운 쪽이 왼쪽으로 되도록 놓고, 왼쪽으로부터 오른쪽으로 순서대로 읽어 가는데, 첫 번째 띠는 저항 값의 첫째 자리 수를 나타내고, 그 다음 띠는 둘째 자리 수를 나타낸다. 셋째 띠는 10의 곱을 나타내는데 앞의 두 개의 숫자 다음에 붙여지는 0의 개수를 표시한다. 마지막 네 번째 띠는 허용오차를 나타낸다.

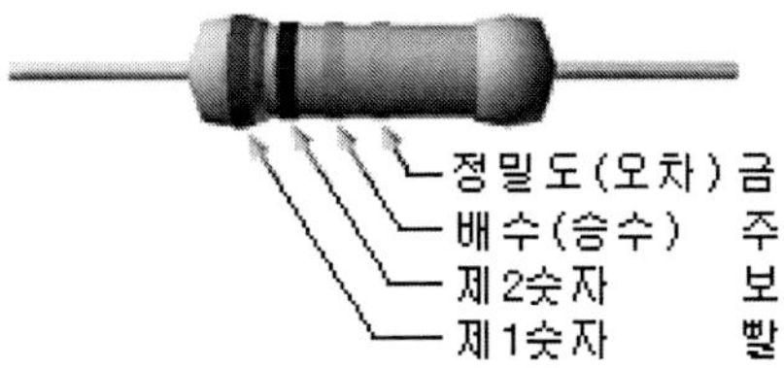

Ⅰ그림 2.1 **저항**

그림 2.1의 예에서 첫 번째 빨강색 띠는 2를 표시하고 두 번째의 보라색 띠는 7을 나타낸다. 세 번째의 주황색 띠는 27 뒤에 0이 3개 붙는 것을 의미하므로 '1,000'이 곱해지는 것을 뜻한다. 따라서 전체 저항은 다음과 같이 27,000 [Ω] = 27 [kΩ]이 된다.

빨강색	보라색		주황색	
↓	↓		↓	
2	7	×	1,000	= 27,000

세 번째 띠가 검정색이었다면 두 개의 자리 뒤에 0이 없음을 표시하므로 저항 값은 27 [Ω]이다.

(b) 10 미만의 저항기

10Ω 이하의 저항 값을 갖는 저항기는 세 번째 색띠가 금색이거나 은색인데 이것은 각각 0.1과 0.01을 처음의 두 자리에 곱하는 것을 의미한다. 즉, 위의 예에서 세 번째 띠가 금색이라면 저항 값은 27×0.1=2.7[Ω]이 된다.

세 번째 띠의 금색과 은색은 소수점 이하 곱의 수를 나타내지만, 네 번째 띠의 금색과 은색은 R 값의 정확도, 즉 허용 오차를 나타낸다.

(c) 저항의 허용오차

실제 저항 값과 색띠 표시 저항 값과의 차이를 퍼센트로 표시한 것이 허용 오차이다. 예를 들어서 2000Ω±10%이면 색띠 표시 저항 값은 2000Ω이지만 실제 저항 값은 1800Ω에서 2200Ω 사이의 값을 가질 수 있다는 것을 의미한다.

그림 2.1에서 네 번째 띠가 금색이므로 ±5%의 오차를 가짐을 의미하고 저항값은 27000± 5%[Ω]이고, 실제 저항 값은 25650 [Ω]과 28350 [Ω] 사이에 있음을 나타낸다.

만약 네 번째 띠에 아무런 표시가 없다면 오차가 ±20%임을 의미하며, 오차가 적을수록 정확한 저항 값을 갖게 되지만 가격은 비싸지게 된다. 그러나 대부분의 회로에서 저항기들이 허용 오차 범위 내의 저항 값을 가지면 회로에 별다른 영향을 미치지 않는다.

(d) 5번째 색 띠

정밀 저항기는 4개의 색 띠가 아닌 5개의 색 띠로 저항 값을 나타낸다. 이 때 앞쪽의 3개의 색 띠는 3개의 자리 수를 나타내고, 4번째 색 띠는 곱 수, 5번째 색 띠는 허용 오차를 나타낸다. 5번째 색 띠의 색은 다음과 같은 허용 오차를 나타낸다.

갈색	±1%
빨강색	±2%
주황색	±0.05%
초록색	±0.5%
파랑색	±0.25%
보라색	±0.1%

(e) 권선 저항기의 표시법

권선 저항기는 외관이 비교적 크기 때문에 저항 값을 저항기에 직접 표시한다. 허용 오차는 일반적으로 ±5%이지만 정밀한 권선 저항기는 ±1% 이하의 오차를 갖는다.

그러나 소형 권선 저항기는 탄소 저항기와 동일하게 색 띠로 표시하는데, 이런 경우는 저항기가 권선형 임을 나타내기 위하여 첫 번째 색 띠가 다른 색 띠의 2배의 폭을 갖도록 표시며, 보통 정격소비전력은 3W 혹은 4W이다.

(f) 권장 저항 값

여러 회로에서 필요한 다양한 저항 값을 갖는 저항을 공장에서 생산할 때 발생되는 문제점을 최소화시키기 위하여 특별한 저항 값(권장 저항 값)을 정하여 그러한 저항을 대량 생산함으로써 생산 단가를 감소시킨다. ±10%의 허용 오차를 갖는 저항의 권장 저항 값은 10, 12, 15, 18, 22, 27, 33, 39, 47, 56, 68, 82와 같은 숫자에 10의 배수에 해당하게 한 것들이다. 예를 들면 47, 470, 4700, 47000과 같은 권장 값들이 있다. 이런 방법으로 회로에 필요한 저항 값의 10%범위에 적당한 권장 저항 값을 선택하여 사용한다.

(g) 0Ω 저항기

잘 믿어지지 않겠지만 0Ω 저항기는 흔하게 사용된다. 그림 2.2와 같이 저항기 몸체 중앙에 한 개의 검은색 띠가 표시된 저항기가 있는데 이것이 0Ω 저항기이다. 전력 정격은 보통 $\frac{1}{8}$이나 $\frac{1}{4}$W이다. 그러나 소위 0Ω 저항기의 실제 저항 값은 $\frac{1}{8}$W의 경우 0.004Ω 정도이고, 반면 $\frac{1}{4}$W의 경우는 0.003Ω 정도이다.

대부분의 인쇄회로기판(PCB)에서 소자들은 수동이 아닌 로봇에 의해서 자동으로 장착된다. PCB상의 두 점 사이를 단락시킬 필요가 있을 때 점퍼 선으로 연결시키지 않고 0Ω 저항이 사용되는데 그 이유는 로봇이 선보다는 저항기를 쉽게 취급할 수 있기 때문이다. 0Ω 저항기가 만들어져 사용되기 전에는 점퍼(jumper)선을 일일이 수동으로 설치하였는데 시간이 많이 소비되어 결과적으로 생산단가 상승의 원인이 된다.

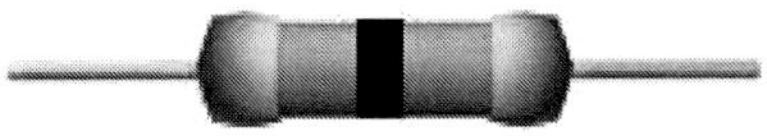

▌그림 2.2 **0Ω 저항기**

(h) 칩 저항 표시법

칩 저항은 다음과 같은 독특한 특징을 가진다.

① 몸체 색 : 흰색 혹은 회색을 띈 흰색

② 한쪽 면은 짙은 색으로 되어 있음 (보통 검은색, 진회색, 녹색)

③ 단자는 C자 형태로 되어 있음

④ 반대 면은 3개의 숫자로 표시되어 있음

(a) (b)

▌그림 2.3 **칩 저항기**

칩 저항기의 저항 값은 소자의 한쪽 면에 3개의 숫자로 나타낸다. 이것은 4색 띠 저항기에서 앞에 있는 3자리 수와 같은 역할을 한다. 즉 첫 번째 2개의 숫자는 저항의 숫자 부분을 3번째 숫자는 곱의 수를 나타낸다. 만약 4개의 숫자가 인쇄되어 있다면 앞의 3개의 숫자는 세 개의 자리수를 나타내고, 4번째 숫자는 곱 수를 나타낸다. 그림 2.3(a)에 나타낸 칩 저항기의 값은 $33 \times 10^1 = 330[\Omega]$이 된다. 그림 2.3(b)는 0 [Ω] 칩 저항기를 나타낸다.

3 저항의 정격(소비)전력과 수명

(a) 저항의 정격전력

저항기는 필요한 저항 값을 가져야 함은 물론이지만 저항을 통해서 흘러가는 전류에 의한 소비되는 전력에 견딜 수 있을 만큼 충분히 큰 전력정격을 가져야 한다. 탄소 저항기는 약간 따뜻해지는 정도에서 정상적으로 동작하고, 최대로 85℃까지 상승되는 경우도 있다. 이런 온도는 물이 끓는 온도인 100℃에 가까운 것으로 아주 높은 온도이다. 일반적으로 절연 케이스에 물방울이 생길 정도까지 가열하지 않는 것이 좋다. 권선 저항기는 아주 높은 온도까지 잘 견디는데 보통 300℃가 최대 온도이다. 이때 저항이 아주 뜨거워지게 되면 전력소비가 과도해져 결국은 저항기가 타버리게 된다.

정격전력은 저항기의 구조 특히 외형상의 크기에 의존하는 물리적인 특성이다. 다음 사항을 주의해야 한다.

① 외형상 크기가 클수록 큰 정격을 갖는다.

② 고 전력 저항은 높은 온도에서 동작 가능하다.

③ 탄소 저항기에 비해서 권선 저항기는 외형상 크기와 전력 정격이 더 크다.

예를 들어 2W의 탄소 저항기는 1 [in] 길이에 직경 $\frac{1}{4}$[in]이고, $\frac{1}{4}$W저항기는 길이가 0.35 [in], 직경이 0.1 [in]이다.

탄소 저항기와 권선 저항기 모두 전력 정격이 커질수록 사용 전압도 커진다. 정격은 최대 전압이 공급되었을 때 저항 내부에 아크 현상이 발생하지 않고 견딜 수 있는 최대 전력을 의미한다. 예를 들면 탄소 저항기가 1W 정격인 경우 최대 전압은 500V이고, $\frac{1}{4}$W 정격은 최대 전압이 250V, $\frac{1}{8}$W 정격에서는 150V이다. 권선 저항기에서 과도한 전압은 권선 사이에서 아크가 발생되고, 탄소 저항기에서의 이러한 아크는 탄소입자 사이에서 발생된다.

(b) 저항의 수명

저항기는 사용하지 않으면 그 특성을 영구히 보존시킬 수 있고, 또한 저항에 열을 발생시킬 정도의 큰 전류가 흐르지 않는다면 실제적으로 영원히 사용할 수 있다. 따라서 저항기의 수명은 크게 문제가 되지 않는다.

4 옴의 법칙(Ohm's Law)

어떤 크기의 저항을 가진 회로에 전압이 공급될 때 회로에 흐르는 전류는 공급된 전압

V가 증가함에 따라 저항 R이 감소함에 따라 전류의 세기 I가 증가한다. 이 관계를 수식으로 표현하면 $V = I \times R$ 또는 $I = \frac{V}{R}$ 또는 $R = \frac{V}{I}$로 나타낼 수 있으며, 공식은 1828년 옴(George Simon Ohm)에 의해서 실험적으로 구해져서 사용되기 시작했다. 이 공식을 이용하면 V, I, R의 세 요소 중에서 두 가지만 알고 있으면 나머지는 계산할 수 있다. 예를 들어서 2Ω의 저항에 6V의 전압이 공급된다면 $I = \frac{6[V]}{2[\Omega]} = 3[A]$가 된다.

옴의 법칙으로 회로에서의 소비 전력도 계산할 수 있다. 소비 전력의 크기 P는 $P = V \times I$, 또는 $P = I^2 \times R$, 또는 $P = \frac{V^2}{R}$으로 계산 할 수 있다. 이러한 모든 관계식은 교류 회로와 직류 회로에 모두 적용된다.

5 실제적인 전기회로에 있어서는 하나 또는 그 이상의 소자들이 직렬, 병렬 혹은 직·병렬 형태로 접속하여 사용되고 있다.

그림 2.4는 저항 n 개가 직렬로 연결되어 그 양단에 전압 E를 공급한 회로이며 이 저항들을 통하여 흐르는 전류의 길은 오직하나 뿐이다. 즉 각 저항에 흐르는 전류값은 동일하다.

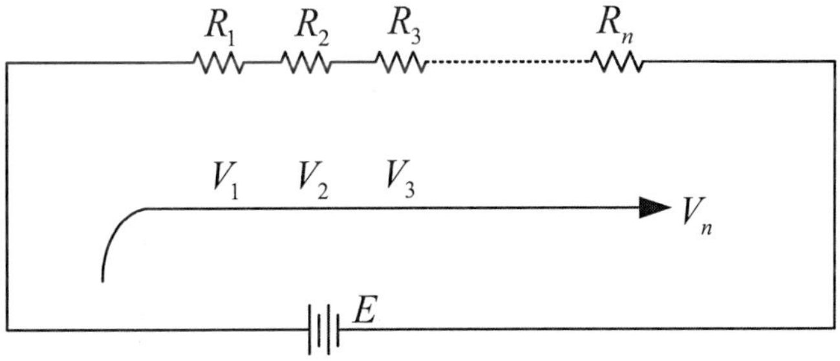

▌그림 2.4 **저항 직렬 회로**

저항 직렬회로의 합성 저항 Rt는 각 저항 값의 합이 된다. 그림 2.4에서 n개의 직렬 저항 대신에 하나의 저항 Rt로 대치시켜도 회로에는 동일한 전류가 흐른다. 그러므로 Rt를 등가 저항이라고도 한다. 각 저항에 걸리는 전압은 저항 값에 비례하여 분배된다. Rt의 값을 확인하는 가장 간단한 방법은 저항계로 직렬저항의 양단을 측정(이때 전원은 반드시 제거한다)하여 직접 구하거나 전압 E와 전류 I를 측정하여 Rt = E / I의 옴의 식을 이용하여 구하는 것이다.

6 전류가 흐를 수 있는 통로가 2개 이상 되어 있는 회로를 병렬회로라고 한다.

저항만으로 이루어진 병렬회로에서는 그림 2.5에서와 같이 각 저항의 양단에 걸리는 전압은 모두 공급전압 E와 같고 각 지로에 흐르는 지로 전류는 다른 분기회로의 저항에 영향을 받지 않는다. 각 지로에 흐르는 전류는 저항 값에 반비례하여 분배되며 콘덕턴스 값에 비례하여 분배된다.

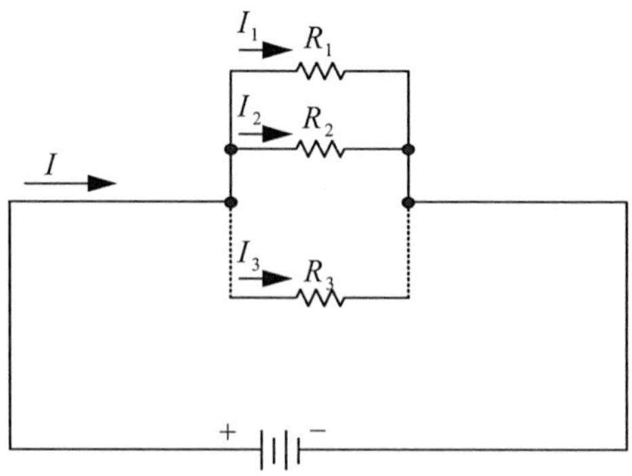

▎그림 2.5 **병렬 저항 회로**

병렬로 연결된 저항의 등가 저항 값은 각 저항의 역수를 합한 값의 역수가 된다.

7 전압계는 측정하려는 측정대상에 병렬로, 전류계는 측정대상과 직렬로 접속한다. 직류 계측기는 극성이 틀리지 않도록 접속하여야 하며 계기의 최대 눈금은 측정할 값보다 커야한다.

3 실험 기자재와 부품

1) 직류전원장치(0~30Vdc)
2) 밀리암페어(0~100mAdc)가 측정 가능한 디지털 멀티미어 DMM(또는 Electronic VOM)

3) 부품

저항

R_1 1kΩ 1/4W 2개

R_2 1.5kΩ 1/4W 2개

R_3 3.3kΩ 1/4W 2개

R_4 10kΩ 1/4W 2개

초소형램프(miniature lamp) 6V 용 4개

스위치 SPST 1개

4 실험 절차

1. a) DMM의 측정위치를 저항으로 하여 준비된 저항들의 저항값을 측정해서 표 2.2의 측정값 란에 기입한다. 이때 저항값을 측정하기 전에 우선 리드선을 단락시켜 지침이 0값을 시시하도록 조정히여야 한다. (0 온 조정)

   b) 준비된 저항들의 칼라코드, 허용오차 및 표시된 값을 표 2.2에 기록한다.

▌표 2.2 지항 측정

저항	색띠	표시값	허용오차	측정값	계산값
1					
2					
3					
4					

2. a) 그림 2.6과 같이 DC 전원, 전류계 및 저항 R_2를 연결한다.(이때 전원은 넣지 않는다.) 저항 R_2 양단에 DMM을 직류 전압 측정위치로 접속하고 직렬로 전류계를 연결한다.

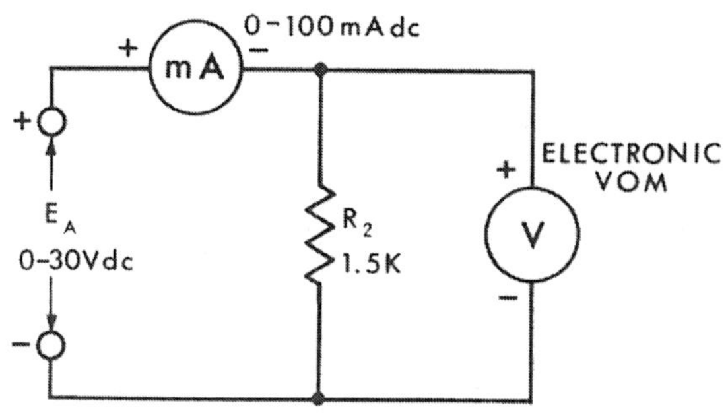

▍그림 2.6 **실험 회로**

3. a) 회로에 흐르는 전류는 I=E/R 의 옴의 법칙을 이용해서 구할 수 있다. 공급전압을 24Vdc로 할 때 표 2.2에 기록된 저항 R_2에 표시된 값을 이용하여 전류를 계산한다. 그 계산값은? (표 2.2에 기록)

   b) 표 2.2에 있는 저항 R_2의 측정값을 이용하여 저항 R_2에 흐르는 전류를 계산한다. 그 계산값은? (표 2.2에 기록)

4. a) 전원을 넣고 DMM의 지시가 24[V] 가 되도록 전압을 조정한다.

   b) 저항 R_2에 흐르는 전류를 측정한다. (표 2.2에 기록)

   c) 전압지시가 0[V]가 되도록 전압을 조정한 후 전원을 끈다.

5. 실험 절차 2, 3 및 4에서 측정한 전류 값을 비교한다. 이들의 값이 서로 일치하는가? 일치하지 않는다면 이유를 설명하여라.

6. a) 저항 R_2 대신 R_1으로 바꾸어놓고 실험 절차 4를 되풀이 하여라.(그림 2.6)

   b) 이때 전류 값에 증감이 있었는가? 증감이 있다면 그 이유는?

7. a) 저항 R_2 대신 R_3으로 바꾸어 놓고 실험4를 되풀이 하여라(그림 2.6)

   b) 이때 전류 값의 증감이 있었는가? 증감이 있다면 그 이유는?

8. a) 그림 2.6에서 R_2 대신 R_4로 바꾸어놓고 실험 절차 4를 되풀이 하여라

   b) 이때 전류 값의 증감이 있었는가? 증감이 있다면 그 이유는?

9. 실험 절차 4, 6, 7 및 8의 결과로부터 어떤 결론을 얻을 수 있는가?

10. 그림 2.6과 같이 다시 저항 R2를 연결하여 전원을 넣고 DMM의 지시가 30Vdc 가 되도록 조정한다.

    a) 이때 저항 R_2에 흐르는 전류를 측정한다.

    b) DMM의 지시가 15[V]가 되도록 다시 조정한 후 R_2에 흐르는 전류를 다시 측정한다.

    c) 이 때 전류값은 증가했는가, 감소했는가? 그 이유는?

    d) DMM의 지시가 0[V]가 되도록 조정하고 전원을 끈다.

11. 실험 절차 10의 결과에서 어떤 결론을 얻을 수 있는지 기술하여라.

12. a) 표 2.2의 저항 표시값을 모두 합해서 합성 저항값을 계산한다. 얼마인가?

    b) 측정값을 모두 합하여 합성 저항값을 계산한다. 얼마인가?

13. a) 그림 2.7과 같이 저항 R_1, R_2, R_3 및 R_4를 연결하고 DMM으로 회로의 전체 저항을 측정한다.

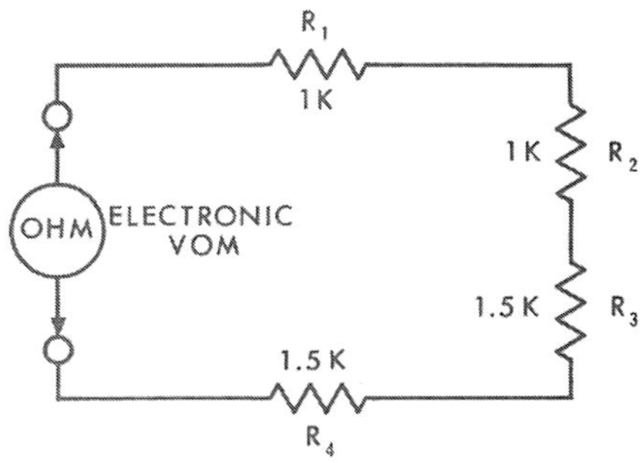

▮그림 2.7 **실험 회로**

b) 전저항의 측정값 R_t가 실험 절차 12의 (a), (b)에서 구한 값과 일치하는가? 아니면 그 이유는?

14. a) 전류계의 측정범위를 10mAdc에 두고 그것을 그림 2.8과 같이 저항 R_1과 전원 사이에 직렬로 연결한 다음 전원을 넣고 전압을 25Vdc에 맞춘다.

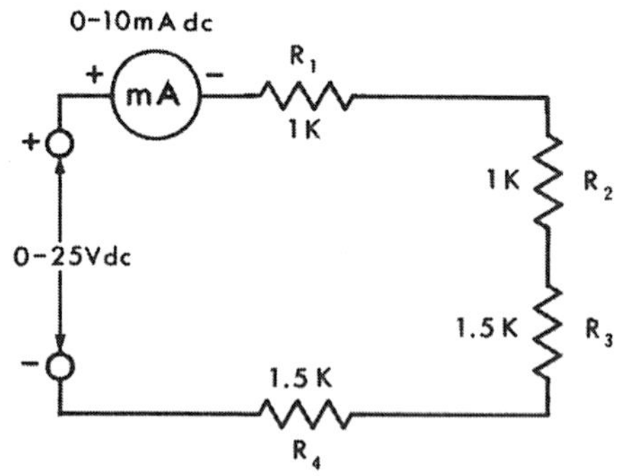

▎그림 2.8 **실험 회로**

b) 이때 전류계의 지시는 얼마인가?

c) 공급전압과 b)에서 측정한 전류값으로부터 옴의 법칙을 이용하여 회로의 전 저항값을 계산한다.

d) c)에서 계산한 R_t가 실험 13. a) 에서의 측정값과 일치하는가?

e) 전압을 0으로 돌려놓고 전원을 끈다.

15. a) 그림 2.9와 같이 저항 R_1과 R_2사이에 밀리 전류계를 접속하고 전원전압을 25[V]에 맞춘다.

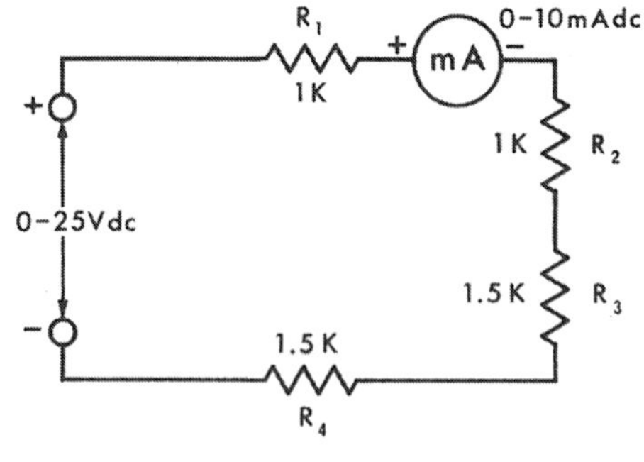

▎그림 2.9 **실험 회로**

b) R_1과 R_2 사이에 흐르는 전류를 측정하여 기록한다.

c) 전압을 0으로 돌려놓고 전원을 끈다.

16. a) 실험 절차 15와 같이 전류계를 다음의 저항사이에 접속을 차례로 바꾸어 가면서 전류를 측정하여 기록한다.

R_2, R_3

R_3, R_4

R_4, 전원

b) 회로의 다른 위치에서도 전류를 측정하여 비교하여 보아라.
그들의 값은 모두 같은가?

c)직렬회로에서 어떤 법칙을 알 수 있겠는가?

17. a) 그림 2.10과 같이 직류 전원의 양단에 스위치, 전류계 램프 LP_1을 직렬로 연결하고 전류계의 측정범위를 1Adc로 맞춘다

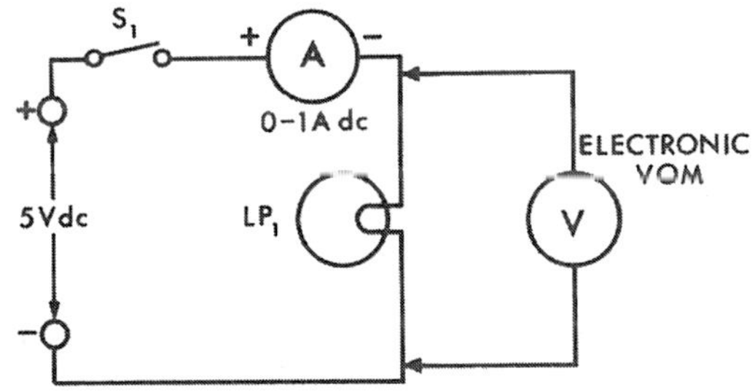

▌그림 2.10 **실험 회로**

b) 전원을 넣고 전압을 5Vdc로 조정하여 LP_1의 밝기를 관찰하고 램프에 흐르는 전류를 측정한다.

c) DMM의 절환 스위치를 5Vdc로 놓고 램프LP_1의 양단의 전압을 측정한다.

d) 회로의 전류 I와 램프전압 E_{LP1}을 표 2.3에 기입한다.

e) 스위치 S_1을 연다.

▌표 2.3 램프 측정

직렬 램프수	전류	램프 양단에 걸리는 전압			
		LP1	LP2	LP3	LP4
1					
2					
3					
4					

18. a) 스위치 S_1을 열고 램프 LP_2와 LP_1을 직렬로 연결한다.
    b) 스위치 S_1을 닫고 램프 LP_1과 LP_2의 밝기를 관찰한다.
    c) 이때 회로에 흐르는 전류는 값을 측정하여 표 2.3에 기입한다.
    d) DMM으로 각 램프의 전압 값을 측정하여 표 2.3에 기입한다.
    e) 스위치 S_1을 개방한다.

19. a) 램프 LP_3를 LP_1과 LP_2에 직렬로 연결한 다음 스위치를 넣는다.
    b) 이때 램프의 밝기를 관찰하고 이 회로에 흐르는 전류와 각 램프에 걸리는 전압을 각각 측정하여 표 2.3에 기록한다.
    c) 스위치를 개방한다.

20. a) 램프 LP_4를 LP_1, LP_2, LP_3에 직렬로 연결하고 스위치를 닫아라.
    b) 이때 램프의 밝기를 관찰하면서 이 회로에 흐르는 전류와 각 램프에 걸리는 전압을 측정하여 표 2.3에 기입한다.
    c) 전압을 0으로 돌려놓고 전원을 끈다.

21. a) 표 2.3을 참고하여
    b) 직렬회로에 램프가 하나씩 추가되어갈 때 회로전류는 감소하는가?
    그렇다면 그 이유를 설명하여라.

c) 한 램프에 걸리는 전압강하는 점차로 줄었는가?

d) 회로에 램프를 하나씩 추가해 갈 때 합성저항은 증가 했다고 볼 수 있는가?

참고 램프의 필라멘트의 저항값은 일정한 것이 아니고 온도에 따라 그 값이 변한다. 그러나 여기서는 무시한다.

22. a) 병렬로 R_1과 R_2가 연결되었을 때 합성 저항값을 계산하여라.

b) 그림 2.11과 같이 R_1과 R_2를 병렬로 연결한다.

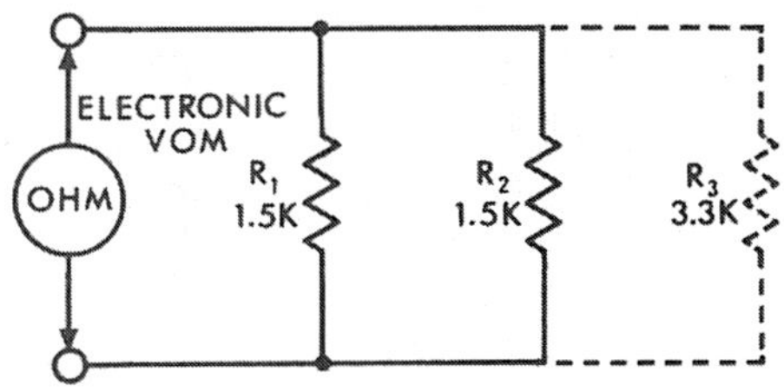

그림 2.11 **실험 회로**

c) DMM을 저항측정에 놓고 저항 R_1과 R_2의 병렬 합성 저항값을 측정하여라. 그 값은?

23. a) 그림 2.11처럼 R_1, R_2 및 R_3가 병렬로 연결되었을 때 합성 저항값을 계산하여라. 그 값은?

b) 그림 2.11과 같이 R_1, R_2의 병렬회로에 R_3를 병렬로 연결한다.

c) R_1, R_2 및 R_3가 병렬로 연결된 회로의 합성 저항값을 DMM으로 측정하여라. 얼마인가?

24. a) 실험 절차 22, 23에서 측정한 값과 계산값이 일치하는가?

b) 이때 측정값과 계산값 사이의 차이가 나는 주요원인은 무엇인가?

25. a) 그림 2.12와 같이 저항 R_1 및 R_2, 밀리 전류계 및 DC 전원을 결선한다.

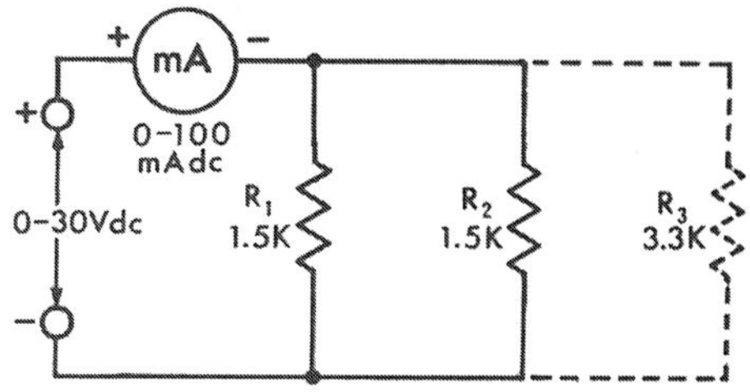

▌그림 2.12 **실험 회로**

이때 R_3는 연결하지 않는다.

b) 전원을 넣고 30Vdc가 되도록 조정한다.

c) 회로에 흐르는 전류를 측정하여라. 그 값은?

d) 전압을 0으로 돌려놓고 전원을 끈다.

e) 측정한 전류값, 공급전압 및 옴의 법칙을 이용하여 회로의 합성 저항 R_t를 계산하여라.

26. a) 실험 절차 22. a)에서 계산한 합성 저항값과 R_1과 R_2의 병렬합성저항에 대하여 실험 절차 22. a), c) 및 25. e)에서 구한 값을 각각 기록한다.
R 계산값
R 측정값
R 옴의 법칙에서 구한 값

b) 위 3개의 합성 저항 값은 거의 동일한가?

c) 위에서 구한 합성저항 R_t의 3가지 값들이 서로 차이가 나는데 그 요인은 무엇인가?

27. a) 그림 2.12와 같이 저항기 R_1, R_2의 병렬회로에 R_3를 병렬로 연결한다.

b) 전원을 넣고 전압을 30Vdc가 되도록 조정한다.

c) 회로에 흐르는 전 전류를 측정하여라.

d) 전압을 0으로 돌려놓고 전원을 끈다.

e) 측정값 It로부터 옴의 법칙을 이용하여 회로의 합성 저항값을 계산하여라.

28. a) R_1,R_2 및 R_3의 병렬 합성저항에 대하여 실험 절차 23. a), c) 및 27. b)에서 구한 값을 각각 기록한다.

R 계산값

R 측정값

R 옴의 법칙에서 구한 값

b) 위 3가지 합성 저항값이 거의 일치하는가?

29. a) 그림 2.13과 같이 직류전원의 양단에 전구 LP_1과 스위치 S_1을 연결한다.

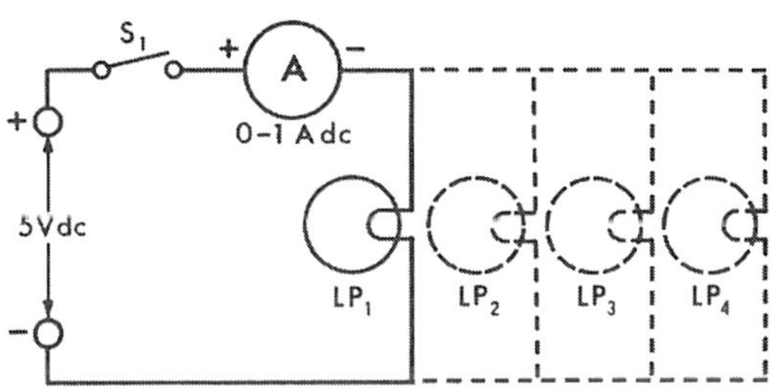

▌그림 2.13 **실험 회로**

b) 스위치 S_1을 닫는다.

c) 전원을 넣고 전압을 5Vdc가 되도록 조정한다. 이때 전구 LP_1의 밝기의 정도를 조사한다.

d) 회로의 전전류를 측정하여라. 그 값은?

e) 스위치 S_1을 열어 놓고 그림 2.13과 같이 전구 LP_1에 병렬로 LP_2를 연결한다.

f) 스위치 S_1을 닫고 전구 밝기를 비교한다.

g) 위 c)의 경우와 비교할 때 밝기의 변화가 있는가?

h) 회로의 전전류를 측정하여라. 그 값은?

i) 스위치 S_1을 열어놓고 그림 13과 같이 병렬로 연결된 LP_1, LP_2에 LP_3를 병렬로 연결한다.

j) 스위치 S_1을 닫고 이들 전구의 밝기를 조사한다.

k) 위 c)의 경우와 비교할 때 그 전구의 밝기에 변화가 있는가?

l) 회로의 전전류를 측정하여라. 그 값은?

m) 스위치 S_1을 열어놓고 그림 13과 같이 병렬로 연결된 LP_1, LP_2, LP_3에 LP_4를 병렬로 연결한다.

n) 스위치 S_1을 닫고 이들의 전구의 밝기를 조사한다.

o) 위 k) 경우와 비교할 때 그 전구의 밝기에 변화가 있는가?

p) 회로의 전전류를 측정하여라. 그 값은?

q) 전구 LP_2를 제거해도 남은 전구들의 불은 켜져 있는가?
또 남은 전구들의 밝기에 변화가 있는가?

r) 전구 LP_2의 소켓에 그 전구를 다시 끼워둔다.

s) 전압을 0으로 돌려놓고 전원을 끈다.

5 자체평가

1. 전력 정격이 10W이고, R이 10Ω이 저항은 권선저항기이다.(참, 거짓)

2. 10,000Ω은 10kΩ과 동일하다.(참, 거짓)

3. 탄소 저항기에는 동축 리드선이 사용되지 않는다.(참, 거짓)

4. 탄소 합성 저항기와 금속 피막 저항기 중 어느 쪽이 열에 더 안정한가?

5. 4를 의미하는 색은 어떤 색인가?

6. 은색 띠는 몇 %의 허용오차를 나타내는가?

7. 3번째 색띠에 빨간색이 표시되어 있다면 곱 수는 얼마인가?

8. 노란색, 자주색, 갈색, 금색으로 표시된 저항의 크기와 허용오차는 얼마인가?

9. 그림 2.3의 칩 저항기에 333으로 표시되어 있다면 저항의 값은?

10. 저항기의 수명은 약 6개월 정도이다.(참, 거짓)

11. 저항기는 0℃이상의 온도에서는 동작하지 않는다.(참, 거짓)

12. 10W의 저항기는 권선형인가, 탄소 저항기인가?

13. 전압계는 부하에 반드시 병렬로 연결하여 측정하는 이유를 설명하여라.

14. 전류계는 부하에 (저항과 같은 회로소자) 반드시 직렬로 연결하여 측정하는 이유를 설명하여라.

15. 저항 75Ω, 1.2Ω, 330kΩ가 직렬로 연결되어있다. 합성저항값은 얼마인가?

16. 12 [V]전지에 연결된 자동차의 라디오에 흐르는 전류가 800 [mA] 이었다면 이 라디오의 저항값은 얼마인가?

17. a) 그림 2.8에서 각 저항소자의 소비 전력을 구하라.
    b) 전원에서 공급되는 전력을 구하라.
    c) 각 저항소자의 소비 전력의 합과 전원에서 공급되는 전력은 같은가?

18. a) 그림 2.12에서 저항 세 개를 연결할 경우 각 저항소자의 소비 전력을 구하라.
    b) 전원에서 공급되는 전력을 구하라.
    c) 각 저항소자의 소비 전력의 합과 전원에서 공급되는 전력은 같은가?

제03장

키르히호프의 법칙

1 실험 목적

1) 직렬회로에서 각 저항의 전압강하의 합은 전원전압과 같음을 증명한다.
2) 전원 전압과 회로전류와 일부의 저항 값을 알고 있을 때 각 저항에 걸리는 미지의 전압 및 저항 값을 구하는 법을 익힌다.
3) 병렬회로에 있어서 키르히호프의 전류법칙을 증명 한다.
4) 병렬회로에서 각 지로 전류가 그 지로의 저항 값에 따라 분배되는 것임을 확인한다.

2 예비 지식

1 전압의 극성

회로내의 한 점 a에서 다른 점 b까지 단위 양(+) 전하를 이동시키는데 일을 해주어야 할 때, 즉 이동전하가 에너지를 얻을 때(그림 3.1(a)),

우리는

a) b의 전위는 a의 전위보다 높다.(a의 전위는 b의 전위보다 낮다.)

또는

b) a를 기준으로 했을 때의 b의 전위는 +이다(b를 기준으로 하면 a의 전위는 −이다.)

또는

c) a로부터 b로 전압상승(voltage rise)이 있다. (b로부터 a로 전압강하(voltage drop)가 있다)라고 말한다.

반대로 점 a에서 점 b까지 단위 양(+) 전하가 이동할 때 전하 자신이 일을 하면, 즉 전하가 에너지를 잃을 때(그림 3.1(b)) 위와 반대로 말한다.

이와 같이 두 점간의 전압을 말할 때에는 어느 점에서 어느 점으로 전압강하가 있는가 하는 것을 명백히 하여 전압의 극성(polarity)을 표시해야 한다.

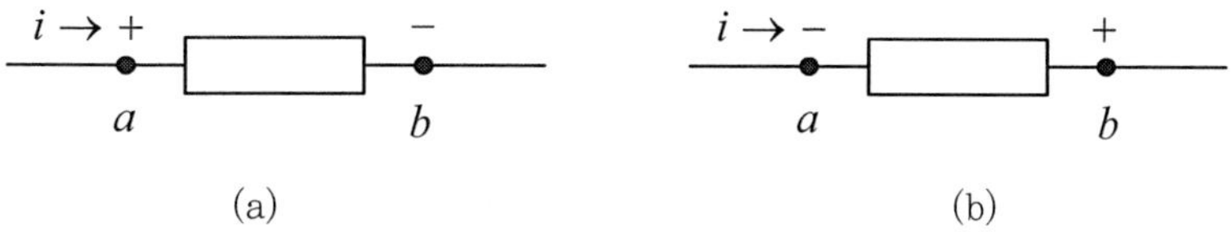

▮그림 3.1 **전압의 극성**

2 전류, 전압의 기준방향

회로해석을 할 때 전류의 양방향과 전압의 극성을 반드시 가정해야 한다. 실제의 전류, 전압이 그 가정한 방향으로 나타났을 때에는 그것을 양(+), 그리고 반대방향으로 나타났을 때는 음(−)으로 취급한다. 반대로 전류의 양방향, 전압의 극성을 가정하고 문제를 취급한 결과 전류, 전압의 값이 +나 또는 −로 되었을 때에는 그것을 가정에 비추어 적당히 해석해야 한다. 따라서 전압, 전류의 기준방향(reference direction)은 서로 관계없이 가정할 수 있는 것이다.

전압상승의 방향으로 (−에서 +로) 전류가 흐를 때에는 전기적 에너지 또는 전력의 발생, 공급이 있고 전압강하의 방향으로 (+에서 −로) 전류가 흐를 때에는 전기적 에너지의 소비, 전송이 있다.

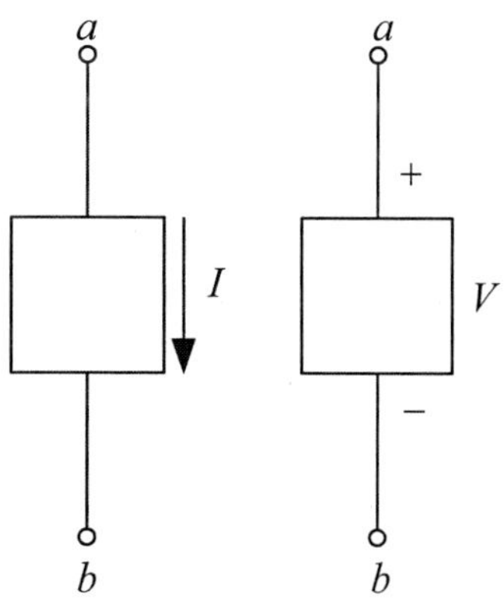

▮그림 3.2 **전류, 전압의 기준 방향**

특히, 전류가 흘러 들어오는 방향으로 전압 강하의 (+)를 잡는 것을 수동소자 표기법이라고 하며, 대부분 이 방법을 사용하여 전압과 전류의 기준방향을 잡는다.

독일의 물리학자 키르히호프(1824~87)는 회로에서 미지의 전압, 전류 및 저항값을 구하는데 유용한 두 가지 법칙을 유도 하였다. 그것은 전류법칙과 전압법칙으로서 다음과 같이 설명된다.

3 키르히호프의 제1법칙 (전류법칙 KCL: Kirchhoff's Current Law)

도선의 임의의 접합점에 유입하는 전류의 대수합은 0이다. 그림 3.3에서 접합점 A에 키르히호프의 제1법칙을 적용하면,

$+I_1 - I_2 - I_3 + I_4 - I_5 = 0$ (유입전류를 +로 가정한다)

$-I_1 + I_2 + I_3 - I_4 + I_5 = 0$ (유출전류를 +로 가정한다)

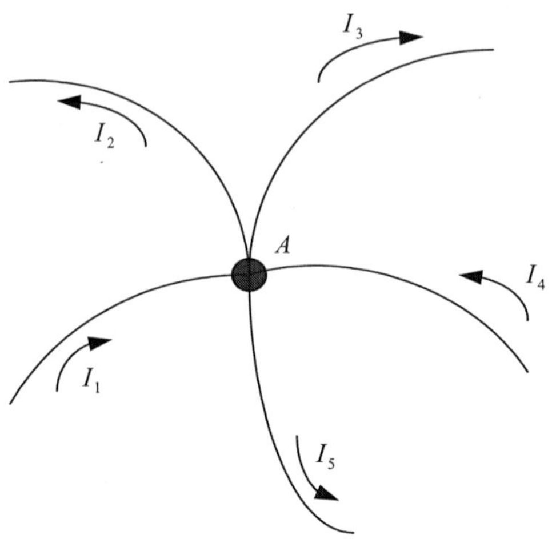

▌그림 3.3 KCL의 정의를 위한 임의의 접합점

위 2가지 어느 것으로 표시해도 마찬가지이다. 또 제 1법칙은 다음과 같이 설명할 수도 있다. 즉,

(유입하는 전류의 합)=(유출되는 전류의 합)

$$I_1 + I_4 = I_2 + I_3 + I_5$$

이 식은 앞서의 식과 같은 것으로서 도선의 접합점에서는 전하의 축적이나 발생이 있을 수 없음을 의미하는 것이다.(전하의 보존법칙 (CONSERVATION OF CHARGE)이라 한다)

4 키르히호프의 제2법칙 (전압법칙 KVL: Kirchhoff's Voltage Law)

임의의 폐회로에 따라 한 방향으로 일주하면서 취한 전압상승(또는 전압강하)의 대수합은 0이다. 그림 3.4에 대하여 제2법칙을 적용하면

$$-V_1 + V_2 + V_3 - V_4 = 0 \text{ (시계방향)}$$

$$+V_1 - V_2 - V_3 + V_4 = 0 \text{ (반시계방향)}$$

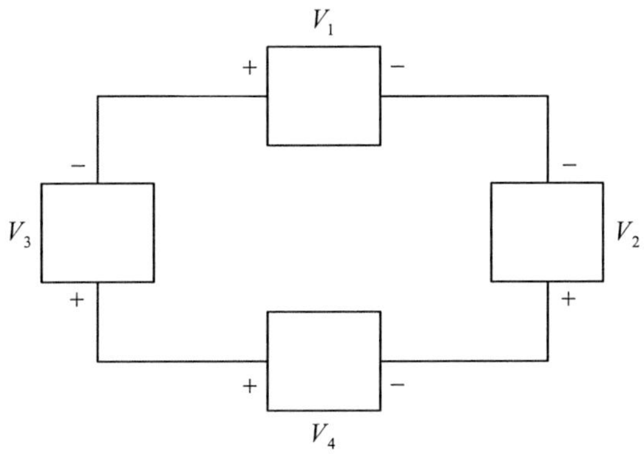

▌그림 3.4 KVL의 정의를 위한 임의의 폐회로

또 제2법칙은 임의의 폐회로에 따라 일주하면서 취한 전압상승의 합이 전압강하의 합과 같다고도 할 수 있다. 즉 다음과 같이 위의 식을 바꾸어 놓으면 알 수 있다.

$V_2 + V_3 = V_1 + V_4$ (좌변은 시계방향으로 전압상승, 우변은 시계방향으로 전압강하)

3 실험 기자재와 부품

1) 직류전원장치(0~30Vdc)

2) 전류계(0~0.01/0.1/1 Adc)

3) VOM(V-Ω meter 또는 디지털 멀티미디어 DMM)

4. 부품

① R_1, R_2 (1kΩ,1W)

② R_3, R_4 (1.5kΩ,1W)

③ R_5 (potentiometer, 10kΩ,1/2W)

④ R_6 (potentiometer, 1kΩ,2W)

⑤ LP_1 (MINIATURE LAMP)

⑥ S_1 (SWITCH SPST)

4 실험 절차

이 실험과정에서 키르히호프의 법칙을 증명하고 또 회로에 관한 문제를 해결하는데 응용하고자 한다.

1. a) 그림 3.5와 같이 저항 R_1, R_2, R_3, R_4와 밀리암메타 그리고 직류전원을 직렬로 연결한다. 이때 전원 스위치를 미리 넣지 않는다.

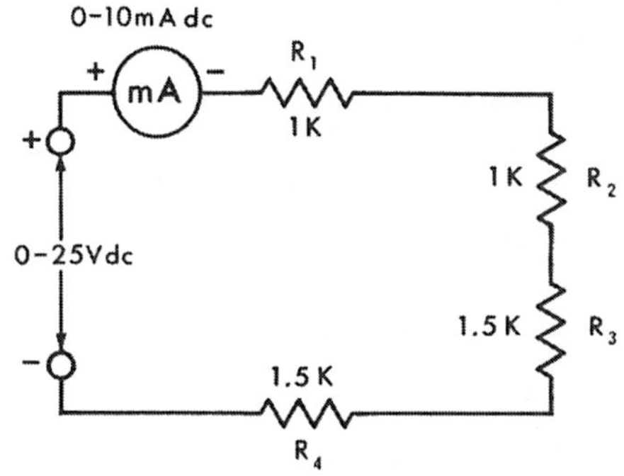

▎그림 3.5 **실험 회로**

b) 이때 전 저항 R_T를 계산하고 옴의 법칙을 이용해서 24V 직류 전원에 대한 회로에 흐르는 전류값을 계산한다.

c) 각 저항의 전압강하 (I×R)을 계산한다.

d) 표 3.1에 계산된 전류값과 전압값을 적어 넣는다.

표 3.1 측정 표

	전류	R_1 전압	R_2 전압	R_3 전압	R_4 전압
계산값					
측정값					

2. a) 전원스위치를 넣고 전압을 24V로 조정한 후 회로에 흐르는 전류를 측정한다.

   b) VOM계기를 사용해서 각 저항 R_1, R_2, R_3, R_4의 양단의 전압을 측정하여 표 3.1에 기입한다.

   c) 측정값과 계산값을 비교하여 그 값이 일치하는가?
   같지 않다면 그 원인은 무엇인가?

3. a) 측정한 전압 및 전류값으로부터 실제의 저항값을 계산한다.

   R_1 =

   R_2 =

   R_3 =

   R_4 =

   b) 측정전압 E_{R1}, E_{R2}, E_{R3}, E_{R4}을 더했을 때 이 전압의 합이 공급전압 E_S와 같은가?

   c) 4개의 전압강하의 합을 공급전압에서 뺐을 때 그 값이 0이 되는가?

4. a) 그림 3.6과 같이 회로에서 저항 R_4를 제거하고 대신 가감 저항기로서 포텐쇼미터 R_5(0~10kΩ)를 사용하여 연결선으로 그의 단자 2와 3을 연결한다.

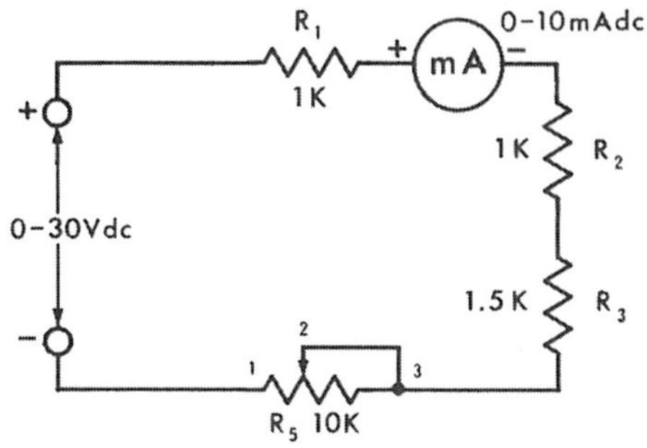

▌그림 3.6 **실험 회로**

b) 전원을 넣고 그 전압이 25V가 되도록 조정한 후 R_5를 조정하여 전류계의 지시가 2.5mAdc가 되도록 한다.

c) 옴의 법칙을 이용하여 R_1, R_2, R_3의 양단의 전압 E_{R1}, E_{R2}, E_{R3}를 계산한다. (표 3.2 기입)

유의점

키르히호프의 전압법칙에 의하면 각 저항의 전압강하 E_{R1}, E_{R2}, E_{R3}, E_{R5}의 합이 전원전압 E_S와 반드시 같다. 즉

$E_S = E_{R1} + E_{R2} + E_{R3} + E_{R5}$

또는, $E_S - (E_{R1} + E_{R2} + E_{R3} + E_{R5}) = 0$

d) 위 식으로부터 R_5의 양단의 전압 E_{R5}를 계산하여 표 3.2에 기입한다.

e) 회로전류와 계산된 E_{R5}값으로부터 저항 R_5의 값을 계산하여 표 3.2에 기입한다.

f) VOM으로 R_1, R_2, R_3, R_5의 양단의 전압을 측정하고 표 3.2에 기입.

g) 회로에 흐르는 전류와 측정값 E_{R5}로부터 저항 R_5의 값을 계산한다.

h) R_5와 E_{R5}에 대한 측정값과 계산 값이 일치하는가?

▌표 3.2 **측정표**

	R_1 전압	R_2 전압	R_3 전압	R_5 전압	R_5 저항값
계산값					
측정값					

5. a) 전류계의 지시가 5mAdc가 되도록 저항 R5를 조정한다.

   b) 실험 절차 4에서와 같은 방법으로 계산한 값과 측정한 값을 표 3.3에 기입한다.

   c) 전압을 0으로 돌려놓고 전원을 끈다.

표 3.3 측정표

	R_1 전압	R_2 전압	R_3 전압	R_5 전압	R_5 저항값
계산값					
측정값					

6. a) 전류계의 극성에 주의해서 그림 3.7과 같이 직류전원, 전류계, 램프 LP_1, 저항 R_2 및 스위치 S_1을 연결한다.

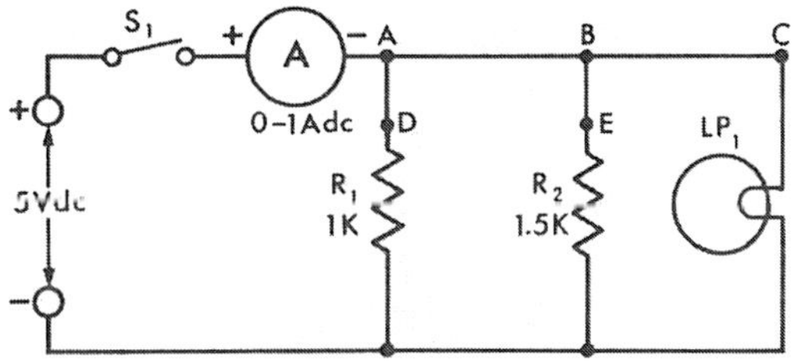

그림 3.7 실험 회로

   b) 전류계의 측정범위를 직류 1Adc로 놓고 스위치 S_1을 넣고 전원을 넣은 후 전압계의 지시를 5Vdc로 조정한다. 이때 램프 LP_1이 점등 될 것이다.

   c) 전전류 I_T를 측정한다.

   I_T=

   d) 스위치 S_1을 개방한다.

7. a) 그림 3.7에서 전류계를 제거하고 A와 D 사이에 그 전류계를 극성에 맞추어 연결한다.

   b) 전류계의 측정범위를 10mAdc에 맞추고 스위치 S_1을 닫고 저항 R_1을 흐르는 전류 I_{R1}을 측정한다.

c) 스위치 S_1을 개방한다.

8. a) A, D 사이의 전류계를 제거하고 B와 E사이에 그 전류계를 극성에 맞추어 연결한 다음 저항 R_2에 흐르는 전류 I_{R2}를 측정한다.

   b) 스위치 S_2를 개방한다.

9. a) B, E사이에 있는 전류계를 제거하고 그 전류계를 B, C 사이에 연결한다.

   b) 전류계의 측정범위를 1Adc에 놓고 S_1을 닫고 LP_1에 흐르는 전류를 측정한다.

   c) 전압을 0으로 놓고 전원을 끈다.

10. a) 이들 3지로의 전류는 모두 동일한가? 그 이유를 설명하라.

    b) 3지로의 전류를 합하여라.

    c) 3지로의 전류의 합은 실험 절차 6. c)에서 측정한 전류 I_T와 같은가?

11. a) 그림 3.8과 같이 직류전원, 전류계, 저항 R_1, R_2, R_3 (1kΩ의 포텐쇼메터), R_4 및 스위치 S_1을 연결한다. 여기서 저항 R_3는 단자 2와 3을 연결하여 가변저항기로 사용한다.

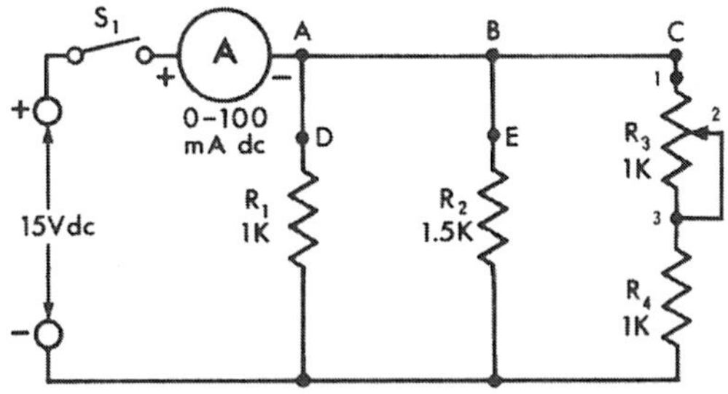

▎그림 3.8 **실험 회로**

    b) R_3의 조정용 손잡이를 시계방향으로 돌려 최대위치에 둔다.

    c) 전류계의 측정범위를 100mAdc로 맞추고 스위치 S_1을 닫고 전원을 넣어서 전압이 15Vdc가 되도록 조정한다.

d) 저항 R_3을 조정해서 전류계의 지시가 35mAdc가 되도록 한다.

e) 이 전류계의 지시값이 회로의 전전류 I_T를 나타낸 것인가?

f) A점에 대해서 이 전류는 들어오는 전류인가 나가는 전류인가?

g) 스위치 S_1을 개방한다.

12. a) 그림 3.9와 같이 회로를 구성한다.

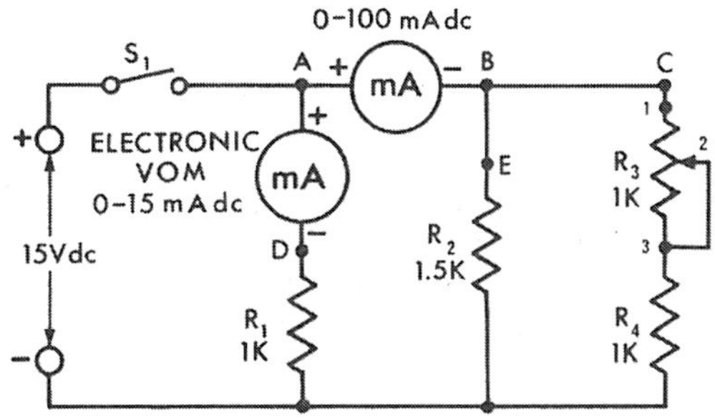

▌그림 3.9 **실험 회로**

b) VOM의 측정범위를 15mAdc 에 맞추고 A와 D사이에 전류계를 연결한다.

c) 스위치 S_1을 닫고 전류 I_{AB}를 측정하여라.

I_{AB}=

d) 저항 R_1에 흐르는 전류 I_{AD}를 측정하여라.

I_{AD}=

e) 전류 I_{AD} 및 I_{AB}는 A점에 대해서 들어오는 전류인가, 나가는 전류인가?

f) 전류 I_{AD} 와 I_{AB}의 합이 전전류 I_T 와 동일한가?

g) 전류 I_{AB}는 B점에 대해서 들어오는 전류인가, 나가는 전류인가?

h) 스위치 S_1을 개방한다.

13. a) 전류계를 회로에서 제거한 다음 그림 3.10과 같이 B, C 사이에 연결하고 VOM은 B, E 사이에 연결한다.

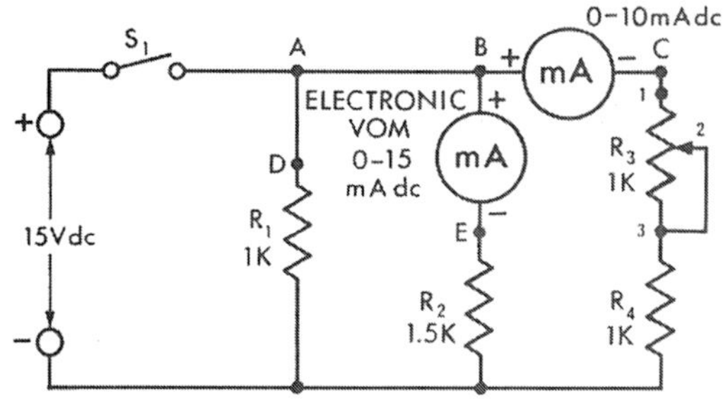

▌그림 3.10 **실험 회로**

b) VOM의 전류측정범위를 10mAdc에 맞춘다.

c) 스위치 S_1을 닫고 저항 R_3 및 R_4의 직렬지로에 흐르는 전류 I_{BC}를 측정하여라.

d) 저항 R_2에 흐르는 전류 I_{BE}를 측정하여라.

e) I_{BC}와 I_{BE}는 B점에 대해서 들어오는 전류인가, 나가는 전류인가?

f) I_{BC}와 I_{BE}의 전류합은 I_{AB}와 같은가?

14. a) R_3과 R_4의 직렬지로의 전류와 그의 양단전압은 얼마인가?

b) 측정값 I_{BC}로부터 저항 R_3 및 R_4의 직렬저항값을 구하여라.(옴의 법칙에 이용하여)

c) 스위치 S_1을 열고 전압을 0으로 한 후 전원을 끈다.

d) R_3와 R_4의 직렬부분을 그 상태에서 회로로부터 분리시킨다.

e) VOM의 측정범위를 저항으로 놓고 분리시킨 직렬저항 $(R_3 + R_4)$의 값을 측정하여라.

f) $(R_3 + R_4)$의 측정값과 계산값이 일치하는가?

5 자체평가

1. 그림 3.11과 같은 분압회로에서 전원 전압은 100Vdc, 전류계의 지시는 0.02Adc이며 저항 R_3는 3kΩ, 단자 C와 D사이의 전압 E_{CD}는 30Vdc 이다.

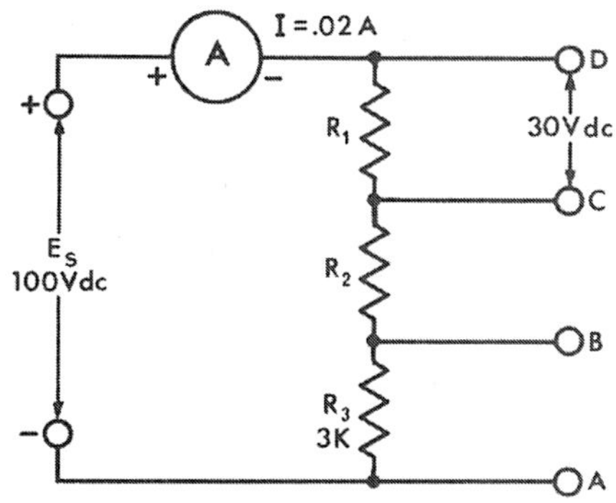

▌그림 3.11 **실험 회로**

다음의 값들을 계산하여라.

R_1=

E_{AB}=

E_{BC}=

R_2=

2. 그림 3.11에 관한 다음의 설명이 사실(O)인지 거짓(X)인지를 가려 표시 하여라

a) 단자 B는 단자 A에 대하여 −극성을 갖는다.(   )

b) 단자 C는 단자 B에 대하여 +극성을 갖는다.(   )

c) 단자 A와 C사이에 연결된 전압계의 지시는 40 Vdc이다.(   )

d) 단자 A는 단자C나 B에 대하여 −극성이다.(   )

3. 그림 3.5에서 저항 R_3의 값을 6.5kΩ으로 하였다면 다음의 계산 값은 얼마인가?

회로 전류 = mAdc E_{R1} = Vdc

E_{R2} = Vdc E_{R3} = Vdc

4. 직렬회로에서의 전압강하의 합은 (   ) 과 같다.

5. 키르히호프의 법칙을 수식으로 표시하여라.

6. 그림 3.6과 실험 절차 9를 참고하여 LP_1에 불이 켜져 있을 때 LP_1의 저항값을 옴의 법칙을 이용하여 구하여라.

7. 그림 3.12에서 전원전압이 27Vdc, 전체전류 I_T가 30mAdc 일 때 옴의 법칙과 키르히호프의 전류법칙을 이용해서 다음 값들을 구하여라.

   a) R_1에 흐르는 전류는 얼마인가?

   b) R_2에 흐르는 전류는 얼마인가?

   c) R_3에 흐르는 전류는 얼마인가?

   d) R_3의 저항값은?

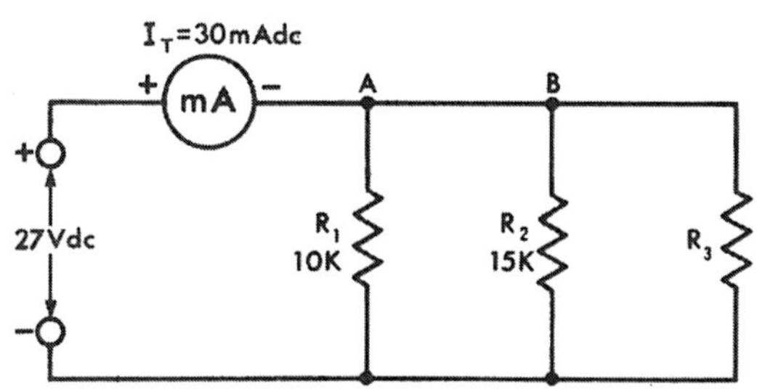

그림 3.12 **실험 회로**

8. 그림 3.12와 같이 전류계를 A, B 사이에 연결한다면 전류계의 지시값은 얼마인가?

9. 문제 7에서 R_3에 흐르는 전류는 어느 법칙을 적용하여 계산하였는가?

10. 그림 3.12에서 각 저항기에 흐르는 전류는 A점에 대해서 나가는 전류인가, 들어오는 전류인가?

11. 그림 3.11과 3.12에서 각 저항 소자에서의 소비전력을 계산하고, 소비전력의 합과 전원에서 공급되는 전력과 비교하라.

테브냉 및 노튼의 정리

1 실험 목적

저항 직병렬회로에 있어서 테브냉의 정리와 노튼의 정리에 의한 회로 해석법과 적용법을 익힌다.

2 예비 지식

회로망의 모든 지로(branch)의 전류와 전압의 응답을 구하는 가장 조직적인 방법에는 폐로 해석법과 절점해석법이 있다.

그러나 회로망의 어느 특정한 한 지로의 전류나 전압만을 구하려 할 경우 이들의 방법으로는 그 이외의 다른 부분의 전압이나 전류까지도 구하게 되는 연립방정식을 풀게 되어 번잡하게 된다. 이 경우에 가장 간단한 해석법을 제공해 주는 것이 테브냉의 정리와 노튼의 정리이다.

1 테브냉의 정리(Thevenin's theorem)

임의의 구조를 갖는 능동회로망에서 회로 내의 임의의 두 단자 A, B를 선택하고 이 단자에 대하여 외부에서 보았을 때 등가적으로 하나의 전압원(테브냉의 등가전압) V_{TH}와 직렬로 연결된 하나의 저항(테브냉의 등가저항) R_{TH}로 대치할 수 있다. 이 간략화 된 회로를 테브냉의 등가회로라고 한다.

여기서, 등가전압 V_{TH}는 주어진 회로망의 단자 A, B를 개방했을 때의 단자 A, B에 나타나는 전압과 같고, 등가저항 R_{TH}는 주어진 회로망의 모든 전원을 제거(전압원은 단락, 전류원은 개방)하고 단자 A, B에서 회로망쪽으로 본 저항과 같다. 이때, 부하전류는 다음과 같다.

$$I_L = \frac{V_{TH}}{R_{TH} + R_L} \tag{1}$$

2 노튼의 정리(Norton's theorem)

임의의 구조를 갖는 능동회로망에서 회로 내의 임의의 두 단자 A, B를 선택하고 이 단자에 대하여 외부에서 보았을 때 등가적으로 하나의 전류원(노튼의 등가전류) I_N과 병렬로 연결된 하나의 저항(노튼의 등가저항) R_N으로 대치할 수 있다. 이 간략화 된 회로를 노튼의 등가회로라고 한다.

여기서, 등가전류 I_N은 주어진 회로망의 단자 A, B를 단락했을 때 단자 A, B에 흐르는 전류와 같고, 등가저항 R_N은 주어진 회로망의 모든 전원을 제거(전압원은 단락, 전류원은 개방)하고 단자 A, B에서 회로망쪽으로 본 저항과 같으며 이 값은 테브냉의 등가저항 R_{TH}와 같은 값을 가진다.

태브냉의 등가회로와 노튼의 등가회로는 서로 쌍대를 이루며, 또한 양쪽 회로는 동일한 회로망에 대한 등가회로이므로 단자를 개방했을 때의 단자전압 V와 단자를 단락시킨 단자전류 I가 서로 같아야만 한다. 따라서 다음과 같은 관계식이 성립한다.

$$\text{개방전압} \quad V = V_{TH} = I_N \times R_N \tag{2}$$

$$\text{단락전류} \quad I = \frac{V_{TH}}{R_{TH}} = I_N \tag{3}$$

두 식을 비교하면 $R_{TH} = R_N$의 관계를 얻을 수 있고 이 값을 R이라고 하면 $V_{TH} = R \times I_N$의 관계를 얻는다.

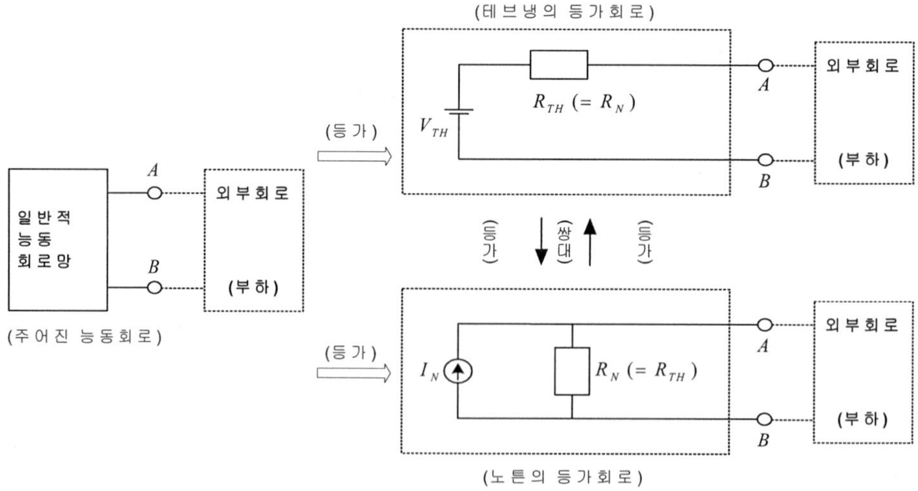

Ⅰ그림 4.1 테브냉 및 노튼의 등가회로에 의한 회로 해석법

3 실험 기자재와 부품

1) 직류전원장치(0~30Vdc)

2) 디지털멀티미터(DMM) 또는 Electronic VOM

3) 부품

R(저항) 1kΩ, 1W 2개

1.5kΩ, 1W 2개

4 실험 절차

오늘날 많은 전자회로는 습기나 진동으로부터 보호하기 위하여 밀봉제작 된다. 따라서, 이런 회로들은 IC(integrated circuit)나 하이브리드 회로(hybrid circuit) 등과 같이 하나의 칩 형상으로 만들어지는데 이러한 회로의 저항이나 전류 및 전압들은 옴의 법칙이나 키르히호프의 법칙을 사용해서 구한다는 것은 불가능한 일이다. 이러한 경우 테브냉의 정리나 노튼의 정리를 적용하면 비교적 간단히 해결할 수 있다.

[테브냉의 정리]

1. a) 그림 4.2와 같은 회로에 있어서 부하저항 R_L의 양단전압과 R_L에 흐르는 전류는 테브냉 정리를 이용하여 간단하게 구할 수 있다.

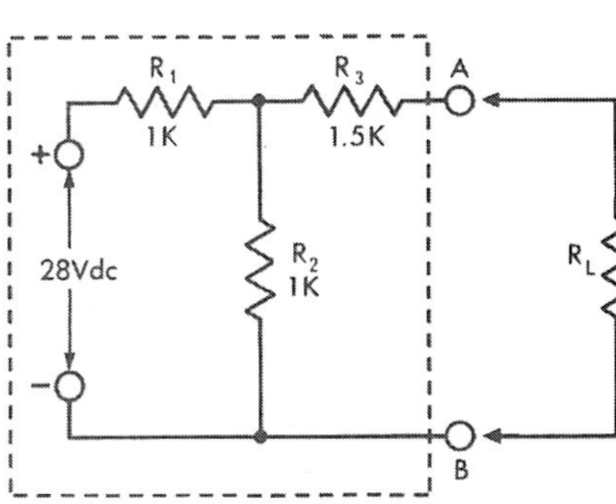

▌그림 4.2

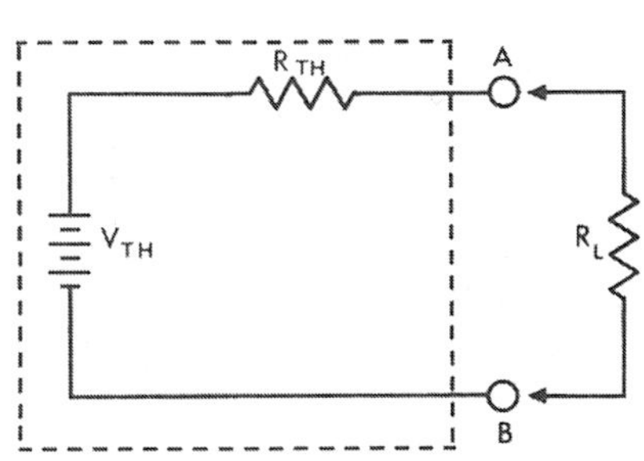

▌그림 4.3

b) 그림 4.2와 같이 점선 부분이 밀봉되어 내부회로를 알 수 없을 경우 외부에 나타난 단자 A, B에 대하여 그림 4.3과 같이 테브냉의 등가저항 R_{TH}와 이와 직렬로 하는 등가전압 V_{TH}로 대치하여도 R_L에 대해서는 전과 아무런 변화가 없다

c) 테브냉의 등가저항 및 등가전압을 알고 있으면 부하저항 R_L의 예상되는 전류 및 전압값은 옴의 법칙으로부터 쉽게 구할 수 있다.

2. a) 테브냉의 등가전압 V_{TH}는 단자 A, B를 개방했을 때의 A, B 양단의 전압이므로 그림 4.2에 있어서 개방단자 A, B에 나타나는 전압은 단자 A, B가 개방되어 R_3에 전류가 흐르지 않으므로 R_2의 양단전압이 된다.

b) 전원전압을 28Vdc로 할 때 단자 A,B 양단에서의 테브냉의 등가전압 V_{TH}를 계산하여라.

c) A, B 양단에서의 테브냉의 등가저항 R_{TH}를 구하기 위하여 전원 28Vdc를 단락시키면 A, B 양단에서의 R_{TH}는 R_1과 R_2의 병렬에 R_3가 직렬이 되는 합성저항 값이다.

d) 테브냉의 등가저항과 전압값을 이용해서 그림 4.3에 있는 부하저항 RL (1.5kΩ) 양단의 전압과 R 에 흐르는 전류를 구하여라.

3. a) 그림 4.2와 같이 회로를 결선하고 단자 A, B를 개방상태로 한다. 이때 전원단자는 단락하지 않는다.

b) 우선 VOM의 측정범위를 저항으로 놓는다. 전원의 연결도선을 단락시키고 단자 A, B 양단의 등가저항 R_{TH}를 측정하여라.
이 값이 실험 절차 2. c)에서 계산한 등가저항 값과 일치하는가?

c) VOM의 측정범위를 직류전압으로 놓고 직류전원을 공급하여 전압을 28Vdc로 조정한 다음 단자 A, B 양단의 전압을 측정하여라.
이 값이 실험 절차 2. b)에서 계산한 값과 일치하는가?

d) 전압을 0으로 돌려놓고 전원을 끈다.

4. a) 그림 4.4와 같이 연결한다.

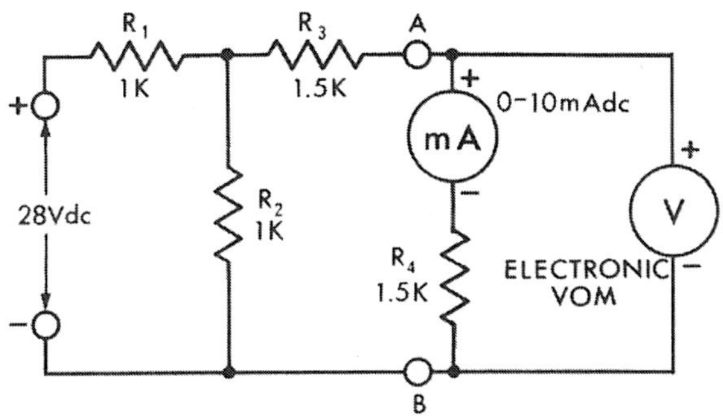

▍그림 4.4 **실험 회로**

b) 전원을 넣고 전압을 28Vdc로 조정한 후에 부하저항 R_4의 양단의 전압을 측정하라.

c) R_4에 흐르는 전류 I_{R4}를 측정하여라.

d) 전압을 0으로 돌려놓고 전원을 끈다.

e) 이때 측정한 값은 위에서 구한 계산 값과 비교하여 일치하는가?

f) A, B 양단의 부하저항 R_4가 어떤 값으로 변하여도 R_4 양단의 전압(부하전압)과 R_4의 전류(부하전류)를 테브냉의 정리를 이용하면 쉽게 구할 수 있겠는가?

5. 그림 4.4의 회로에 대하여 테브냉의 등가전압 및 등가저항을 구하는 법을 익힌다.

a) 그림 4.3과 같이 테브냉의 등가회로를 그린다.

b) 단자 A, B를 무부하(개방)로 한 상태에서 A, B 사이의 전압을 계산한다. 이때 V_{AB} 전압이 테브냉의 등가전압 V_{TH}이다.

c) 전원은 단락상태로 하여 단자 A, B에서 본 합성저항을 계산한다. 이 저항값이 테브냉의 등가저항 R_{TH}이다.

d) 이 테브냉의 등가전압과 등가저항은 어떤 부하저항 R_L에 대해서도 부하전류와 부하전압을 구하는데 사용할 수 있다.

[노튼의 정리]

노튼의 정리는 테브냉정리와 매우 유사한 것(쌍대관계)으로서 두 단자 사이에 있는 어떠한 회로망도 노튼의 등가전류원 I_N과 이 전류원과 병렬로 접속되는 노튼의 등가저항 R_N으로 대치할 수 있다.

6. a) 그림 4.2와 같이 점선 내부의 회로가 블랙박스 안에 밀봉되고 단자 A, B 만이 외부에 나타나 있다고 하면 단자 A, B에 대해서 그림 4.5에 점선으로 표시한 부분과 같이 노튼의 등가전류원과 병렬로 연결되는 노튼의 등가저항 R_N을 구하여 노튼의 등가회로로 대치할 수 있다.

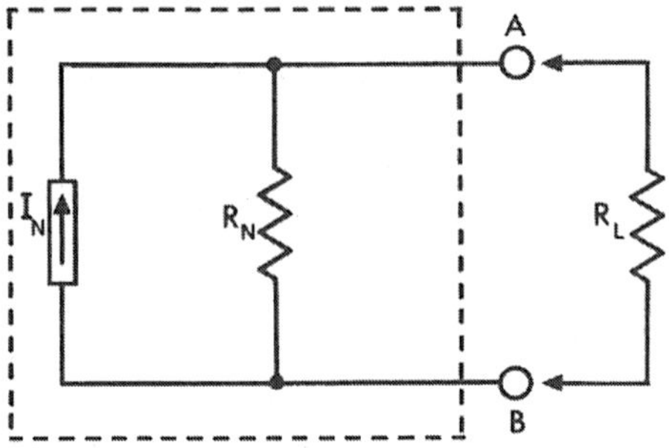

그림 4.5 **실험 회로**

b) 노튼의 등가전류원 및 등가저항을 알고 있으면 옴의 법칙을 이용하여 R_L 양단 전압값과 전류값을 쉽게 구할 수 있다.

7. a) 노튼의 등가저항 RH는 테브냉의 등가저항을 구하는 방법과 같다. 즉,

$$R_{TH} = R_N \tag{1}$$

b) 노튼의 등가전류원 I_N은 A, B를 단락했을 때 단자 A, B에 흐르는 전류이다.

c) 테브냉의 정리와 노튼의 정리와의 중요한 관계는,

$$V_{TH} = R_{TH} \times I_N \tag{2}$$

$$V_{TH} = I_N \times R_N \tag{3}$$

$$I_N = \frac{V_{TH}}{R_{TH}} \tag{4}$$

식 (1)에서부터 식 (4)는 어떤 테브냉의 등가회로를 노튼의 등가회로로 변환시켜 주는 방법을 제시하고 있으며 그 역도 성립한다.

8. 그림 4.2와 같은 회로에 대하여 노튼의 등가전류원 및 등가저항을 구한다.
   a) 식(1)을 사용해서

      R_N = Ω

   b) 식(4)를 사용해서

      I_N = mAdc

   c) 그림 4.5에서 노튼의 등가값을 이용하여 부하 저항 R_L(1.5kΩ)에 흐르는 전류값을 계산하여라.
   d) 부하전압 E_{RL}을 계산하여라
   e) 실험 절차 3에서 구한 값은 절차 8의 과정에서 계산한 값과 비교해서 일치되는가?

5 자체평가

1. 그림 4.2와 같은 회로에서 부하에 흐르는 전류를 계산할 수 있는 세 가지 방법을 기술 하여라.

2. 그림 4.2 회로에서 부하저항 R_L = 1kΩ 일 때 부하전류를 계산하여라.
   ① 테브냉 정리를 이용할 경우
   ② 노튼의 정리를 이용할 경우

3. 그림 4.2에에 RL 양단의 전압을 옴의 법칙을 적용하여 계산하여라.
   ① R_L = 1.5kΩ일 때
   ② R_L = 1kΩ일 때

4. 부하전류를 구할 수 있는 세 가지의 방법 중 어느 방법이 가장 유리한가? 그 이유를 설명하시오.

5. 태브냉 등가회로를 구성하였을 때 각 소자에서 소비되는 전력을 구한다. 부하저항 R_L = 1.5kΩ이다.

① 등가회로를 구성하기 전 그림 4.2에서 각 저항소자의 소비전력을 구하라.

R_1 = mW

R_2 = mW

R_3 = mW

R_L = mW

② 전원에서 공급되는 전력을 구하여라.

P = mW

③ 그림 4.3과 같이 등가회로를 구성하였을 때 각 저항소자의 소비전력을 구하라.

R_{TH} = mW

R_L = mW

④ 등가회로의 전원에서 공급되는 전력을 구하여라.

P_{TH} = mW

⑤ ②와 ④의 결과로부터 어떤 결론을 내릴 수 있는가?

제05장

RC, RL 및 RLC 회로의 과도상태와 정상상태

1 실험 목적

1) RC, RL 및 RLC회로의 과도상태 및 정상상태에서 일어나는 전압과 전류의 변화를 확인함으로서 저항과 커패시터 및 인덕터의 기본적인 특성을 파악한다.

2) RLC회로에서 발생하는 공진현상을 공부한다. 아울러 주어진 회로에서 정현파에 대한 공진주파수를 구한다.

2 예비 지식

1 구형파 전원

이 실험에서 사용하는 함수파 발생기에서 출력되는 구형파를 이용하여 커패시터를 순간적으로 충전 및 방전하도록 할 수 있다. 구형파는 다음과 같다.

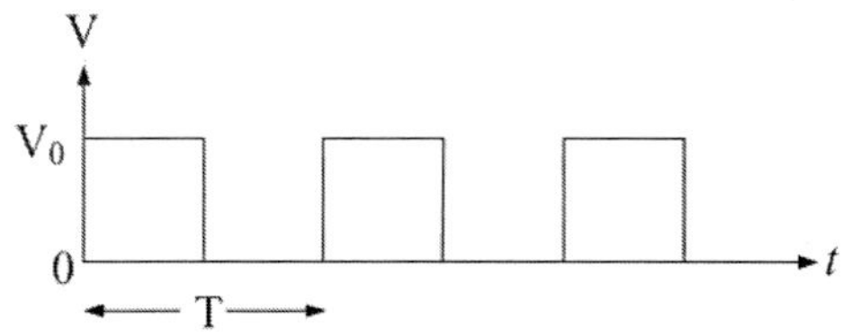

그림 5.1 **구형파 발생기의 출력파형**

함수파 발생기를 조절하여 전압과 주기를 조절할 수 있다. 그러나 이 함수파 발생기는 이상전원이 아니며 일반적으로 출력단자 측 내부저항이 보통 50[W]이다. 따라서 우리가 사용하는 구형파 발생기는 그림 5.2와 같이 두 가지의 전원으로 생각할 수 있다. 발생기의 출력이 "on"상태일 때는 V_0의 크기를 갖는 직류전원 즉 이상적인 배터리와 50[W]의 저항이 직렬로 연결되어 있는 것으로 생각해야 한다. 반면 출력이 "off"일 때는 단순히 50[W]의 저항으로 만 되어 있는 것으로 생각해야 한다.

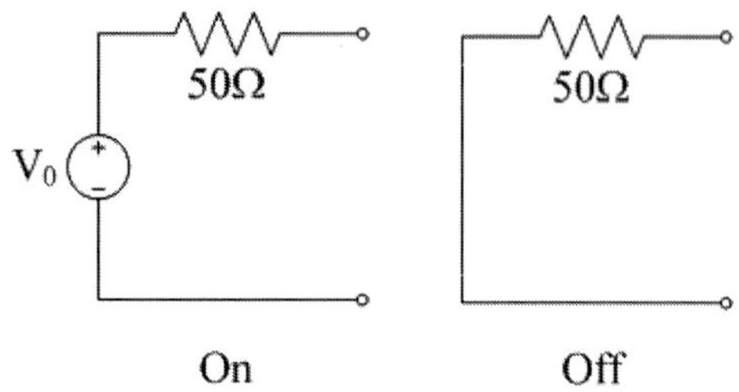

▌그림 5.2 구형파 전원의 등가회로

2 RC회로의 과도현상(자연응답 및 강제응답 ; free/natural response and driven/step response)

커패시터가 갖는 기본적인 성질은 전기에너지를 전하의 형태로 저장하거나 방출하는 역할을 한다는 것이다. 그림 5.3과 같은 회로에서는 저항을 통하여 전하를 방출 즉 방전한다. 그림 5.5와 같이 구형파(발생기)전원이 연결되어 있는 경우 출력전압이 V_0인 처음의 반주기동안 커패시터는 저항을 통해서 충전되고 출력전압이 0[V]인 반주기동안 역시 저항을 통해 방전된다. 이때 커패시터 양단의 전압변화는 다음과 같은 식으로 나타내진다. 즉

$$V(t) = V_0(1 - e^{-\frac{t}{RC}}) \qquad (1)$$

여기서 V_0는 평형상태에 해당하는 전압 즉 커패시터의 만충전(full charge)전압이다.

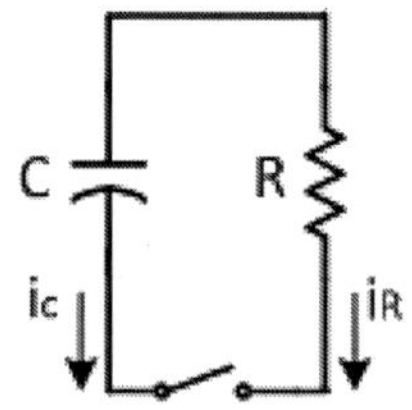

▌그림 5.3 RC 회로

구형파전압이 0V인 반주기가 되면 이 커패시터는 같은 저항을 통하여 방전되며 이때 커패시터 양단 전압의 변화를 식으로 표현하면

$$V(t) = V_0 e^{-\frac{t}{RC}} \qquad (2)$$

이와 같은 RC회로에서 저항과 커패시턴스의 곱 즉 RC는 전압의 변화가 일어나는 시간 간격을 결정한다. 이 같은 이유로 이 값을 시상수라 부르고 t(타우)를 기호로 사용한다. 이는 간접적으로 전압이 $V_0/2$만큼 감소하는 데 걸리는 시간을 측정하여 구할 수 있다. 이 시간 간격을 반감주기(half-life ; $T_{1/2}$)라 부르고 간단한 식 $T_{1/2} = (\ln 2)t$ 으로 주어지며,

$$\tau = T_{1/2}/\ln 2 = T_{1/2}/(0.693) \tag{3}$$

와 같이 된다.

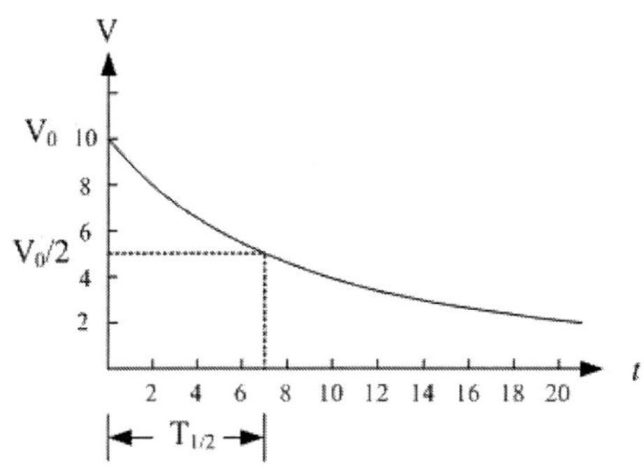

▌그림 5.4 커패시터의 방전특성

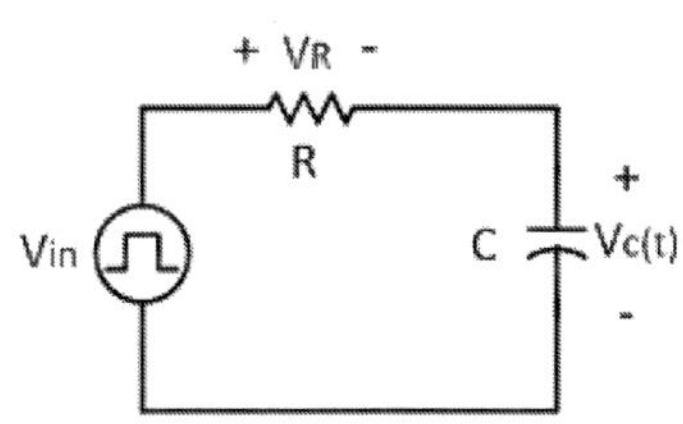

▌그림 5.5 구형파전원이 포함된 RC회로

3 RL회로의 과도현상(자연응답 및 강제응답)

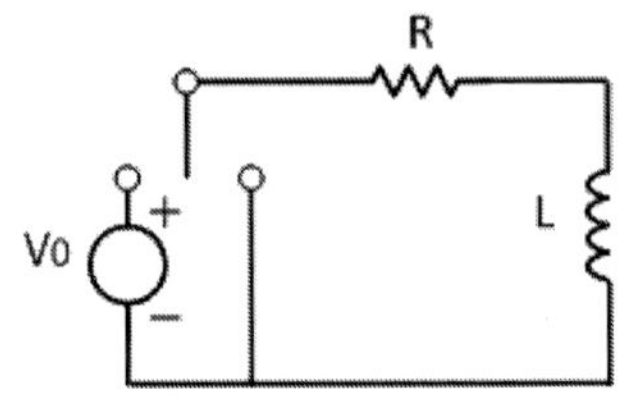

▌그림 5.6 RL 회로

인덕터와 저항이 직렬로 연결된 회로의 경우 우선 그림 5.6과 같은 회로를 생각한다. 우선 스위치를 전원쪽으로 연결하여 직류전원에 의해 저항을 통하여 인덕터에 전류가 흐르도록 한다. 시간이 충분히 지나 정상상태가 되면 전류는 $i_0 = V_0/R$이 될 것이다. 이제 시간 t=0에서 스위치를 오른쪽으로 닫아서 직류전원을 제거하고 회로를 연결하면,

$$i(t) = i_0 e^{-\frac{R}{L}t} \tag{4}$$

여기서 i_0는 스위치가 오른쪽으로 닫히는 순간 인덕터에 흐르는 전류이다.

이제 새로운 시간 t=0에서 스위치를 다시 왼쪽으로 전환하여 전원을 연결하면 인덕터의 전압은 다음의 식에 따르는 값으로 증가한다. 즉

$$i(t) = i_0(1 - e^{-\frac{R}{L}t}) \tag{5}$$

위 두 식에서 시상수는 L/R이고

$$\frac{L}{R} = \tau = \frac{T_{1/2}}{0.693} \tag{6}$$

이 된다. 저항 양단의 전압을 측정하고 옴의 법칙 i=V/R을 이용하여 전류를 구한다.

회로가 정상상태에 도달하였을 때 흐르는 전류 즉 최종전류는 구형파전압의 값 V0에 의해 결정되고 정상상태에 도달할 때까지 전류의 변화는 식 (5)에 따른다는 것을 관찰한다. 그리고 구형파 출력전압이 0이 되는 순간부터 전류는 식 (4)에 따라 감소한다는 것을 관찰한다. 두 경우의 시상수는 똑같다는 것도 관찰한다.

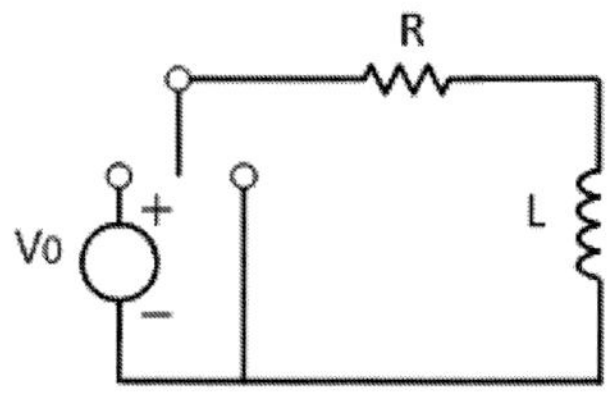

| 그림 5.7 실험에 사용한 RL회로

4 RLC회로의 과도현상(자연응답 및 강제응답)

교과서에서 설명되어 있는 바와 같이 인덕터와 커패시터가 포함된 회로는 기계공학적인 등가시스템으로서 질량을 가진 벽돌이 단단한 벽에 용수철로 매달려 있는 조화진동자로 생각할 수 있다.

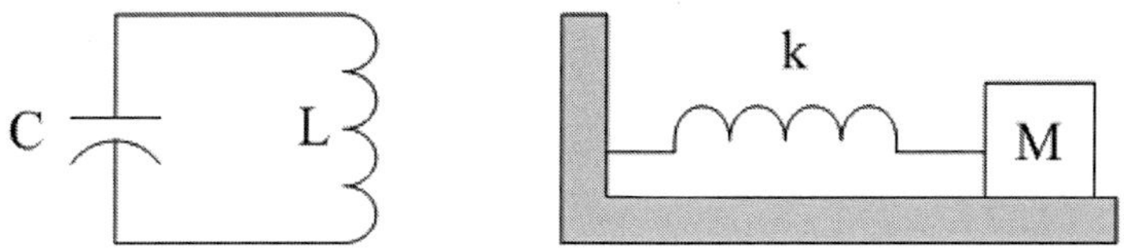

| 그림 5.8 LC회로와 이것과 등가인 기계공학 시스템

같은 방법으로 에너지는 기계공학 시스템에서 질량 M을 가진 벽돌의 운동에너지 또는 용수철 상수 k를 가진 용수철의 위치에너지로 생각할 수 있고 전기공학 시스템 즉 LC회로에서는 인덕터의 자기장에 저장되는 에너지 $U=\frac{1}{2}Li^2$ 또는 커패시터에 전하의 형태로 저장되는 에너지 $U=\frac{1}{2}\frac{q^2}{C}$ 이다. 위 두 가지 경우에 있어서 똑같이 전류나 전하는 정현파형태(sinusoidal)로 변한다. 여기서 진동주파수는 다음의 간단한 식으로 나타내진다. 즉

$$\omega_0=\frac{1}{\sqrt{LC}} \tag{7}$$

모든 회로소자 및 연결선은 필연적으로 저항을 가지게 되는데 이는 기계공학 시스템에서 마찰력에 의한 감쇄와 같으며 이 때문에 에너지 손실이 발생하고, 전기공학 시스템에서는 저항에 흐르는 전류에 의해 i^2R이라는 에너지손실이 발생하기 때문에 전하량은 시간이 지남에 따라 감소하기 마련이다.

$$q(t)=q_0e^{-t/\tau}\cos\omega_1 t \tag{8}$$

$$\omega_1 = (\omega_0^2 - \frac{1}{\tau^2})^{1/2} \tag{9}$$

여기서 t=2L/R 또는

$$T_{1/2} = \ln 2(\frac{2L}{R}) = (0.693)\tau \tag{10}$$

시상수 t가 클 경우 부족감쇄가 되고, 전하량은 그 값이 0에 이르기 까지 오랜 시간에 걸쳐서 진동하게 된다.

식 (9)에서 $\omega_0^2 = \frac{1}{\tau^2}$이면, (8)식에 포함된 cosine 함수의 독립변수인 ω_1의 값이 항상 0이 되고 결국 cos $w_1 t = 1$이 된다. 이와 같은 조건을 임계감쇄라 부르고 이것은 $R = 2\sqrt{L/C}$일 때 발생한다.

저항값이 임계값보다 크면 이 시스템은 과감쇄 된다. 이 때 전하량은 실제로 임계감쇄의 경우보다 0에 도달하는 시간이 더욱 길어진다.

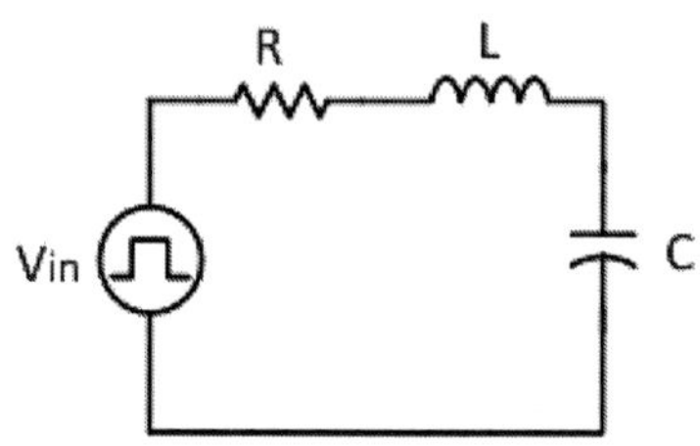

▌그림 5.9 **실험에 사용할 RLC회로**

3 실험 기자재와 부품

1 RC회로의 실험

1) 함수파 발생기

2) 오실로스코프

3) 부품

R(저항)	2kΩ, 100kΩ 1/2W 각 1개
C(커패시터)	1μ F, 0.01μ F 50V 각 1개

2 RL회로의 실험

1) 함수파 발생기

2) 오실로스코프

3) 부품

R(저항)	1kΩ
L(인덕터)	47mH

3 RLC회로의 실험

1) 함수파 발생기

2) 오실로스코프

3) 부품

R(저항)	4.7Ω
VR(가변저항)	5kΩ
C(커패시터)	0.01μ F
L(인덕터)	25mH

4 실험 절차

1 RC회로의 실험

1. 10[kΩ]의 저항과 0.1[μ F]의 커패시터를 이용하여 그림 5.5와 같이 회로를 결선한다.
2. 함수파발생기를 조절하여 100[Hz], 4[Vp-p] 구형파가 출력되도록 한다.
3. 오실로스코프를 이용하여 커패시터 양단의 전압변화를 관찰한다.
4. 주파수를 충분히 낮춰서 커패시터 양단의 전압의 최고 및 최저값이 V_0 또는 0이 되도록 한다.
5. 디지털멀티미터를 이용하여 저항 값을 측정한다.

[보조실험 : 반감주기 측정법]

1. 오실로스코프를 조절하여 가능한 한 화면에 +, − 꼭지점이 나타나면서 파형이 꽉 차도한다. time/div 조절손잡이를 조절하여 "calibrated" 위치가 되도록 하여야 x 축 값으로 시간을 읽을 수 있다.

2. x축 위치조절손잡이를 조절하여 파형이 오실로스코프 화면의 가로 중심축을 중심으로 아래쪽과 위쪽이 정확히 똑같이 되도록 한다.

3. y축 위치조절손잡이를 조절하여 방전이 시작되는 지점을 중간에 위치하도록 하고 파형이 수평선을 지나는 점과 원점 사이의 값을 읽으면 된다.

4. 그림 5.10에 표시된 것이 반감주기이다.

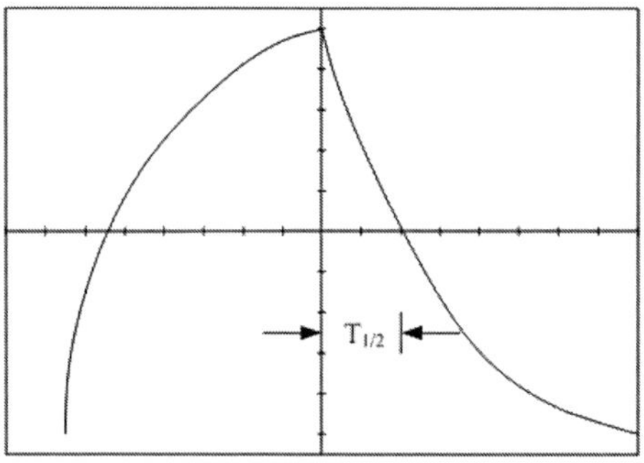

▌그림 5.10 **반감주기의 측정**

5. 반감주기 T1/2를 측정한 값을 식 (3)에 넣어서 시상수를 계산한다.

6. 회로에 사용한 저항과 커패시터의 값을 사용하여 RC값을 계산한다. 여기서 주의할 점은 앞에서 설명한 바와 같이 구형파발생기의 출력저항 50[W]을 합하여 계산하여야 한다는 것이다.

7. 앞의 실험과 같은 값의 저항과 커패시터를 사용하여, 주파수 즉 구형파의 주기를 바꾸어서 같은 실험을 반복한다.

8. 시상수보다 아주 큰 주기 그리고 낮은 주기를 갖는 구형파에 대해서 같은 실험을 행하고 각각의 경우 나타나는 파형을 그려 넣는다.

2 RL회로의 실험

1. 디지털멀티미터를 이용하여 인덕터의 저항을 측정하고 그림 5.7과 같이 회로를 결선한다.

2. 우선 함수파발생기를 조절하여 5[Hz]가 되도록 하고, 오실로스코프를 조절하여 저항에 흐르는 전류의 최대 및 최소 값이 각각 i_0, 0이 되도록 해서 파형의 상승, 하강형태를 잘 볼 수 있도록 한다.

3. 반감주기를 측정하고 이 값을 이용하여 시상수를 계산한다.

4. 멀티미터를 이용하여 인덕터의 저항과 회로에 사용된 저항의 값을 측정한다. 구형파를 공급하는 함수파 발생기의 출력저항과 이것들을 더하여 최종적인 합산저항을 구한다. 각 소자들의 값을 이용하여 계산된 R/L 값과 실험순서 3에서 구한 시상수 값을 비교한다.

5. 구형파의 주기 T를 몇 가지로 조절하여 실험을 반복하고, 이 주기가 시상수보다 상당히 클 때 와 상당히 작을 때 파형이 어떻게 나타나는지 관찰하고 그려 넣는다.

3 RLC 회로의 실험

기본적으로 이 실험은 앞에서 하였던 지수함수형 감쇄변화를 관찰과 같은 방법을 통해서 RLC회로의 감쇄진동을 관찰할 수 있다. 즉 구형파 전원을 RLC회로에 연결함으로서 직류전원의 스위치를 on, off 한 결과를 얻을 수 있다. 오실로스코프를 이용하여 커패시터 양단의 전압변화를 관찰함으로서 이 회로의 감쇄진동을 관찰한다.

1. 그림 5.9와 같이 회로를 구성한다. 우선 저항은 되도록 작은 값(예로 4.7[W])의 것을 사용한다. 구형파의 주파수는 100[Hz] 이하로 하여 과도현상파형 전체를 한눈에 볼 수 있도록 한다.

2. 진동의 주기를 측정하고 이 값을 이용하여 주파수를 계산한다.(주파수는 주기의 역수임을 기억)

주의사항

실제로 감쇄진동주파수 w_1를 측정하면, 이것은 w_0보다 약간 작을 것이지만 거의 무시할 수 있는 정도일 것이다.

3. 측정한 w_1과 식 $\omega_0 = \dfrac{1}{\sqrt{LC}}$ 으로 계산된 값을 비교해본다.

4. 계산에 사용하는 실제의 저항 값은 인덕터가 갖는 저항, 구형파 발생기 출력저항 즉 50[W], 그리고 회로에 삽입한 저항 등 세 개를 합한 것이어야 한다.

5. 임계감쇄와 부족감쇄현상을 관찰하기 위해서는 회로에 삽입한 저항을 5[kW]의 가변저항으로 바꾸어 달고 저항을 변화시키면서 관찰하여야 한다.

6. 가변저항은 우선 작은 값부터 시작하면서 실험을 진행하고 부족감쇄진동을 관찰하고 그려 넣는다.

7. 진동이 사라질 때 까지 즉 임계감쇄에 이르도록 가변저항 값을 증가하여 조절한다. 이때의 파형을 그려 넣는다. 또 이 때의 저항 값을 디지털멀티미터를 사용하여 측정하여 적어 넣는다. 이 저항 값에 인덕터의 저항과 구형파 발생기 출력저항 50[W]을 합하고, 식 $R = 2\sqrt{L/C}$을 이용한 계산으로 미리 예측한 값과 비교한다.

8. 임계감쇄에 도달한 저항 값보다 더 큰 저항의 경우 오실로스코프에 어떠한 파형이 나타나는지 관찰하여 그려 넣는다.

이제, 회로가 부족감쇄일 때 식 (2)를 이용한다. 이는 진동의 크기가 지수함수형태로 감소함을 의미하고 이 감소현상에 대한 시상수는 다음과 같이 된다. 즉

$$\tau = \frac{2L}{R}$$

지수함수형태로 감소하는 파형을 semi-log 눈금을 사용하여 그려 넣으면 직선이 되며 그 기울기는 -1/t 이 된다.

여기서 우리는 semi-log 눈금의 그래프에 그려진 직선의 양끝 점의 값을 읽어서 기울기를 구할 수 있다. 각 점의 시간과 전압 값을 t_1, V_1 그리고 t_2, V_2라고 하자. 두 전압의 자연대수 값을 계산한다. 이제

$$\frac{(\ln V_2 - \ln V_1)}{(t_2 - t_1)} = -\frac{1}{\tau}$$

가 된다. 진동의 크기가 감소할 때 시상수 측정을 위해서 다음의 실험순서를 진행한다.

9. 오실로스코프에 나타나는 진동이 아주 작아서 보기 힘들 정도가 되기 전에 7회 내지 8회 진동하는 파형이 나타나도록 감쇄진동현상이 되도록 가변저항을 조절한다.

10. 오실로스코프의 시간축 조절 손잡이(time/div)를 돌려서, 진동의 중간부분이 오실로스코프 중간에 오도록 한다. 오실로스코프 화면 우측, 데이터가 표시되는 부분에 진동의 각 첨두값(꼭지점) 전압이 표시되도록 조절한다. 적절히 조절하면 6개 내지 7개의 측정데이터를 얻을 수 있을 것이다.

11. 위에서 얻은 데이터를 semi-log 눈금 그래프에 그려 넣는다.

12. 위에서 설명한 방법을 이용하여 실험회로의 시상수를 구한다. 그러나 여기서 구한 값은 시상수의 지수함수 값이다.

13. 회로의 실제 저항을 구하기 위하여 가변저항을 회로에서 떼어내어 저항을 측정하고 인덕터의 저항 및 구형파발생기의 출력저항 50[W]을 더한다.

14. 식 (5)를 이용하여 실험에 사용한 회로의 이론적인 시상수를 구한다. 이 값과 실험으로 구한 값을 비교한다. 제대로 구해졌다면 두 값의 오차가 10~20[%]이어야 한다. 그렇지 않다면 담당교수에게 도움을 청한다.

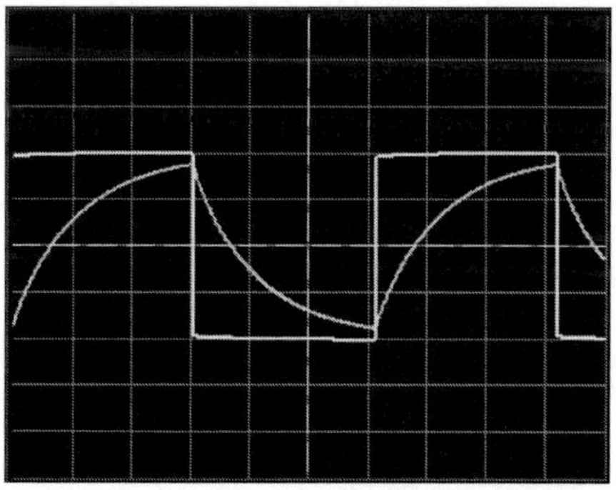

▌그림 5.11 **구형파가 입력된 RC회로에서 커패시터양단의 전압변화**

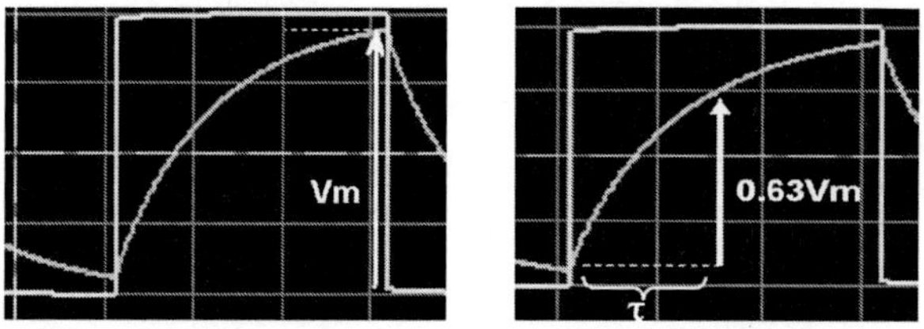

▌그림 5.12 **커패시터 전압파형에서 구하는 시상수**

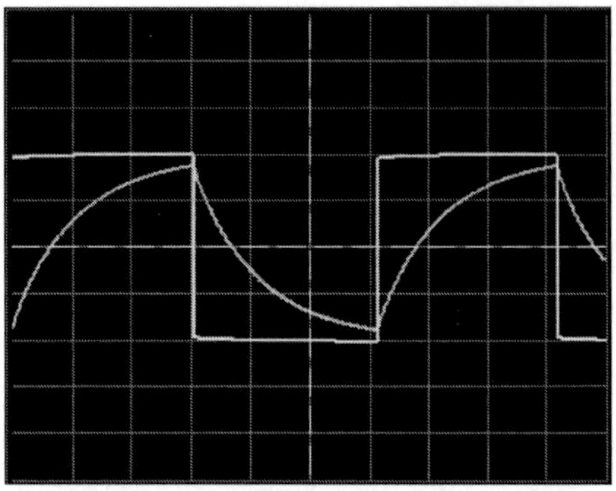

▮ 그림 5.13 **구형파가 입력된 RL회로에서 저항양단의 전압변화**

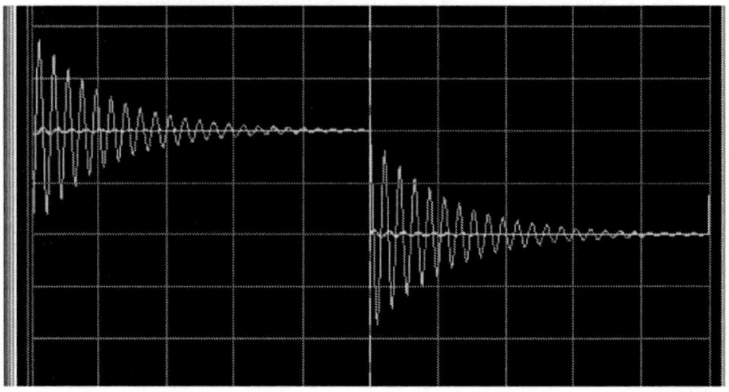

▮ 그림 5.14 **부족감쇄 된 RLC회로에서 커패시터전압**

5 자체평가

1 RC회로

1. 앞의 식 τ = RC를 이용하여 시상수를 계산하고 오실로스코프를 이용하여 측정한 값과 비교하여라. (서로 다른 저항 값과 커패시터 값에 대하여)

2. 저항과 커패시터를 바꿈으로서 어떠한 결과를 얻을 수 있었는지 설명하여라.

2 RL회로

1. 계산된 시상수의 값과 측정된 시상수의 값을 비교하여라.

2. 커패시터는 전하를 에너지로서 저장하는 소자이다. 인덕터는 에너지를 어떻게 저장하는지 간단히 설명하여라.

3 RLC회로

1. 계산된 공진주파수와 측정된 공진주파수를 비교하여라.

2. 부족감쇄, 임계감쇄, 과감쇄 등에 대해 설명하여라.

연산증폭기와 그 응용

1 실험 목적

1) 연산증폭기의 전압 이득, 옵셋 전압 등의 기본적인 파라미터들을 익힌다.

2) 연산증폭기를 이용하여 저항 피드백이 걸린 반전/비반전 증폭기를 설계한다.

3) 연산증폭기를 이용한 응용 회로를 설계할 수 있는 능력을 배양한다.

2 예비 지식

1 연산증폭기의 배경 이론

- 연산 증폭기는 아날로그 회로에서 가장 널리 사용되는 회로이다.
- 일반적인 연산 증폭기는 높은 이득 특성을 갖고 있으며, 차동 입력을 받아서, 단일 출력을 낸다.

$$V_{out} = A_0(V_{i1} - V_{i2}) \tag{1}$$

- 그림 6.1은 기본적인 연산 증폭기 회로이다. 식 (1)에서와 같이 입력 전압 V_{in1}과 V_{in2}의 차이에 비례하는 전압 V_{out}을 생성한다.

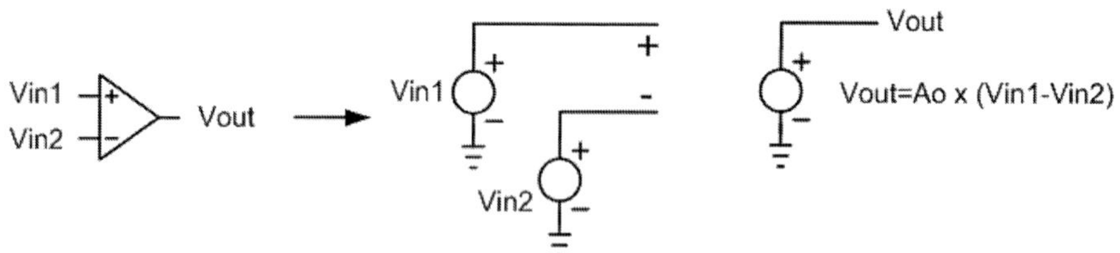

그림 6.1 기본적인 연산 증폭기

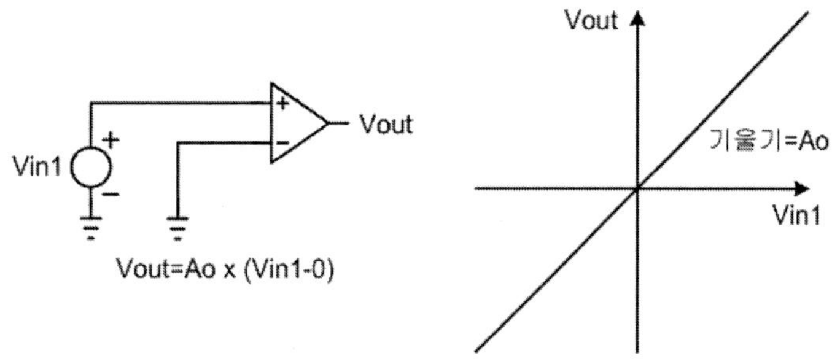

(a) Non-inverting amplifier

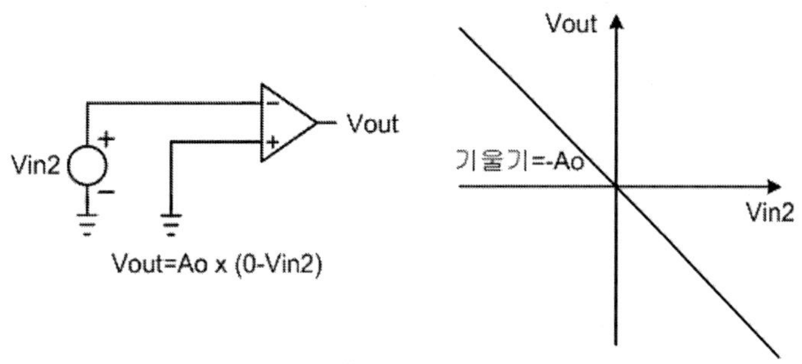

(b) Inverting amplifier

▌그림 6.2 **연산증폭기를 이용한 open-loop (a) 비반전 및 (b) 반전 증폭기**

- 그림 6.2(a)와 같이 음의 입력을 접지로 하고, 양의 입력에 입력 신호를 인가하는 회로를 비반전 증폭기 (non-inverting amplifier) 라고 하고, 그림 6.2(b)와 같이 양의 입력을 접지로 하고, 음의 입력에 입력 신호를 인가하는 회로를 반전 증폭기 (inverting amplifier) 라고 함.
- 일반적으로, 이상적인 (ideal) 연산 증폭기는 다음 세 가지 조건을 만족한다고 가정한다.

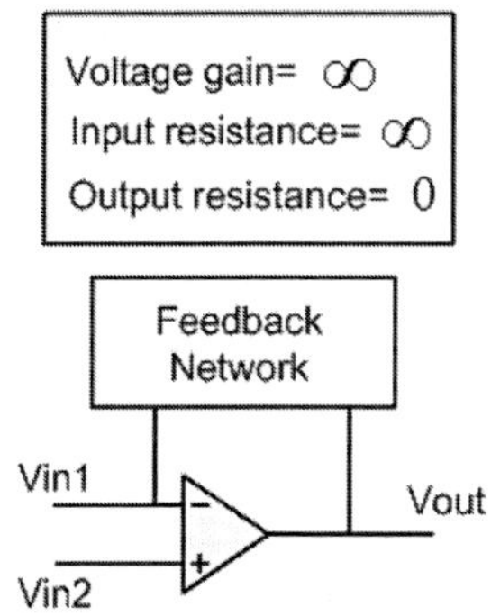

▌그림 6.3 **가상 단락의 개념**

- 이상적인 연산 증폭기를 이용하여 그림 6.3과 같이 피드백 회로를 구성하면, 식 (1)에서 전압 이득 (Ao)이 무한대일 경우, V_{in1} 전압과 V_{in2} 전압은 같아진다. 즉, 가상 단락 (virtual short)으로 볼 수 있게 된다. 이 개념은 연산 증폭기를 이용한 응용 회로의 분석에 매우 유용하게 사용될 수 있다.

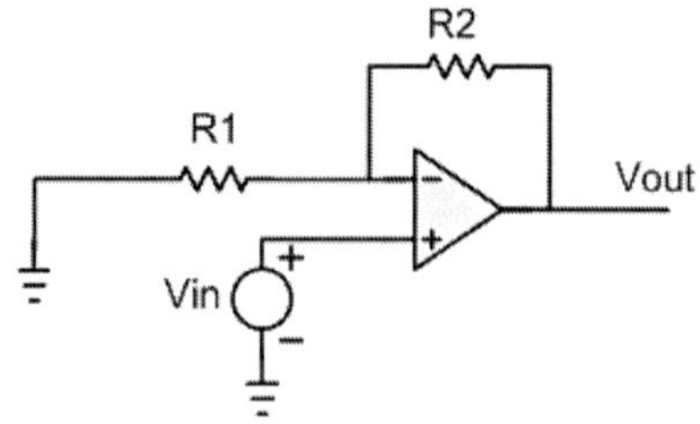

그림 6.4 저항 피드백을 이용한 Closed-loop 비반전 증폭기

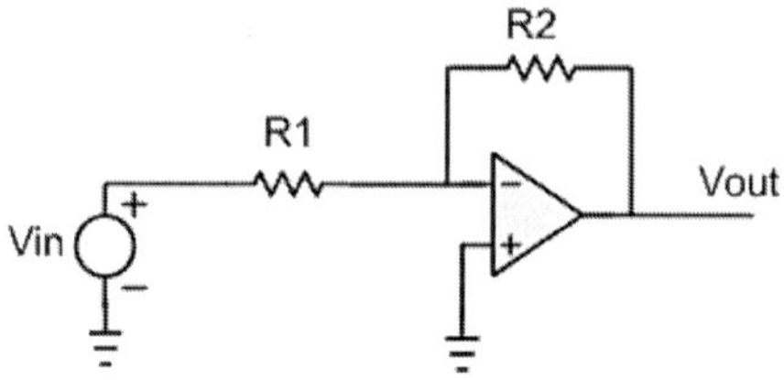

그림 6.5 저항 피드백을 이용한 Closed-loop 반전 증폭기

- 연산 증폭기만으로 이루어진 open-loop 증폭기의 경우 이득 (Ao)이 상당히 크고 그 값을 조절 및 제어를 하기가 어렵기 때문에 실제 여러 시스템에서는 연산 증폭기에 수동 소자인 저항을 입출력 사이에 피드백 (feedback)으로 연결하여 closed-loop을 구성한 반전 혹은 비반전 증폭기를 그림 6.4, 6.5와 같이 구성하여 사용을 하고 있다. 이러한 피드백 회로를 구성하여 R1과 R2의 저항 비를 통하여 전압 이득을 얻을 수 있다. 그림 6.4의 비반전 증폭기의 경우 아래와 같은 식을 통하여 증폭기의 이득률을 계산할 수 있다.

$$A_v = \frac{V_o}{V_i} = 1 + \frac{R_2}{R_1} \tag{2}$$

마찬가지로 반전 증폭기의 경우 아래와 같은 식으로 이득을 계산할 수 있다.

$$A_v = \frac{V_o}{V_i} = -\frac{R_2}{R_1} \tag{3}$$

연산 증폭기의 기본적인 여러 주요 파라미터들을 살펴보면 다음과 같다.

(a) 이득(Gain Ao)

- 연산 증폭기의 열린 루프 이득은 연산 증폭기를 사용하는 궤환 시스템의 정확도를 결정하게 된다.
- 이득을 높이기 위해서는 속도 및 출력 전압 스윙과 같은 파라미터를 희생하므로, 최소한 필요한 이득을 반드시 알아야 한다.
- 일반적으로, 높은 열린 루프 이득은 비선형성을 억제하는 효과도 가져온다.

(b) 소신호 대역폭(Bandwidth)

- 연산 증폭기의 고주파 동작은 많은 응용에서 중요한 역할을 한다. 예를 들어, 동작 주파수가 증가함에 따라 열린 루프 이득은 떨어지기 시작하여 궤환 시스템의 오차를 증가시킨다. 소신호 대역폭은 일반적으로 '단위 이득' f_u 주파수로 정의하며, 오늘날 CMOS 연산 증폭기에서 1GHz가 넘는다.
- 또한, 3dB 주파수 f_{3dB}를 알면, 닫힌 루프 (closed-loop) 주파수의 반응을 쉽게 예측할 수 있다.

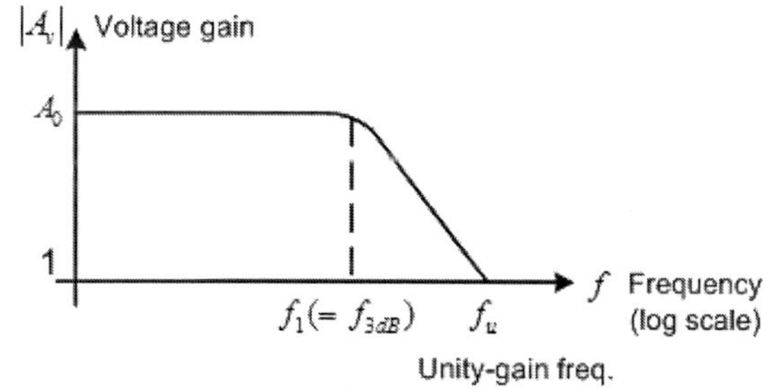

▌그림 6.6 **연산 증폭기의 주파수 특성**

$$\frac{V_o}{V_{i1}-V_{i2}}(s)=\frac{A_0}{1+\dfrac{s}{\omega_1}} \tag{4}$$

- 연산 증폭기의 주파수 특성은 식 (4)와 같이 표현할 수 있으며, 보드 선도 (bode plot)를 그리면 그림 6.6과 같다. $\omega 1$ 보다 낮은 주파수에서는 이득이 일정하지만, $\omega 1$ 보다 높은 주파수에서는 이득이 감소함을 알 수 있다. $\omega=\omega 1$ 일 때, 이득은 저주파 이득에서 3 dB 감소하게 된다.

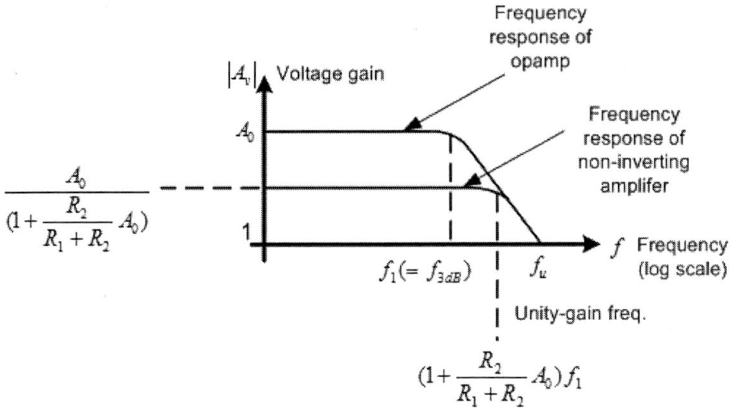

▌그림 6.7 **연산 증폭기의 주파수 특성**

- 연산 증폭기를 이용해서 그림 6.5와 같이 피드백 회로를 구성하게 되면 이득과 대역폭 사이에는 그림 6.7과 같은 상충 관계(trade-off)가 성립 하게 된다. 연산 증폭기 자체의 주파수를 f1이라고 할 때, 피드백 회로를 구성하게 되면 $(1+\frac{R_2}{R_1+R_2}A_0)f_1$ 으로 3dB 주파수가 증가하게 된다. 반면 이득은 A0에서 $A_0/(1+\frac{R_2}{R_1+R_2}A_0)$로 감소하게 된다.

  이로부터 이득-대역폭의 곱은 일정하다는 사실을 알 수 있다.

(c) 잡음 및 오프셋(noise and offset)

- 연산 증폭기의 입력 잡음 및 오프셋은 적절한 품질로 처리할 수 있는 최소 신호 레벨을 결정한다. 일반적으로, 여러 가지 소자가 잡음과 오프셋에 기여하여 큰 크기 또는 바이어스 전류를 필요로 하게 된다.

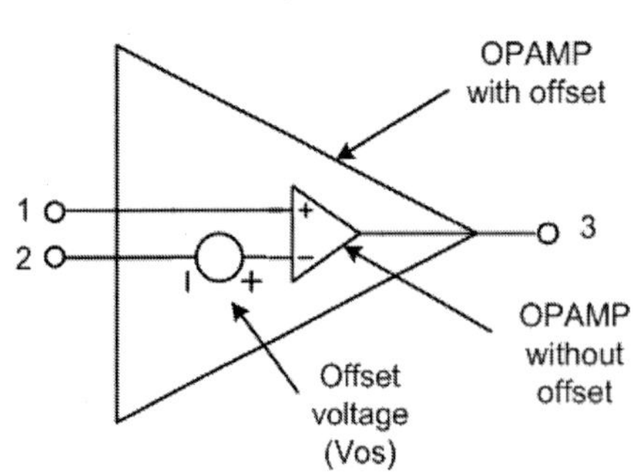

▌그림 6.8 **연산 증폭기의 오프셋 전압**

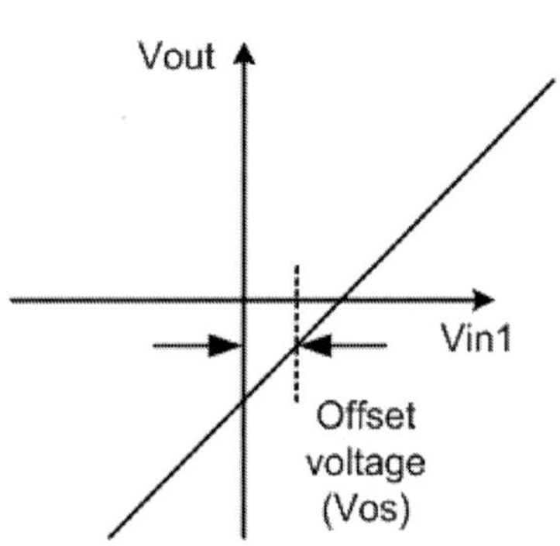

▌그림 6.9 **연산 증폭기의 입력 오프셋**

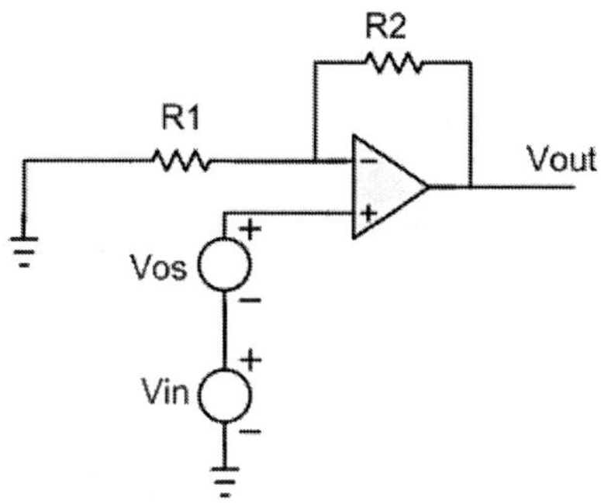

▌그림 6.10 **연산 증폭기의 오프셋이 존재할 경우의 비반전 증폭기**

- 그림 6.8은 연산 증폭기의 오프셋 전압을 보여주고 있다. 연산 증폭기의 입력 쪽에 양의 오프셋 V_{os}가 발생하게 되면, 그림 6.9와 같이 입력–출력 특성 곡선이 변하게 된다. 즉, 입력 쪽에 V_{os}가 더해져야, 출력 쪽의 전압이 공통 모드 전압이 나오게 됨을 의미한다. 오프셋이 발생하는 이유는 여러 가지가 있지만, 앞으로 전자 회로에서 공부할 차동 증폭기 입력 트랜지스터 또는 부하의 불일치가 주 원인이다.

$$V_o = (1+\frac{R_2}{R_1})(V_i + V_{os}) \tag{5}$$

- 그림 6.10은 연산 증폭기의 오프셋이 비반전 증폭기의 출력에 미치는 영향을 보여준다. 식 (5)과 같이 입력에 오프셋이 더해진 만큼 연산 증폭기의 입력에 들어가게 되고, 그 만큼 출력에서도 나타나게 되어, 비반전 증폭기의 오차 성분이 된다.

(d) 출력 스윙(Output voltage swing)

- 연산 증폭기를 사용하는 대부분의 시스템은 다양한 신호 진폭을 수용하기 위해 큰 출력 전압 스윙이 필요하다. 하지만 최대 전압 스윙을 선택하면 소자 크기, 바이어스 전류 및 속도를 희생해야 하는 문제가 있으므로 설계 시 유의해야 한다.

(e) 선형성(Linearity)

- 일반적으로 열린 루프 연산 증폭기는 심각한 비선형성 문제를 안고 있다. 비선형성 문제를 해결하기 위해서 일반적으로 다음 두 가지 방법을 이용한다. 한 가지 방법은 짝수 차수 고조파를 억제하기 위해 완전 차동 구조를 이용하는 방법이고, 또 다른 방법은 충분히 큰 열린 루프 이득을 가지도록 설계하여 닫힌 루프 궤환 시스템이 적절한 선형성을 달성할 수 있도록 하는 방법이다.

(f) 슬루율(Slew rate)

- 오늘날 많은 응용에서 연산 증폭기는 반드시 큰 과도 신호와 함께 작동해야한다. 이러한 조건에서는 비선형 특성으로 인해 열린 루프 응답과 같은 소신호 특성만으로 속도를 제어하는 것이 어려워진다.

3 실험 기자재와 부품

1) 직류전원장치

2) 브레드 보드

3) 오실로스코프

4) 디지털 멀티미터(DMM)

5) 함수파 발생기

6) 연산 증폭기(LM741)

7) 저항 소자(resistor)

   10kΩ : 3개

   20kΩ : 1개

   100kΩ : 1개

8) 연결선(wire)

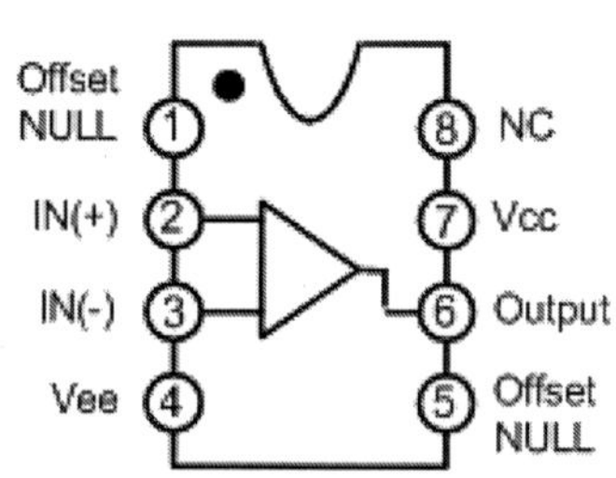

그림 6.11 LM741

4 실험 절차

본 실험에서는 연산증폭기의 다음과 같은 파라미터들을 측정하고자 한다.

- 비반전 전압 이득 (저항 피드백 closed-loop)
- 반전 전압 이득 (저항 피드백 closed-loop)
- 아날로그 덧셈기 회로 출력 전압 (저항 피드백 closed-loop)
- 오프셋전압 (open-loop)

1 전압 이득(voltage gain) 측정 실험

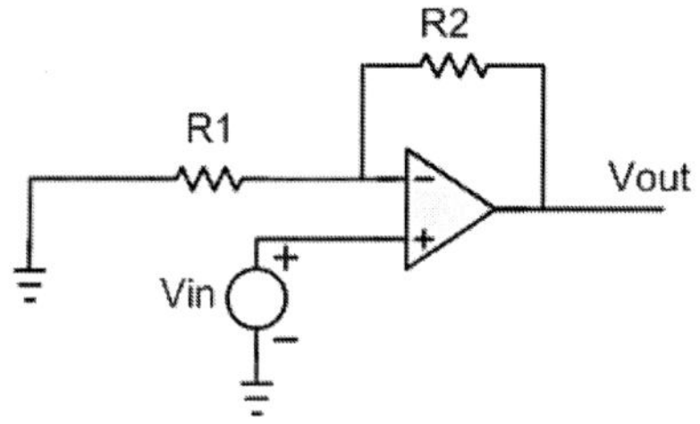

그림 6.12 연산 증폭기와 저항 피드백을 통한 비반전 증폭기

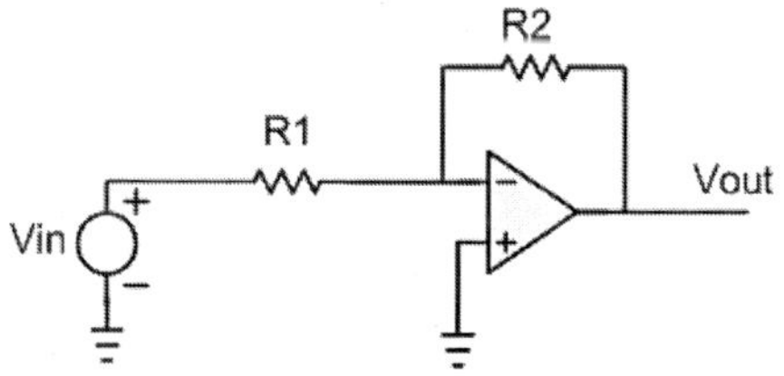

그림 6.13 연산 증폭기와 저항 피드백을 통한 반전 증폭기

a) 직류 공급 전원을 브레드보드에 연결을 한다. ((+) 단자에 적색 리드선을 (-) 단자에 흑색 리드선을 이용한다) LM741연산 증폭기가 필요로 하는 전원 값이 무엇인지 datasheet에서 확인을 한다.

b) 직류 전원 공급기에 나오는 전압이 맞는지 디지털 멀티미터로 전압을 측정한다.

c) 그림 6.12에서 처럼 비반전 증폭기 회로를 브레드보드에 구성한다. 연산 증폭기 LM741 연산증폭기를 브레드보드에 꽂은 후 R_1 = 10kΩ, R_2 = 20kΩ의 저항 값으로 설정한다. 그런 후 연결선을 통해 연산 증폭기의 전원 노드에 전원을 가한다. 음의

단자에 공통 모드 전압을 인가하고, 신호 발생기를 연결하여 비반전 증폭기의 입력에 주파수가 10kHz인 사인파를 인가하되 크기를 10mV에서 110mV까지 20mV 간격으로 바꾸면서 인가한다. 출력 전압의 크기를 오실로스코프를 통해 측정하여 [표 6.1]에 기록하고, 전압 이득을 구한다.

❙ 표 6.1

입력전압	출력전압	이득
10 mV		
30 mV		
50 mV		
70 mV		
90 mV		
110 mV		

d) 실험 절차 (c)에서 저항을 R_1 = 10kΩ, R_2 = 100kΩ으로 교체하고, 나머지는 동일하게 측정하여 [표 6.2]에 기록한다.

❙ 표 6.2

입력전압	출력전압	이득
10 mV		
30 mV		
50 mV		
70 mV		
90 mV		
110 mV		

e) 그림 6.13과 같이 반전 증폭기를 구성하고 R_1 = 10kΩ, R_2 = 20kΩ으로 설정한다. 연산 증폭기의 양의 단자에 공통 모드 전압을 인가하고, 반전 증폭기의 입력에 주파수가 10 kHz인 사인파를 인가하되 크기를 10mV에서 110mV까지 20mV 간격으로 바꾸면서 인가한다. 출력 전압의 크기를 측정하여 [표 6.3]에 기록하고, 전압 이득을 구한다.

▌표 6.3

입력전압	출력전압	이득
10 mV		
30 mV		
50 mV		
70 mV		
90 mV		
110 mV		

f) 실험 절차 (e)에서 저항을 R_1 = 10kΩ, R_2 = 100kΩ으로 교체하고, 나머지는 동일하게 측정하여 [표 6.4]에 기록한다.

▌표 6.4

입력전압	출력전압	이득
10 mV		
30 mV		
50 mV		
70 mV		
90 mV		
110 mV		

2 아날로그 덧셈기 실험

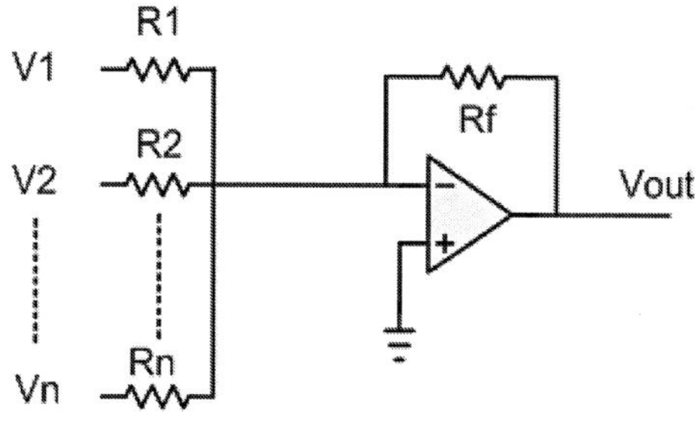

▌그림 6.14 연산 증폭기를 이용한 아날로그 덧셈기 회로

- 연산 증폭기를 이용한 아날로그 뎃셈회로의 경우 입력에서 저항을 통해서 흐르는 전류들(i1 ~ in) 이 연산 증폭기의 음의 단자에서 합쳐져서 피드백 저항 Rf 를 통해서 출력 전압 vO 가 형성 된다.
- 그림 6.14에서 아날로그 전압 덧셈기를 구성하고 R1 = 10kΩ, R2 = 10kΩ, Rf = 10kΩ로 설정한다. v1 = 50mV, v2 = 100mV를 입력에 인가하였을 경우, 출력 전압을 [표 6.5]에 기록한다. 식을 이용한 출력 전압 계산 값과 측정값을 모두 표에 기록한다.

▌표 6.5

출력전압 (계산)	출력 전압 (측정)

3 오프셋 전압 측정 실험

연산 증폭기의 오프셋을 측정하기 위해서, 음의 입력 단자를 공통 모드 전압으로 두고, 양의 입력 단자 전압을 공통 모드 전압 부근에서 조정하여, 출력 쪽의 전류를 측정한다. 이때 출력 쪽의 전류가 0이 되는 전압을 실험 보고서에 기록한다.

5 자체평가

1. 일반적인 연산 증폭기는 차동 입력을 받아서, 단일 출력을 낸다. 증폭기의 증폭률이 A일 때 연산 증폭기의 입력 (V1, V2)과 출력 (Vo)간의 관계식을 나타내면 다음과 같다.

2. 일반적으로, 이상적인 (ideal) 연산 증폭기는 다음 세 가지 조건을 만족한다고 가정한다.

   전압 이득 = (   )

   입력 저항 = (   )

   출력 저항 = (   )

3. 이상적인 연산증폭기에서 가상 단락 (virtual short)에 대해서 설명하시오.

4. 연산증폭기에서 열린 루프 이득이 클수록 얻는 장점에 대해 설명하시오.

5. 연산 증폭기의 입력 잡음 및 오프셋은 적절한 품질로 처리할 수 있는 (   )신호 레벨을 결정한다.

6. 저항 피드백 (R1, R2)과 연산증폭기를 이용한 반전 및 비반전 증폭기에서 입력 (Vi)과 출력 (Vo)의 관계를 수식적으로 나타내시오.

설계 1-RC, RLC 회로의 응답

1 실험 목적

1) 저항, 인덕터, 커패시터로 구성되는 1차회로 및 2차회로의 응답을 해석한다.
2) 1차회로에 대해 주어진 과도응답 및 정상상태 응답 사양을 만족하는 소자 값을 결정하여 회로를 설계한다.
3) 2차 회로에 대해 주어진 과도응답 및 정상상태 응답 사양을 만족하는 소자 값을 결정하여 회로를 설계한다.

2 예비 지식

1 1차 회로

커패시터나 인덕터와 같은 에너지 저장 소자를 1개 포함하는 회로를 1차 회로라 부른다. 저항소자 만으로 이루어진 회로의 방정식이 정적(static)인 대수 방정식인 것과 달리 에너지 저장 소자를 포함하는 회로는 동적(dynamic) 미분 방정식으로 표현된다. 1차회로에 대한 미분 방정식 표현은 다음과 같다:

$$\frac{dy(t)}{dt} + a_0\, y(t) = b_0\, x(t)$$

계단파 입력 $x(t)$에 대한 1차 회로의 해 $y(t)$는 그림 7.1과 같이 과도상태 응답과 정상상태 응답으로 구성되며, 다음과 같이 쓸 수 있다:

$$y(t) = y_\infty - (y_\infty - y_{o^+})\, e^{-\frac{t}{\tau}}$$

여기서 y_{0^+}은 $t = 0^+$에서의 초기 값을 의미하며, y_∞는 정상상태 값을 나타낸다. 또한 τ는 시상수(time-constant)라고 부르며, 위의 1차 미분방정식으로부터 $\tau = \frac{1}{a_0}$이 된다.

저항과 커패시터로 이루어진 1차 회로의 경우는 $\tau = RC$, 그리고 저항과 인덕터로 이루어진 경우에는 $\tau = \dfrac{L}{R}$이 된다. 시상수는 회로의 응답속도를 나타내게 되는데, 보다 구체적으로는 정상상태 응답의 63%에 이르기 까지 걸리는 시간이 된다.

계단파 입력이 인가된 경우, 시간이 충분히 흐른 정상상태에서 커패시터와 인덕터는 각각 다음과 같이 등가적으로 동작한다:

$$t = \infty \text{에서 } C\text{는 개방, 그리고 } L\text{은 단락 회로}$$

또한 계단파 입력이 인가된 순간에 커패시터와 인덕터는 각각 다음과 같이 등가적으로 동작한다:

$$t = 0^+ \text{에서 } C\text{는 단락, 그리고 } L\text{는 개방 회로}$$

그러므로 주어진 1차 회로의 $t = 0^+$와 $t = \infty$에서 커패시터나 인덕터를 등가소자로 대치함으로써 초기 값과 정상상태 값을 직접 알 수 있으며, 따라서 전체 응답을 쉽게 구할 수 있다. 그림 7.2와 같은 저역통과 회로들은 그림 7.1 (b)와 같은 형태의 응답을, 그리고 그림 7.3의 고역통과 회로들은 그림 7.1 (c)과 같은 형태의 응답을 보이게 된다. 따라서 그림 7.4의 펄스 입력에 대한 저역통과 회로와 고역통과 회로의 응답은 시상수에 따라 각각 그림 7.5와 그림 7.6과 같게 된다.

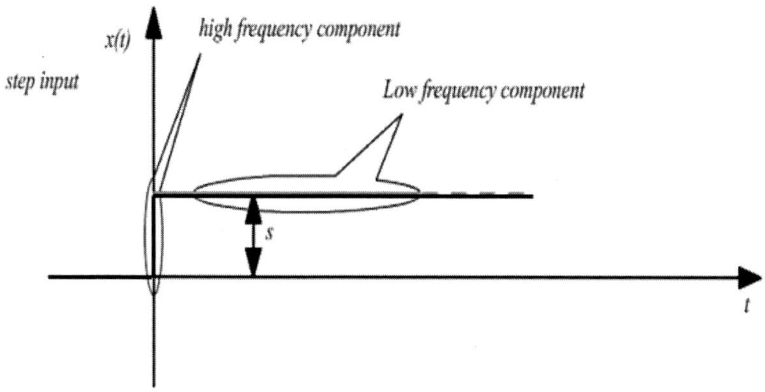

(a) 계단파 입력

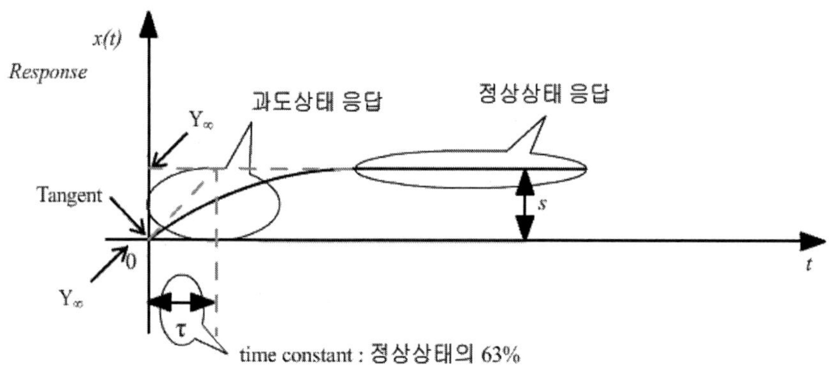

(b) 저역통과 회로의 응답

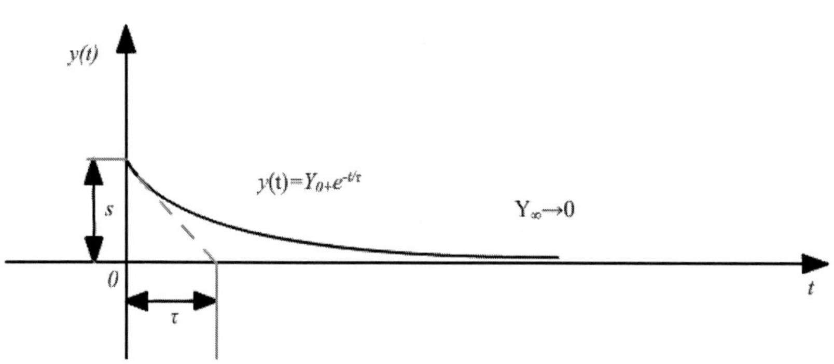

(c) 고역통과 회로의 응답

그림 7.1 1차 회로의 응답

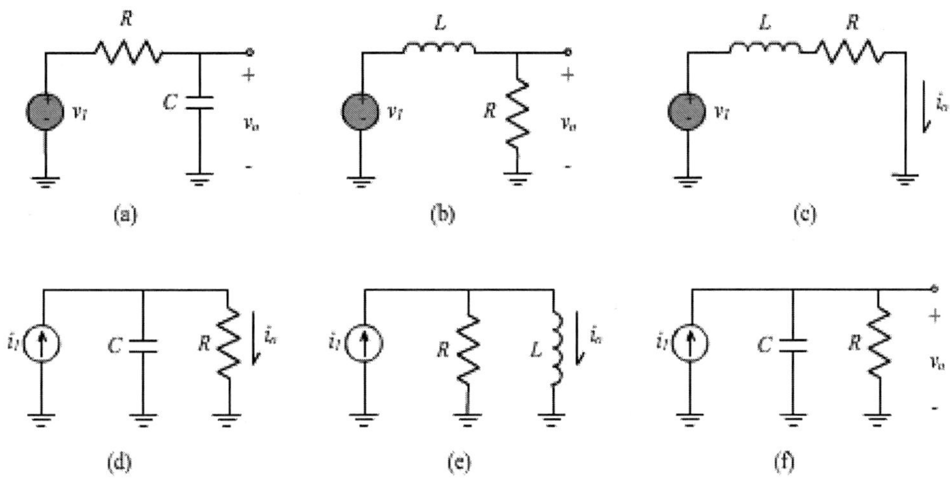

▌그림 7.2 저역통과 1차 회로

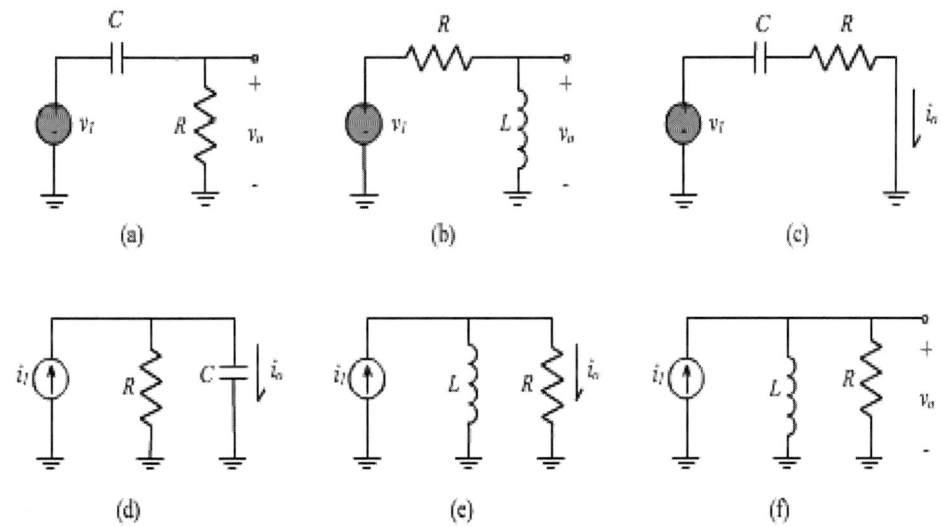

▌그림 7.3 고역통과 1차 회로

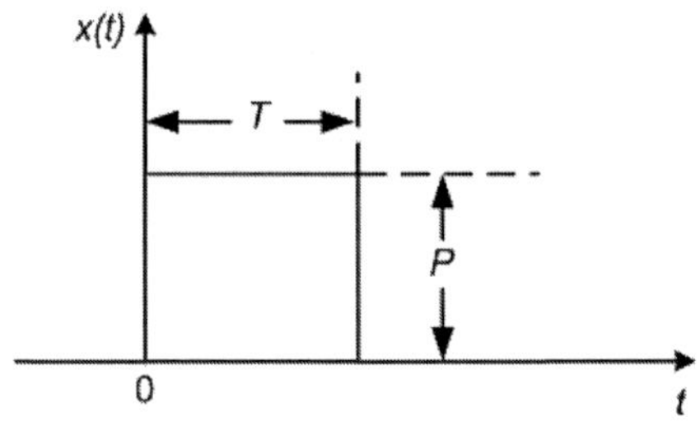

▌그림 7.4 펄스 입력

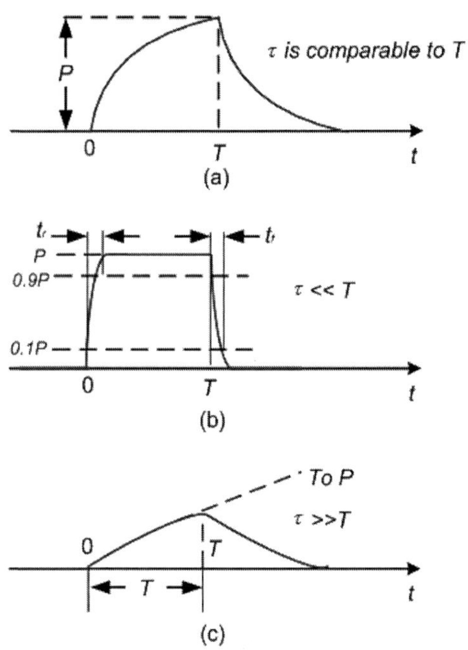

▌그림 7.5 펄스 입력에 대한 저역통과 회로의 응답

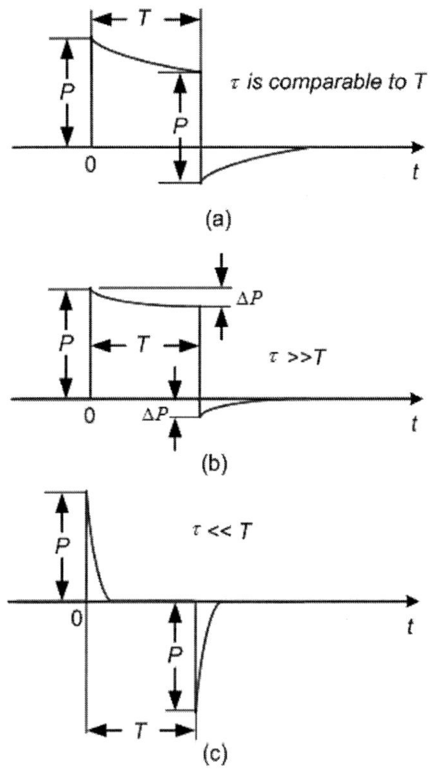

▌그림 7.6 펄스 입력에 대한 고역통과 회로의 응답

2 2차 회로

커패시터나 인덕터와 같은 에너지 저장 소자를 2개 포함하는 회로를 2차 회로라 부른다. 2차 회로의 입출력 관계는 일반적으로 다음과 같이 2차 방정식으로 표현된다:

$$\frac{d^2y(t)}{dt^2} + a_1 \frac{dy(t)}{dt} + a_0 y(t) = \frac{dx(t)}{dt} + b_0 x(t) \tag{1}$$

주어진 미분방정식에 대한 특성방정식은 미분 연산자를 대수, 즉 $\frac{d^n}{dt^n} \to s^n$로 변환한 다항 방정식으로 정의된다. 그러므로 위 미분방정식의 특성방정식은 다음과 같다:

$$s^2 + a_1 s + a_0 = 0 \quad \equiv \quad (s+s_1)(s+s_2) = 0 \tag{2}$$

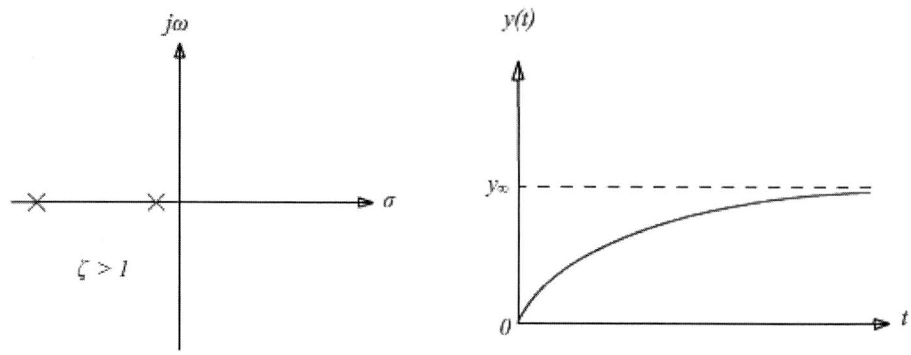

(a) 과감쇄

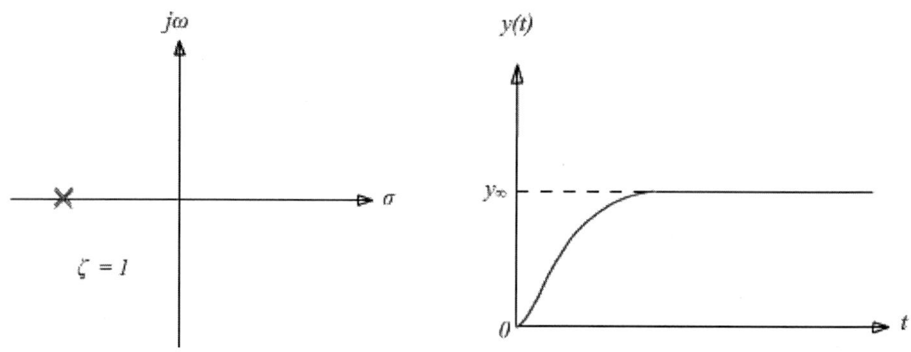

(b) 임계감쇄

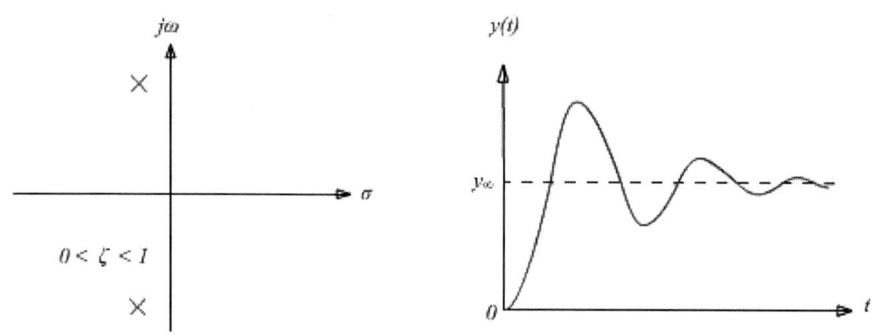

(c) 부족감쇄

그림 7.7 2차 회로의 계단파 응답

이제 계단파 입력 $x(t)$에 대한 2차 회로의 해 $y(t)$는 특성방정식의 근, 즉 고유값, s_1, s_2에 따라 응답의 형태가 다르게 되며(그림 7.7), 다음과 같이 쓸 수 있다:

- 과감쇄(over damping) : $(s_1 \neq s_2)$, s_1, s_2은 실수

$$y(t) = y_\infty + K_1 e^{s_1 t} + K_2 e^{s_2 t} \tag{3}$$

- 임계감쇄(critical damping) : $(s = s_1 = s_2)$

$$y(t) = y_\infty + (K_1 + K_2 t) e^{st} \tag{4}$$

- 부족감쇄(under damping) : $(s_1 = s_2^* = \sigma + j\omega)$

$$y(t) = y_\infty + e^{\sigma t}(K_1 \cos \omega t + K_2 \sin \omega t) \tag{5}$$

여기서 y_∞는 정상상태 값을 나타내며, K_1과 K_2는 초기 값에 의해 결정되는 상수이다.

3 실험과 설계 기자재 및 부품

1) 직류전원장치
2) 함수파 발생기
3) 오실로스코프
4) 디지털 멀티미터(DMM)
5) 저항, 커패시터 및 인덕터 류
6) PSPICE(회로 설계 및 시뮬레이션)

4 실험 및 설계 절차

1 1차 회로의 응답특성

a) 그림 7.8과 같이 RC회로를 구성하고, 함수파 발생기의 출력을 그림 7.9와 같이 설정한다.

b) 회로의 출력을 커패시터 양단 전압으로 하고, 오실로스코프의 두 입력채널에 각각 RC회로의 입력(함수파 발생기 출력)과 회로출력을 연결한다.

c) 회로의 출력이 정상상태 값의 63%에 이르는 시간이 듀티(그림 7.9에서는 0.03 sec.)의 10%(즉, 0.003 sec.= 3 msec.)가 되도록 저항과 커패시터의 값을 설계하라. 설계한 소자 값과 PSPICE 시뮬레이션 결과, 그리고 실험결과의 오실로스코프 출력화면을 디지털카메라로 사진을 찍어서 실험결과 보고서에 비교, 기록한다.

d) 회로의 출력이 정상상태 값의 63%에 이르는 시간이 듀티(그림 7.9에서는 0.03 sec.)의 90%(즉, 0.027 sec.= 27 msec.)가 되도록 저항과 커패시터의 값을 설계하라. 설계한 소자 값과 PSPICE 시뮬레이션 결과, 그리고 실험결과의 오실로스코프 출력화면을 디지털카메라로 사진을 찍어서 실험결과 보고서에 비교, 기록한다.

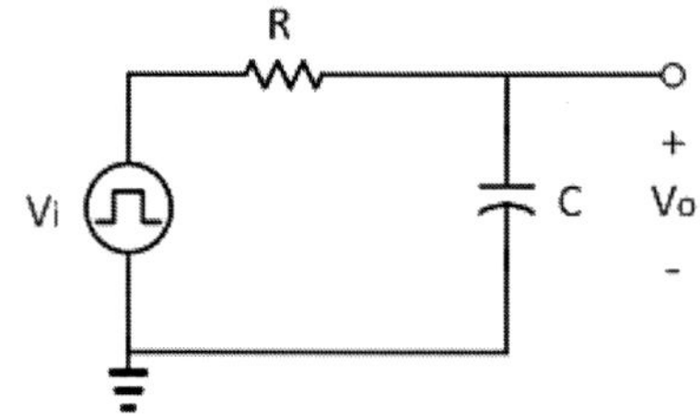

▎그림 7.8 1차 회로(저역통과)

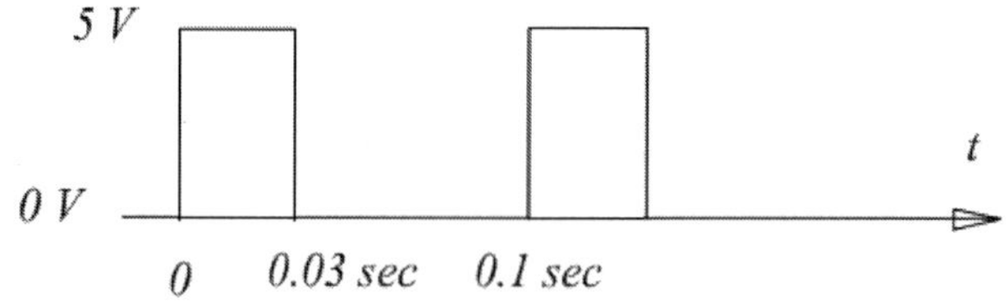

▎그림 7.9 함수파 발생기 파형(펄스파)

e) 이제 그림 7.10과 같이 RC회로를 다시 구성한다. 함수파 발생기의 출력을 그림 7.9와 같이 설정한다.

f) 회로의 출력을 저항 양단 전압으로 하고, 오실로스코프의 두 입력채널에 각각 RC회로의 입력(함수파 발생기 출력)과 출력을 연결한다.

g) 회로의 출력이 정상상태 값의 63%에 이르는 시간이 듀티(그림 7.9에서는 0.03 sec.)의 10%(즉, 0.003 sec.= 3 msec.)가 되도록 저항과 커패시터의 값을 설계하라. 설계한 소자 값과 PSPICE 시뮬레이션 결과, 그리고 실험결과의 오실로스코프 출력화면을 디지털카메라로 사진을 찍어서 실험결과 보고서에 비교, 기록한다.

h) 회로의 출력이 정상상태 값의 63%에 이르는 시간이 듀티(그림 7.9에서는 0.03 sec.)의 90%(즉, 0.027 sec.= 27 msec.)가 되도록 저항과 커패시터의 값을 설계하라. 설계한 소자 값과 PSPICE 시뮬레이션 결과, 그리고 실험결과의 오실로스코프 출력화면을 디지털카메라로 사진을 찍어서 실험결과 보고서에 비교, 기록한다.

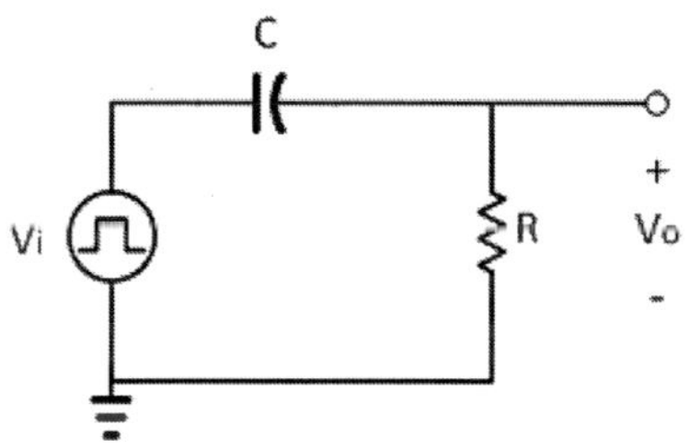

▌그림 7.10 **1차 회로(고역통과)**

2 2차 회로의 응답특성

a) 그림 7.11과 같은 2차 회로에 있어서 입력 $v_i(t)$에 대한 출력 $v_c(t)$ 사이의 관계를 나타내는 미분 방정식을 구하여 보고서에 기록한다.

b) 입력 $v_i(t)$가 계단파 함수라고 할 때, 출력 $v_c(t)$가 다음 식과 같이 되도록 하는 계단파 입력의 크기 및 각 소자값 R_1, R_2, L, C를 설계하고 PSPICE 시뮬레이션 결과를 보고서에 기록한다. 설계한 소자값들로 회로를 구성하고 함수파 발생기를 통해 입력을 인가한 후, 오실로스코프를 통해 출력의 형태를 확인하라. 실험결과의 오실로스코프 화면을 디지털카메라로 사진을 찍어서 보고서에 기록한다.

$$v_c(t) = \frac{1}{2} + A_1 e^{-2t} + A_2 e^{-4t}\ V, \quad t \geq 0$$

c) 입력 $v_i(t)$가 계단파 함수라고 할 때, 출력 $v_c(t)$가 다음 식과 같이 되도록 하는 계단파 함수의 크기 및 각 소자값 R_1, R_2, L, C를 설계하고 PSPICE 결과를 보고서에 기록한다. 설계한 소자값들로 회로를 구성하고 함수파 발생기를 통해 입력을 인가한 후, 오실로스코프를 통해 출력의 형태를 확인하라. 실험결과의 오실로스코프 화면을 디지털카메라로 사진을 찍어서 보고서에 기록한다.

$$v_c(t) = \frac{1}{4} + (A_1 + A_2 t)e^{-2t}\ V, \quad t \ge 0$$

d) 입력 $v_i(t)$가 계단파 함수라고 할 때, 출력 $v_c(t)$가 다음 식과 같이 되도록 하는 계단파 함수의 크기 및 각 소자값 R_1, R_2, L, C를 설계하고 PSPICE 시뮬레이션 결과를 보고서에 기록한다. 설계한 소자값들로 회로를 구성하고 함수파 발생기를 통해 입력을 인가한 후, 오실로스코프를 통해 출력의 형태를 확인하라. 실험결과의 오실로스코프 화면을 디지털카메라로 사진을 찍어서 보고서에 기록한다.

$$v_c(t) = 0.8 + e^{-2t}(A_1 \cos 4t + A_2 \sin 4t)\ V, \quad t \ge 0$$

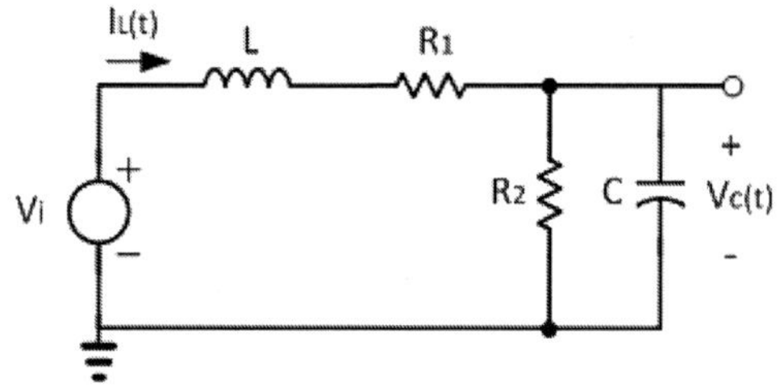

▌그림 7.11 2차 회로

5 자체평가

1. 저항과 1개의 커패시터로 이루어진 회로는 ( )차 미분방정식으로 표현되므로 ( )차 회로라 부르고, 회로의 시상수는 (   )이다. 시상수는 계단파 입력에 대해서 정상상태의 ( )%에 이르기 까지 걸리는 시간을 의미한다.

2. 계단파 입력에 대한 정상상태 응답에서 커패시터는 (단락/개방)회로로 동작하고, 인덕터는 (단락/개방)회로로 동작한다.

3. 저항과 두 개의 에너지 저장소자로 이루어진 2차 회로는 ( )차 미분방정식으로 표현되고, 소자값들의 조합에 따라 (과감쇄(overdamping)), (   ), (   )의 응답을 가질 수 있다.

제08장

설계 2-연산증폭기를 이용한 아날로그 컴퓨터

1 실험 목적

1) PSPICE를 이용하여 회로를 설계하고, 시뮬레이션을 통해 검증하는 능력을 배양한다.
2) 연산증폭기의 활용방법을 익힌다.
3) 주어진 미분방정식을 구현하는 다단 연산증폭기 회로를 설계한다.
4) 시스템의 전달함수와 주파수 응답을 구하고 보드선도를 그린다.

2 예비 지식

1 연산증폭기 응용회로

연산증폭기 회로를 해석할 때는 다음의 이상적인 특성을 이용한다:

- 연산증폭기의 두 입력단자(반전단자, 비반전단자) 사이의 입력 저항은 ∞이며, 따라서 입력단자로 흘러 들어가는 전류의 크기는 0이다.
- 연산증폭기 두 입력단자 사이의 전위차는 0이다.
- 연산증폭기 출력저항의 크기는 0이다.
- 연산증폭기 두 입력단자 사이의 전압에 대한 출력전압의 크기, 즉 증폭도는 무한대이다.

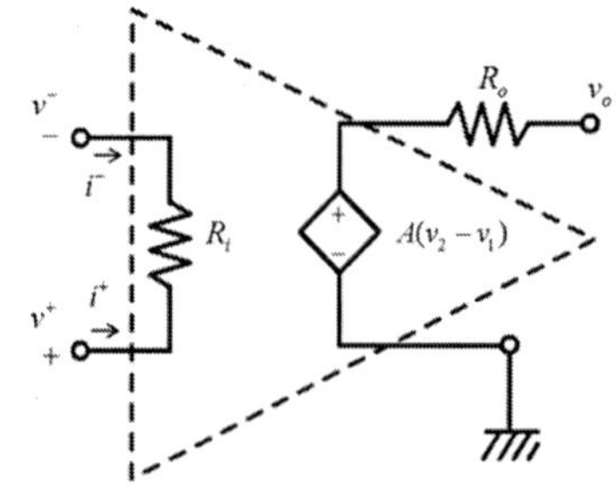

(a) 적분기(Integrator)

연산증폭기의 한 응용 예로서 그림 8.1은 적분기 구성을 보여주고 있다. 그림 8.1 (a)에서 반전단자로 흘러 들어가는 전류는 0이므로 연산증폭기의 반전 단자에 KCL을 적용하면 다음 식을 얻을 수 있다:

$$i_1 = i_2$$

또한 연산증폭기 비반전 단자의 전위는 0(접지전위)이고, 두 단자 사이의 전압차도 0이므로, 반전단자의 전위도 0이 된다. 이를 가상접지(virtual ground)라고 한다. 따라서 위 식은 다음과 같이 쓸 수 있다:

$$\frac{v_i}{R} = -C\frac{dv_o}{dt} \tag{1}$$

이 식을 입출력 관계로 다시 쓰면 다음과 같다:

$$v_o(t) = -\frac{1}{RC}\int_0^t v_i(\tau)\,d\tau - v_C(0^-) \tag{2}$$

이 식에서 입력전압 $v_i(t)$와 출력전압 $v_o(t)$는 적분관계이므로(RC는 상수) 그림 8.1 (a)의 회로를 적분기라고 부른다.

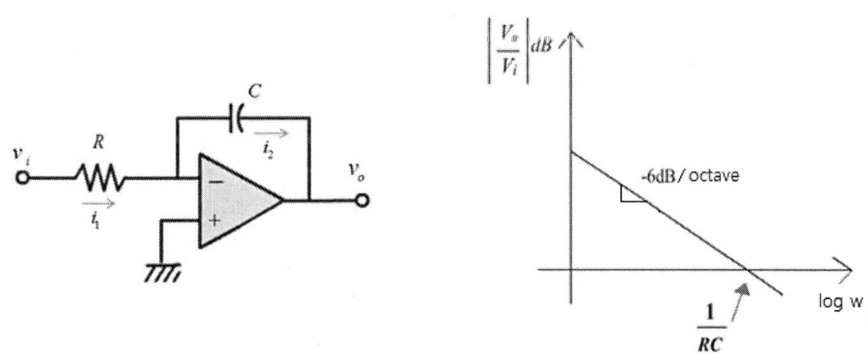

(a) 적분기 회로 (b) 적분기 회로의 주파수 응답

그림 8.1 적분기 회로

커패시터의 초기전압이 0인 경우, 입출력 전달함수는 다음과 같이 표현된다:

$$\frac{V_o(j\omega)}{V_i(j\omega)} = -\frac{1}{j\omega RC} \tag{3}$$

이 전달함수를 보드선도(Bode plot)으로 표현하면 그림 8.1 (b)와 같다. 식에서 보듯이 낮은 주파수, 즉 $\omega \approx 0$ 부근에서 이득이 매우 크므로 적분기의 출력이 쉽게 포화(saturation)될 가능성이 있다. 따라서 낮은 주파수에서 이득이 너무 커지는 현상을 막기 위해 그림 8.2 (a)와 같이 커패시터에 저항을 병렬로 연결하는 것이 보통이다. 이 경우 입출력 관계에 대한 보드선도는 그림 8.2 (b)와 같다. 그림에서 보듯이 $\omega \approx 0$ 부근에서 이득이 제한된다. 저주파 영역의 차단주파수 $\omega_o = \dfrac{1}{R_F C}$를 작게 하기 위해서는 R_F를 충분히 크게 설계해야 한다.

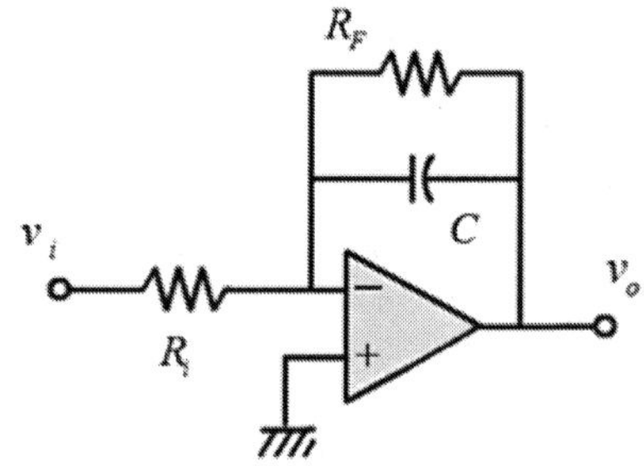

(a) 적분포화를 방지하기 위한 적분기 회로

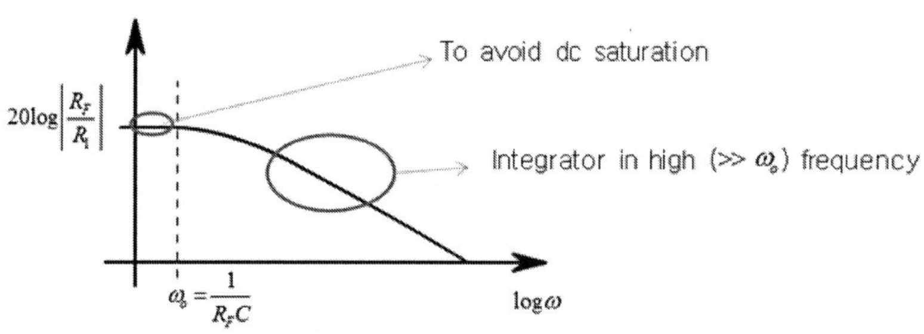

(b) 주파수 응답

▌그림 8.2 **적분포화(saturation)를 고려한 적분기 회로**

(b) 미분기(Differentiator)

그림 8.3 (a)는 연산증폭기를 이용한 미분기 회로를 보여준다. 이 회로의 입출력 관계는 다음과 같이 구할 수 있다. 앞에서와 같이 연산증폭기 반전단자에 KCL을 적용하면 다음 식을 얻을 수 있다:

$$i_1 = i_2 \tag{4}$$

반전단자의 가상접지 특성에 의해 위 식은 다음과 같이 쓸 수 있다:

$$C\frac{dv_i}{dt} = -\frac{v_o}{R} \tag{5}$$

이 식을 정리하면 다음과 같다:

$$v_o(t) = -RC\frac{dv_i}{dt} \tag{6}$$

이 식은 출력 $v_o(t)$과 입력 $v_i(t)$이 미분관계임을 보여준다. 입출력에 관한 전달함수는 다음과 같이 표현된다:

$$\frac{V_o(\omega)}{V_i(\omega)} = -j\omega RC \tag{7}$$

이 전달함수를 보드선도로 표현하면 그림 8.3 (b)와 같다. 그림에서 보는 바와 같이 미분기는 고주파 영역에서 이득이 매우 커진다. 일반적으로 신호잡음 성분은 높은 주파수 영역에 있으므로 미분기는 잡음에 민감하다는 문제점이 있다. 이러한 문제를 극복하기 위하여 그림 8.4와 같이 커패시터에 직렬로 저항을 연결하는 것이 보통이다.

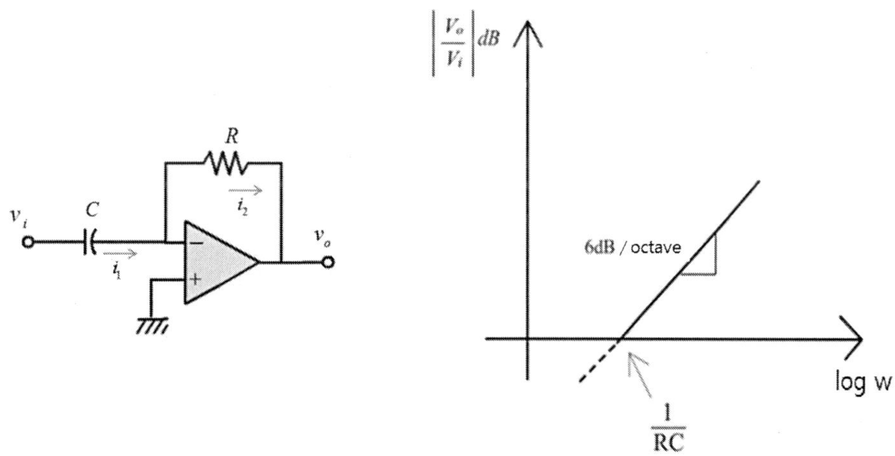

(a) 미분기 회로 (b) 주파수 응답

그림 8.3 미분기 회로

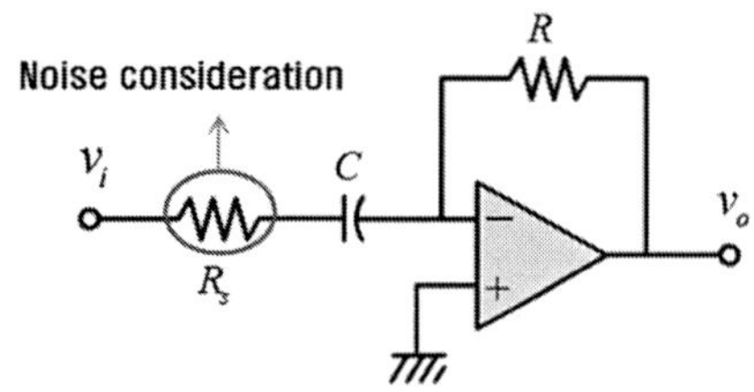

▌그림 8.4 고주파 잡음에 대한 민감도를 고려한 미분기 회로

(c) 아날로그 덧셈기(Adder) 및 뺄셈기(Subtracter)

아날로그 덧셈기 및 뺄셈기는 6장을 참고한다.

3 설계와 실험 기자재 및 부품

1) PSPICE
2) 직류전원장치
3) 오실로스코프
4) 함수파 발생기
5) 디지털 멀티미터(DMM)
6) $\mu A741$ (LM741) 연산증폭기 3개
7) 커패시터 및 저항류

4 실험 및 설계 절차

1 연산증폭기 미분방정식 회로에 대한 PSPICE 시뮬레이션

a) 아래 그림 8.5에 주어진 회로에 있어서 다음의 관계식을 구하여 실험결과 보고서에 기록한다.

- $v_1(t)$와 $v_o(t)$ 사이의 관계
- $v_i(t)$와 $v_o(t)$ 사이의 관계

b) 입출력 관계에 대한 전달함수를 구하고, PSPICE 시뮬레이션을 통해 주파수 응답 (이득 및 위상 응답)을 얻은 후, 결과를 실험결과 보고서에 기록한다.

$$H(j\omega) = \frac{V_o(j\omega)}{V_i(j\omega)}$$

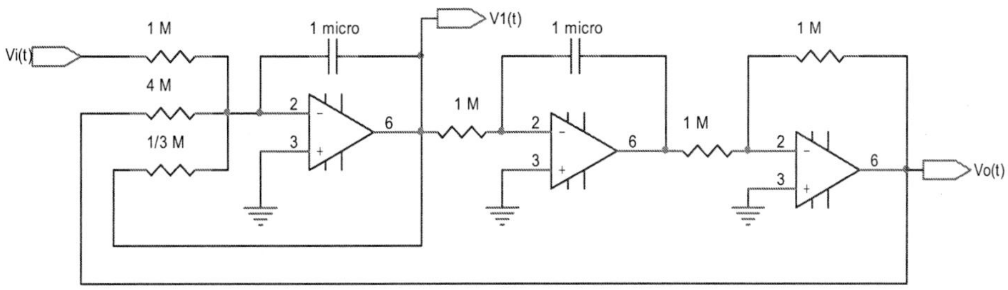

▌그림 8.5 **연산증폭기를 이용한 미분 방정식 회로**

2 주어진 2차 미분방정식에 대한 연산증폭기 회로 설계 및 실험

a) 미분기, 적분기, 그리고 덧셈기, 뺄셈기를 이용하여 아래에 주어진 미분방정식을 구현하는 다단 연산증폭기 회로를 설계하라. 회로설계에는 PSPICE를 이용하고, 설계한 회로의 도면을 실험결과 보고서에 기록한다.

$$\frac{d^2v_o(t)}{dt^2} + 3\frac{dv_o(t)}{dt} + 2v_o(t) = v_i(t)$$

b) PSPICE를 이용하여 설계한 회로의 전달함수에 대한 주파수 응답(이득 및 위상 응답)을 구하고, 결과를 실험결과 보고서에 기록한다.

c) 설계한 회로를 연산증폭기를 이용하여 제작한다. 그리고 함수파 발생기를 사용하여 계단파 입력에 대한 응답을 얻는다. 제작한 회로와 실험결과의 오실로스코프 화면을 디지털카메라로 사진을 찍어서 실험결과 보고서에 기록한다.

d) 함수파 발생기의 정현파 주파수를 변화시켜 가면서 설계한 회로에 입력하여 오실로스코프로 출력을 측정하고, 입출력간 이득과 위상차를 구하여 표 8.1을 완성하여 보

고서에 기록한다. 또한, 표 8.1에 얻은 실험결과를 그래프로 작성하여 보고서에 기록한다.

▎표 8.1

주파수 (Hz)	입출력 이득	입출력 위상차(도)
200		
400		
600		
800		
1,000		
1,200		
1,400		
1,600		
1,800		
2,000		
2,200		
2,400		
2,600		
2,800		
3,000		
3,200		
3,400		
3,600		
3,800		

5 자체평가

1. 이상적인 연산증폭기의 두 입력단자로 흘러 들어가는 전류의 크기는 (0, ∞)이다.

2. 이상적인 연산증폭기 두 입력단자 사이의 전위차는 (0, ∞)이다.

3. 이상적인 연산증폭기 두 입력단자 사이의 전압에 대한 출력전압의 크기, 즉 증폭도는 (0, ∞)이다.

4. 아래의 구조를 갖는 연산증폭기 회로는 (미분기, 적분기)이며, 기본적으로 낮은 주파수 영역에서 이득이 (크므로, 작으므로) 입력의 직류성분에 의해 포화될 가능성이 있다.

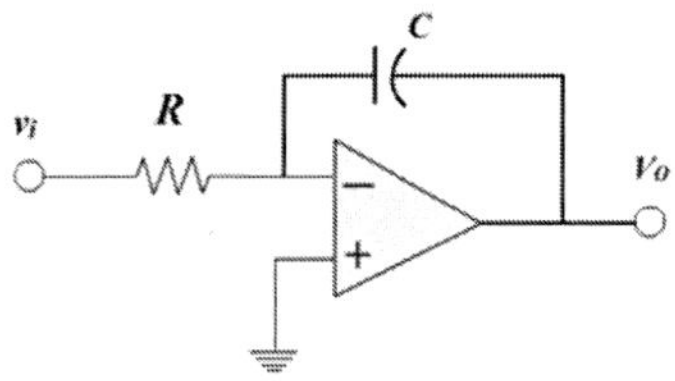

5. 아래의 구조를 갖는 연산증폭기 회로는 (미분기, 적분기)이며, 기본적으로 높은 주파수 영역에서 이득이 (크므로, 작으므로) 입력의 고주파 잡음성분에 민감한 특성이 있다.

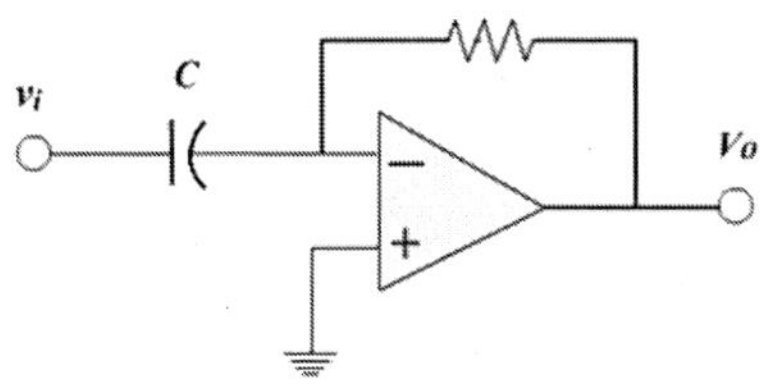

제09장 휘트스톤 브리지와 전력전달

1 실험 목적

1) 휘트스톤 브리지의 구성원리를 이해하고 미지저항을 측정하기 위한 휘트스톤 브리지의 사용법을 익힌다.
2) 부하저항 값이 전원의 내부저항 값과 같을 때 최대 전력을 전달할 수 있음을 실험적으로 증명한다.

2 예비 지식

1 휘트스톤 브리지

정밀한 저항 측정을 위해서는 브리지회로가 사용되며 정확한 브리지 평형점을 찾기 위해 검류계를 사용한다.

그림 9.1은 휘트스톤 브리지회로를 나타내며 단자 A, D가 미지저항 R_X의 측정단자이다. R_1, R_2는 비례변 (ratio arm)이라고 하는 고정저항이고 R_S는 표준변 (standard arm)으로서 가변저항 또는 10진식 저항 (decade resistor)이다.

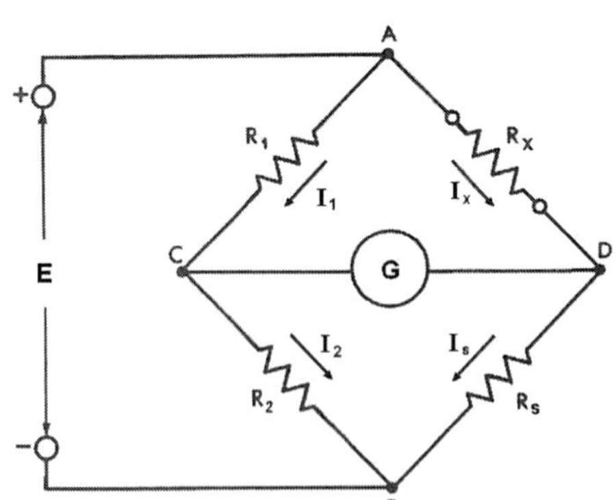

▎그림 9.1 휘트스톤 브리지 회로

검류계 G는 전류가 흐르지 않을 때는 중앙의 0눈금을 지시하는 계기로서 C와 D 사이에 전위차의 유무를 나타낸다. 즉, CD 전위차 = 0인 브리지의 평형상태를 맞추는데 이용된다.

지금 그림 9.1에서 R_1, R_2, R_S, R_X를 흐르는 전류를 각각 I_1, I_2, I_S, I_X라 하고 검류계의 바늘이 0점(평형)을 지시하였다면 C, D 간의 전위차는 0 (등전위)이므로 다음의 관계가 성립한다.

$$R_1 \cdot I_1 = R_x \cdot I_x \tag{1}$$

$$R_2 \cdot I_2 = R_s \cdot I_s \tag{2}$$

위의 식을 아래의 식으로 나누면

$\frac{R_1 \cdot I_1}{R_2 \cdot I_2} = \frac{R_x \cdot I_x}{R_s \cdot I_s}$ 가 되고 $I_1 = I_2$, $I_x = I_s$이므로

$\frac{R_1}{R_2} = \frac{R_x}{R_s}$, $\therefore R_x = \frac{R_1}{R_2} \cdot R_s$ 가 되어 미지저항 R_x를 측정할 수 있다.

여기서, $\frac{R_1}{R_2}(= M)$: 비례변 저항의 비 (배율)

R_S : 알고 있는 가변저항변 (측정 다이얼)

$\frac{R_1}{R_2} = 1$이면 $R_x = R_s$가 되어

R_X의 값을 알 수 있다.

R_S가 정확한 10진식(decade) 저항이라면 평형상태에서 R_S의 값을 찾아서 직접 R_X의 값을 직독할 수 있다. 그러나 여기서의 단점은 R_X의 측정범위가 R_S에 의해 제한을 받는다는 것이다. 그러므로 여러 개의 비례변을 택할 수 있도록 범위 선택스위치를 이용하여 측정범위를 넓혀야 한다. 만약 $\frac{R_1}{R_2} = 10$ 인 경우라면 측정범위는 10배로 증가하나 반면 검류계의 지시오차도 10배로 증가하게 된다.

2 최대전력전달

회로의 많은 응용분야에서 부하저항 R_L에 최대의 전력을 전달하는 것이 요구된다. 그림 9.2와 같이 부하 R_L이 연결된 회로를 고려하자. 4장에서 논의된 것처럼 임의의 회로는 그림과 같은 테브냉의 등가회로로 변환할 수 있다.

전력전달에 대한 일반적인 문제는 효율성과 효과성의 항으로 논의될 수 있다. 전력사용시스템에서는 전력선의 손실을 낮추면서 최대의 효율로 부하에 전력을 전달하는 문제로 설계된다. 그래서 전원 내부저항과 선로저항의 합으로 표현되는 저항 R_{TH}를 낮추는 데 노력을 기울이고 있다. 따라서 선로저항이 없는 초전도 선로를 사용한다는 생각은 전력을 연구하는 기술자들에게는 매우 흥미로운 것이다.

전자, 통신회사에서 겪는 것처럼 신호전달의 경우에, 문제가 되는 것은 부하에서 최대신호를 갖는 것이다. 원거리에 있는 방송국으로부터 FM 라디오에 수신되는 신호를 고려해 보자. 기술자의 목표는 FM 라디오에 연결된 증폭기회로의 출력단에서 최대전력이 되도록 수신회로를 설계하는 것이다. FM 안테나와 증폭기를 그림 9.2와 같이 테브냉의 등가회로로 표현할 수 있다.

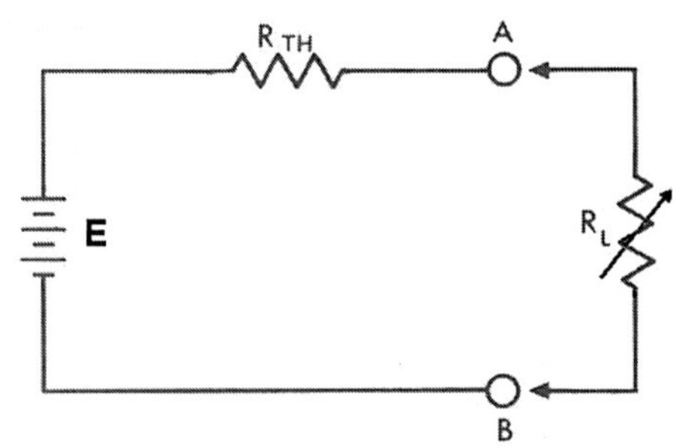

▌그림 9.2 FM 증폭기 회로의 테브냉 등가회로

그림 9.2의 일반적인 회로를 고려해 보자. 부하 R_L에 최대전력이 전달되는 R_L의 값을 구하자. 첫째, 전달되는 전력을 구하면,

$$p = I^2 R_L \tag{3}$$

여기서 전류 I 는

$$I = \frac{E}{R_{TH} + R_L} \tag{4}$$

이므로

$$p = \left(\frac{E}{R_{TH} + R_L} \right)^2 R_L \tag{5}$$

주어진 전원에 대하여 E와 R_{TH}는 고정값이라고 가정하면, 최대로 전달되는 전력은 R_L

의 함수이다. 전력이 최대로 전달되는 R_L의 값을 구하기 위해 전력 p를 R_L에 대하여 미분하면

$$\frac{dp}{dR_L} = E^2 \frac{(R_{TH} + R_L)^2 - 2(R_{TH} + R_L)R_L}{(R_{TH} + R_L)^4} \tag{6}$$

미분값이 0이 되려면

$$(R_{TH} + R_L)^2 - 2(R_{TH} + R_L)R_L = 0 \tag{7}$$

이 식을 풀면

$$R_L = R_{TH} \tag{8}$$

가 된다. 즉, 부하저항 R_L이 테브냉 등가저항 R_{TH}와 같을 때 최대전력이 부하에 전달된다. 이때 최대전력 P_{max}는 $R_L = R_{TH}$를 대입하여 얻어진다.

$$P_{\max} = \frac{E^2}{4R_{TH}} \tag{9}$$

부하에 전달되는 전력은 부하저항 R_L이 $R_L = R_{TH}$를 만족하지 않게 되면 최대전력이 전달되지 못한다.

전력전달의 효율(efficiency of power transfer)은 전원에 의해 공급되는 전력 p_i에 대한 부하에 전달된 전력 p_o의 비로서 정의한다. 그러므로 효율 η 는 다음과 같이 정의된다.

$$\eta = \frac{p_0}{p_i} \tag{10}$$

$R_L = R_{TH}$일 때, 전력전달효율에 대하여 알아보자.

$$p_i = E \cdot I = E\left(\frac{E}{R_{TH} + R_L}\right) = \frac{E^2}{2R_{TH}} \tag{11}$$

부하에 전달되는 전력은 앞에서 구한 결과를 이용하면

$$p_o = P_{\max} = \frac{E^2}{4R_{TH}} \tag{12}$$

그러므로 $\frac{p_0}{p_i} = \frac{1}{2}$ 이고 최대전력전달 조건에서 단지 50%의 효율을 얻었을 뿐이다. 즉 최대전력을 얻기 위해서는 효율은 희생시킬 수밖에 없다. 부하저항 R_L 값이 클 수록 전력전송효율은 커지지만 R_{TH}값 이상에서 전력전달은 반대로 적어진다.

그림 9.3과 같은 회로에서 부하저항 R_L에 최대전력을 전송하기 위한 조건은 테브냉 등가회로를 구하면 쉽게 구할 수 있다. 즉, 부하저항 을 제거하고 이 회로의 테브냉 등가저항을 구하면, 즉 전원을 제거(전압원을 단락) 한 상태에서 단자 A, B에서 들여다 본 합성저항이 되므로

$$R_L = R_{TH} = R_1 \| R_2 = \frac{R_1 \cdot R_2}{R_1 + R_2} \tag{13}$$

으로 쉽게 구할 수 있다.

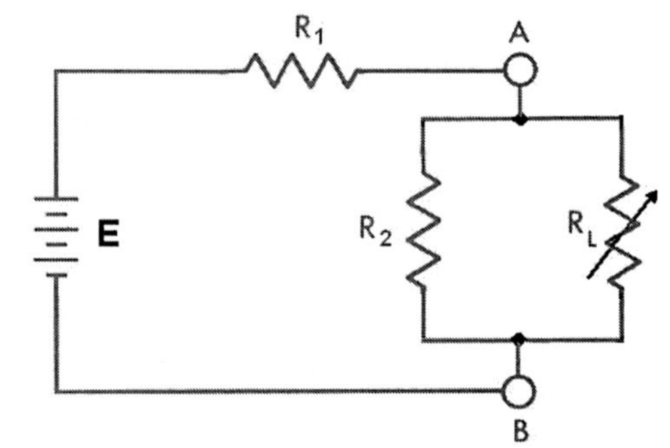

그림 9.3

3 실험 기자재와 부품

1) 직류전원장치

2) VOM(V-Ω meter 또는 디지털멀티미터 DMM)

3) 부품

저항	10 kΩ, 1W, 2개
	100kΩ, 1W
	포텐쇼미터(다회전가변저항기) 10kΩ, 1/2 W
	포텐쇼미터(다회전가변저항기) 1kΩ, 2 W
	1kΩ, 1W
	1.5 kΩ, 1W
	3.3kΩ, 1W, 2개
	22kΩ, 1 W
스위치	SPST
	PBNO
	DPDT

4 실험 절차

[휘트스톤 브리지]

표준형 VOM이나 전자식 VOM에 의한 저항측정의 경우에는 계기의 표시부에 의해서 지시되는 눈금에서 직접 읽는다. 그러나 휘트스톤 브리지에 의한 저항측정은 고감도의 검류계의 검출에 의해서 전기적인 평형상태로부터 저항을 측정하게 되므로 보통 다른 저항계보다 높은 정확도를 얻을 수 있다. 보다 더 높은 정확도를 얻기 위해서는 브리지에 구성되는 고정 및 가변저항기의 정도가 높은 것이어야 한다. 본 실험에서 구성하는 휘트스톤 브리지는 보다 높은 정확도를 갖는 일반적인 것이다.

1. a) 그림 9.4와 같이 직류전원, 밀리 전류계, 저항 R_1, R_2, R_3, 포텐쇼미터 R_4, 스위치 S_1 및 S_2를 결선한다. 저항 R_3는 밀리전류계에 흐르는 전류를 제한하기 위한 것으로서 조정초기에는 계기의 감도를 저하시키지만 최종조정을 위하여 S_2로 R_3를 단락시킬 때에는 그 감도가 높아진다.

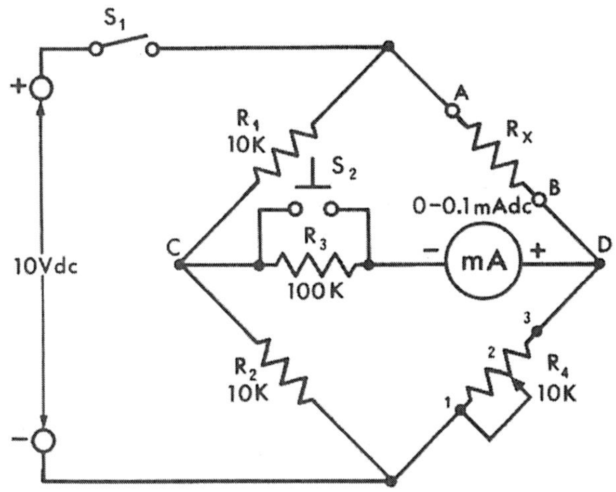

▌그림 9.4 **실험 회로**

b) 스위치 S_1이 열린 상태에서 전원을 공급하여 전압을 10Vdc로 조정한다.

c) 가감저항기 R_4를 반시계방향에 최대위치에 놓는다.

유의점

검류계의 0눈금은 눈금의 중앙 위치에 있고 전류계의 0눈금은 눈금의 좌측에 있다. 가감저항기는 반시계방향의 끝에 위치(저항 최대점)하고 있으므로 이것으로 브리지의 저항 R_4 및 Rx에 흐르는 전류를 제한하게 되어 회로에 연결된 전류계의 지침은 시계방향 쪽으로 움직인다.

2. a) R_X는 미지저항값을 의미하는 것이다. 이 R_X를 대신하여 저항 R_5(1kΩ)을 연결한다.

b) S_1을 닫고 밀리전류계의 상승눈금을 읽는다. 이 전류계의 지시가 상승눈금으로 되지 않으면 S_1을 열고 계기의 극성을 바꾸어 연결하고 다시 S_1을 닫는다.

c) 전류계의 지시가 0눈금에 이를 때까지 가감저항기를 조정한다.

d) S_2를 누르면 R_3는 단락되고 전류계에는 더 많은 전류가 흐르게 된다.

e) 다시 가감저항기를 조정하여 전류계의 지시가 정확히 0눈금에 오르도록 한다.

이때 단자 C-D 에는 전류가 흐르지 않게 되어 브리지는 평형상태에 이룬 것이다. 이때의 가감저항기의 저항값이 바로 Rx의 저항값이 된다.

f) 스위치 S_1을 개방한다.

3. a) VOM을 저항 측정범위에 맞춘다.

   b) 조정된 저항값에 변동됨이 없이 가감저항기를 회로에서 분리시켜 VOM로 그 저항값을 측정하여 기록한다.
   이 저항값은 Rx의 값과 비교하여 거의 같은가?

   c) 분리시킨 가감저항기를 다시 회로에 연결한다.

4. a) 다음과 같이 결합번호에 따라 각 저항기(1kΩ, 1.5kΩ, 3.3kΩ, 22kΩ)를 결합시킨다.

   결합번호

   1 = 1kΩ와 3.3kΩ이 병렬

   2 = 1.5kΩ와 3.3kΩ이 병렬

   3 = 3.3kΩ과 3.3kΩ이 병렬

   4 = 1kΩ, 1.5kΩ, 3.3kΩ이 병렬

   5 = 1.5kΩ, 3.3kΩ, 3.3kΩ이 병렬

   6 = 3.3kΩ, 3.3kΩ, 22kΩ이 병렬

   b) 저항 결합번호 1에서 6까지의 그 저항값을 계산하여 표 9.1에 기입한다.

❙ 표 9.1

결합번호	계산값	측정값
1		
2		
3		
4		
5		
6		

5. a) 결합번호에 따라 결합한 저항을 브리지의 단자 A-B 사이에 연결하여 실험 절차 2, 3 행한 것과 같이 반복하여 각 저항값을 측정하여 표 9.1의 해당란에 기입한다.

b) 측정값과 계산값이 일치 하는가? 그 이유를 설명하시오.

유의점

가감저항기의 눈금을 정하게 되면 브리지로부터 미지 저항값을 직접 읽을 수 있다. 판지를 직경 5cm의 원형으로 자르고 중심에 구멍을 뚫어서 가감저항기의 육각너트 아래에 이 원형판을 단단히 고정시킨다. 그리고 가감저항기 양 단자에 저항계를 연결하고 이 가감저항기를 조정하여 매 500Ω마다 눈금을 매겨 나간다.

6. a) 밀리전류계의 눈금이 0~50μ Adc라면 이 브리지는 좀 더 높은 정확도를 얻을 수 있겠는가? 그 이유를 설명하시오.

   b) 저항 R_1 및 R_2의 오차가 1%라면 이 브리지는 좀 더 높은 정확도를 얻을 수 있겠는가? 그 이유를 설명하시오.

   c) 이 브리지의 정확도를 높이자면 가변저항 R_3를 어떻게 하면 좋겠는가?

유의점

저항 R_1에 대한 R_2의 비가 R_X에 대한 R_4의 비와 같을 때는 그림 9.4와 같이 저항 R_1과 R_2값이 반드시 같을 필요는 없다. 예를 들어 R_2값이 R_1값의 1/5인 2kΩ 이라하면 미지의 저항값 R_X는 브리지가 평형을 이루었을 때 R_4의 5배가 될 것이다.

7. a) R_2의 저항을 떼어내고 R_5(1kΩ)의 저항을 그 자리에 접속한다.

   b) 브리지의 단자 A-B 사이에 저항 R_5를 접속한다

   c) 저항 R_1과 R_5의 비는 얼마인가?

   d) 브리지가 평형을 이룰 때 가변저항기 R_4값을 계산하여라

   e) 스위치 S_1을 닫고 브리지를 평형시킨다.

   f) 스위치 S_1을 열고 저항값을 변화시키지 않은 상태로 가감저항기를 분리시켜 그 저항값을 측정하여 기록한다.
   이 값이 22kΩ값의 1/3이 되는가?

   g) 전원전압을 0으로 조정하고 전원을 끈다.

[최대전력전달]

이 실험에서 최대전력 전달은 전원의 내부저항과 부하의 저항이 같을 때 일어남을 배울 것이다.

1. a) 그림 9.5의 회로와 같이 직류전원, 전류계, 전자식 VOM, 저항 R_1 및 R_2, 포텐쇼미터 R_L 그리고 스위치 S_1을 결선한다. 이때 1kΩ의 저항 R_1과 R_2를 병렬로 하는 것은 전원의 내부저항 R_S가 500Ω이 됨을 나타내고자 한 것이고, 전류계는 부하전류를 측정하려는 것이다.

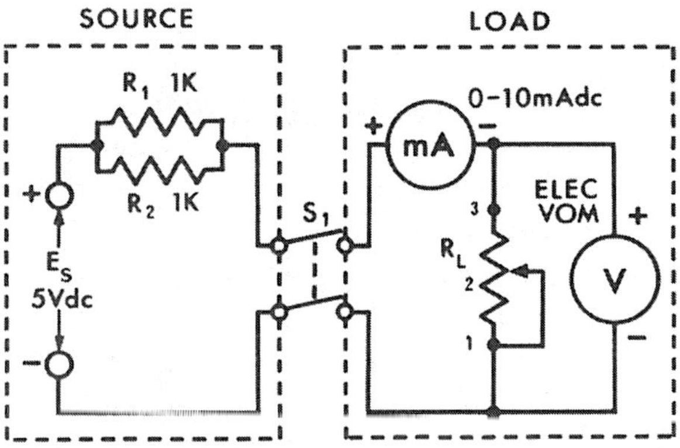

▌그림 9.5 **실험 회로**

   b) 스위치 S_1을 열어 놓고 VOM의 저항 측정범위에서 R_L의 저항값을 100Ω으로 조정한다.

   c) 전원을 넣고 전압이 5Vdc 가 되도록 조정한다.

   d) 스위치 S_1을 닫고 부하전류를 측정하여 기록한다.

   e) 부하 전압을 측정하여 기록한다.

   f) $P_L = E_L * I_L$ 식을 이용하여 R_L에서 소비되는 부하전력을 계산하여 기록한다.

   g) 위에서 구한 I_L, E_L, P_L 의 값들을 표 9.2의 R_L = 100Ω의 해당란에 기입한다.

   h) 스위치 S1을 개방한다.

▌표 9.2

Es = 5Vdc, Rs = 500Ω			
$R_L[\Omega]$	I_L[mAdc]	E_L[Vdc]	P_L[mW]
100			
200			
300			
400			
500			
600			
700			
800			
900			
1000			

2. a) 표 9.2에 표시한 부하저항 R_L 값에 따라 실험 절차 8과 같은 방법으로 측정 또는 계산한 값을 그 표의 해당란에 기입한다.

   b) 전압을 0으로 조정하고 전원을 끈다.

3. a) 어느 부하저항 값에서 부하 전류가 가장 많이 흘렀는가?

   b) 어느 부하 저항값에서 가장 큰 부하 전압을 얻었는가?

   c) 어느 부하 저항값에서 가장 많은 전력을 소모하는가?

4. a) 표 9.2에 기입한 P_L 값으로부터 그림 9.6에 전력곡선을 그려라.

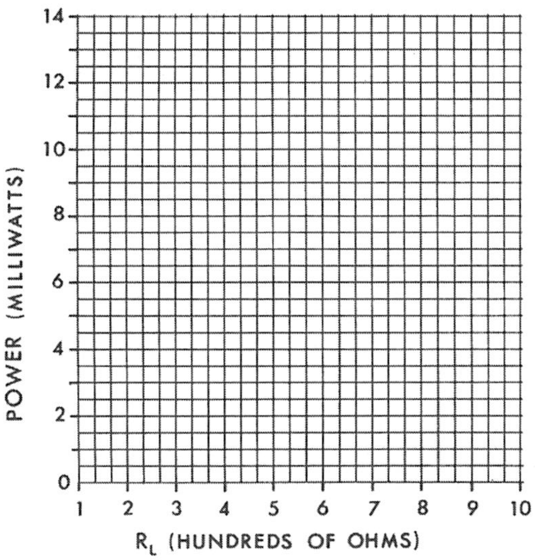

▌그림 9.6

5 자체평가

1. 그림 9.4와 같은 브리지 회로의 측정단자 A–B 사이에서 50kΩ의 저항값을 측정할 수 있는가? 그 이유를 설명하시오.

2. 그림 9.4에서 저항 R_2를 1kΩ 저항으로 교체하면 측정단자 A–B에서 저항 50kΩ의 값을 측정할 수 있는가?

3. 그림 9.4에서 저항 R_1을 1kΩ 저항으로 교체한다면 측정단자 A–B에서 최대로 측정할 수 있는 저항값은 얼마인가?

4. 평형 브리지회로로 온도 측정에 사용될 수 있겠는가?

   방법 :

5. 그림 9.7을 브리지회로로 볼 수 있는가?

설명 :

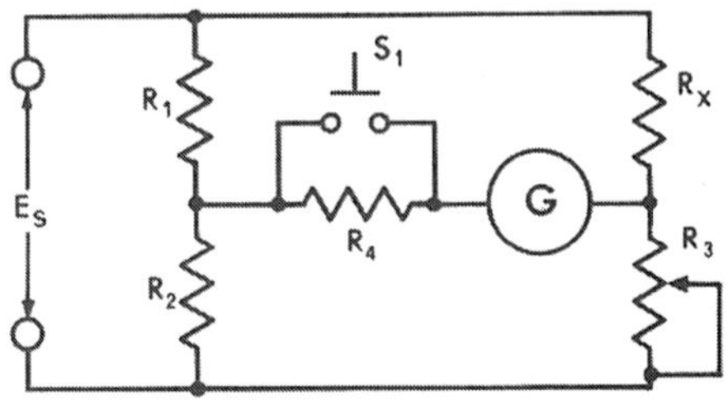

▌그림 9.7

6. 표 9.2를 참고 하여 다음의 각 부하저항에 대한 내부저항 R_S의 전압강하를 계산하여라.

R_L = 100[Ω], E_{RS} = Vdc

R_L = 300[Ω], E_{RS} = Vdc

R_L = 500[Ω], E_{RS} = Vdc

R_L = 700[Ω], E_{RS} = Vdc

R_L = 900[Ω], E_{RS} = Vdc

7. 부하 저항이 다음과 같을 때 전원의 내부저항에서 소모하는 전력을 계산하여라.

R_L = 100[Ω], P_{RS} = mW

R_L = 300[Ω], P_{RS} = mW

R_L = 500[Ω], P_{RS} = mW

R_L = 700[Ω], P_{RS} = mW

R_L = 900[Ω], P_{RS} = mW

8. 부하저항 R_L의 값이 얼마일 때 부하전력이 최대로 되는가?
단, 전원의 내부저항값은 R_S이다.

9. 내부저항이 75Ω인 100Vdc 전원이 있다.

a) 부하저항이 얼마일 때 최대전력 전송이 되는가?

b) 이 때 부하저항에 흐르는 전류는 얼마인가?

c) 이 때 부하저항에서 소모되는 전력은 얼마인가?

d) 부하저항이 2배로 증가 된다면 부하저항 양단의 전압은 얼마인가?

제10장 RC, RL 회로의 주파수응답 (필터링 특성)

1 실험 목적

RC 및 RL회로의 주파수응답을 통하여 필터로서의 특성을 이해하고 저역통과(low-pass) 필터와 고역통과(high-pass) 필터를 설계할 수 있도록 한다.

2 예비 지식

1 RC 및 RL회로의 주파수응답(필터링 특성)

인덕터의 임피던스는 주파수에 비례하여 변화하고 커패시터의 임피던스는 주파수에 반비례하여 변화한다. 인덕터와 커패시터의 이러한 특징이 있는 성질을 회로를 흐르는 신호들 중에서 특정한 주파수대역의 신호를 제거하거나 선택할 때 사용할 수 있다. 우리는 이러한 것을 필터링(filtering)이라 부르고 이러한 역할을 하는 회로를 필터(filter)라 부른다.

어떤 필터가 높은 대역 주파수의 신호(고역이라 부른다)를 통과시키지만 낮은 대역 주파수의 신호(저역이라 부른다)가 통과하는 것을 어렵게 한다면 하이패스필터(high-pass filter ; 고역통과필터)라 부른다. 이와 반대로 낮은 대역 주파수의 신호를 통과시키고 높은 대역 주파수의 신호가 통과하는 것을 어렵게 한다면 로패스필터(low-pass filter ; 저역통과필터)라고 부른다. 그러나 모든 것이 그렇지만 필터 역시 완벽하게 그 역할을 하지 못한다. 즉 어떤 대역의 주파수를 완벽하게 통과하도록 하거나 막지 못한다.

필터에서는 어떤 주파수 신호전압의 최대크기 70%($1/\sqrt{2}$)이내를 통과 시키거나 통과하지 못하도록 막는 것을 기준으로 삼는다. 70% 주파수를 모서리(corner)주파수, 롤오프(roll-off)주파수, 반전력(half-power)주파수라고 부른다.

RC필터와 RL필터의 모서리주파수는 다음과 같은 식으로 정의된다.

RC필터에서 $$f_c = \frac{1}{2\pi RC} \tag{1}$$

RL필터에서 $$f_c = \frac{R}{2\pi L} \tag{2}$$

주파수응답곡선은 필터의 출력전압의 크기를 주파수의 함수로서 나타낸 그래프를 말한다. 이 주파수응답곡선은 일반적으로 필터가 그 대역 내에서 동작하도록 설계된 주파수범위(대역이라고도 한다)을 정하는데 사용된다.

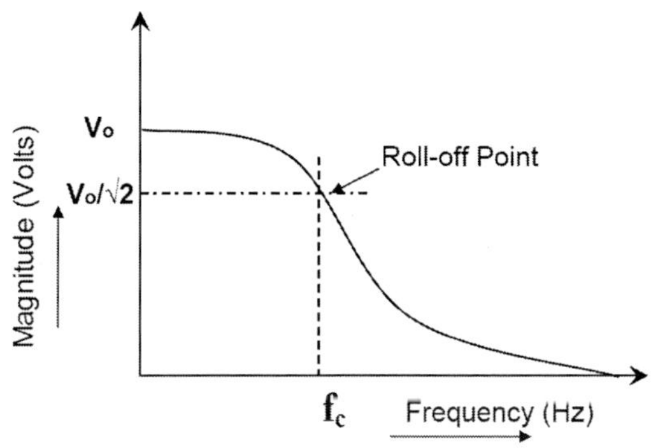

❙그림 10.1 차단주파수가 f_c인 저역통과 필터의 전형적인 주파수응답곡선

3 실험 기자재와 부품

1) 함수파 발생기

2) 오실로스코프

3) 부품

저항	1kΩ, 1/4 W, 2개
커패시터	1μ F
인덕터	33mH

4 실험 절차

1 저역통과 RC회로(필터)

1. 그림 10.2와 같이 1[kΩ] 저항과 1[μ F] 커패시터를 사용하여 회로를 구성한다.

2. 함수파발생기를 조절하여 정현파 출력전압이 $5V_{P-P}$가 되도록 한다.

3. 오실로스코프의 채널 1(CH 1)에는 회로의 입력신호를 채널 2(CH 2)에는 회로에서 출력되는 신호를 연결하고 트리거와 시간을 잘 조절하여 나타나는 파형이 정지되도록 한다.

4. 함수파발생기의 출력 주파수는 우선 40Hz로 하고 오실로스코프를 이용하여 전압의 상하 첨두값을 관찰한다. 이 때 회로에서 출력되는 전압은 입력되는 전압 즉 함수파 발생기출력전압과 거의 같아야 한다.(오실로스코프 화면 우측에 숫자로 표시되는 항목들을 조절하여 V_{P-P}가 나타나도록 한다) 이러한 주파수변화에 따른 출력전압의 변화를 모눈종이에 표시하여 주파수응답곡선을 얻는다.

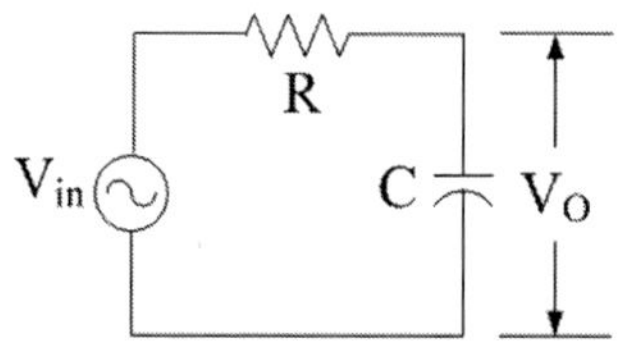

▌그림 10.2 **저역통과 RC회로(필터)**

5. 함수파발생기의 출력주파수를 조절하여 RC회로 출력전압이 입력전압의 70%정도로 감소하도록 주파수를 상승시킨다.

6. 앞의 절차와 같이 하였을 때의 주파수를 오실로스코프에 나타나는 파형을 이용하여 계산한다. 이 주파수가 이 실험에서 사용한 저역통과 RC필터의 차단(롤오프)주파수이다.

2 고역통과 RL회로(필터)

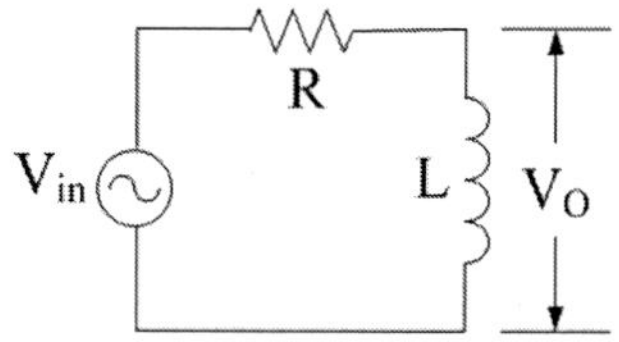

▌그림 10.3 고역통과 RL회로(필터)

1. 그림 10.3과 같이 1[kΩ] 저항과 33[mH] 인덕터를 사용하여 회로를 구성한다.

2. 저역통과 회로의 실험절차 2, 3과 같은 절차를 반복하여 오실로스코프로 주파수응답을 관찰한다.

3. 이 실험에서 시작하는 주파수는 높은 값으로(20[kHz] 정도) 하며 V_{P-P}(첨두-첨두 전압 값)의 변화를 관찰한다. 이 주파수에서는 회로의 출력전압이 입력전압과 거의 같아야 한다. 이제 주파수를 낮은 값으로 서서히 조절하면서 전압의 변화를 관찰한다. 이렇게 관찰한 결과를 모눈종이에 표시하여 주파수응답곡선을 얻는다.

4. 함수파발생기의 출력주파수를 조절하여 RL회로 출력전압이 입력전압의 70%정도로 감소하도록 주파수를 감소시킨다.

5. 오실로스코프에 나타나는 파형을 이용하여 앞의 절차와 같이 하였을 때의 주파수를 계산한다. 이 주파수가 이 실험에서 사용한 저역통과 RL필터의 차단(롤오프)주파수이다.

5 자체평가

1. 주어진 식 (1)과 (2)를 사용하여 RC회로와 RL회로의 차단(롤오프)주파수를 계산하고 앞의 실험에서 얻은 결과와 비교한다.

2. 식에 의해 계산된 차단주파수와 실험에서 얻어진 실제의 차단주파수에 차이가 있는가? 있다면 왜 차이가 발생하는지 설명하여 보아라.

RLC회로의 주파수응답(공진)

1 실험 목적

1) RLC회로의 공진현상을 이해하고 관찰한다.

2) RLC회로에 정현파가 입력되었을 때 나타나는 출력 즉 정현파응답을 관찰하여 주어진 회로의 공진주파수와 밴드 폭을 구한다.

2 예비 지식

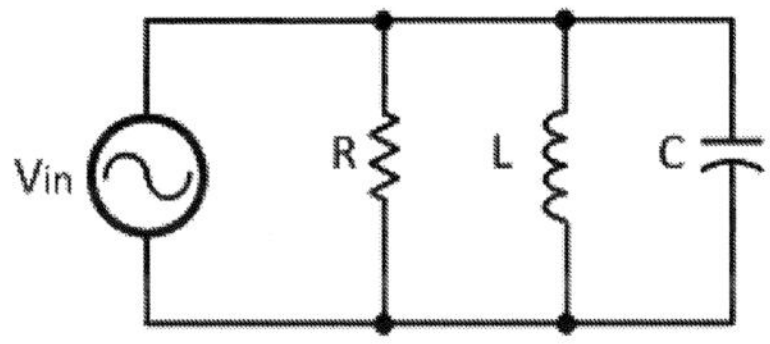

그림 11.1 병렬 RLC공진회로

1) 공진회로 또는 동조회로라고 부르는 회로는 전압원이나 전류원에 연결된 인덕터, 커패시터로 구성된다. 이것은 전자공학분야에서 아주 빈번하게 사용되는 회로 중의 하나이다. 한 예로 공진회로를 사용하여 우리는 우리가 속해있는 전파환경에서 언제나 원하는 라디오나 텔레비전 신호를 선택할 수 있다.

2) RLC회로망에서 입력단자의 전압과 전류가 동상이면 이 회로망은 공진상태에 이르게 되고 입력 임피던스는 순 저항성이 된다.

3) 그림 11.1과 같은 병렬 RLC회로를 생각하면 이 회로의 정상상태의 어드미턴스는

$$R = \frac{1}{R} + j\,(\omega C - \frac{1}{\omega L}) \quad (1)$$

와 같이 된다.

입력단자의 전압과 전류가 동상이면 공진이 일어난다. 다시 말해 식 (1)은 실수부분만 남게 되는데 그렇게 되려면

$$\omega C - \frac{1}{\omega L} = 0 \tag{2}$$

가 되어야 한다. 즉 식 (2)는 병렬 RLC회로의 공진(필요)조건이 된다. 다시 말해 병렬 RLC회로에서 L, C 또는 ω를 조절하여 공진상태에 이르게 할 수 있으며 만약 인덕터와 커패시터 소자 값이 고정되어 있다면 공진주파수 ω_0는 다음과 같이 주어진다. 즉

$$\omega_0 = \frac{1}{\sqrt{LC}} \qquad \text{rad/s} \tag{3}$$

또는

$$f_0 = \frac{1}{2\pi\sqrt{LC}} \qquad [\text{Hz}] \tag{4}$$

4) 주파수응답곡선은 공진회로에서 출력전압의 크기를 주파수의 함수로서 그린 것을 말한다. 즉 주파수변화에 따른 공진회로의 출력전압의 변화를 그린 곡선이다. 당연히 응답곡선은 0에서 시작되고 자연공진주파수의 부근에서 최대값이 되며, 주파수 또는 ω가 높아져 무한대에 접근함에 따라 다시 감소하여 0으로 떨어진다. 즉 주파수응답곡선은 그림 11.2와 같이 된다.

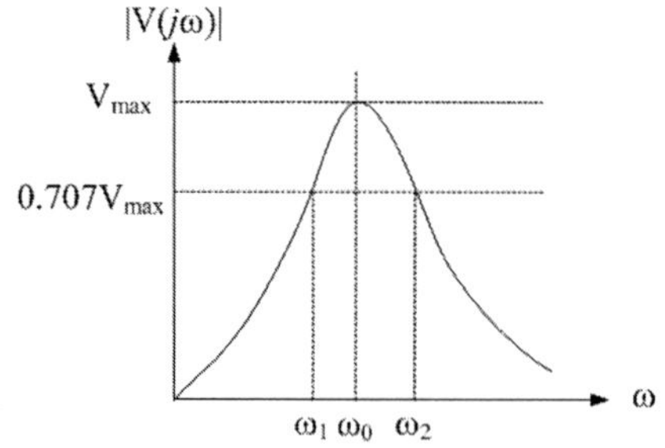

▌그림 11.2 **병렬 RLC공진회로의 주파수응답곡선**

공진주파수 ω_0 외에 ω_1, ω_2로 나타낸 두 개의 주파수를 반전력주파수(half-power frequency)라고 한다. 이들은 각각 출력전압의 최대값의 0.707 또는 $\frac{1}{\sqrt{2}}$배가 되는 위치의 주파수이다. 이들 주파수는 응답곡선의 밴드폭을 정하는데 사용된다. 이 밴드폭을 공진회로의 반전력 밴드폭(half-power bandwidth)이라고 부르고 다음과 같이 정의한다. 즉

$$\beta = \omega_2 - \omega_1 \tag{5}$$

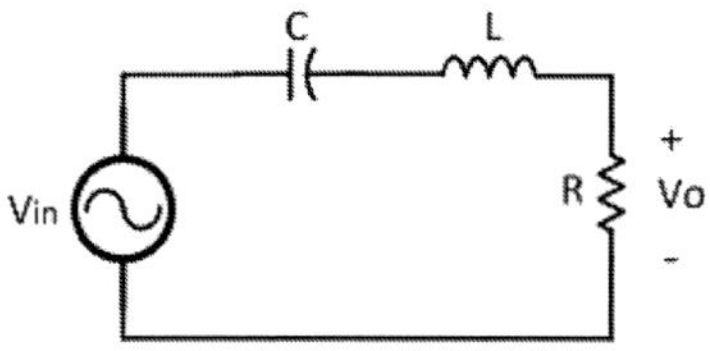

그림 11.3 직렬 RLC공진회로

3 실험 기자재와 부품

1) 함수파 발생기

2) 오실로스코프

3) 부품

저항 1 kΩ , 1/4 W, 2개

커패시터 1μ F, 0.01μ F

인덕터 33mH

4 실험 절차

1. 우선 1μ F커패시터를 사용하여 그림 11.4와 같이 회로를 연결하고, 함수파발생기의 출력을 정현파로 선택하고 전압을 5V_{p-p}로 조절한다.

2. 함수파발생기의 출력을 조절하여 될수록 작은 단계로 500Hz에서 2KHz까지 변화하도록 한다. 오실로스코프의 채널 1에는 회로에 입력되는 신호를 채널 2에는 회로에서 출력되는 신호 즉 커패시터 양단의 전압을 연결하고 파형의 변화를 관찰한다. 이때 채널 2에 나타나는 전압의 크기가 최대가 되는 주파수가 공진주파수이다. 관찰한 결과를 모눈종이에 그려 넣는다.

3. 이제 커패시터를 0.01μ F로 바꾸어 연결하고 앞의 절차를 반복한다.

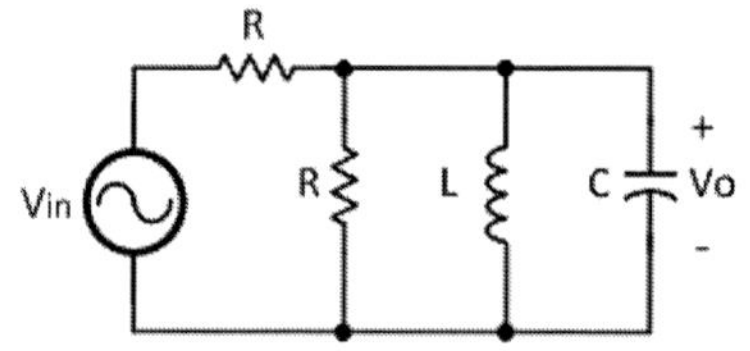

그림 11.4 **직렬저항으로 교류전원에 연결된 RLC공진회로**

5 자체평가

1. 주어진 식 (1)을 사용하여 공진주파수 ω_0를 구하고 이것과 실험에서 구한 결과를 비교하여라.

2. 모눈종이 그려 넣은 그래프를 이용하여 실험에 사용한 회로의 밴드폭을 구한다. 이때 반전력주파수를 이용하여 구하여라.

3. 주어진 식을 사용하여 구한 공진주파수와 실험으로 얻어진 공진주파수가 잘 일치하는가? 만약 일치하지 않으면 그 이유에 대해 설명하여 보아라.

다이오드 정류회로를 이용한 직류전원장치

1 실험 목적

1) 직류전원장치의 구조를 이해한다.

2) 변압기의 1차측 입력에 대한 2차측 출력 특성을 이해한다.

3) 다이오드 반파정류기의 동작을 이해한다.

4) 브리지 다이오드를 이용한 전파정류기의 동작을 이해한다.

5) 커패시터의 필터 특성과 용량에 따른 출력전압의 맥동의 크기를 측정한다.

2 예비 지식

1 직류전원장치 기본이론

직류전원장치는 가정으로 공급되는 220V, 60Hz의 교류전원을 직류전원으로 변환하는 장치로 흔히 어댑터(adaptor)라 부른다. 휴대폰, MP3 플레이어, 전자계산기 등 많은 전자제품들이 직류전원을 필요로 하므로 건전지나, 혹은 직류전원장치를 이용하여 전원을 공급한다. 직류전원장치의 구성은 그림 12.1과 같다.

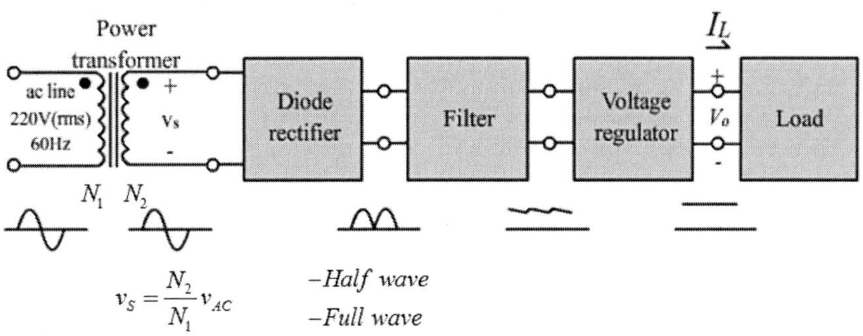

그림 12.1 직류전원장치의 구성

(a) 변압기(transformer)

변압기는 암페어의 법칙과 패러데이의 법칙을 바탕으로 전기에너지와 자기에너지의 상호 변환을 이용하는 것으로 구조는 그림 12.2 (a)와 같으며, 회로기호는 그림 12.2 (b)와 같다.

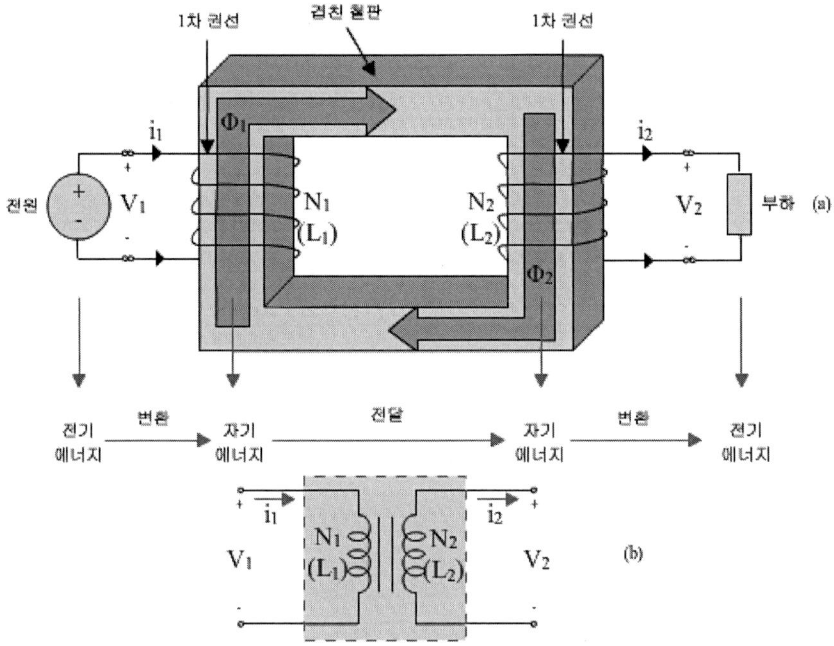

▌그림 12.2 **변압기 구조 및 회로기호**

그림 12.2에서 1차 권선에 입력되는 전압의 진폭 V_1과 2차 권선에서 출력되는 전압의 진폭 V_2의 크기는 이상적인 경우 각 권선수에 비례하게 된다. 즉, 각 권선의 수를 N_1, N_2라고 할 때, $V_1 : V_2 = N_1 : N_2$가 된다. 또한 1, 2차측에 있어서 전력의 크기는 변하지 않으므로 전류의 크기는 권선수에 반비례하게 된다. 즉, $p_1(i_1 \times V_1) = p_2(i_2 \times V_2)$에서 $V_1 : V_2 = N_1 : N_2$이므로 $i_1 : i_2 = \dfrac{1}{N_1} : \dfrac{1}{N_2}$이다. 변압기에서 각 단자 전압의 크기가 권선수에 비례하는 성질을 이용하여 교류전압의 진폭을 높이거나(승압), 혹은 낮추는 데(강압) 이용한다. 예로서 1차측과 2차측 권선수의 비가 $N_1 : N_2 = 20 : 1$인 변압기의 1차측에 교류 220V를 인가하였을 때, 2차측에는 $\dfrac{220}{20} = 11\ V$ 교류전압이 출력된다.

(b) 다이오드 정류기(diode rectifier)

신호에 포함된 직류 성분은 푸리에 급수전개 표현에서 0차항, 즉 시간평균에 해당하게 된다. 정현파 교류신호는 시간평균이 0이므로 직류성분을 포함하지 않는다고 할 수 있다. 정현파 교류신호를 변환하여 직류성분이 포함된 신호로 만드는 과정을 정류라고 하며, 다이오드의 가장 중요한 응용 예가 된다. 정류 과정에는 반파(half wave), 또는 전파(full wave) 정류가 있는데, 그림 12.3은 한 개의 다이오드를 이용한 반파 정류과정을 보여준다.

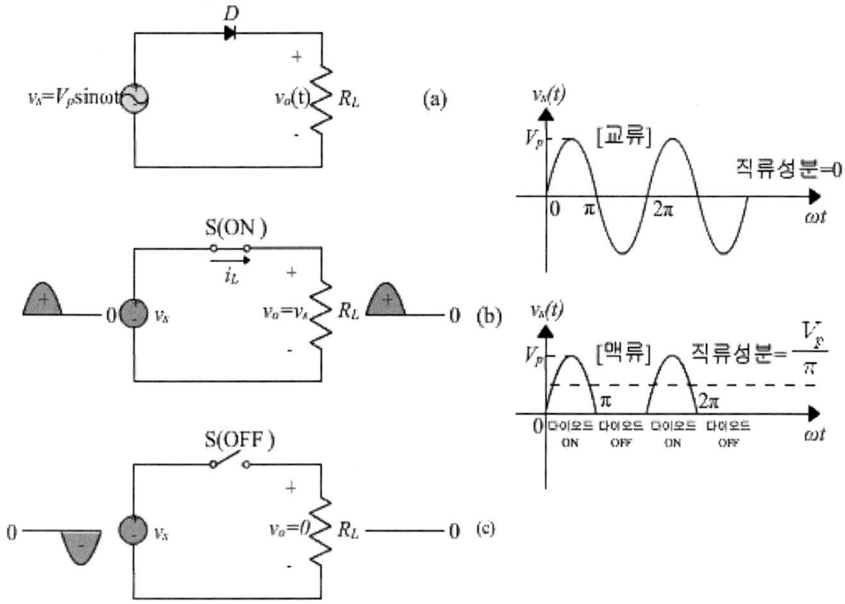

▌그림 12.3 **반파 정류과정**

원 신호 진폭의 크기가 V_p라고 할 때, 반파 정류신호에 포함된 직류성분의 크기는 다음과 같다:

– **반파 정류신호의 직류성분** : $V_{dc} = V_{avg} = \dfrac{1}{2\pi}\displaystyle\int_0^{\pi} V_p \sin\omega t \, d(\omega t) = \dfrac{V_p}{\pi}$

전파 정류신호를 얻기 위한 방법으로는 (1) 중간탭이 있는 변압기를 이용하는 것과 (2) 브리지 다이오드 정류기를 이용하는 것이 있는데, (1)의 방법은 부피가 크고 무거운 변압기가 필요하므로, 일반적으로 (2)의 방법이 주로 사용된다. 그림 12.4는 브리지 다이오드 정류기를 사용한 전파정류기와 동작 원리를 설명한다. 전파 정류신호에 포함된 직류성분의 크기는 다음과 같이 구할 수 있다:

- 전파 정류신호의 직류성분 : $V_{dc} = V_{avg} = \dfrac{1}{2\pi}\int_0^{2\pi} V_p \sin\omega t \, d(\omega t) = \dfrac{2V_p}{\pi}$

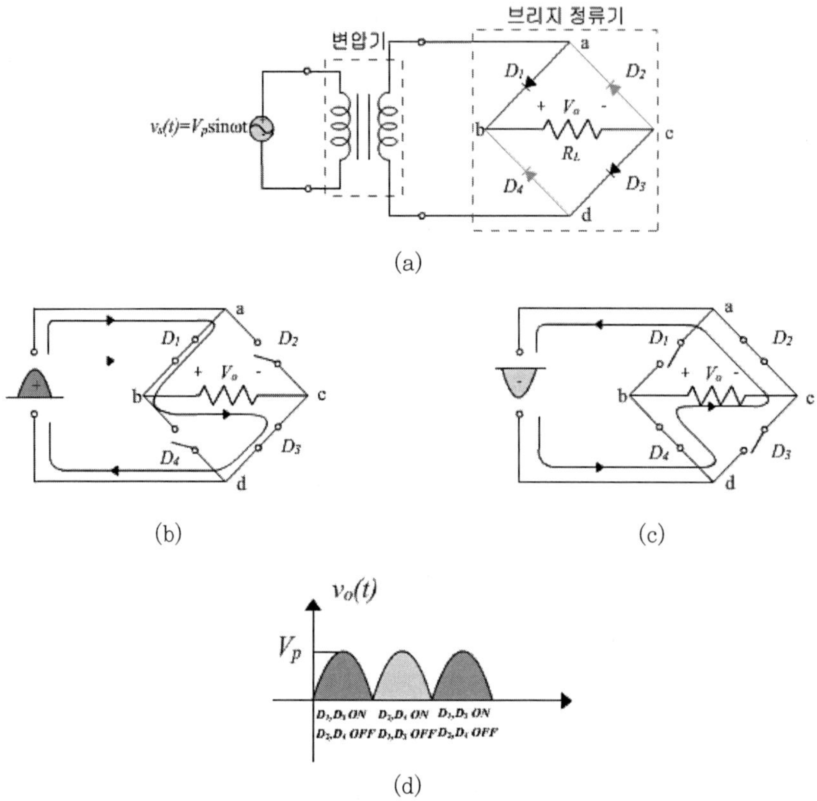

▎그림 12.4 **브리지 다이오드를 이용한 전파 정류과정**

(c) 정류기 필터(filter)

반파 및 전파 정류기 출력 신호에 포함되어 있는 직류 성분을 추출하는 회로를 정류필터라고 한다. 푸리에 급수전개에 의한 주파수 스펙트럼의 관점에서 직류성분은 주파수가 0인 신호이므로 정류필터는 기본적으로 0 주파수 성분을 추출하는 저역통과필터(low pass filter)라고 볼 수 있다. 저역 통과필터는 커패시터의 용량성을 이용하여 구현할 수 있다. 그림 12.5는 반파 신호로부터 직류 성분을 추출하기 위한 정류필터 회로 및 동작원리를 설명하고 있다.

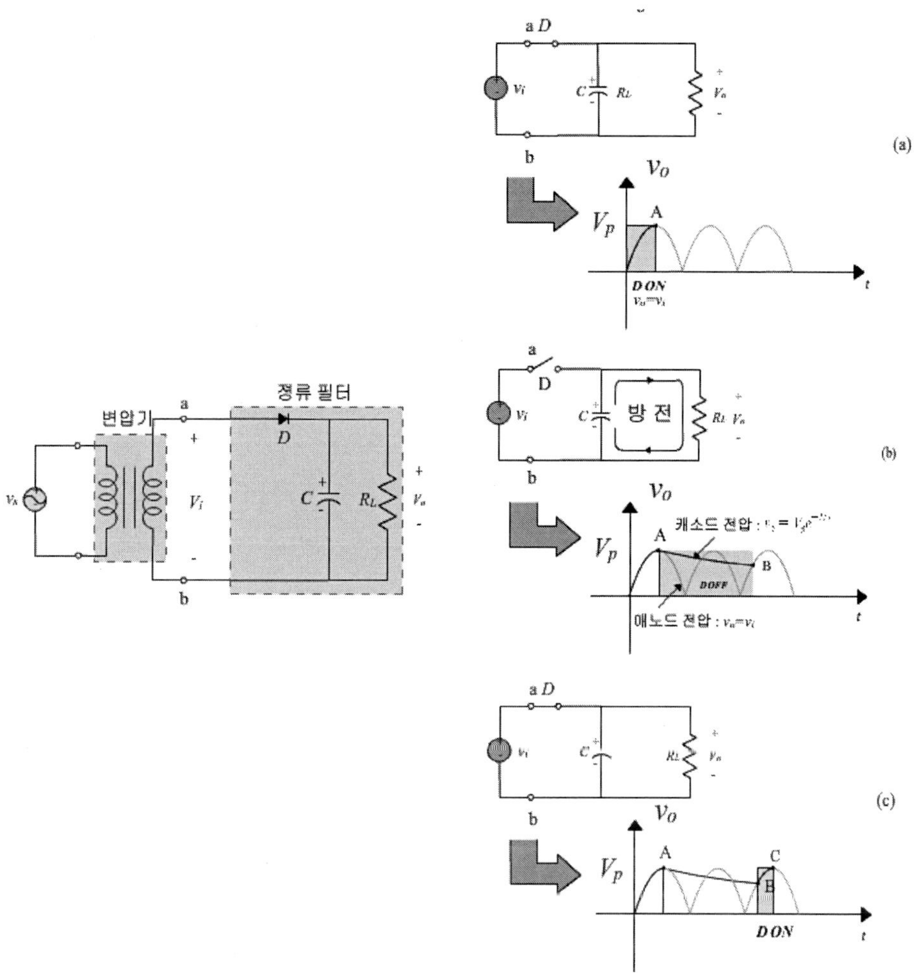

▎그림 12.5 **반파 정류 필터**

정류 필터의 동작은 다음과 같다. 먼저 시점 $t=0$에서 커패시터에 충전된 전압은 없는 것으로 가정한다.

(i) 그림 12.5 (a)에서 전압 v_i는 커패시터 전압 보다 크므로 다이오드가 순방향으로 바이어스 되어 도통하게 되고 따라서 커패시터는 충전을 시작하게 된다. 여기서 다이오드를 이상적인 것으로 가정하면 다이오드의 등가저항은 $R_{eq}=0$이므로, 충전과정의 시상수는 $\tau=R_{eq}C=0$이 된다. 이는 커패시터의 충전전압이 시간지연 없이 입력전압 v_i을 그대로 따라서 상승하게 됨을 의미한다.

(ii) 이제 그림 12.5 (b)에서 커패시터의 전압이 전압 v_i의 첨두값 V_p에 이르고 난 이후에, 전압 v_i가 하강하기 시작하면 다이오드는 역방향으로 바이어스 되어 개방하게

되고, 이제 커패시터는 부하저항 R_L을 통해 방전하기 시작한다. 여기서 방전과정의 시상수는 $\tau = R_L C$이고, 따라서 방전과정은 지수함수 $v_o = V_p e^{-\frac{t}{\tau}}$를 따르게 된다. 방전과정의 시상수($\tau = R_L C$)가 충전과정의 시상수($\tau = 0$)에 비해 훨씬 크므로 방전과정은 충전과정에 비해 상대적으로 느리게 진행된다.

(iii) 그림 12.5 (c)와 같이 커패시터 전압이 부하저항을 통해 지수 함수적으로 방전을 하면서 작아지는 동안 전압 v_i가 다시 상승하므로, 커패시터 전압과 v_i가 같아지는 순간이 오게 된다. 이 순간을 지나면 전압 v_i의 크기가 커패시터 전압보다 커지게 되므로 다이오드는 다시 순방향으로 바이어스 되고, 따라서 커패시터는 시상수 $\tau = R_{eq} C = 0$을 따라 충전하여 다시 전압 v_i의 첨두값 V_p까지 충전하게 된다.

이러한 과정을 반복하면서 커패시터는 입력전원 v_i로부터 전기에너지를 받아서 모아두었다가(충전), 이를 부하저항에 전달(방전)하는 역할을 하는 것이다. 반파정류 필터에서 부하저항에 나타나는 전압의 파형은 그림 12.6과 같다.

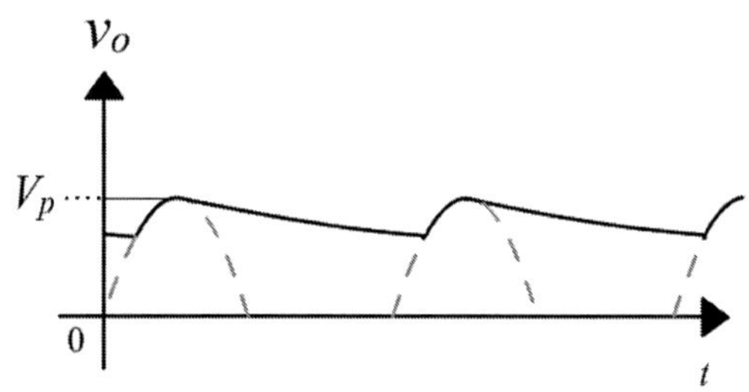

▌그림 12.6 **반파정류 필터의 출력 신호**

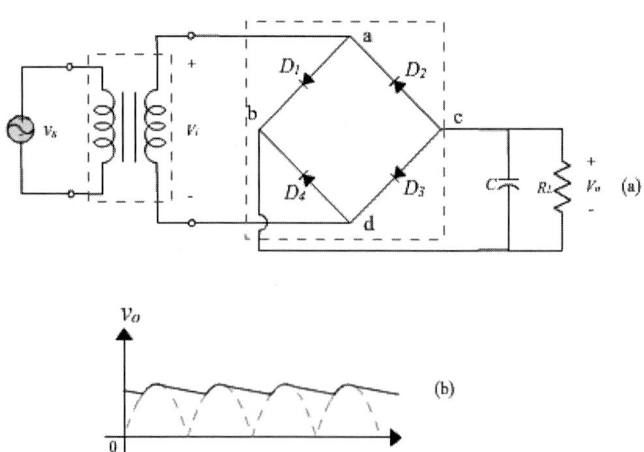

▌그림 12.7 **전파정류 필터 및 출력 신호**

그림 12.6과 그림 12.7에서 보는 것처럼 정류필터의 출력전압은 순수 직류성분과 함께 맥동(ripple) 성분도 포함하게 된다. 맥동전압의 크기는 그림 12.8에서 물결성분 전압의 진폭 V_r로 정의된다. 위에서 설명한 바와 같이 맥동전압은 커패시터의 방전과정에서 나타나므로 시상수 $\tau = R_L C$에 관련되어 있을 것임을 알 수 있다. 방전속도가 느릴수록($\tau = R_L C$가 클수록) 맥동전압의 진폭 V_r은 작아지므로, $V_r \propto \frac{1}{R_L C}$이다. 일반적으로 부하저항의 크기 R_L은 고정되어 있으므로, 맥동전압을 작게 하여 순수 직류전압에 가깝게 하기 위해서는 C를 크게 하여야 한다. 그림 12.6과 그림 12.7을 비교해 보면 전파정류 파형의 주파수가 반파정류 파형의 주파수에 비해 약 2배가 되고, 맥동전압의 진폭은 $V_r \propto \frac{1}{f}$ 임을 알 수 있다. 이는 정류필터의 입력전압의 주파수가 높을수록, 즉 보다 자주 충전할수록 맥동전압의 진폭이 낮아지고, 순수 직류전압에 가까워짐을 의미한다.

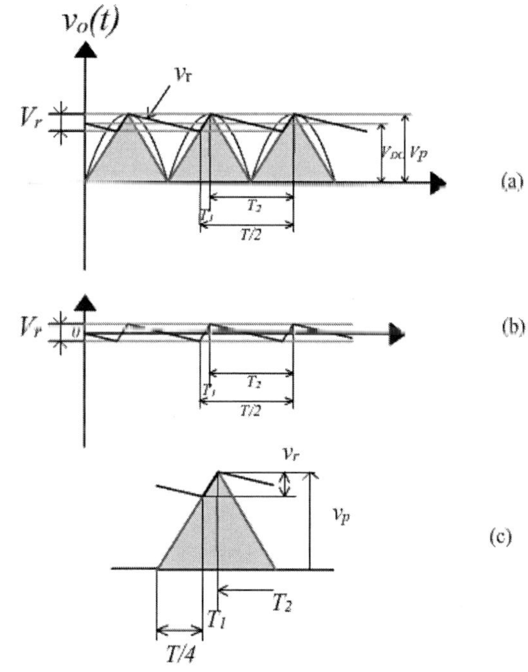

▌그림 12.8 **맥동 전압**

(d) 정전압 회로(voltage regulator)

정류필터 회로의 출력에는 여전히 맥동성분이 포함되어 있으므로 이를 제거하고 부하저항에 순수 직류전압을 공급하기 위해서 정전압 회로를 사용한다. 정전압 회로는 제너 다이오드라고 불리는 정전압 다이오드를 이용하여 구성한다. 예로서 15V 정전압 제너 다이오드의 전압-전류특성은 그림 12.9와 같다. 정전압 동작에 사용되는 영역은 그림 12.9에서 역방향 바이어스 영역인 제너영역으로, 이 부분에서 제너 다이오드의 전압-전류 특성은 마치 직류 전압원과 같은 특성을 가진다. 즉, 제너 다이오드의 전류를 항복전류라고 부르는 $I_{Z(\min)}$보다 크게 유지시켜 주기만 하면, 전류의 변화에 무관하게 제너 다이오드 양단간에는 일정한 전압이 유지된다. 물론 제너 다이오드에도 최대 전류용량의 제한이 있고, 이 크기를 $I_{Z(\max)}$로 표현한다. 그러므로 제너 다이오드의 전압은 전류의 크기가 $I_{Z(\min)} < I_D < I_{Z(\max)}$인 한 $V_D = V_Z$(상수)가 된다. 이를 정전압 작용이라고 한다. 정전압의 크기 V_Z와 항복전류 $I_{Z(\min)}$, 그리고 최대전류 $I_{Z(\max)}$는 제너 다이오드의 종류마다 다르며 사양서(specification)에서 찾을 수 있다.

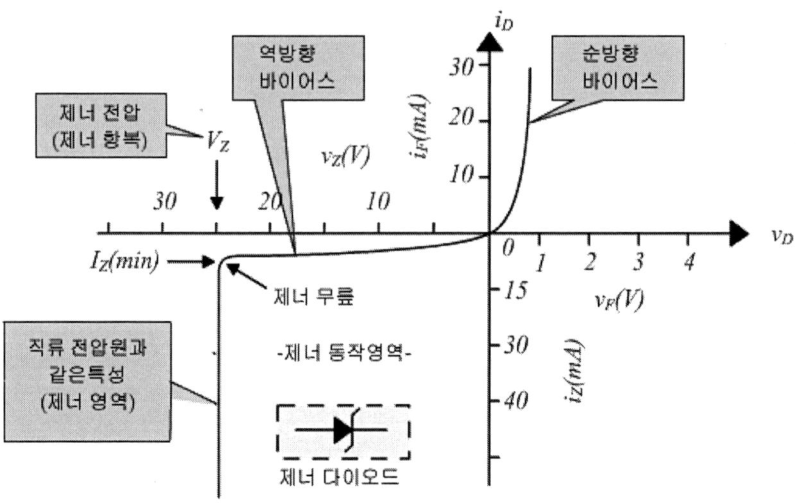

▌그림 12.9 **제너 다이오드의 전압-전류 특성**

그림 12.10은 제너 다이오드를 이용하여 출력전압을 정전압 $V_Z = 15\,V$로 한 직류전원장치의 예이다. 정류필터의 출력전압은 25V이며 맥동을 포함하고 있으므로 제너 다이오드를 이용하지 않고 그대로 부하를 구동한다면 부하전압과 전류는 변동하게 될 것이다. 저항 R_s는 제너 다이오드의 전압이 정전압 15V를 유지하도록 하는 것이다. 정류필터 회로의 출력 전압이 맥동전압을 포함한 $25\,V \pm \Delta V_{ripple}$인 경우 저항 R_s의 양단에는 정전압 출력 15V와의 차 $V_{R_s} = 25\,V \pm \Delta V_{ripple} - 15\,V = 10\,V \pm \Delta V_{ripple}$가 걸리게 되고, 맥동전압의 크기에 따른 전류의 변동이 나타나게 된다. 그러나 이 전류의 변동은 $I_{Z(\min)} < I_Z < I_{Z(\max)}$ 영역에 있는 한 제너 다이오드에 흡수되고, 부하에 흐르는 출력 전류가 $\dfrac{V_Z}{R_L}$로 일정하게 유지된다.

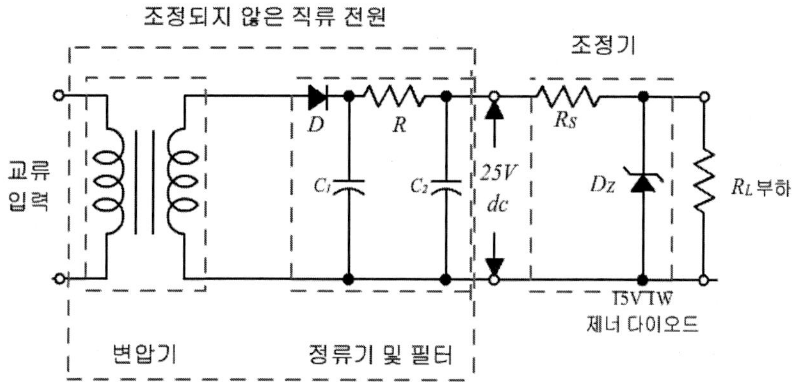

▌그림 12.10 **제너 다이오드를 이용한 전체 직류전원장치**

3 실험 기자재와 부품

1) 오실로스코프
2) 디지털 멀티미터(DMM)
3) 변압기(10:1)
4) 브리지 다이오드(모델명: KBPC600, 6A)
5) 전해커패시터 $100\mu F$ 1개, $470\mu F$ 1개
6) $1\,K\Omega, 1\,W$ 저항 1개
7) $2\,K\Omega, 1\,W$ 저항 1개
8) $0.5\,A$ 퓨즈

4 실험 절차

1 변압기 입출력전압 파형 측정

a) 그림 12.11에 나타낸 바와 같이 변압기 회로를 구성한다. 변압기의 1차측 전압인 교류 220V를 연결할 때 부주의로 인해 실험자의 손이 닿지 않도록 각별히 주의하여야 한다. 특히 변압기의 1차 측에 0.5 A 퓨즈가 설치되어 있어야 하며, 변압기 1차 측 단자 어느 것도 2차 측의 접지 단자와 접촉되어 있지 않도록 한다. 1차측에 전원을 연결하기 전에 이를 먼저 철저히 확인한다.

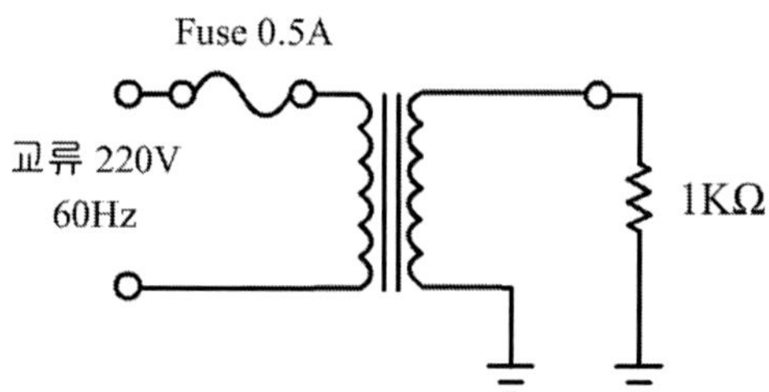

그림 12.11 **변압기 파형측정 실험**

b) 이제 교류 220V 전원을 변압기 1차측에 연결한다. 절연된 두 채널을 갖는 오실로스코프를 이용하여 1차측 입력전압의 파형과 2차측 출력전압(부하저항의 양단)의 파형을 측정한다. 오실로스코프의 화면을 디지털카메라로 사진을 찍어서 실험결과 보고서에 기록한다. 또한 1차측 전압의 크기와 2차측 전압의 크기의 비를 구하고, 이를 변압기의 권선비와 비교한 결과를 표 12.1에 작성하고 실험결과 보고서에 기록한다.

표 12.1 **변압기 입출력 파형의 진폭 비교**

1차측 진폭	2차측 진폭	진폭비	권선비

2 반파 정류기 파형측정

a) 다이오드의 극성이 바뀌지 않도록 주의하여 그림 12.12에 나타낸 바와 같이 반파정류회로를 구성한다.

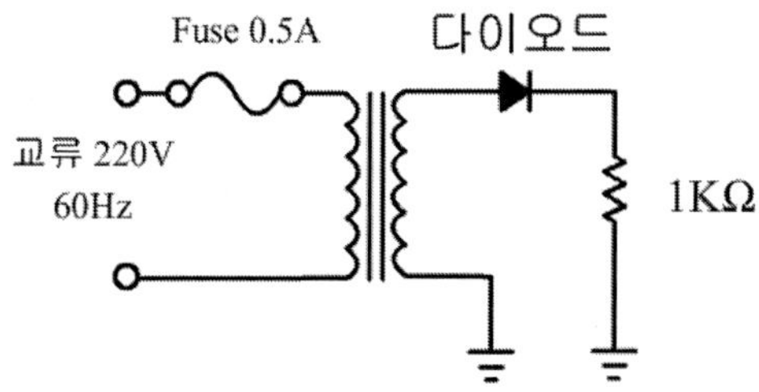

▌그림 12.12 **반파 정류기 실험**

b) 이제 교류 220V 전원을 변압기 1차측에 연결한다. 절연된 두 채널을 갖는 오실로스코프를 이용하여 변압기의 2차측 출력전압, 즉 반파정류기 입력전압의 파형과 $1K\Omega$ 저항 양단의 전압파형을 측정한다. 오실로스코프의 화면을 디지털카메라로 사진을 찍어서 실험결과 보고시에 기록한다.

c) 멀티미터로 $1K\Omega$ 저항 양단의 직류전압(V_{dc})을 측정하고, 측정결과를 표 12.2에 입력하여 보고서에 기록한다. 이 값을 반파 정류 파형에 포함된 직류성분의 크기와 비교한다. 직류성분의 크기는 시간평균과 같으며 다음 식으로 계산된다. 식에서 V_{th}는 다이오드의 장벽전위에 의한 문턱전압을 의미한다.

$$\text{직류전압 성분의 크기}(V_{avg}) = \frac{V_p - V_{th}}{\pi}$$

▌표 12.2 **반파정류 신호의 직류성분**

반파정류기 입력신호 진폭	멀티미터 측정값	시간평균계산값

d) 앞의 b)에서 측정한 반파정류기 입력파형의 진폭과 출력파형의 진폭이 어떻게 다른지를 확인한다. 두 파형의 진폭 차이는 다이오드의 장벽전위에 의한 문턱전압에 의해서 발생한다. 문턱전압은 보통 실리콘 다이오드의 경우 0.7V이다. 일반적으로 최대전압이 문턱전압보다 10배 이상 크면 이 값은 무시해도 상관없다.

3 전파 정류기 파형측정

a) 그림 12.13에 보이는 전파 정류기에 대해서도 반파정류기 실험의 a)~d)와 같은 과정을 반복하여 입출력 전압을 비교 관찰하고, 표 12.3을 작성하여 결과 보고서에 기록한다. 전파정류 파형의 경우에는 반파정류 파형에 비해 주파수가 2배가 됨을 주목한다. 전파정류 파형에 포함되어 있는 직류전압 성분의 크기는 다음 식으로 계산할 수 있다.

$$\text{직류전압 성분의 크기}(V_{avg}) = \frac{2(V_p - 2V_{th})}{\pi}$$

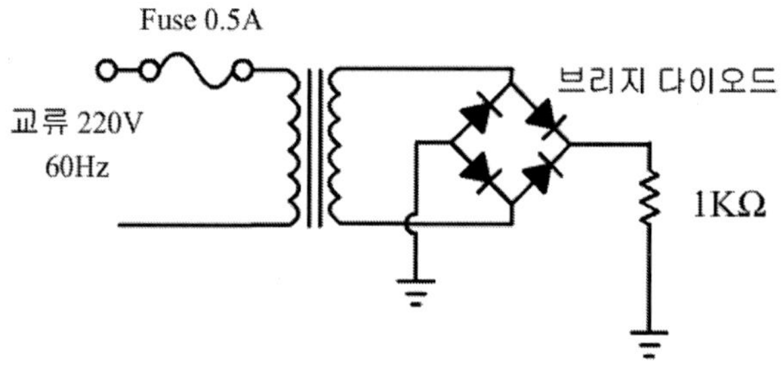

▎그림 12.13 **전파 정류기 실험**

▎표 12.3 **전파정류 신호의 직류성분**

전파정류기 입력신호 진폭	멀티미터 측정값	시간평균계산값

4 정류필터 파형측정

a) 그림 12.14와 같이 전파정류회로의 출력단자, 즉 $1K\Omega$ 저항 양단에 $100\mu F$ 전해커패시터를 연결한다. 전해커패시터를 연결할 때는 극성이 바뀌지 않도록 주의해야 한다. 절연된 두 채널을 갖는 오실로스코프를 이용하여 변압기 2차측 전압과 부하저항 양단에 나타나는 출력전압 파형을 관찰하고, 오실로스코프의 화면을 디지털카메라로 사진을 찍어서 실험결과 보고서에 기록한다. 출력 맥동전압의 최대-최소값($V_{r\,p-p}$)을 측정하여 표 12.4를 작성하고 결과 보고서에 기록한다.

b) 이번에는 $100\mu F$ 전해커패시터 대신에 $470\mu F$ 전해커패시터를 연결하고 출력전압 파형을 관찰한다. 오실로스코프를 이용하여 저항 양단에 나타나는 출력 맥동전압의 최대-최소값($V_{r\,p-p}$)을 측정하여 표 12.5를 작성하고 결과 보고서에 기록한다. $100\mu F$ 전해커패시터를 연결한 경우와 파형이 어떻게 다른지 비교한다.

c) 출력단자에 연결되어 있는 저항을 $2K\Omega$으로 바꾸고 출력전압파형을 관찰한다. 오실로스코프를 이용하여 저항 양단에 나타나는 출력 맥동전압의 최대-최소값($V_{r\,p-p}$)을 측정하여 표 12.6을 작성하고 결과 보고서에 기록한다. 저항이 $1K\Omega$인 경우와 파형이 어떻게 다른지 비교한다.

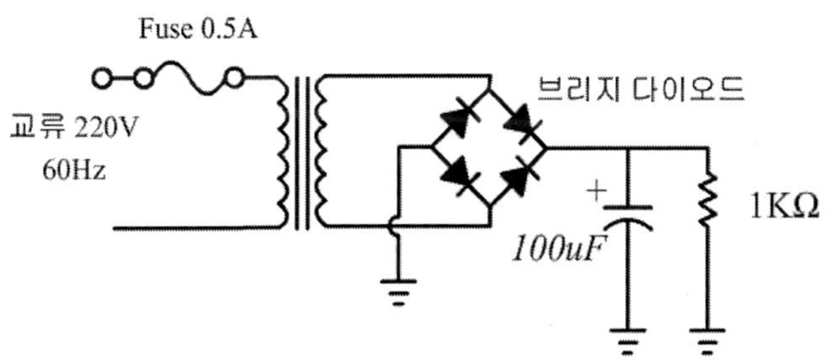

▌그림 12.14 정류필터 실험

▌표 12.4 출력 맥동전압의 최대-최소값($V_{r\,p-p}$)

맥동전압의 크기	

▌표 12.5 **출력 맥동전압의 최대-최소값($V_{r\,p-p}$)**

맥동전압의 크기	

▌표 12.6 **출력 맥동전압의 최대-최소값($V_{r\,p-p}$)**

맥동전압의 크기	

5 자체평가

1. N:1 변압기에서 1차측 교류 입력전압의 진폭과 2차측 교류 출력전압의 진폭 비를 구하라.

2. 다이오드의 장벽전위에 의한 문턱전압의 크기를 무시할 때, 진폭이 V_p인 반파정류 파형에 포함된 직류성분 전압의 크기를 계산하라.

3. 다이오드의 장벽전위에 의한 문턱전압의 크기를 무시할 때, 진폭이 V_p인 전파정류 파형에 포함된 직류성분 전압의 크기를 계산하라.

4. 전파정류 신호의 주파수는 반파정류 신호 주파수의 (   )배이다.

5. 정류필터 출력파형에 포함된 맥동전압의 크기는 커패시터 용량의 크기에 (비례, 반비례)하고, 부하전류의 크기에 (비례, 반비례)하며, 또한 정류필터 입력신호의 주파수에 (비례, 반비례)한다.

보조자료 : 브리지 다이오드 사양

WTE
POWER SEMICONDUCTORS

KBPC600 – KBPC610

6.0A BRIDGE RECTIFIER

Features

- Diffused Junction
- High Current Capability
- High Case Dielectric Strength
- High Surge Current Capability
- Ideal for Printed Circuit Board Application
- Plastic Material has Underwriters Laboratory Flammability Classification 94V-O
- UL Recognized File # E157705

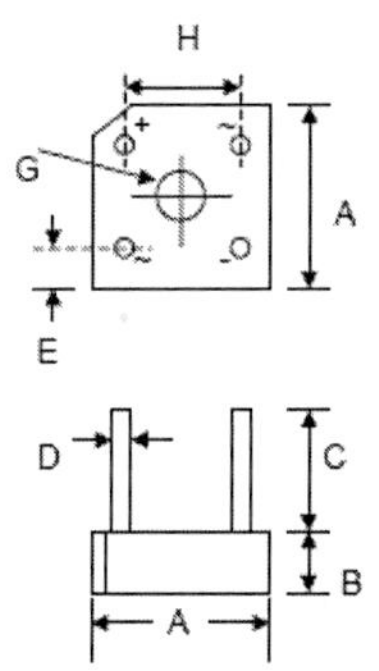

KBPC-6		
Dim	Min	Max
A	14.73	15.75
B	5.80	6.90
C	19.00	—
D	1.00 Ø Typical	
E	1.70	2.72
G	Hole for #6 screw	
	3.60	4.00
H	10.30	11.30
All Dimensions in mm		

Mechanical Data

- Case: Molded Plastic
- Terminals: Plated Leads Solderable per MIL-STD-202, Method 208
- Polarity: Marked on Body
- Weight: 3.8 grams (approx.)
- Mounting Position: Through Hole for #6 Screw
- Mounting Torque: 5.0 Inch-pounds Maximum
- Marking: Type Number

Maximum Ratings and Electrical Characteristics @T_A=25°C unless otherwise specified

Single Phase, half wave, 60Hz, resistive or inductive load.
For capacitive load, derate current by 20%.

Characteristic	Symbol	KBPC 600	KPBC 601	KBPC 602	KBPC 604	KBPC 606	KBPC 608	KBPC 610	Unit
Peak Repetitive Reverse Voltage Working Peak Reverse Voltage DC Blocking Voltage	V_{RRM} V_{RWM} V_R	50	100	200	400	600	800	1000	V
RMS Reverse Voltage	$V_{R(RMS)}$	35	70	140	280	420	560	700	V
Average Rectified Output Current (Note 1) @T_C = 50°C	Io	6.0							A
Non-Repetitive Peak Forward Surge Current 8.3ms Single half sine-wave superimposed on rated load (JEDEC Method)	I_{FSM}	125							A
Forward Voltage (per element) @I_F = 3.0A	V_{FM}	1.1							V
Peak Reverse Current @T_C = 25°C At Rated DC Blocking Voltage @T_C = 100°C	I_R	10 1.0							µA mA
I^2t Rating for Fusing (t<8.3ms) (Note 2)	I^2t	64							A^2s
Typical Junction Capacitance (Note 3)	C_j	55							pF
Typical Thermal Resistance (Note 4)	$R_{\theta JC}$	12.5							K/W
Operating and Storage Temperature Range	T_j, T_{STG}	-65 to +125							°C

Note: 1. Mounted on metal chassis.
2. Non-repetitive, for t > 1ms and < 8.3ms.
3. Measured at 1.0 MHz and applied reverse voltage of 4.0V D.C.
4. Thermal resistance junction to case per element.

KBPC600 – KBPC610 1 of 3

보조자료 : 브리지 다이오드 사양

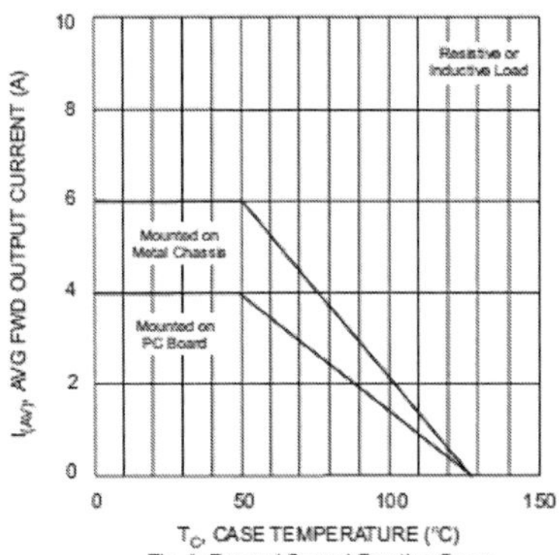

Fig. 1 Forward Current Derating Curve

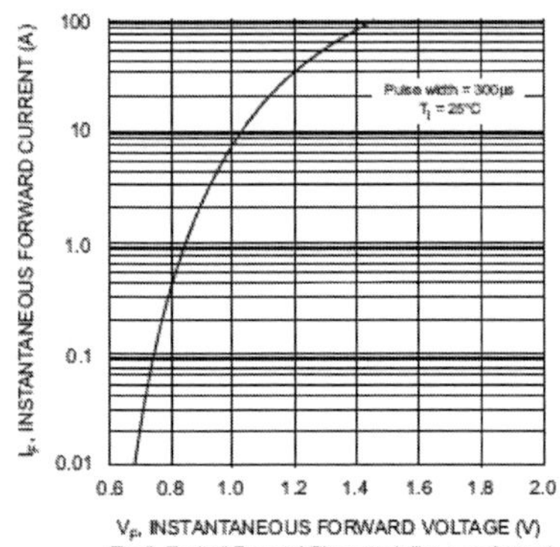

Fig. 2 Typical Forward Characteristics, per element

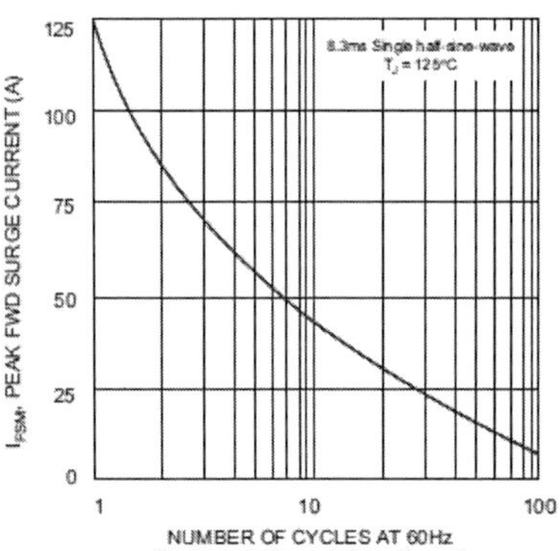

Fig. 3 Peak Forward Surge Current

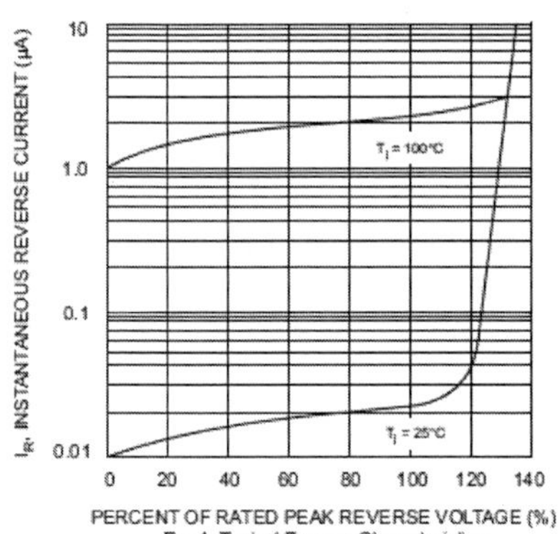

Fig. 4 Typical Reverse Characteristics

KBPC600 – KBPC610 | 2 of 3 |

연산증폭기를 이용한 RC 필터회로

1 실험 목적

1) 연산증폭기와 RC회로를 이용한 필터 회로를 구성하고 주파수 응답을 실험을 통해 측정해본다.
2) 필터의 -3dB 주파수, 통과대역 특성, 차단대역 감쇄 특성 등을 확인한다.
3) 연산증폭기를 이용한 응용 회로를 설계할 수 있는 능력을 배양한다.

2 예비 지식

이 장에서는 통신 시스템의 중요한 빌딩 블록인 필터에 대해서 알아보고자 한다. 필터를 실현하기 위한 가장 흔한 기법은 인덕터와 커패시터를 이용하는 것이며, 그 결과의 회로를 수동 LC 필터라고 부른다. 이와 같은 필터는 고주파에서 문제없이 동작을 한다. 그러나 저주파 영역 (DC에서 수백 kHz)에서는 큰 값의 인덕턴스가 요구되고, 이에 따라 인덕터 소자의 물리적인 부피가 커지고 특성이 비 이상적으로 된다는 문제가 생긴다. 따라서 여러 가지 유형의 무인덕터 필터 중에 능동 RC필터 (active-RC filter)에 대해서 살펴보고자 한다.

필터의 전달 함수는 출력 전압 대 입력 전압의 비, 즉,

$$T(s) = \frac{V_o(s)}{V_i(s)} \tag{1}$$

이다. 필터 전송 (transmission)은 T(s)를 물리적인 주파수, 즉 s=jw에 대해 계산함으로써 구해진다. 따라서 필터 전송은 다음과 같이 그것의 크기와 위상으로 나타낼 수 있다.

$$T(j\omega) = |T(j\omega)| e^{j\phi(\omega)} \tag{2}$$

전송의 크기는 데시벨 단위의 이득 함수 (gain function)

$$G(\omega) = 20\log|T(j\omega)|, dB \tag{3}$$

로 나타내기로 하고, 데시벨 단위의 감쇄 함수(attenuation function)로 나타내기도 한다.

$$A(\omega) = -20\log|T(j\omega)|, dB \tag{4}$$

필터는

$$|V_0(j\omega)| = |T(j\omega)||V_i(j\omega)| \tag{5}$$

의 스펙트럼을 갖는 출력을 제공한다. 또한 입력 신호가 필터를 통과하면 그것의 위상 특성 역시 필터의 위상 함수에 따라 수정된다.

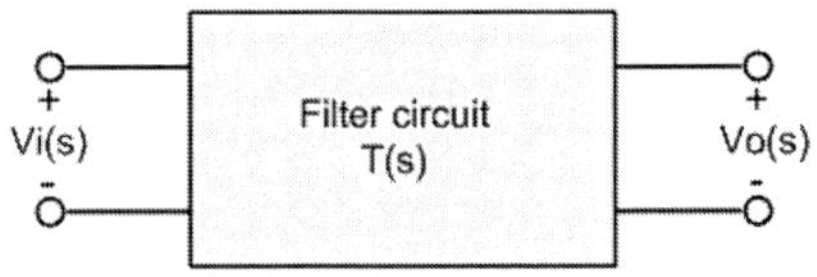

▌그림 13.1 **2-포트 회로망으로 표현된 필터**

(a) 필터 유형

주파수 선택(frequency selection) 기능, 즉 특정한 범위 내의 주파수 스펙트럼을 갖는 신호들은 통과시키고 그 범위 외의 주파수 스펙트럼을 갖는 신호들은 저지시키는 기능을 수행하는 필터를 초점을 맞춰서 살펴보고자 한다. 이와 같은 필터는 이상적으로 전송의 크기가 1인 주파수 대역 (통과대역 passband)과 전송의 크기가 0인 주파수 대역 (저지 대역 stopband)을 가진다. 그림 13.2에 네 가지의 주 된 여과기 유형들을 볼 수 있다.

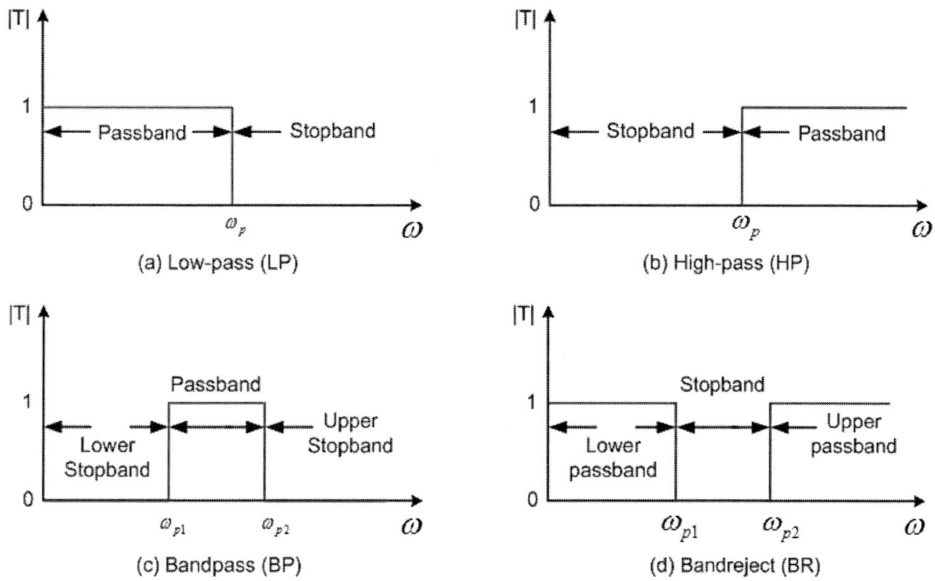

▌그림 13.2 **(a) 저역 통과 필터 (low-pass) (b) 고역 통과 필터 (high-pass) (c) 대역 통과 필터 (band-pass) (d) 대역 제거 필터 (band-reject)**

(b) 필터 사양

필터 설계 과정은 사용자가 자신이 원하는 필터의 전송 특성을 지정하는 것으로부터 시작된다. 실제 필터는 그림 13.2처럼 이상적인 특성을 갖게 하기가 힘들며, 그림 13.3에서 처럼 현실적인 저역 통과 필터의 특성을 볼 수 있다.

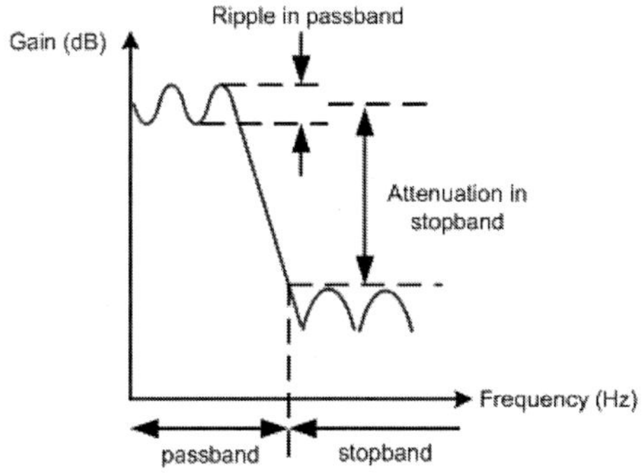

▌그림 13.3 **저역 통과 필터의 크기 응답 특성**

- 통과대역 리플은 통과대역에서 이득이 변화하는 양을 dB 단위로 나타낸 것이다.

- 차단대역 감쇄는 차단대역에서 통과대역에 비해서 이득이 얼마나 감쇄되는지를 dB 단위로 표현함.
- 통과대역 리플이 클수록 주파수에 따른 신호의 이득이 달라지므로 왜곡이 발생하게 된다.
- 시스템에 따라 다르지만, 통과대역 리플 특성은 보통 1 dB 이내의 사양을 요구하는 경우가 많다.

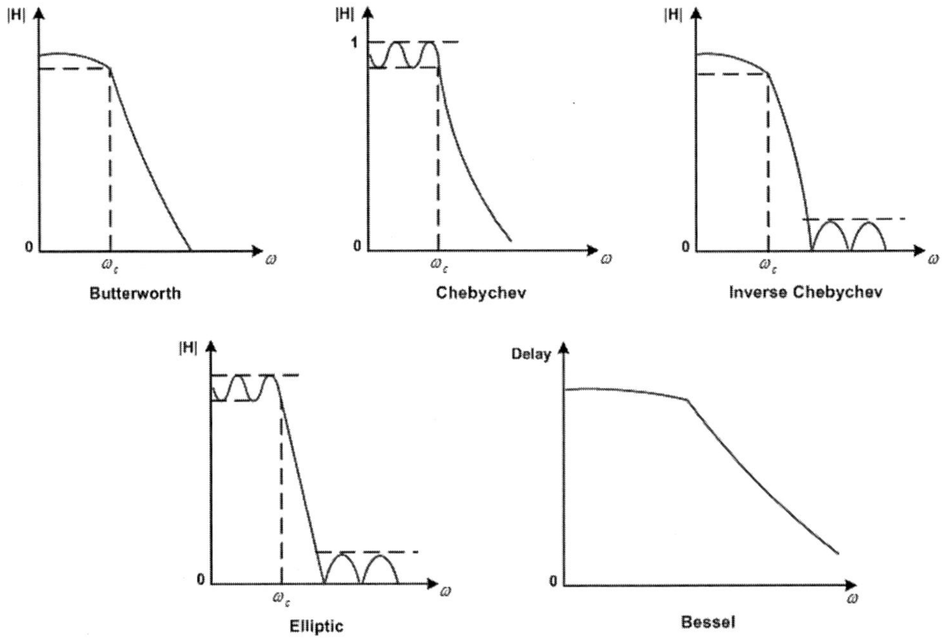

▍그림 13.4 **아날로그 필터의 종류**

- 필터의 설계 방법과 그에 따른 응답 특성에 따라 필터의 종류가 그림 13.4에서처럼 나뉘는 것을 볼 수 있다. Butterworth 필터의 경우 통과대역이 평탄한 것을 볼 수 있다. 반면에 저지대역은 완만한 기울기를 형성하는 것을 관찰할 수 있다. Chebychev 타입의 경우 Butterworth에 비교해서 저지대역이 더 급격히 내려오는 것을 볼 수 있지만 통과대역에서 일정한 크기의 리플이 존재하게 된다. Inverse Chebychev의 경우에는 이와는 반대로 차단대역에서 일정한 리플이 존재한다. Elliptic의 경우에는 통과 및 차단대역에서 모두 리플이 존재하며, Bessel의 경우에는 통과 및 차단대역 모두 완만한 것을 볼 수 있다. 따라서 해당 응용 시스템의 요건에 따라서 그에 맞는 필터 타입을 결정하여 설계를 하게 된다.

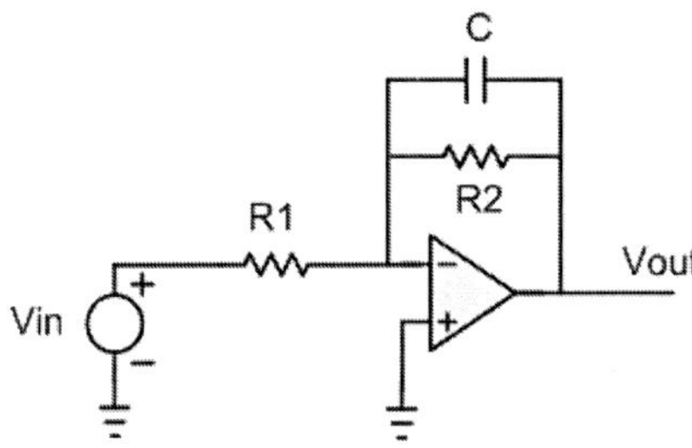

▌그림 13.5 기본적인 1차 Active-RC 저대역 통과 필터 회로

- 그림 13.5는 연산 증폭기와 수동 소자를 이용한 기본적인 1차 Active-RC 필터 구조이다. 다양한 필터 구조 중에서 Active-RC 필터 구조는 선형성이 우수한 수동 소자를 이용하여 구성을 하기 때문에 선형성이 가장 좋으면서 쉽게 구현할 수 있으므로 가장 널리 사용되고 있다.
- 그림 13.5의 저대역 부분 (DC)의 이득은 다음과 같이 구할 수 있다.

$$DCgain = -\frac{R_2}{R_1} \tag{6}$$

- 또한 3-dB 주파수는 아래와 같은 식으로 구할 수 있다.

$$\omega_0 = \frac{1}{R_2 C} \tag{7}$$

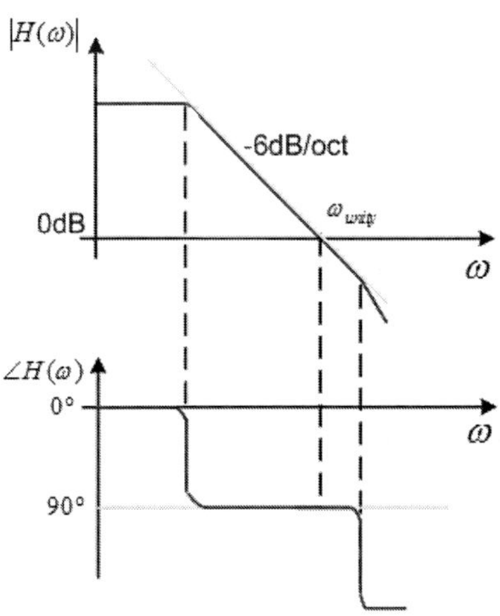

▌그림 13.6 Active-RC 필터의 보드 선도

- 그림 13.6과 같이, 필터를 1 차로 구현할 경우 -6dB/oct(-20dB/dec), 즉 주파수가 두 배 증가할 때마다 -6dB 씩 감소하는 경향을 보이게 된다.
- 따라서 해당 응용 시스템에서 주파수에 대한 감쇄 특성을 향상시키기 위해서는 필터의 차수를 늘려야 한다.

3 실험 기자재와 부품

1) 직류전원장치
2) 브레드 보드
3) 오실로스코프
4) 디지털 멀티미터(DMM)
5) 함수파 발생기
6) 연산 증폭기 (LM741)
7) 저항 소자 (resistor)

   10kΩ : 1개

   20kΩ : 1개

   100kΩ : 1개

   200kΩ : 1개

   1.87kΩ : 1개

   4.42kΩ : 1개

8) 커패시터 소자 (Capacitor)

   4.83nF : 1개

   3.98nF : 1개

   112.1pF : 1개

   820pF : 1개

   1.5nF : 1개

9) 연결선 (wire)

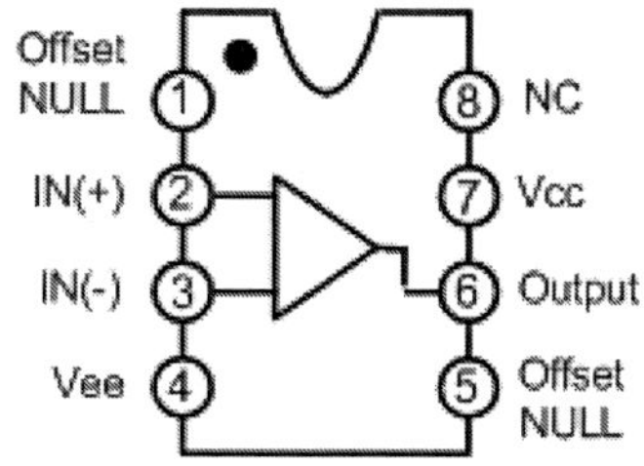

그림 13.7 LM741

4 실험 절차

본 실험에서는 다음과 같은 파라미터들을 측정하고자 한다.

- 주어진 요건을 만족하는 간단한 1차 저대역 및 고대역 필터를 설계하여 필터의 주파수 특성을 실험을 통해 측정해 보고자 한다.
- 2차 Sallen-Key 저대역 필터를 구성하여 필터의 주파수 특성을 실험을 통해 측정해 보고자 한다.

1 1차 Active-RC 저대역 필터 특성 측정 실험

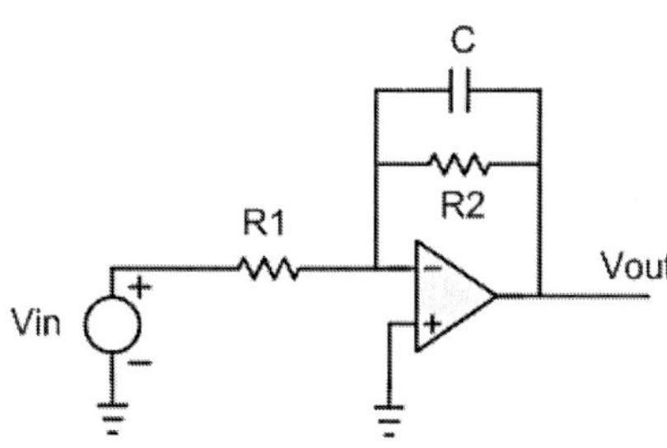

그림 13.8 1차 저대역 통과 필터 회로

a) 직류 공급 전원을 브레드보드에 연결을 한다. ((+) 단자에 적색 리드선을 (-) 단자에 흑색 리드선을 이용한다)

b) 직류 전원 공급기에 나오는 전압이 맞는지 디지털 멀티미터로 전압을 측정한다.

c) 그림 13.8에서 처럼 1차 active-RC 저대역 필터를 브레드보드에 구성한다. 저항 R1, R2 소자와 capacitor C소자의 값을 조절하여 다음과 같은 조건을 만족하여라.

3dB 주파수: 10 kHz

DC 이득: 2배,

입력 임피던스: 100kΩ.

연결선을 통해 연산 증폭기의 전원 노드에 전원을 가한다.

d) 그림 13.8의 1차 저대역 통과 필터에 대해서, 입력 전압의 크기를 10mV로 고정하고, 1kHz에서 10MHz까지 9개 주파수에 대해서 출력 전압의 크기를 측정하여 표 13.1을 작성하여 결과 보고서에 기록하고, 보드 선도의 크기 응답 특성을 1kHz부터 10MHz까지 로그 스케일로 9개의 주파수에 대해서 그린다. 사용한 소자 값들을 보고서에 기록한다.

표 13.1 저대역 필터의 주파수 특성

입력주파수	출력전압

2 1차 Active-RC 고대역 필터 특성 측정 실험

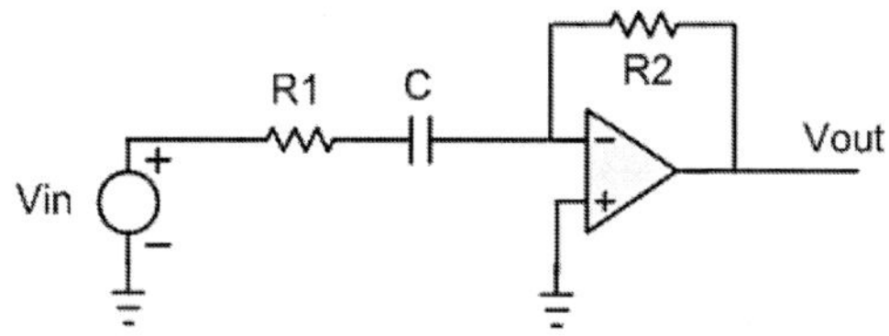

▌그림 13.9 **1차 고대역 통과 필터 회로**

a) 직류 공급 전원을 브레드보드에 연결을 한다. ((+) 단자에 적색 리드선을 (-) 단자에 흑색 리드선을 이용한다)

b) 직류 전원 공급기에 나오는 전압이 맞는지 디지털 멀티미터로 전압을 측정한다.

c) 그림 13.9에서 처럼 1차 active-RC 고대역 필터를 브레드보드에 구성한다. 저항 R1, R2 소자와 capacitor C소자의 값을 조절하여 다음과 같은 조건을 만족하여라.

3dB 주파수: 10 kHz

고주파 이득 (3dB 주파수 이상의 주파수): 2배,

입력 임피던스: 100kΩ.

연결선을 통해 연산 증폭기의 전원 노드에 전원을 가한다.

d) 그림 13.9의 1차 고대역 통과 필터에 대해서, 입력 전압의 크기를 10mV로 고정하고, 1kHz에서 10MHz까지 9개 주파수에 대해서 출력 전압의 크기를 측정하여 표 13.2를 작성하여 결과 보고서에 기록하고, 보드 선도의 크기 응답 특성을 1kHz부터 10MHz까지 로그 스케일로 9개의 주파수에 대해서 그린다. 사용한 소자 값들을 보고서에 기록한다.

▌표 13.2 고대역 필터의 주파수 특성

입력주파수	출력전압

3 2차 Active-RC 필터 특성 측정 실험

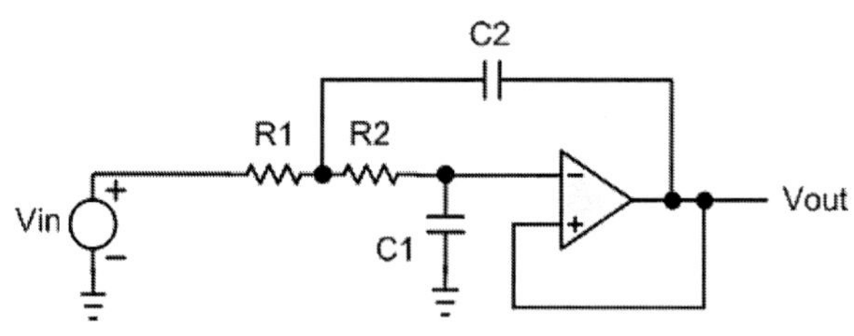

▌그림 13.10 2차 Sallen-Key unity-gain 저대역 필터

a) 직류 공급 전원을 브레드보드에 연결을 한다. ((+) 단자에 적색 리드선을 (-) 단자에 흑색 리드선을 이용한다)

b) 직류 전원 공급기에 나오는 전압이 맞는지 디지털 멀티미터로 전압을 측정한다.

c) 그림 13.10에서 처럼 2차 Sallen-Key필터를 브레드보드에 구성한다. 필터의 전달함수는 다음과 같다:

$$A(s) = \frac{1}{1 + \omega_{3dB} C_1 (R_1 + R_2) s + \omega_{3dB}^2 R_1 R_2 C_1 C_2 s^2}$$

연산 증폭기 LM741 연산증폭기를 브레드보드에 꽂은 후 50 kHz에서의 3dB 주파수를 위해서는 저항 R1, R1, R2 소자와 capacitor C1, C2 소자의 값을 다음과 같이 사용한다.

R1=1.87kΩ

R2=4.42kΩ

C1=820pF

C2=1.5nF

그런 후 연결선을 통해 연산 증폭기의 전원 노드에 전원을 가한다.

d) 그림 13.10의 2차 저대역 통과 필터에 대해서, 입력 전압의 크기를 10mV로 고정하고, 1kHz에서 10MHz까지 9개 주파수에 대해서 출력 전압의 크기를 측정하여 표 13.3을 작성하여 결과 보고서에 기록하고, 보드 선도의 크기 응답 특성을 1kHz부터 10MHz까지 로그 스케일로 9개의 주파수에 대해서 그린다.

표 13.3 저대역 2차 필터의 주파수 특성

입력주파수	출력전압

5 자체평가

1. 통신 시스템에서 필터의 역할은?

2. 아날로그 필터 중 연산 증폭기를 이용한 Active-RC 타입의 경우 (   ) 좋고 구현이 간단해서 널리 사용 되고 있다.

3. 여러 종류의 아날로그 필터 중 통과/차단 대역에 일정한 리플이 발생하는 필터는?

4. 아래와 같은 Active-RC 타입 필터에서 3 dB 주파수와 저대역 이득을 수식적으로 나타내면 어떻게 되는가?

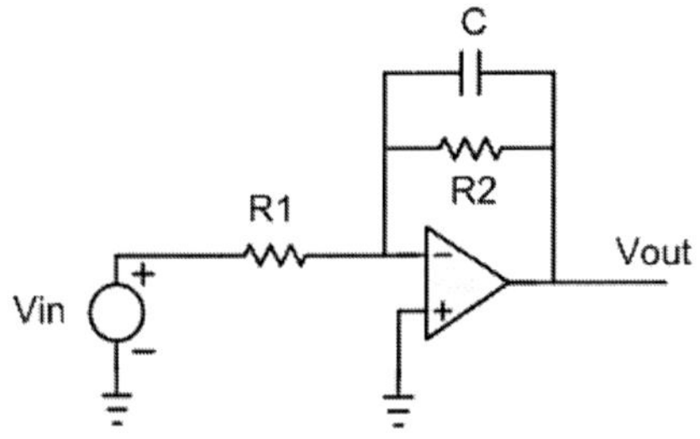

제14장 다이오드 클리퍼, 클램퍼 회로

1 실험 목적

1) 계측장비 및 부품의 기본적인 사용 방법을 익힌다.

2) 다이오드의 기본 구조와 동작 원리를 이해한다.

3) 다이오드를 이용한 클리퍼(리미팅) 및 클램핑 회로의 동작 원리를 학습한다.

4) 다이오드를 포함한 회로의 응용분야에 대해 학습한다.

2 예비 지식

1 Diode

(a) 다이오드(Diode)의 정의

다이오드란 양전하 운반자인 정공이 대부분으로 구성된 p형 반도제와 음선하 운반사인 전자가 대부분으로 구성된 n형 반도체를 접합하여 만든 소자이다. 정공입장에서는 n영역이 p영역에 비해 전위가 높고 전자입장에서는 p영역이 n영역에 비해 전위가 높기 때문에 두 영역에서 전위차 즉, 전위장벽이 생긴다. 이러한 성질로 인하여 순방향으로 인가된 전압 바이어스인 경우 전류가 양극에서 음극단자로 쉽게 흐르지만, 반면 역방향으로 인가된 경우에는 전류가 거의 흐르지 않는 현상을 보인다.

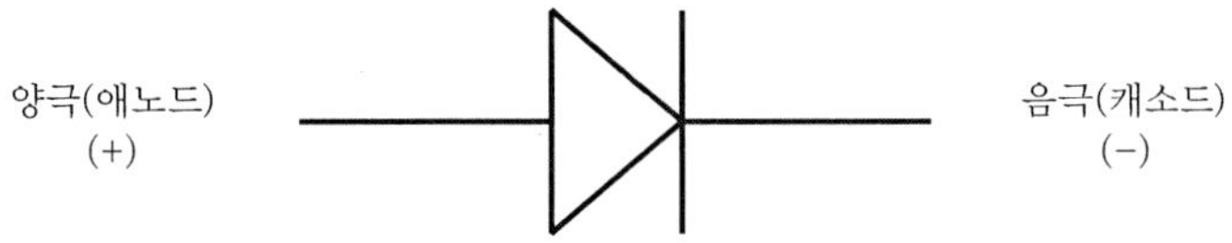

그림 14.1 다이오드 회로표기

2 다이오드(Diode)의 특성

(a) 순방향 바이어스 특성

다이오드의 양극(+)에 음극(−)보다 높은 전위를 인가하는 경우를 순방향 바이어스라고 한다. 순방향으로 인가된 전압의 세기가 문턱전압 이상일 경우 순방향 전류가 급격하게 증가하고, 이후 인가되는 전압을 증가시켜도 다이오드 양단에 걸리는 전압은 더 이상 올라가지 않는다. 대신 직렬로 연결된 다른 소자에 걸리는 전압이 증가한다.

(b) 역방향 바이어스 특성

역방향 바이어스는 순방향 바이어스와 반대로 다이오드의 양극(+)보다 음극(−)에 높은 전위를 인가하는 경우를 말한다. 다이오드에 역방향 바이어스를 적용하면 전류는 거의 차단된다. 이때 역방향으로 전압을 계속 증가시키면, 한계에 이르러 전류가 더 이상 차단되지 못하고 역방향 전류가 급격하게 증가하게 된다. 이러한 현상을 항복현상(breakdown)이라고 하고, 이때의 전압을 항복전압이라고 한다.

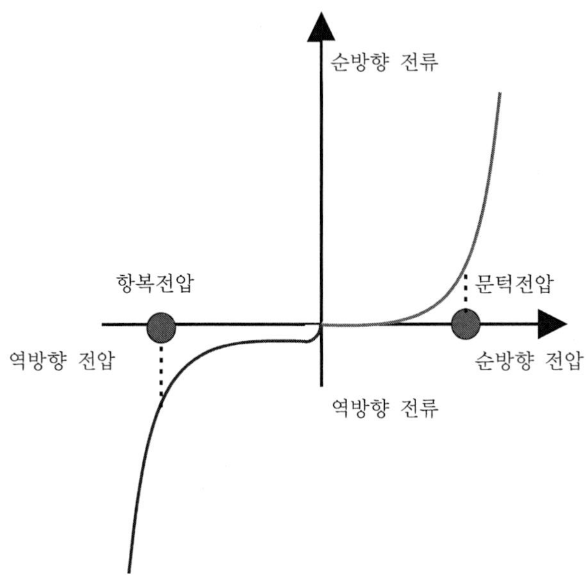

그림 14.2 **다이오드 전압-전류 특성곡선**

3 Clipper

클리퍼(Clipper)는 입력전압의 일정전압 이상 혹은 이하의 영역을 제한하는 회로로서, **리미터**(Limiter)라고도 부른다. 그림 14.3은 클리퍼 회로의 한 예를 나타낸다. 여기서 입력 전압의 양(+)의 반주기 구간 중 다이오드에 걸리는 순방향 바이어스 전압이 문턱 전압(0.7V) 이상인 경우 다이오드는 등가적으로 도통(short) 회로가 된다. 즉, 이 구간에서는 입력전압이 더 증가해도 다이오드 양극 단자(점 A)에서는 문턱전압 0.7V가 유지된다.

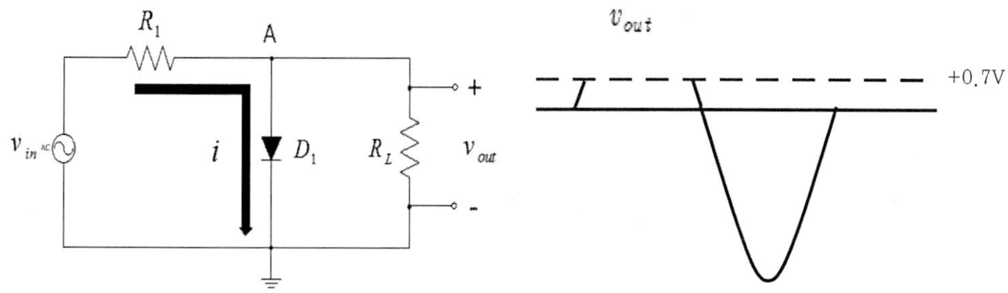

▌그림 14.3 **양의 전압을 제한하는 클리퍼 회로**

반대로 음(-)의 반주기 구간에서는 다이오드에 역방향 바이어스가 인가되어 개방상태가 된다. 이 구간에서는 출력전압이 입력전압에 비례하여 감소하고 그 정확한 값은 R_1과 부하저항 R_L로 구성된 전압 분배기에 의해 다음과 같이 구해진다.

$$v_{out} = (\frac{R_L}{R_1 + R_L})v_{in}$$

그림 14.4와 같이 다이오드 방향을 바꾸면, 입력 전압의 음(-)의 영역 구간 중 문턱전압(-0.7V) 이하의 전압이 인가되는 경우 다이오드가 순방향 바이어스 된다. 이 때 단자 A에서의 전위는 다이오드의 전압강하에 의해 -0.7V로 유지된다. 입력 전압이 -0.7V 이상이 되면 다이오드는 더 이상 도통(short) 상태가 되지 않고 입력 전압에 비례하는 출력이 R_L 양단에 나타난다.

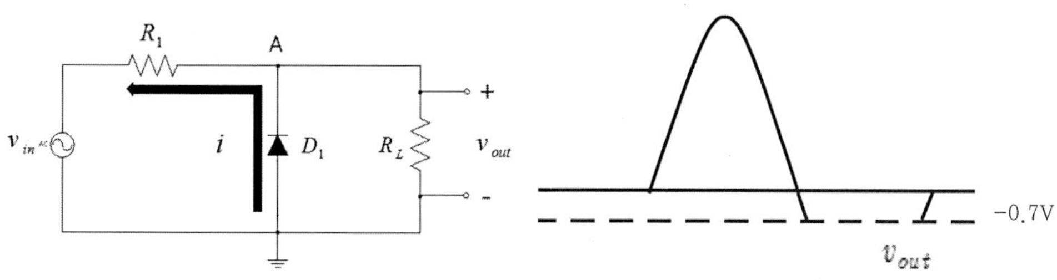

▌그림 14.4 **음의 전압을 제한하는 클리퍼 회로**

4 Clamper

클램퍼(Clamper)는 교류 전압에 직류 전압을 더하는 동작을 하는 회로이다. 클램퍼는 **직류 복원기**(DC Restorer)라고도 불린다. 그림 14.5와 그림 14.6은 입력 전압에 양의 직류 전압을 더하는 회로의 한 예를 보여준다.

그림 14.5에 나타나 있는 바와 같이 입력 전압의 최초 음(−)의 반주기 동안에는 다이오드가 순방향 바이어스 되어, 커패시터는 충전된다. 이 구간에는 부하저항에 걸리는 총 전압이 입력전압(−E)과 커패시터에 충전된 전압(E)의 합과 같아져서 그 결과 값이 0V 가 된다.

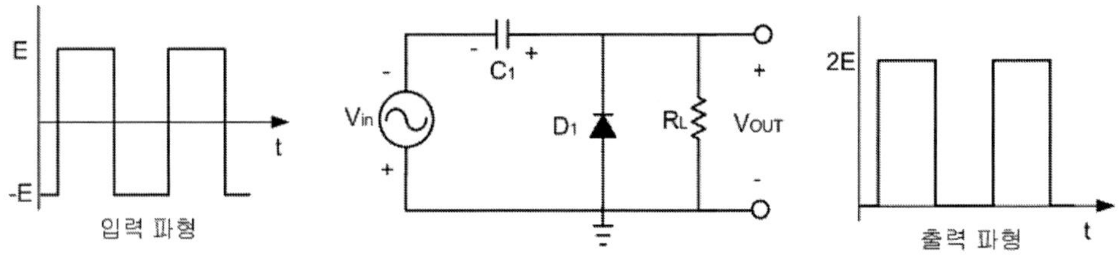

그림 14.5 **양의 직류 전압이 더해지는 클램퍼 회로 (음의 반주기)**

그림 14.6에 나타난 바와 같이 그 이후의 양(+)의 반주기에는 다이오드가 역방향 바이어스 된다. 이 구간 동안에는 커패시터는 상대적으로 높은 저항 값을 가지는 부하 저항 R_L을 통해서만 방전할 수 있어 상대적으로 짧은 양(+)의 반주기 동안 커패시터에 충전된 전압은 거의 유지된다. 그러므로 부하저항 R_L에 걸리는 전압은 커패시터에 충전된 전압(E)와 입력전압(E)가 더해져 2E가 된다.

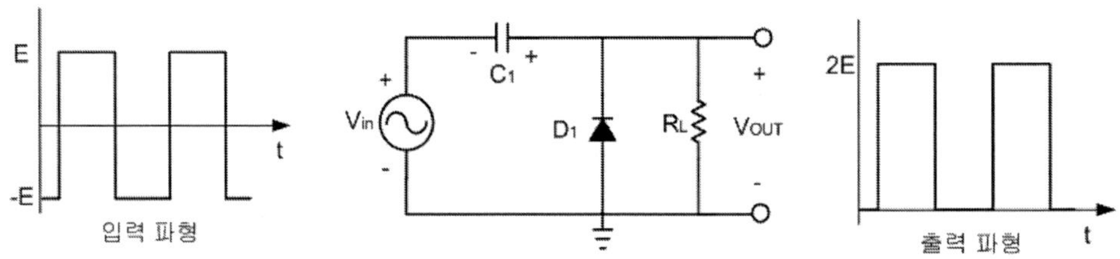

그림 14.6 **양의 직류 전압이 더해지는 클램퍼 회로 (양의 반주기)**

참고로 그림 14.7과 그림 14.8은 입력 전압에 음의 직류 전압을 더하는 회로이며 위에 설명한 회로와 다이오드 연결 방향이 반대이다. 회로의 해석방법은 위 회로와 동일하다.

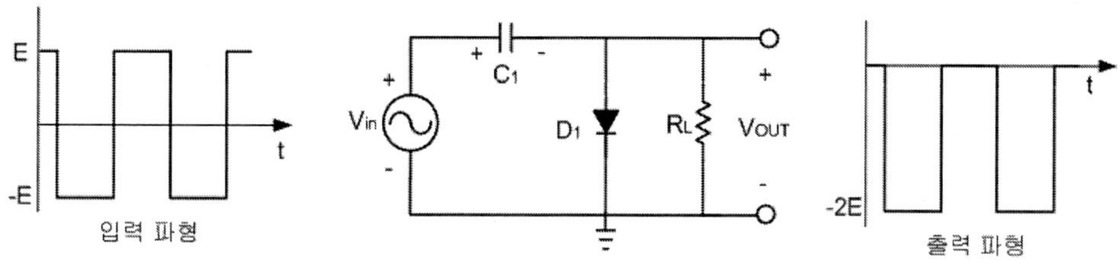

▌그림 14.7 음의 직류 전압이 더해지는 클램퍼 회로 (양의 반주기)

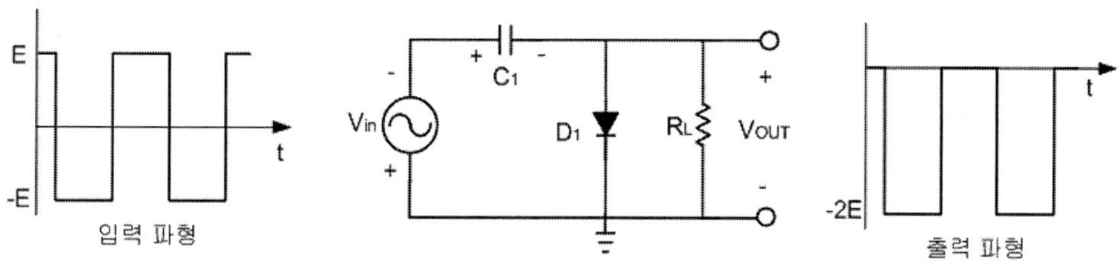

▌그림 14.8 음의 직류 전압이 더해지는 클램퍼 회로 (음의 반주기)

3 실험 기자재와 부품

1) 장비

- 브레드 보드
- 오실로스코프
- 직류전원장치
- 디지털 멀티미터(DMM)
- 함수파 발생기

2) 부품

- 다이오드 1N4001
- 커패시터 100μ F
- 저항 100Ω, 1.5kΩ, 15kΩ

4 실험 절차

1 클리퍼 회로

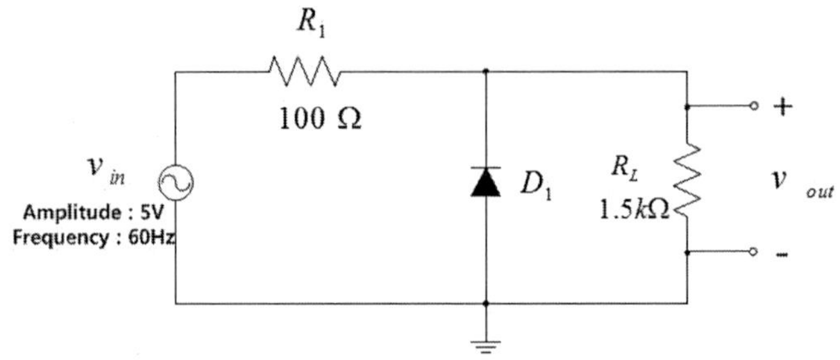

┃그림 14.9 **클리퍼 회로**

a) 그림 14.9의 클리퍼 회로에서 오실로스코프를 부하 R_L 양단에 연결하여 출력파형을 측정하고 입력파형과 출력파형을 중첩하여 비교한다.

b) 회로에 나타난 출력전압의 이론값을 위에 설명된 예비지식을 참조하여 구하고 실험값과 비교한다.

c) 회로에서 다이오드의 방향을 반대로 연결하여 과정 a)와 b)를 반복한다.

2 클램핑 회로

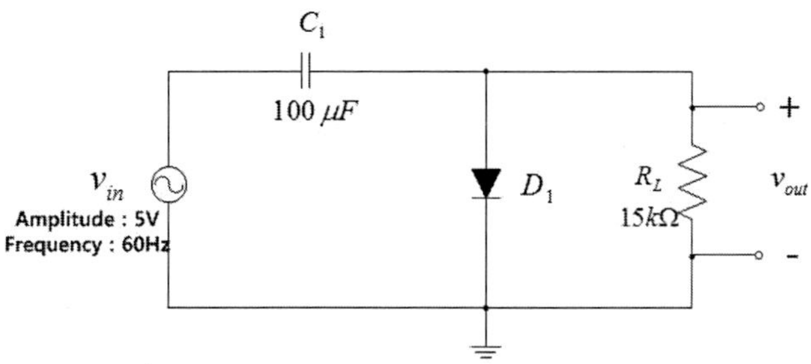

▮그림 14.10 **클램핑 회로**

a) 그림 14.10에 나타난 클램핑 회로에서 오실로스코프를 부하 R_L 양단에 연결하여 출력파형을 측정하고 입력파형과 출력파형을 중첩하여 비교한다.

b) 회로에서 다이오드의 방향을 반대로 연결하여 과정 b)를 반복한다.

5 자체평가

1. 다이오드는 (   ) 단자와 (   ) 단자로 구성되어 있다.

2. 다이오드의 양극에 음극보다 높은 전압을 인가하는 경우를 (   )바이어스 라고 한다.

3. 역방향 바이어스 특성에서 역방향 전압이 한계에 이르러 전류를 더 이상 차단하지 못하고 역방향 전류가 급격하게 증가되는 현상을 (   ) 이라고 한다.

4. (   ) 는 입력전압의 일정 전압 이상 혹은 이하의 영역을 제한하는 회로이다.

5. 클램퍼(Clamper)는 입력 교류 전압에 직류 전압을 더하는 동작을 하는 회로로서 (   ) 라고도 한다.

제15장 트랜지스터 바이어스 회로 및 공통 이미터/컬렉터 증폭

1 실험 목적

1) 실험 장비 및 부품의 기본적인 사용 방법을 익힌다.

2) 트랜지스터의 기본 구조와 원리를 이해한다.

3) 전압분배 바이어스의 기본 특징을 이해한다.

4) Common Collector(CC) 증폭기의 특성을 이해한다.

5) Common Emitter(CE) 증폭기의 특성을 이해한다.

2 예비 지식

1 트랜지스터(Transistor) 의 구조 및 기호

트랜지스터는 증폭기, 스위치 등으로 사용되는 반도체 소자 중 하나이다. n-형 반도체(전기 전도현상의 주된 운반체가 전자(electron)인 반도체)와 p-형 반도체(전기 전도현상의 주된 운반체가 정공(hole: 양공)인 반도체)가 접합되어 구성된다. 트랜지스터는 접합 형태에 따라 npn형 과 pnp형으로 나누어진다. 트랜지스터는 세 단자로 구성되어 있고 각각 Base, Emitter, Collector라 한다. pnp형의 경우 Emitter는 순방향으로 전류를 공급해주는 역할을 하며, Base는 Emitter에서 Collector로 흐르는 전류를 조절하는 역할을 하며, 그리고 Collector는 Emitter에서 공급한 전류를 받는 역할을 한다.

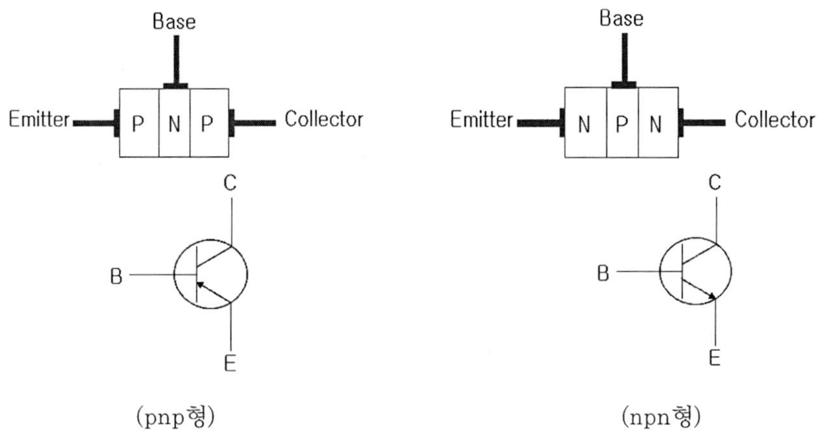

▌그림 15.1 트랜지스터 회로표기

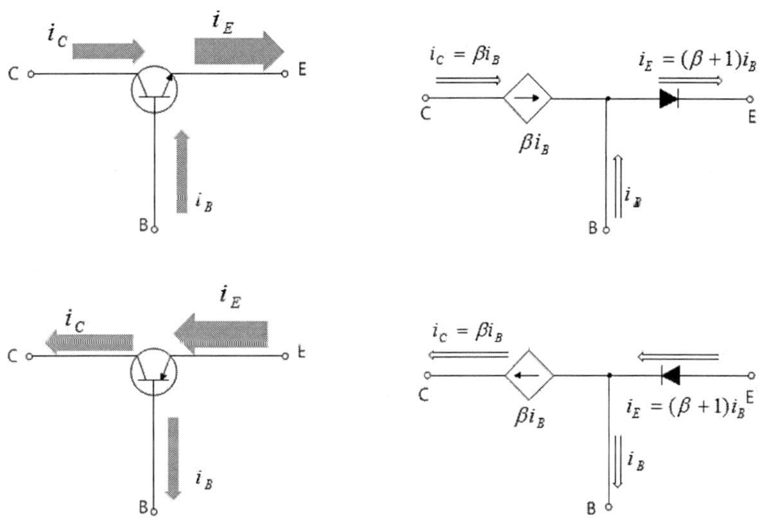

▌그림 15.2 트랜지스터 회로기호와 내부등가회로

2 트랜지스터 동작 원리

Base와 Emitter 사이에 전압을 순방향으로 가하고, Base와 Collector 사이에 전압을 역방향으로 가하면 그 결과 npn 트랜지스터의 경우 Collector에서 Emitter로 전류가 흘러 트랜지스터는 활성화(동작상태)된다(그림 15.2의 상단그림 참조). 이때의 트랜지스터 상태는 그림 15.2와 같이 Base와 Emitter 사이는 다이오드, Collector는 종속 전류원으로 등가화할 수 있다. 이러한 트랜지스터의 동작 상태는 수도관과 수도밸브가 연결된 급수 시스템에 비유될 수 있다. 여기서 Collector는 물(전류)이 공급되는 수도관, Base는 수도밸브(전류흐름 제어), 최종적으로 Emitter는 수도꼭지로 모델링될 수 있다. Base와 Emitter 사이의 바이어스 전압은 수도밸브의 역할을 하여 적절한 바이어스 전압이 인가될 경우 수도밸브가 열리게 되어 전류의 흐름을 조절하는 역할을 한다.

3 전압분배 바이어스

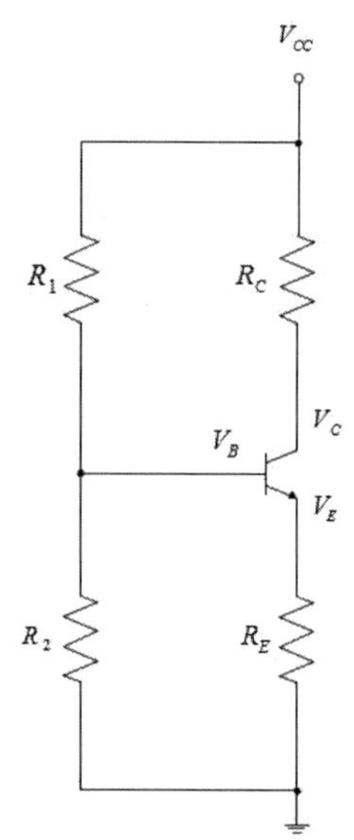

그림 15.3 **전압분배 바이어스 회로**

그림 15.3은 일반적으로 널리 사용되는 전압분배 바이어스 회로이다. 이 회로의 DC 해석을 위해 트랜지스터의 Base 단자 좌측을 테브난 등가회로로 변환한다. 여기서 Base에 공급되는 전류는 바이어스 저항 R_1 과 R_2 에 흐르는 전류에 비해 상대적으로 작다는 성질을 이용하여 다음과 같이 테브난 등가회로로 표현 가능하다.

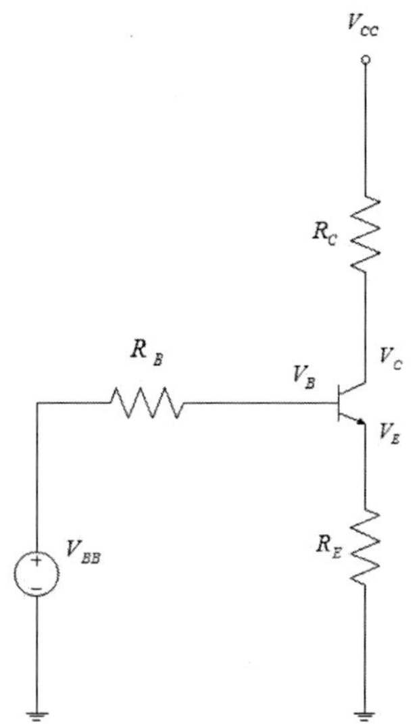

▌그림 15.4 **전압분배 바이어스 회로의 테브난 등가회로**

- 그림 15.4에서 직류 전압 V_{BB} 는 테브난 등가회로의 특성에 따라서 등가전압원과 등가저항을 다음과 같이 나타낼 수 있다.

$$V_{BB} = \left(\frac{R_2}{R_1 + R_2}\right) V_{cc}$$

$$R_B = \frac{R_1 R_2}{R_1 + R_2}$$

- Collector 동작전류 I_C 를 구하기 위해서 먼저 Base와 Emitter사이에 KVL을 이용하여 전압 방정식을 구한다.

$$V_{BB} = I_B R_B + V_{BE} + I_E R_E$$

- 여기서 Base 직류 전류 I_B 는 다음과 같이 Emitter 직류전류 I_E의 식으로 표현된다(여기서 β 는 전류증폭률이며 소자의 특성에 따라 서로 다른 값을 가진다).

$$I_B = \frac{I_E}{\beta + 1}$$

- 위의 I_B 값을 KVL 방정식에 대입하여 아래와 같이 나타낼 수 있다.

$$I_E = \frac{V_{BB} - V_{BE}}{R_E + [R_B/(\beta+1)]}$$

- 이 때 Base의 직류 전압 V_B는 다음과 같이 나타낼 수 있다.

$$V_B = V_{BE} + I_E R_E$$

- Collector 동작전류 I_C는

$$I_C = \beta I_B$$

- Collector 전압 V_C는

$$V_C = V_{CC} - I_C R_C$$

- Emitter의 전압 V_E는

$$V_E = V_B - V_{BE}$$

- Collector와 Emitter의 전압 V_{CE}는

$$V_{CE} = V_C - V_E$$

- 포화점에서의 전류 $I_{C(sat)}$는 $V_{CE} = 0$일 때 Collector 전류 I_C를 나타낸다.

$$I_{C(sat)} = \frac{V_{CC}}{R_C + R_E}$$

- 차단점에서의 전압 V_{off}는 $I_C = 0$ 일 때 V_{CE} 값을 나타낸다.

$$V_{off} = V_{CC}$$

4 기본 Common Collector 증폭기

그림 15.5는 Common Collector 증폭기의 기본회로이다. Collector를 접지시키고 Base를 입력으로 Emitter를 출력으로 사용한 증폭기로서 Common Emitter 증폭기와 다른 특성을 가지며, 전압 이득이 거의 1에 가까워 Emitter follower 혹은 Buffer라 불린다.

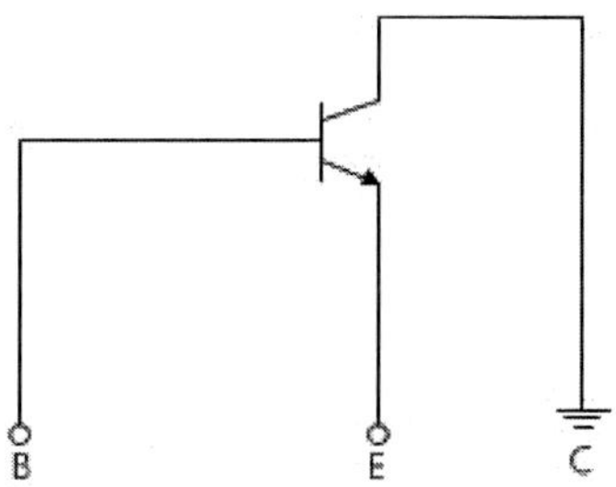

그림 15.5 Common Collector 기본회로

5 부하 저항이 있는 Common Collector 증폭기

그림 15.6에 나타난 Common Collector 증폭기 회로를 해석하기 위해서는 AC해석과 DC해석을 해야 한다. DC해석은 회로에 있는 모든 커패시터를 Open 하여 위에서 설명한 전압분배 바이어스 해석방법을 따른다.

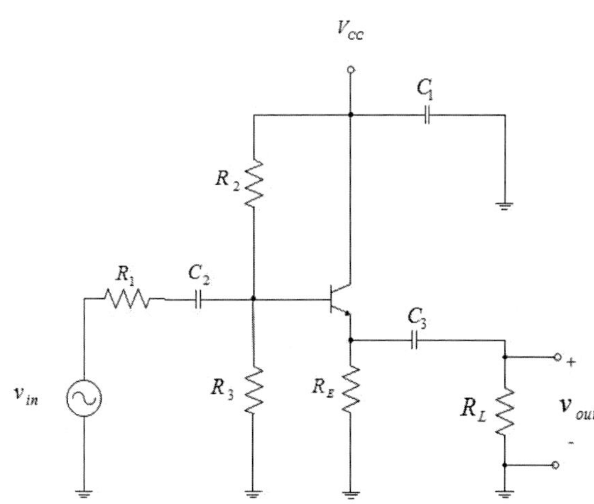

그림 15.6 Common Collector 증폭기 회로

• 직류해석을 위하여 먼저 Base의 직류 전압 V_B를 구하면 다음과 같다.

$$V_B = \left(\frac{R_3}{R_2 + R_3}\right) V_{CC}$$

• 직류 Emitter 동작전압과 동작전류는 다음과 같이 나타낼 수 있다.

$$V_E = V_B - V_{BE}$$

$$I_E = \frac{V_E}{R_E}$$

그림 15.7은 CC 증폭기의 교류신호 해석을 위한 간략화된 교류 등가 회로이다.

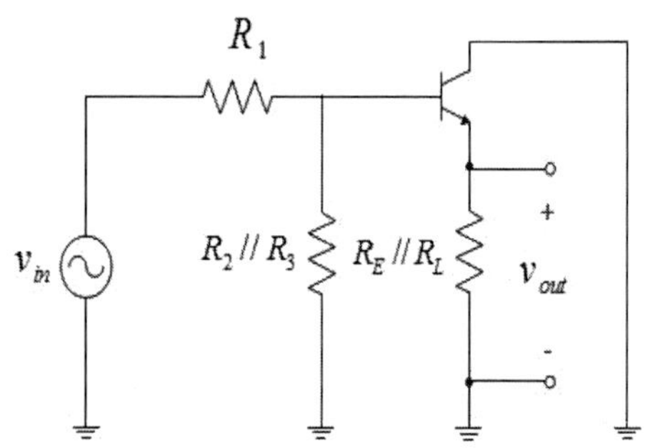

그림 15.7 Common Collector 증폭기의 교류등가회로

• 동작점에서 교류 Emitter 저항은 직류해석에서 구한 I_E를 사용하여 다음과 같이 구할 수 있다.

$$r_e' \cong \frac{26mV}{I_E}$$

• 전압이득은 다음과 같이 근사화될 수 있다.

$$A_v = \frac{v_{out}}{v_{in}} \simeq \left(\frac{R_L'}{R_L' + r_e'}\right)$$

여기서, $R_L' = (R_E // R_L)$

6 기본 Common Emitter 증폭기

그림 15.8과 같이 Common Emitter 증폭기는 Emitter를 접지시키고, Base를 입력으로 Collector를 출력으로 사용한 증폭기로서 전류 이득과 전압 이득이 모두 1보다 커서 Common Base나 Common Collector 보다 전력 이득이 크다는 특징으로 인해 널리 사용된다. 증폭기의 입력과 출력 전압의 위상 차이는 180° 이다.

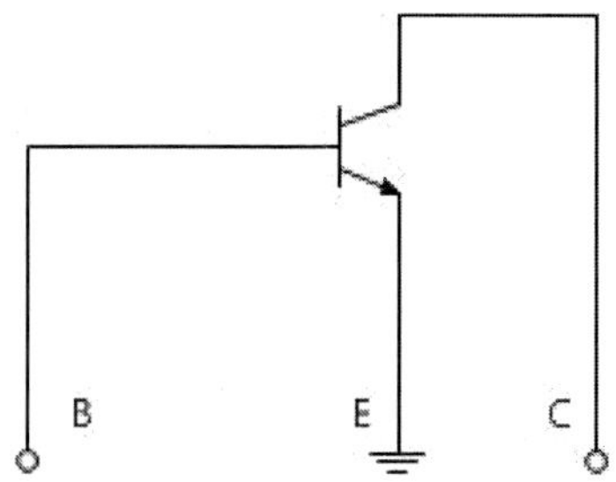

그림 15.8 Common Emitter 기본회로

7 부하 저항이 있는 Common Emitter 증폭기

그림 15.9에 나타난 Common Emitter 증폭기 회로를 해석하기 위해서는 AC해석과 DC해석을 해야 한다. DC해석은 회로에 있는 모든 커패시터를 Open 하여 위에서 설명한 전압분배 바이어스 해석방법을 따른다.

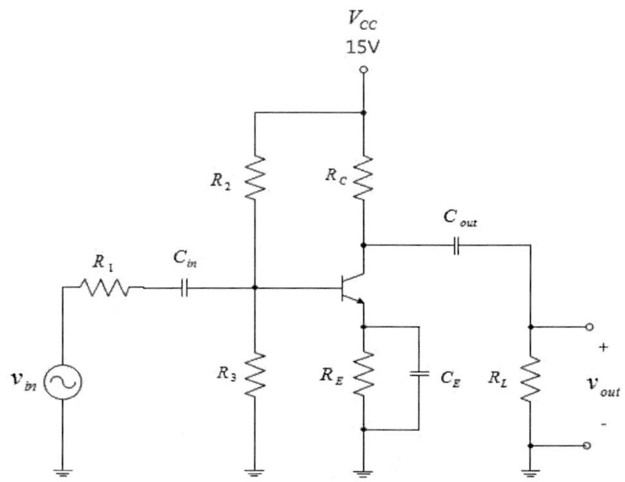

그림 15.9 Common Emitter 증폭기 회로

그림 15.10은 CE 증폭기의 교류신호 해석을 위한 간략화된 교류 등가 회로이다.

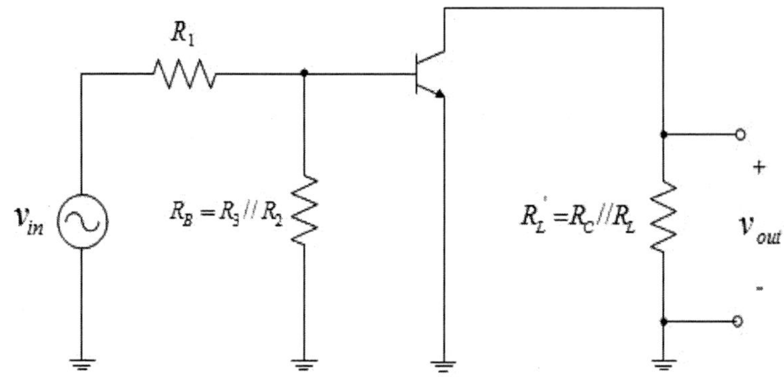

그림 15.10 Common Emitter 증폭기 교류등가회로

- 바이패스 커패시터 C_E를 고려한 회로의 전압이득은 다음과 같이 나타낼 수 있다.

$$A_v \simeq -\frac{R_L'}{r'_e} \quad \left(\frac{1}{j\omega C_E} \leq \frac{R_E}{10}\right)$$

- 여기서 교류 Emitter 저항 r_e'과 등가 부하저항 R_L'은 다음과 같이 나타낼 수 있다.

$$r_e' \cong \frac{26mV}{I_E}$$

$$R_L' = \frac{R_C R_L}{R_C + R_L}$$

- 만약 $R_C \gg R_L$이면 R_C는 전압 이득에 영향이 없다.

3 실험 기자재와 부품

1) 장비

- 브레드 보드
- 오실로스코프
- 직류전원장치
- 디지털 멀티미터(DMM)

2) 부품

- 저항(1/4W)

100Ω : 2 EA	560Ω : 1 EA
1kΩ : 1 EA	1.5kΩ : 3 EA
3kΩ : 1 EA	4.7kΩ : 1 EA
5.6kΩ : 1 EA	12kΩ : 3 EA
20kΩ : 1 EA	200Ω : 1 EA

- Transistor

2N3904 : 2 EA

- Capacitor

33 μF : 4 EA

100 μF : 2 EA

4 실험 절차

1 전압분배 바이어스

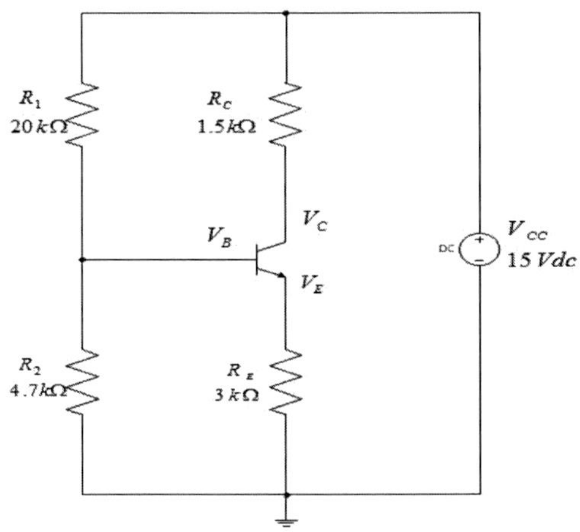

▌그림 15.11 **전압분배 바이어스**

a) Power Supply를 이용하여 V_{CC} 에 직류 15V를 인가하고 각 단자의 계산 값과 DMM으로 측정한 값을 비교한다.

	계 산 값	측 정 값
V_B		
V_E		
V_C		
V_{CE}		
I_C		

b) 직류 부하선의 포화점에서의 전류 $I_{C(sat)}$과 차단점에서의 전압 V_{off} 를 계산한다.

	계 산 값
$I_{C(sat)}$	
V_{off}	

2 Common Collector(CC) 증폭기

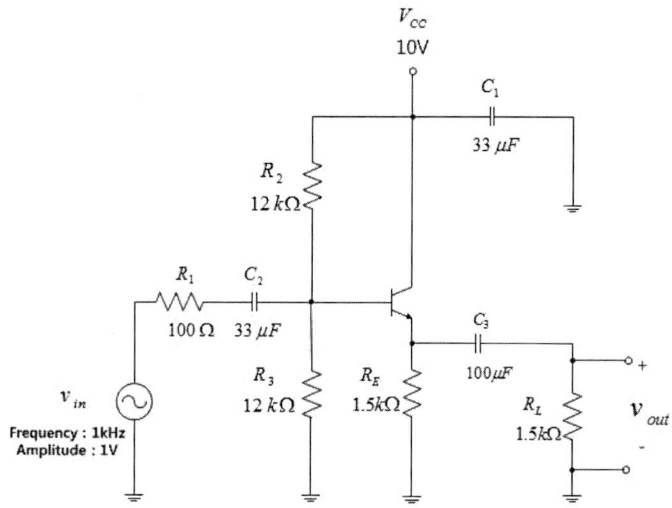

▎그림 15.12 Common Collector(CC) 증폭기

a) DMM을 사용하여 접지를 기준으로, Base, Emitter, Collector 단자의 직류 전압을 측정하고 계산 값과 비교한다.

	계 산 값	측 정 값
V_B		
V_E		
V_C		

b) 이미터 전류 I_E를 계산하여 r'_e를 공식 $r'_e = \dfrac{26mA}{I_E}$ 를 이용하여 계산한다.

	계 산 값
r'_e	

c) Oscilloscope를 이용하여 입력 전압과 출력 전압을 측정한다 (이 때 입력과 출력의 크기가 거의 같고 위상이 동일함을 관찰한다).

3 Common Emitler(CE) 증폭기

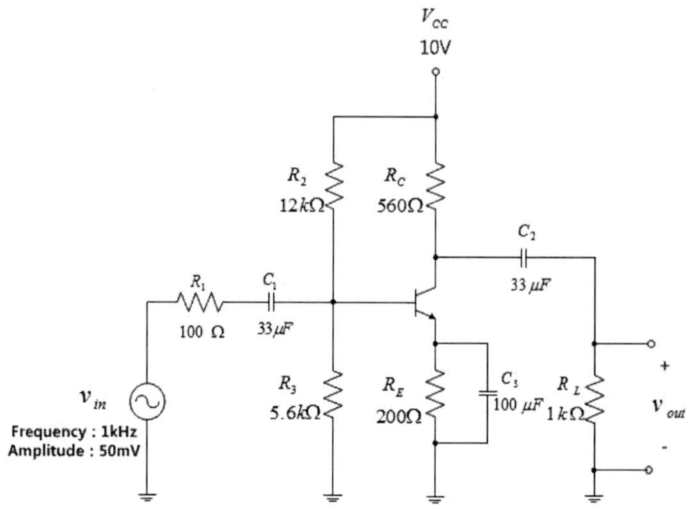

▌그림 15.13 Common Emitter(CE) 증폭기

a) DMM을 사용하여 접지를 기준으로, Base, Emitter, Collector 단자의 직류 전압을 측정하고 계산 값과 비교한다.

	계 산 값	측 정 값
V_B		
V_E		
V_C		

b) 이미터 전류 I_E를 계산하여 r'_e를 공식 $r'_e = \dfrac{26mA}{I_E}$ 를 이용하여 계산한다.

	계 산 값
r'_e	

c) Oscilloscope 를 이용하여 입력 전압과 출력 전압을 측정한다. (이때 출력 전압이 입력 전압보다 높은 것을 관찰할 수 있어야 하며 위상이 180° 차이가 나는 것을 관찰한다).

5 자체평가

1. 트랜지스터는 세 단자로 구성되어 있고 각각 ( ), ( ), ( )라 한다.

2. 트랜지스터를 활성화시키기 위해서는 Base 와 Emitter 접합은 ( )바이어스를 가해주고 Base 와 Collector 접합은 ( )바이어스를 가해준다.

3. Common Collector 증폭기와 Common Emitter 증폭기의 DC해석을 위해서는 회로에 있는 모든 커패시터를 ( )하여 전압분배 바이어스 해석방법을 따른다.

4. Common Collector 증폭기는 Common Emitter 증폭기와 다른 특성을 가지며, 전압 이득이 거의 1에 가까워 ( ) 혹은 Buffer 라 불린다.

5. Common Emitter 증폭기의 출력위상은 입력과 ( )도 위상차를 보인다.

제16장 OrCAD 사용법

1 실험 목적

1) 기본적인 OrCAD의 용도와 사용법을 학습한다.

2) OrCAD를 사용하여 기본적인 전기전자회로 설계방법을 학습한다.

3) 복잡한 회로를 OrCAD를 사용하여 쉽게 구현하는 법을 학습한다.

2 예비 지식

1 OrCAD 프로그램

일반적으로 CAD 라는 용어는 Computer Aided Design의 약자로서 CAD의 종류에는 크게 Electronic CAD와 Mechanical CAD가 있다. 전자회로 설계에는 Electronic CAD가 사용되며 그 종류에는 OrCAD, PSCAD 등이 존재한다. Mechanical CAD는 기구, 건축 설계에 사용되며 AutoCAD 가 대표적 설계 툴 중의 하나이다.

OrCAD는 전기전자공학분야 회로 설계 툴의 하나로서 현재 아날로그 및 디지털 회로의 설계에 널리 활용되고 있다. 다양한 활용 사례 중 하나로서 전기전자 분야 회로 시스템 구현을 위한 PCB (Printed Circuit Board) 제작을 위해서 예전에는 종이를 이용하여 제도(drawing)를 하고 나서 회로도면이 완성되면 도면을 사진으로 찍어 그 필름을 인쇄회로기판에 접착하여 이를 부식시키는 과정을 거쳐서 완성되었다. 이러한 복잡한 과정을 포함하기 때문에 회로 기판에 대한 샘플 하나를 만드는데 많은 비용과 시간이 소요되고, 많은 시행착오 및 수작업으로 인한 오류가 빈번하게 발생하였다. 현재는 이러한 문제점이 CAD 툴을 통하여 극복 가능하게 되었다.

OrCAD는 1985년 소개된 이후 현재까지 PC 사용자들을 위한 대표적 CAD 툴로서 활용되고 있다. 초창기 Schematic Tool로부터 지금은 PCB Tool을 포함하며 FPGA, PDL 설계 및 디지털회로 설계를 위한 VHDL까지 그 설계 영역이 확대되고 있다. 본 실험에서는 OrCAD를 통한 기본적인 전기전자회로의 설계 및 편집 방법에 대해 학습한다.

(a) OrCAD의 기능 및 특징

OrCAD Program은 회로도(Schematic)분석을 쉽게 하고, 상징적인 전자회로 도면을 그려서 이를 인쇄회로기판(PCB : Printed Circuit Board)에 실제적인 작업을 하기 위한 최종의 Netlist File 을 생성할 수 있다.

명령어의 빠른 접근을 위한 Toolbar와 Tool palette을 제공한다.

부품목록, 도면 정보들을 문서화시켜서 이를 데이터베이스화 할 수 있다.

한글 윈도우 상에서의 한글서체지원, 작성한 회로도면의 미리보기 기능지원, 사용의 편리성 을 위한 On-line help와 Tutorial 을 제공한다.

(b) OrCAD의 기본창

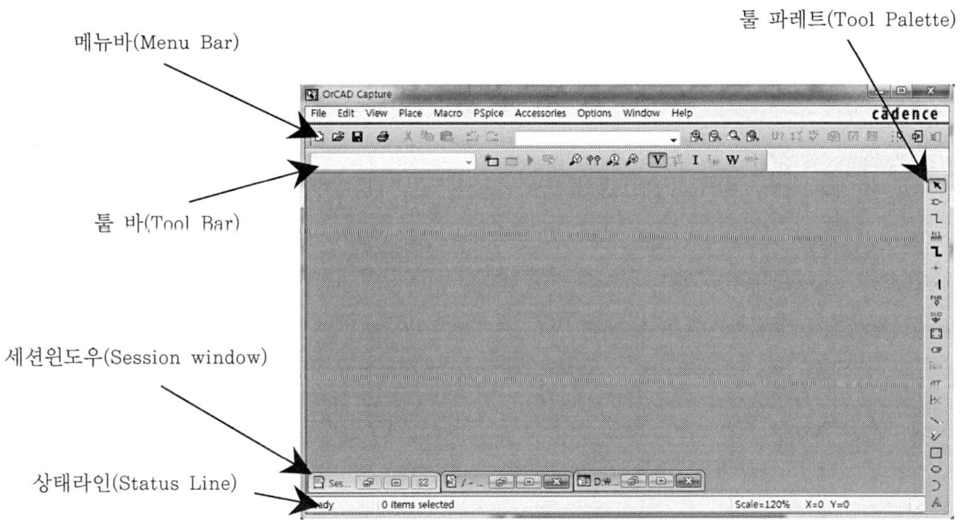

▌그림 16.1 OrCAD 기본창

▌표 16.1 OrCAD 기본창 구성 기능

메뉴 바(Menu Bar)	메뉴를 나타내며, 각 메뉴마다 Sub menu로 구성
툴 바(Tool Bar)	각종 명령에 대한 단축버튼으로 구성
세션 윈도우(Session window)	지금까지 진행된 모든 작업의 정보 표시
상태라인(Status Line)	현재 윈도의 정보를 표시
툴 파레트(Tool Palette)	각종 명령에 대한 단축버튼으로 구성되며 회로도면 편집기(Schematic Page Edition)와 그리기 도구버튼으로 구성

(c) 툴 바(Tool Bar)

▍그림 16.2 **툴 바**

▍표 16.2 **툴 바 구성**

심 벌	이 름	용 도
	New	새로운 Project 생성
	Open	저장된 Project 열기
	Save	현재 작업 중인 Project 저장
	Print	현재 Project 인쇄
	Cut	선택된 객체를 삭제하고 클럽보드에 저장
	Copy	선택된 객체를 클럽보드에 저장
	Paste	클럽보드에 저장되어 있는 객체를 붙임
	Undo	가장 최근에 실행한 명령을 취소
	Redo	가장 최근에 실행한 명령을 다시 실행
	Zoom In	회로도면을 확대
	Zoom Out	회로도면을 축소
	Zoom Area	회로도면 또는 부품의 영역을 지정하여 전체화면 크기로 확대
	Zoom All	문서상의 객체가 한 화면에 표시
	Annotate	선택된 회로도면의 부품에 부품 참조를 갱신
	Back Annotate	선택된 회로도면의 갱신된 부품 참조를 처음상태로 초기화
	Design Rule Check	회로도면에서 설계 규칙 위반 여부를 검사

▌표 16.2 **툴 바 구성(계속)**

심　벌	이　름	용　도
	Create Netlist	선택된 회로도면에서 네트리스트를 생성
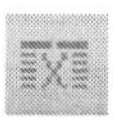	Cross Reference	회로도면의 교차 참조 레포트를 생성
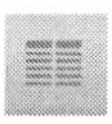	Bill of Material	회로도면의 Bill of Material를 생성
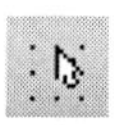	Snap-to-Grid	회로도 작성 중 부품의 위피를 격자(Grid)위에 올 수 있도록 설정
	Project Manager	설계도면의 설계 관리자 윈도우를 나타내며 설계 내용에 대한 개요를 표시
	Help topiec	온라인 도움말 윈도우

(d) 툴 파레트(Tool Palette)

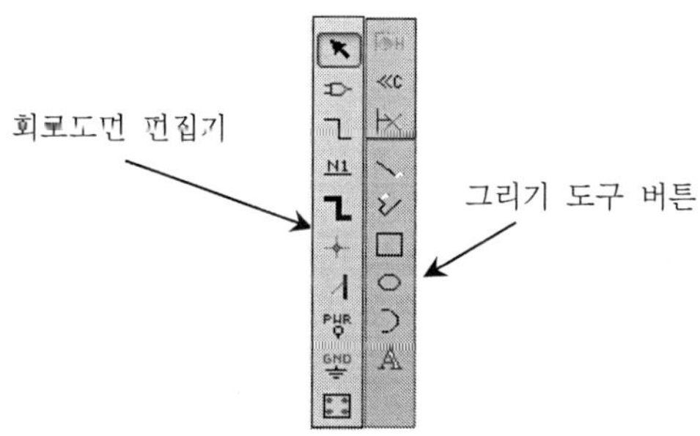

▌그림 16.3 **툴 파레트**

(e) 회로도면 편집기(Schematic Page Edition)

▌표 16.3 **회로도면 편집기 구성**

심　벌	이　름	용　도
	Selection	객체 선택
	Part	부품 선택 창 열기
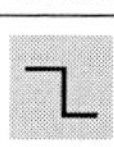	Wire	부품 연결선 생성
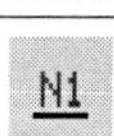	Net Alias	와이어와 버스에 별명 생성

표 16.3 회로도면 편집기 구성(계속)

심 벌	이 름	용 도
	Bus	버스 생성
	Junction	접합점 생성
	Bus Entry	버스 엔트리들을 입력
	Power	전원 심벌을 입력
	Ground	접지 시벌을 입력
	Hierarchical Block	계층 구조의 블록을 그린다.
	Hierarchical Port	회로도면 위에 계층 구조의 포트를 입력
	Hierarchical Pin	계층 구조의 블록에 계층 구조의 핀을 입력
	Off-Page Connector	Off-Page Connector를 입력
	No Connector	핀에 연결 없음의 심벌을 입력

(f) 그리기 도구 버튼

표 16.4 그리기 도구 버튼 구성

심 벌	이 름	용 도
	Line	선 생성
	Polyline	폴리라인 생성
	Rectangle	직사각형 또는 정사각형 생성
	Ellipse	타원 또는 원을 생성
	Arc	원호 생성
	Text	문자를 입력

3 실험 기자재와 부품

1) OrCAD 소프트웨어

2) Windows XP 이상의 PC

4 실험 절차

1 OrCAD프로그램 실행

그림 16.4 바탕화면 OrCAD 실행 아이콘

바탕화면에 OrCAD실행 아이콘을 클릭하여 프로그램을 실행한다.

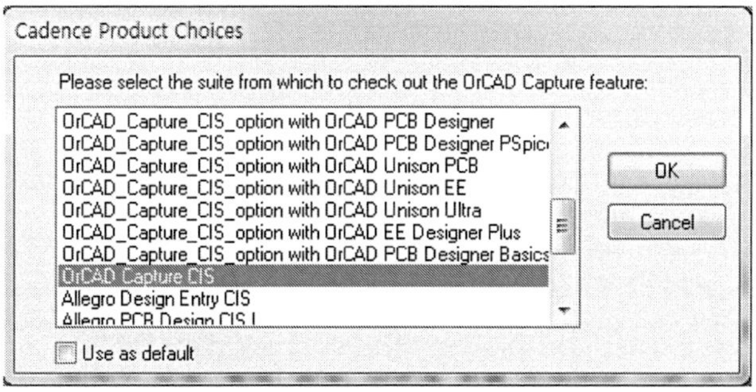

그림 16.5 Product Choices 창

OrCAD Capture CIS 를 선택한다.

2 New Project 생성

(a) 실행 후에 그림 16.6과 같이 메인 창이 나타난다. 메인 창에서  를 클릭하거나 그림 16.7과 같이 메인 메뉴 창에서 File/New/Project (단축키는 ALT-F, N, P)를 선택한다.

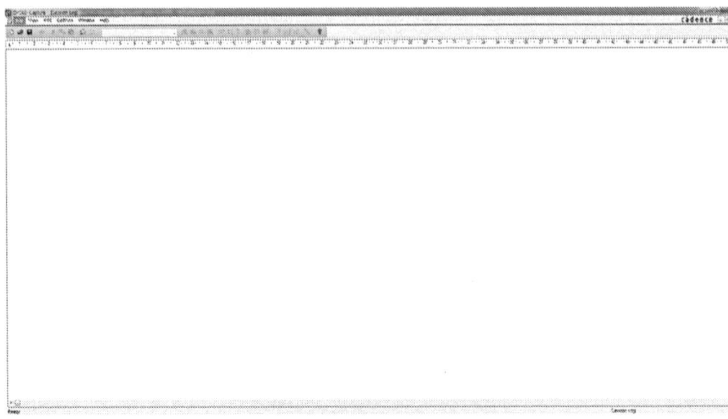

▎그림 16.6 **메인 창**

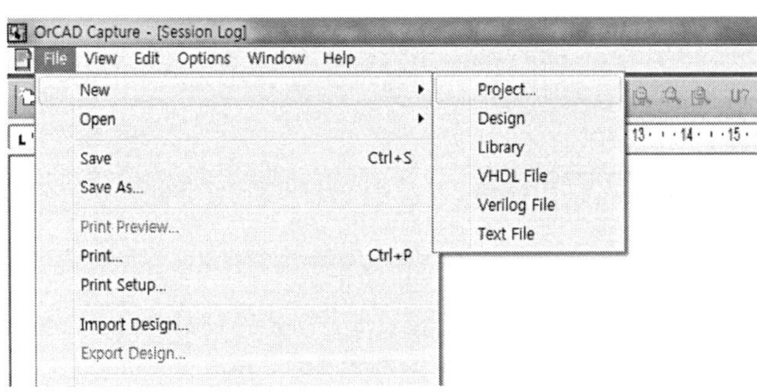

▎그림 16.7 **New Project 생성**

(b) New Project 라는 이름을 가진 대화상자가 열린다. New Project 대화상자에 있는 Name 문자 상자에 새로운 프로젝트 이름을 입력한다.

▌그림 16.8 New Project

(c) 새로운 프로젝트를 저장할 위치를 알면 Location 문자 상자에 경로를 입력하고 그렇지 않으면 Browse 버튼을 눌러 원하는 저장 경로를 설정한다.

(d) Create New Project Using 선택 메뉴에서 프로젝트 형태를 설정한다. 선택 가능한 새로운 프로젝트의 종류는 다음과 같다.

▌표 16.5 New Project 의 종류

Analog or Mixed A/D	Analog 또는 Analog/Digital 혼합용 회로 설계 목적
PC Board Wizard	PCB 설계를 위한 OrCAD Layout 목적
Programmable Logic Wizard	PLD 내에 포함되는 회로 설계 목적
Schematic	위 3가지 프로젝트에 포함되지 않는 단순 회로도면 작성 목적

(e) 아날로그 또는 아날로그/디지털 혼합 회로 설계를 위해 “Analog or Mixed A/D”를 선택하면 아래와 같은 Create PSpice Project 창이 나타난다.

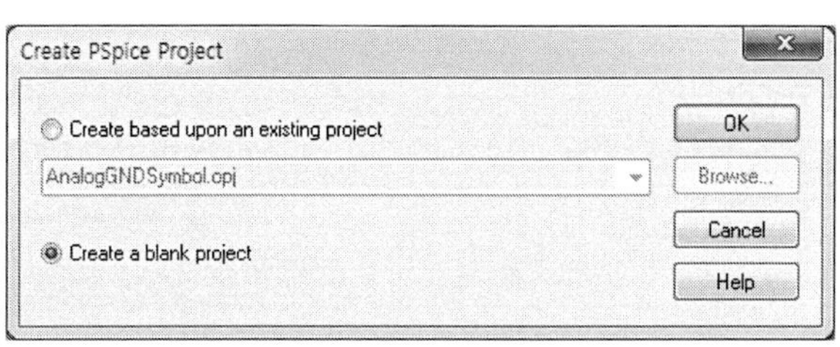

▌그림 16.9 Create PSpice Project

이전에 작성한 회로를 참조할 경우에는 "Create Based upon an existing project"를 선택하고 새롭게 작성할 경우 "Create a blank project"를 선택한다. 작업을 완료하면 아래와 같은 New Project를 만들 수 있다.

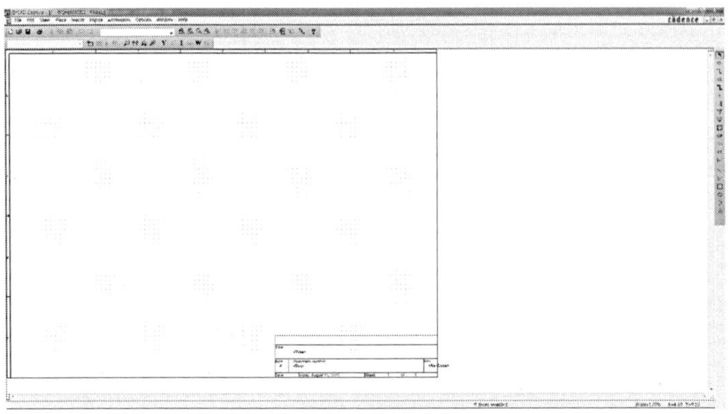

▎그림 16.10 **생성된 New Project**

(f) 작업 중 새 Project 를 생성을 원할 경우 위 (a)~(e) 순서대로 진행하면 된다.

3 회로도 그리기

(a) 소자 가져오기

아래 그림 16.11에 나타난 회로도면 편집기에서 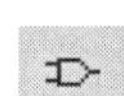 를 클릭하거나 그림 16.12와 같이 Place /Part를 선택하여 원하는 소자와 전류/전압원을 찾을 수 있다. Place/ Part가 실행되면 아래와 같이 Place Part창이 나타나게 된다.

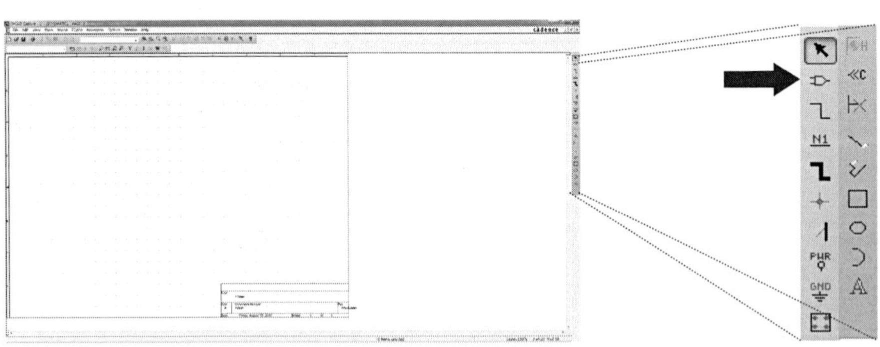

▎그림 16.11 **툴 파레트**

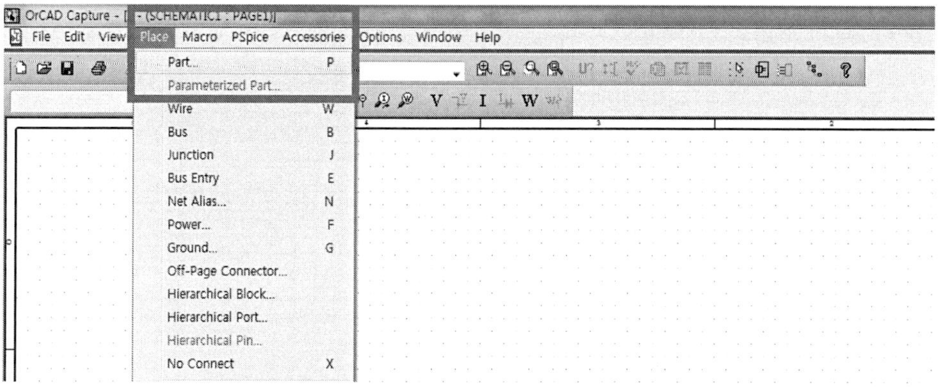

❙ 그림 16.12 메인 창에서 소자 가져오기

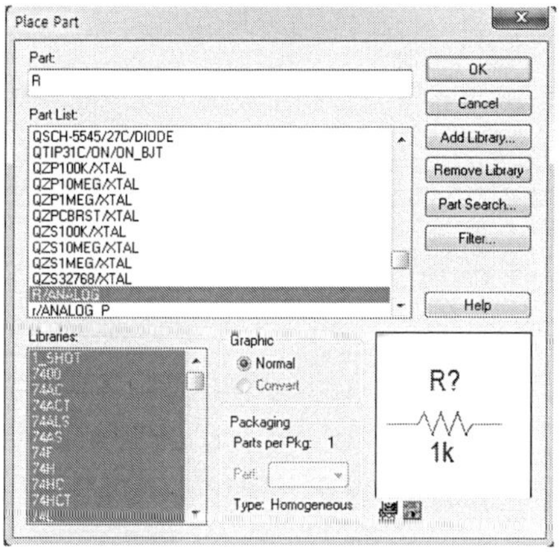

❙ 그림 16.13 Place Part

소자에 대한 이름을 알고 있는 경우에는 Part 문자 상자에 입력할 수도 있지만 정확히 알지 못하는 경우에는 Libraries에서 찾을 수 있다. 만일 Libraries에 Design Cache 밖에 없는 경우에는 Add Library 버튼을 이용하여 라이브러리를 추가 할 수 있다. 그림 16.14는 저항소자(기본 1kΩ)가 선택되어 회로도에 나타난 결과를 보여준다.

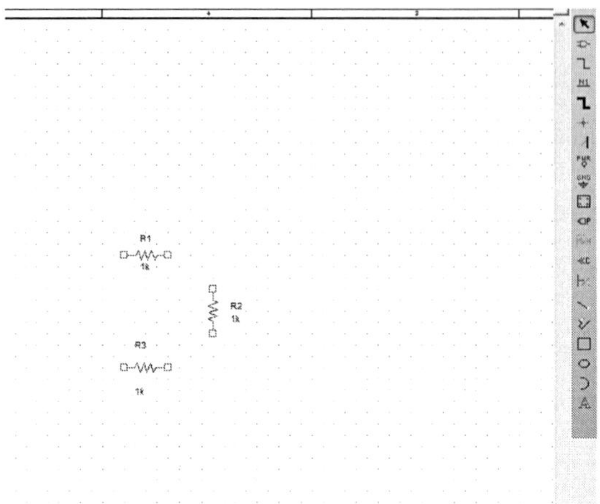

그림 16.14 **회로도 그리기**

- 회전하기

소자의 방향이 맞지 않아 소자를 회전하거나 좌우 대칭하는 방법은 다음과 같다. 먼저 회전을 위해 소자 선택 후 영문키 R을 누르면 시계방향으로 90도 회전이 된다. 그림 16.15와 같이 메뉴 바에서 Edit/Rotate 혹은 Edit/Mirror/Horizontally or Vertically를 누르면 원하는 효과를 얻을 수 있다. 마우스 오른쪽버튼을 소자에 클릭한 후 나타난 창에서 Rotate, Mirror Horizontally, Mirror Vertically 중 선택하여 소자의 방향을 변환하여도 같은 효과를 얻을 수 있다.

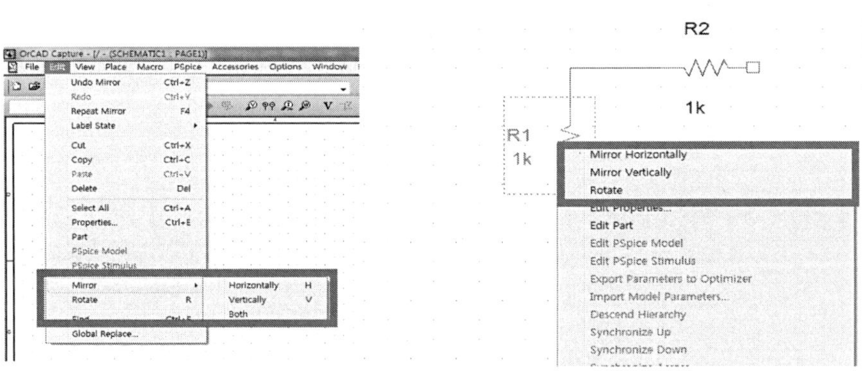

그림 16.15 **소자 회전 및 좌우대칭**

(b) 소자들 간 선 연결하기

회로도면상에 필요한 소자를 모두 가져온 후에는 선을 연결하여 회로를 완성하여야 한다. 선을 그리는 작업을 하기 위해서는 오른쪽 툴 바(Tool Bar)에서 ㄱ 를 클릭하거나 키보드의 영문키 w를 누르거나 메뉴 바에서 Place/wire 명령을 선택하여 사용한다.

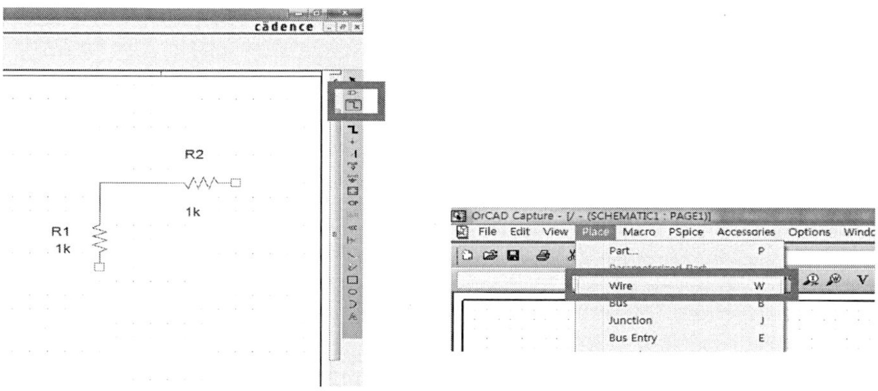

▎그림 16.16 **회로도 그리기**

일단 명령이 실행되면 마우스커서가 화살표에서 + 로 바뀌고 이를 이용하여 결선작업을 수행한다.

(c) 소자 값 변경하기

소자는 참조 지정자(Reference Designator), 심벌(Symbol), 소자 값(Value)로 구성된다.

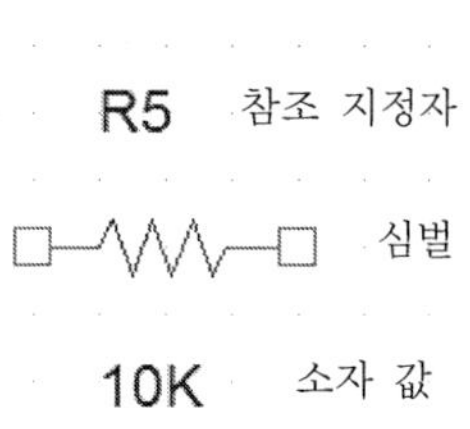

▎그림 16.17 **소자 기본 구성**

소자 값을 변경하는 방법에는 소자를 마우스로 직접 클릭하여 입력하는 방법과 Property Editor 창에서 소자 값을 클릭하여 입력하는 방법 2가지가 있다.

• 소자 값 변경 방법 1

값을 변경하고자 하는 소자를 더블 클릭하면 Property Editor가 나타난다.

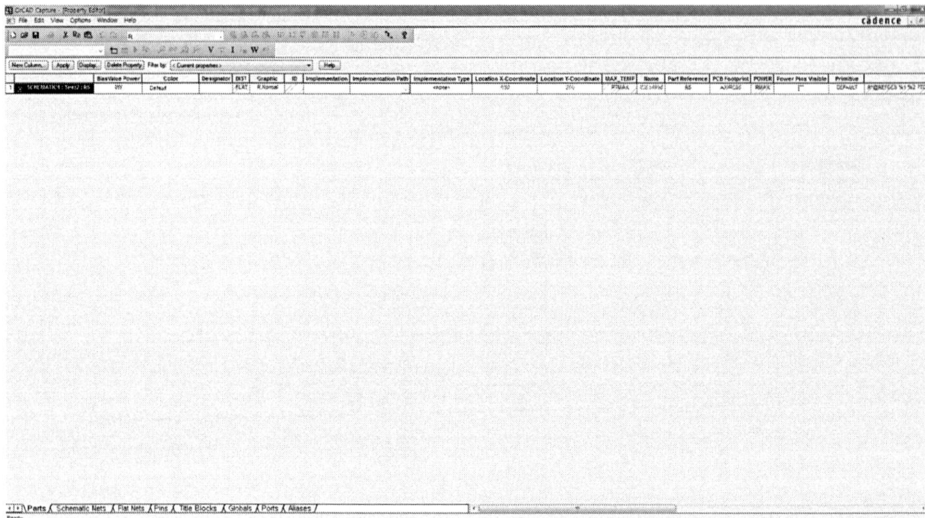

▌그림 16.18 Property Editor 창

그 다음 Value 상자를 원하는 값으로 입력한 후 Apply를 클릭한다.

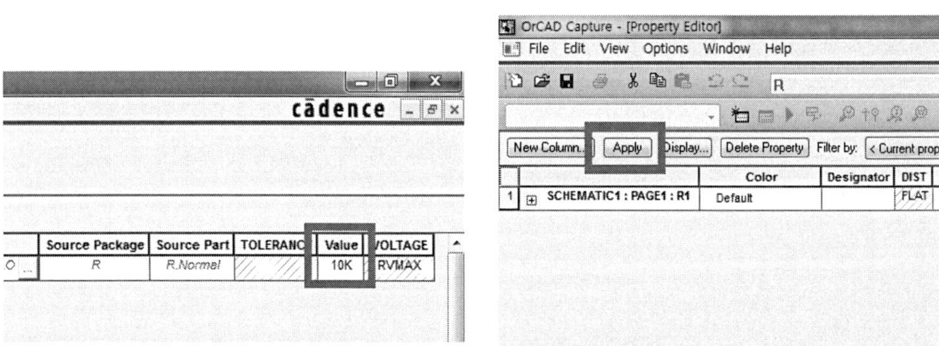

▌그림 16.19 Property Editor 창

• 소자 값 변경 방법 2

소자 값(Value)은 그림 16.20에 나타난 바와 같이 소자를 더블클릭하면 Display Properties창 이 나타나 Value 값을 쉽게 바꿀 수 있다.

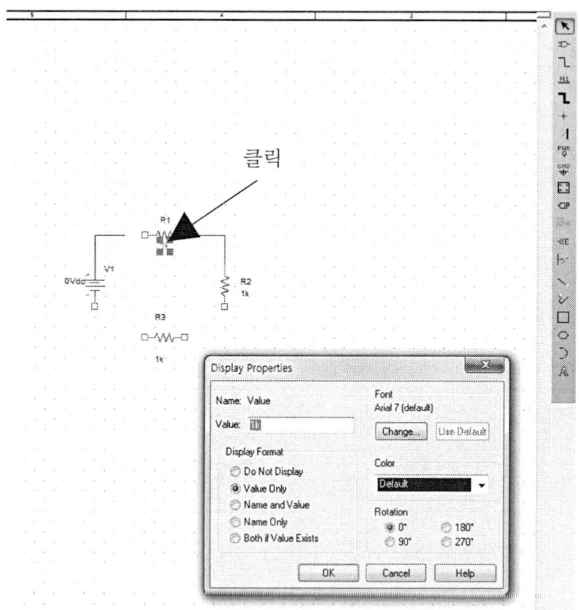

▍그림 16.20 **소자 값 수정하기**

4 회로도 작성 실습

(a) OrCAD를 사용하여 그림 16.21의 회로도를 작성하시오.

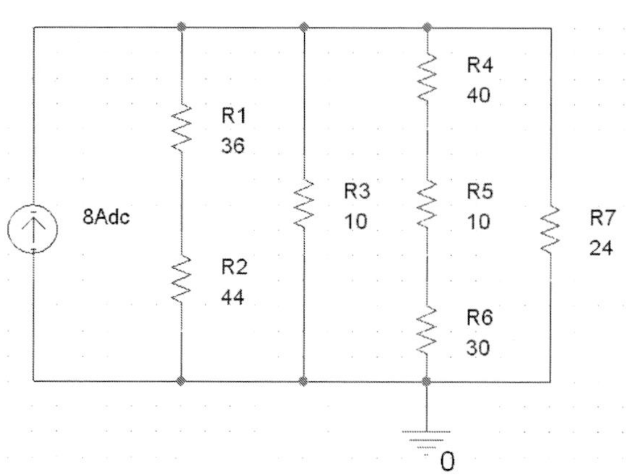

▍그림 16.21 **합성저항 회로**

(b) OrCAD를 사용하여 그림 16.22의 회로도를 작성하시오.

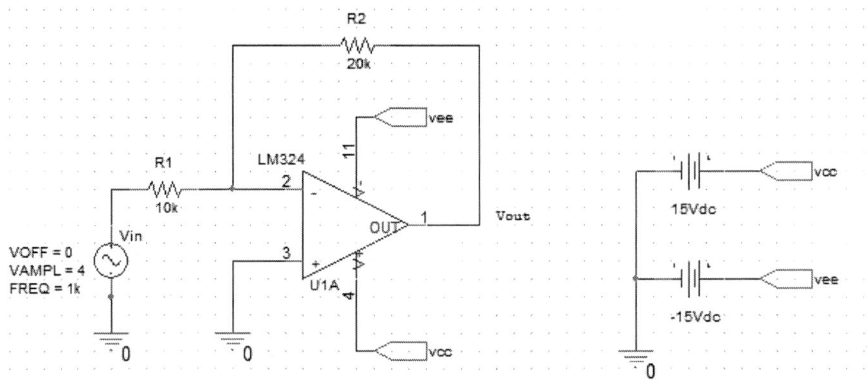

▌그림 16.22 **반전 증폭기 회로**

■ 예제 수행을 위한 도움말 : Place Port 를 이용하면 포트간 링크가 가능하다. 단, 링크되는 포트의 변수이름을 같게 해주어야 한다. (위 회로에서는 Vee 및 Vcc 설정함).

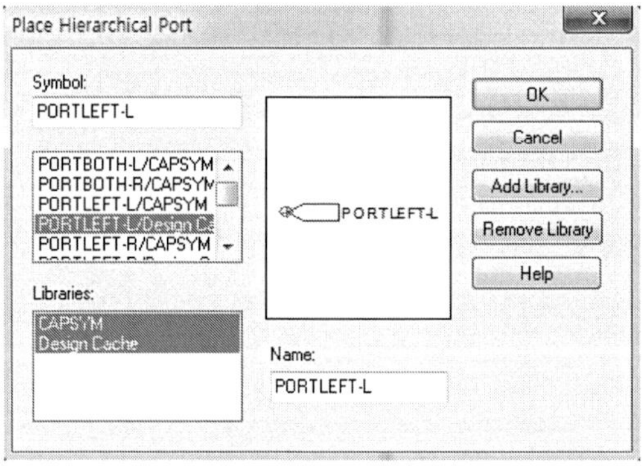

▌그림 16.23 Place Port

(c) OrCAD를 사용하여 그림 16.24의 회로도를 작성하시오.

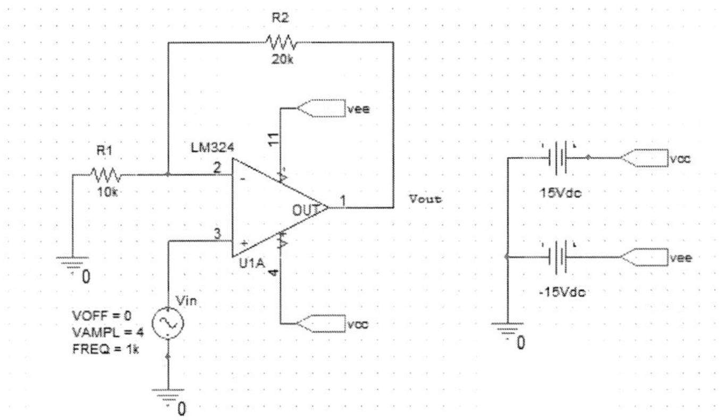

▌그림 16.24 **비반전 증폭기**

(d) OrCAD를 사용하여 그림 16.25의 회로도를 작성하시오.

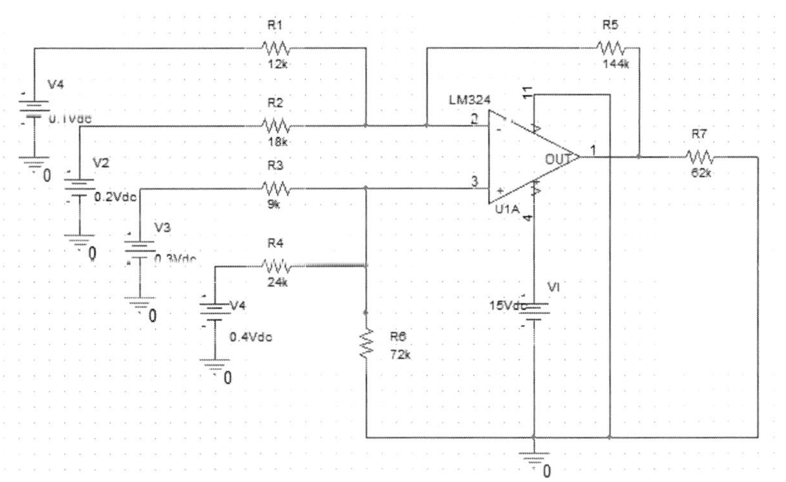

▌그림 16.25 **차동 증폭기**

5 자체평가

1. 각종 명령에 대한 단축버튼으로 구성된 툴 파레트는 (　　　　　)와 그리기 도구버튼로 구성된다.

2. 툴 파레트에 나타나는 심벌 중  는 (　　　　　)을 선택하여 회로도면에 나타내기 위해 사용된다.

3. 회로를 설계하는 과정에서 소자의 방향이 맞지 않아 소자를 회전하거나 좌우 대칭하는 방법은 다음과 같다. 먼저 회전을 위해 소자를 선택한 후 단축키 (　　　　　)을 누르면 시계방향으로 90도 회전이 된다.

4. OrCAD에서 구현된 소자는 (　　　　　), 심벌(Symbol), 소자 값(Value) 로 구성되어 있다.

5. 심벌  는 포트간의 링크가 가능하게 만든다. 단, 이 심벌을 사용하기 위해서는 링크되는 포트의 (　　　　　) 을 같게 지정하여야 한다.

회로 모의 실험

1 실험 목적

1) 시뮬레이션을 활용한 전기전자 분야 회로 시스템의 해석방법을 학습한다.
2) 기본적인 PSpice사용법을 학습한다.
3) PSpice를 활용한 전기전자회로 해석 및 설계 방법을 학습한다.
4) PSpice를 활용하여 다양한 계측기에 대한 모의 사용법에 대해 학습한다.

2 예비 지식

1 PSpice 프로그램

전기전자 공학 분야의 다양한 시스템을 설계할 경우 컴퓨터 시뮬레이션은 시스템의 복잡도가 증가할수록 그 필요성이 점차 증가하고 있다. 만약 소프트웨어 설계 툴을 이용하지 않고 설계하고자 하는 회로 시스템의 특성을 정확히 평가하기 위해서는 목표로 하는 회로를 직접 하드웨어로 제작해야 하는 과정이 필요하며 이 경우 회로 구성 및 특성 해석에 상대적으로 많은 시간과 계측장비 및 경비가 소요된다. 반면 실제로 회로를 제작하기 전에 컴퓨터 시뮬레이션을 이용하는 경우 필요한 시스템의 소자 값들을 미리 계산하고, 측정, 평가하는 과정을 거쳐 시행착오를 줄일 수 있는 장점이 존재한다. 현재는 이러한 시뮬레이션 툴을 활용한 설계 기법이 다양한 회로설계를 포함한 다양한 시스템 설계 및 제작 시에 필수적인 사항이 되었다.

PSpice는 Professional Simulation Program with Integrated Circuit Emphasis 의 약자이며 회로설계 시뮬레이션 툴의 하나이다. PSpice는 회로해석 및 설계를 위해 회로 특성 평가방법을 제공하며 정밀한 해석을 위해 컴퓨터를 이용하여 해석이 가능하기 때문에 회로 설계 및 해석에 많은 도움이 되며 사용자가 편리하게 다룰 수 있도록 GUI(Graphical User Interface)로 구현되어 있어 초보자들도 쉽게 접근할 수 있게 구현되어 있다.

PSpice는 1972년에 개발된 Berkeley SPICE(Simulation Program with Integrated Circuit Emphasis)에 의한 PC기반의 Analog/Digital 혼합 회로 시뮬레이션 프로그램이 시작으로 알려져 있다. 이러한 시뮬레이터의 개발로 트랜지스터의 동작점, 과도특성 해석 및 주파수 응답해석 등의 전기, 전자회로에 대한 복잡하고 다양한 해석이 가능하게 되었으며, 모든 회로에 공통적으로 사용되는 저항, 콘덴서, 인덕터 등의 수동소자와 다이오드, 트랜지스터 등의 능동소자에 대한 모델을 포함하여 다양한 회로에 대한 시뮬레이션을 손쉽게 수행할 수 있게 되었다. 이후 1984년 MicroSim사에서는 워크스테이션이상의 중대형 컴퓨터에서 뿐만 아니라 PC에서도 사용할 수 있는 PSpice를 최초로 개발하였으며 1992년에 PSpice v5.2 버전으로 Windows에서 동작이 가능하게 되었다. 1998년 v8.0 버전에서 최대 64개 node, 486급 이상에서 사용 가능하며 제작된 파일을 AutoCAD로 export할 수 있는 기능이 포함되었고 같은 해 OrCAD사와 합병하여 회로작성부분이 강화된 OrCAD PSpice Rel 9.0이 개발되었고 현재 v16.6 버전까지 개발되었다.

(a) 참고 이론 1 : 반전증폭기 전압이득 계산

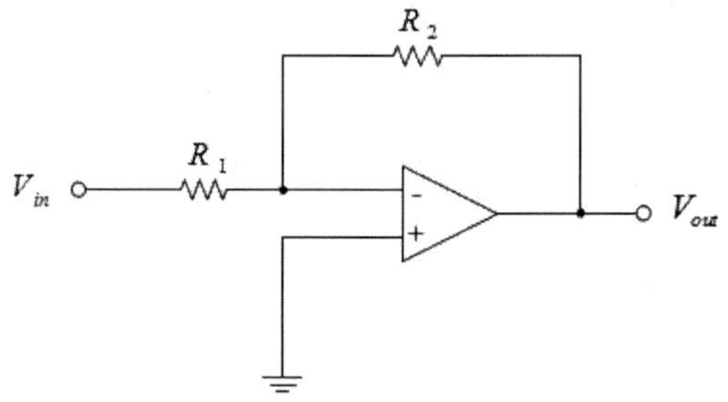

▌그림 17.1 **반전 증폭기**

이 회로의 전압 이득(A_v)을 구하기 위해 다음과 같은 이상적인 Op-Amp 성질을 적용한다. 이상적인 Op-Amp는 입력 임피던스가 무한대이다. 그러므로 모든 전류는 R_1과 R_2를 따라 흐르고 이때 R_1과 R_2에 흐르는 전류는 동일하다. 여기에 옴의 법칙과 KCL을 적용하면

$$\frac{V_{out}}{R_2} = \frac{-V_{in}}{R_1}$$

이고 전압 이득 $A_v = V_{out}/V_{in}$ 이므로

$$A_v = -\frac{R_2}{R_1}$$

(b) 참고 이론 2 : 비 반전증폭기 전압이득 계산

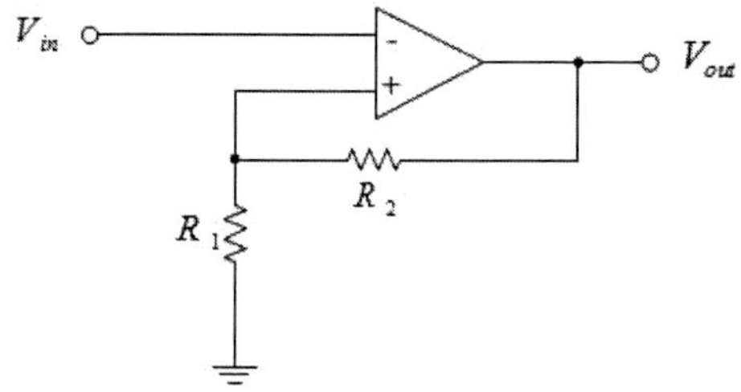

▌그림 17.2 **비 반전 증폭기**

비 반전 증폭기에서의 전압 이득(A_v)도 역시 이상적인 Op-Amp의 성질에 따라 전류는 R_1과 R_2를 따라 흐르며 입력과 출력 전압의 관계는 전압분배 법칙에 따라 다음과 같이 표현된다.

$$V_{in} = V_{out}\frac{R_1}{R_1 + R_2}$$

이고 전압 이득 $A_v = V_{out}/V_{in}$ 이므로

$$A_v = 1 + \frac{R_2}{R_1}$$

3 실험 기자재와 부품

1) OrCAD PSpice 소프트웨어

2) Windows XP 이상의 PC

4 실험 절차

1 회로입력

PSpice를 이용한 시뮬레이션을 위해 먼저 설계하고자 하는 회로를 본 교재 16장 OrCAD 사용법을 참고하여 작성한다. 그림 17.3은 PSpice를 이용하여 작성한 저항과 전압원을 포함한 아날로그 회로의 한 예이다.

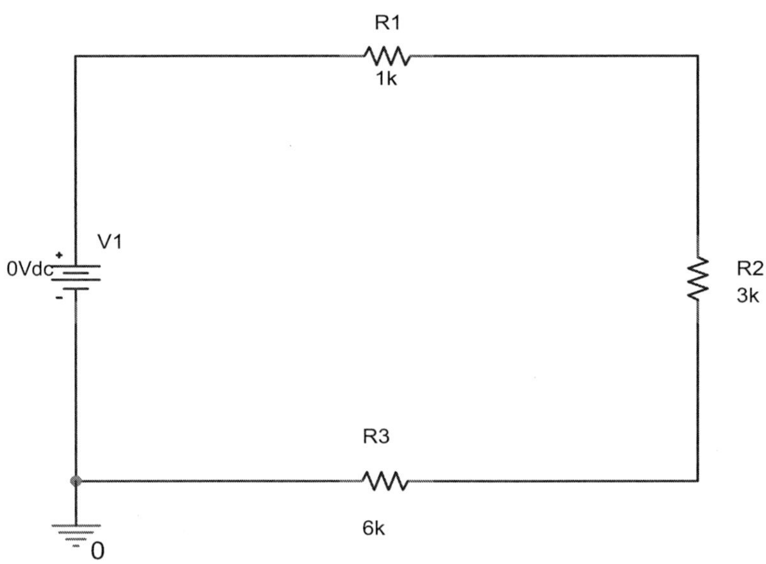

그림 17.3 OrCAD로 표현한 회로

2 Marker를 사용한 파형보기 (입출력 단자 지정)

설계된 회로에서 원하는 지점의 전류/전압 파형을 보기 위해서는 Marker를 회로의 특정 위치에 미리 표시한 후 시뮬레이션하면 된다.

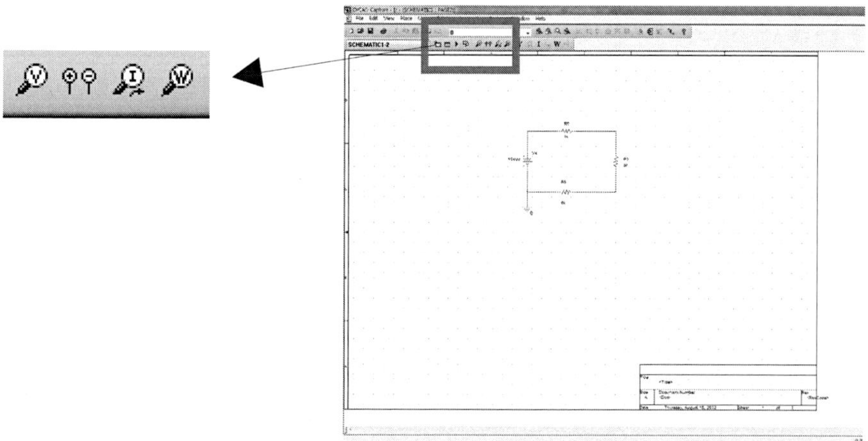

그림 17.4 **툴 바에서 Marker 위치**

툴 바(Tool Bar)에 나타나 있는 Marker의 이름과 용도는 다음과 같다.

표 17.1 **Marker의 종류**

심 벌	이 름	용 도
	Voltage/level Marker	전압 측정
	Voltage Differential Marker	상대적인 전압차 측정
	Current Marker	전류 측정
	Power Dissipation Marker	사용전력의 크기 측정

예로서 위 그림 17.4에 나타난 저항 회로의 R6 과 R7 사이 지점의 전압 측정을 위해서  Voltage Marker를 선택하면 마우스 포인터가  같이 변하는 것을 볼 수 있는데 이 를 측정하고자 하는 지점에 클릭해주면 된다. Marker 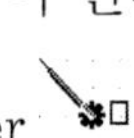를 여러 개 사용하여 여러 지점에서의 측정값들에 대한 비교 시뮬레이션이 가능하다.

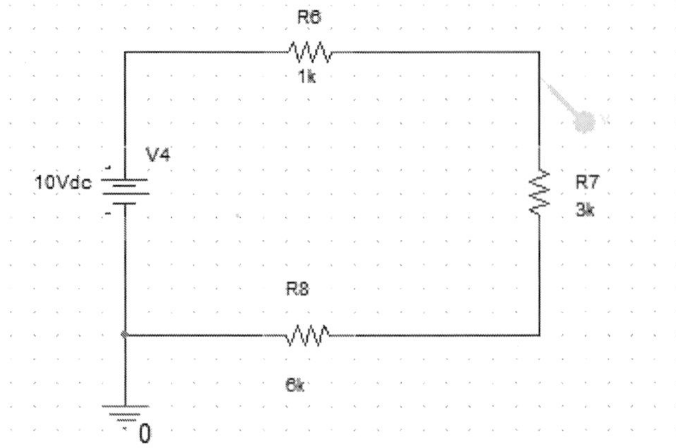

▌그림 17.5 Marker의 위치 설정

회로도 상에서 Marker의 위치를 바꾸면 그 위치에서의 측정값을 그래프로 표시해주는 PSpice A/D 창에 나타나는 파형도 자동으로 바꾼다. 이는 마치 Marker가 오실로스코프의 Probe와 같은 역할을 수행한다고 할 수 있다.

3 시뮬레이션 실행

시뮬레이션을 실행하기 위해서는 회로 작성 후 아래 그림 17.6에서 17.8에 나타낸 것처럼 메뉴에서 PSpice/New simulation profile을 선택하여 시뮬레이션에 대한 이름과 파라미터를 설정한 후 다시 메뉴에서 PSpice/Run을 선택한다.

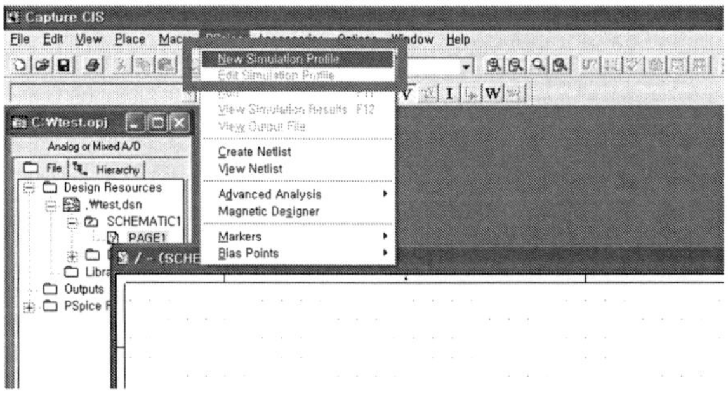

▌그림 17.6 PSpice/New simulation profile

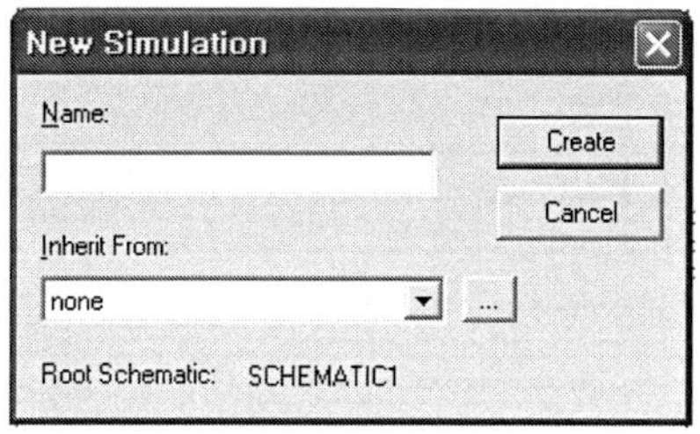

▌그림 17.7 New Simulation

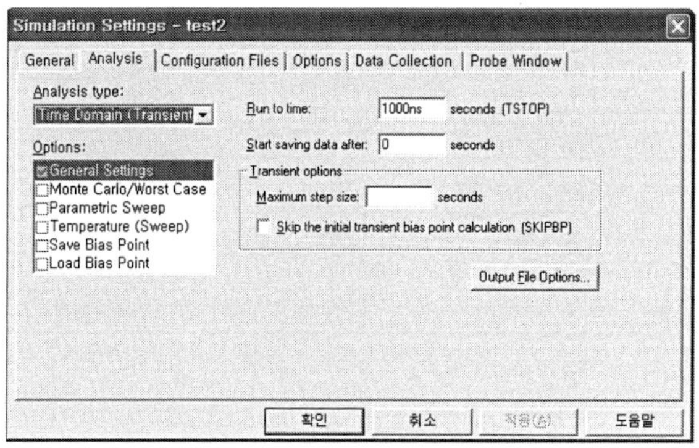

▌그림 17.8 **시뮬레이션 설정 창**

또 다른 시뮬레이션 실행 방법으로서 툴 바(Tool Bar) 에 있는 "New Simulation Profile" 클릭 한 후 ▶ 를 클릭하면 아래와 같이 시뮬레이션 되는 것을 볼 수 있다.

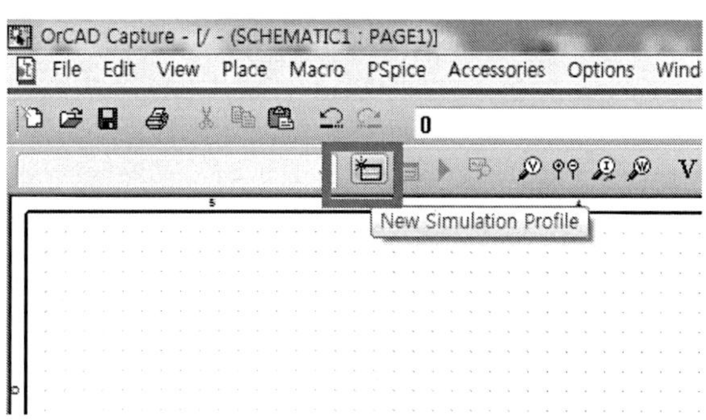

▌그림 17.9 New Simulation Profile

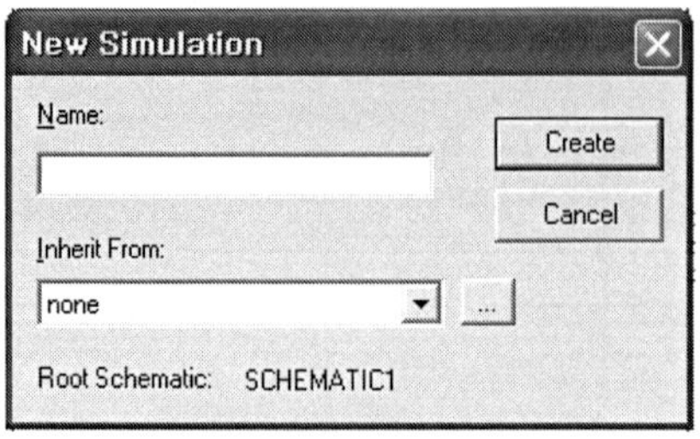

▌그림 17.10 New Simulation

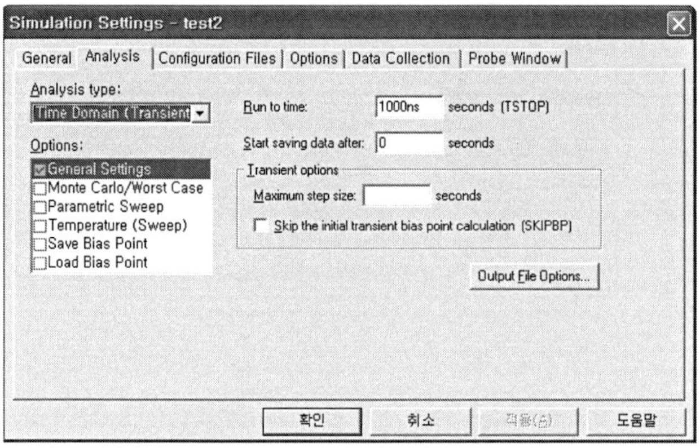

▌그림 17.11 시뮬레이션 설정 창

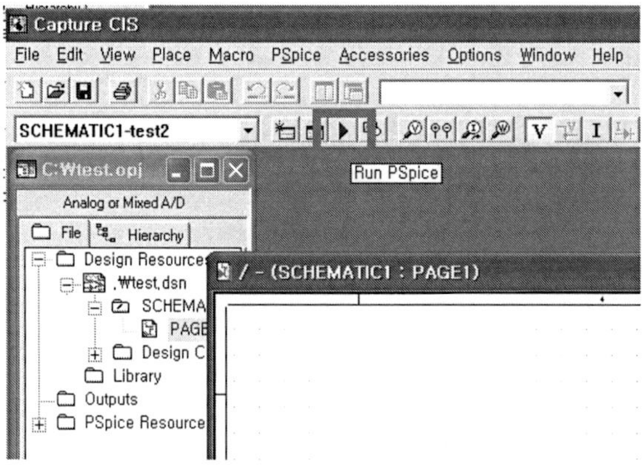

▌그림 17.12 툴 바에서 시뮬레이션 실행

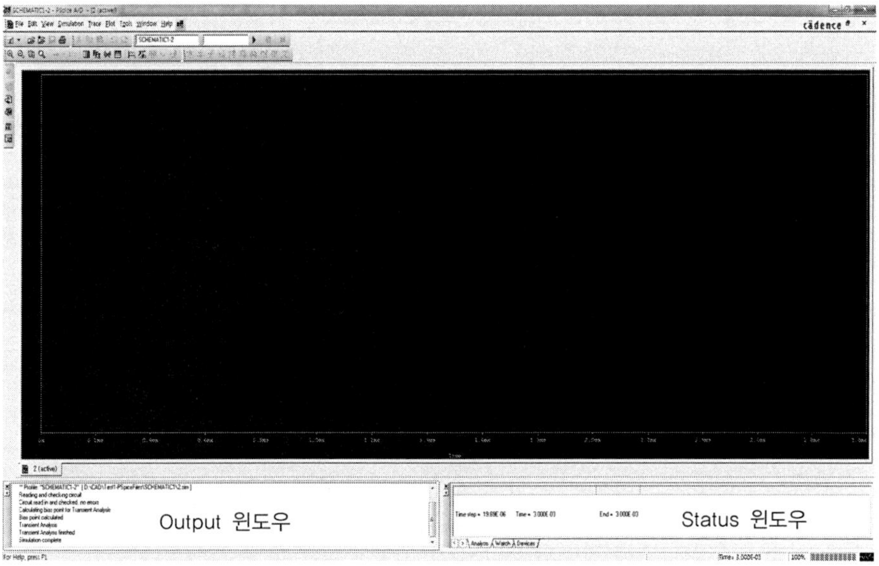

▌그림 17.13 PSpice A/D 창

시뮬레이션이 진행되면서 시뮬레이션 진행 사항이 그림 17.13의 PSpice A/D창 왼쪽 하단 Output 윈도우에 나타나며, 오른쪽 하단의 Status 윈도우에는 시뮬레이션 계산 스텝과 시뮬레이션 경과 시간, 시뮬레이션 완료 시간이 나타난다.

위와 같이 시뮬레이션을 실행하였을 때 아래 그림 17.14와 같은 화면을 볼 수 있다.

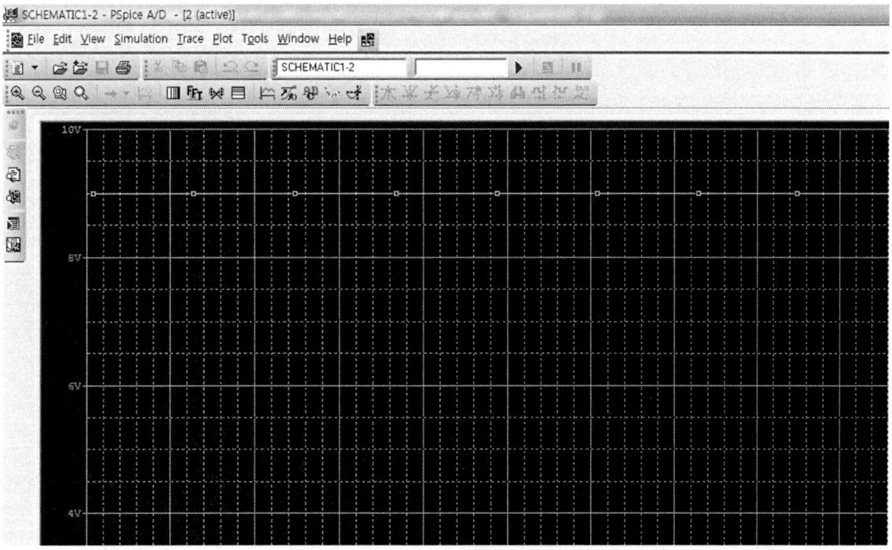

▌그림 17.14 파형 화면

4 [참조] 시뮬레이션을 위한 부가적 설정 사항

시뮬레이션 시 나타나는 Simulation Settings 창에서 아래와 같은 부가적인 설정을 할 수 있다.

(a) General

General 항목은 Simulation, Input, Output, Notes 항목으로 구분된다.

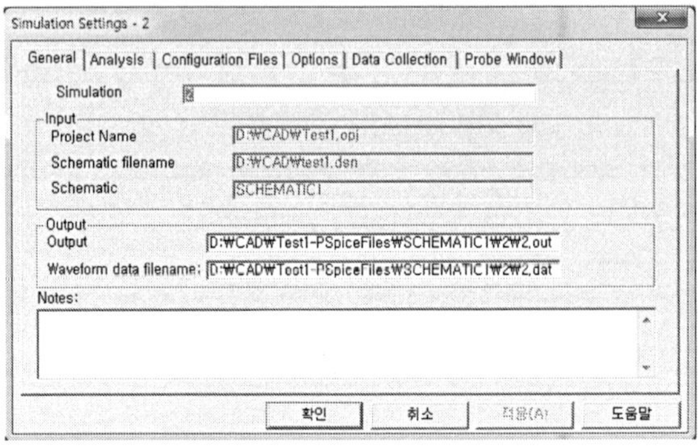

▌그림 17.15 General

▌표 17.2 General 항목별 기능

Simulation	시뮬레이션 설정 파일명 표시
Input	입력파일 관련 사항 표시
Output	출력파일 관련 사항 표시
Note	Simulation Setting 관련 사용자 메모

(b) Analysis

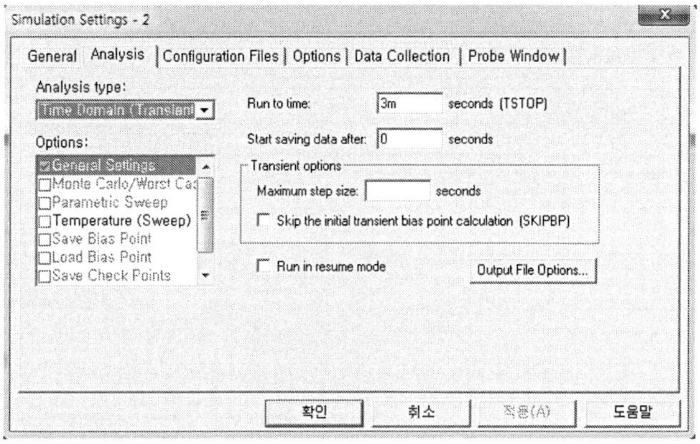

그림 17.16 Analysis

표 17.3 Analysis Type 별 기능

Time Domain	시간 영역에서의 회로의 과도상태 해석(전압, 전류, 디지털회로의 논리상태 등)
DC Sweep	전압원 모델의 파라미터를 변화시키면서 회로 계산 (전압, 전류 디지털 회로의 논리상태)
AC Sweep/Noise	선형화한 바이어스 포인트 회로를 소 신호해석 or Noise 해석
Bias Point	Bias Point 데이터를 계산하고 output 파일 출력

표 17.4 Time Domain Option

Run to time	시뮬레이션 종료시간 지정
Start saving data after	시뮬레이션 실행 후 데이터를 저장하는 시간 지정
Maximum Step	과도상태 수치계산에 필요한 최대 Step size 지정
Skip the initial	초기치를 무시하고 계산 (인덕터, 커패시터 등)
Output File Options	출력파일에 저장할 데이터의 유무 선택 (시간간격, 푸리에 해석, 반도체 등)

(c) Configuration Files

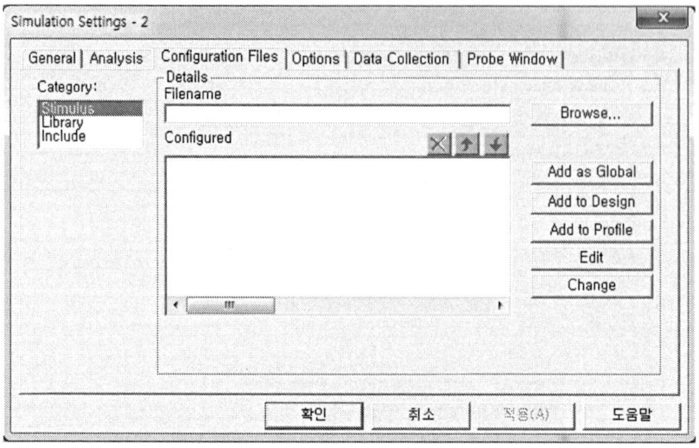

❙ 그림 17.17 Configuration Files

시뮬레이션 수행 시 Include/ Library/ Stimulus 할 파일을 선택하거나 직접 입력한다. Add as Global은 PSpice 해석을 수행하는 모든 파일에 선택한 설계회로에만 적용된다.

(d) Options

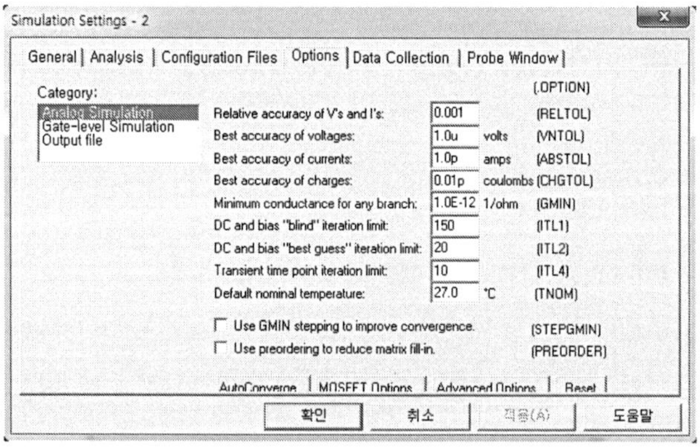

❙ 그림 17.18 Options

PSpice에서는 다양한 시뮬레이션을 위해 파라미터를 제한하고 설정할 수 있는 환경을 제공한다. 예를 들어 그림 17.18에 표시되는 창에서는 아날로그 회로 해석을 위한 시뮬레이션결과에 대한 정확도와 해석알고리즘의 계산 스텝사이즈 및 반복계산 횟수를 결정할 수 있다.

(e) Data Collection

Data Collection은 시뮬레이션 수행 시 저장할 데이터를 지정하는 것으로 회로상의 전압(Voltages), 전류(Currents), 전력(Power), 디지털논리(Digital), 노이즈(Noise) 항목에 각각 지정할 수 있다.

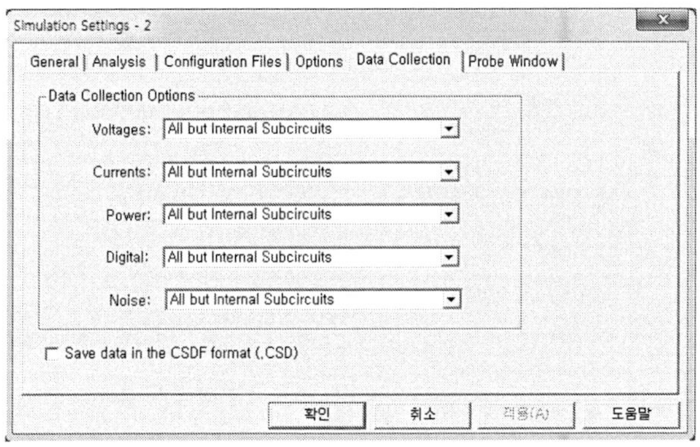

▌그림 17.19 Data Collection

▌표 17.5 Data Collection 기능

At Markers Only	Marker에 의해 표시된 노드 데이터만을 저장
All	회로상의 모든 데이터 저장
All But Internal Subcircuit	분기회로 안쪽에 존재하는 노드를 제외한 모든 노드의 데이터 저장
None	데이터를 저장하지 않음
Save data in the CSD Format [CSD]	Probe용 데이터를 binary 대신 Text format 형식으로 저장

(f) Probe Window

시뮬레이션 시 여러 가지 Probe를 표시한다.

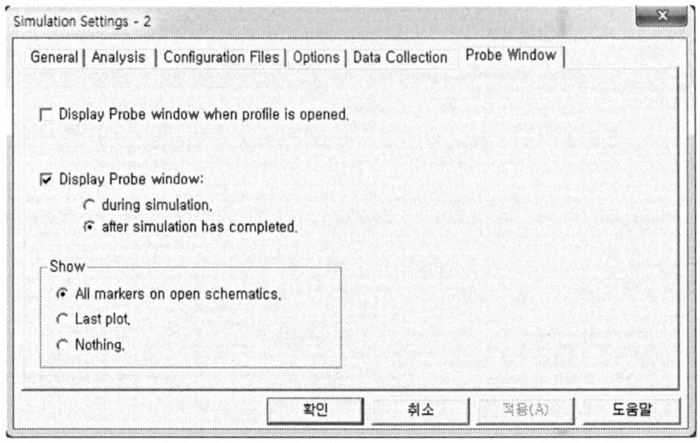

▌그림 17.20 Probe Window

▌표 17.6 Probe Window 기능

Display Probe window when profile is opened		profile을 open할 때 Probe window 표시
Display Probe window	During simulation	시뮬레이션 동안 probe window 표시
	After simulation has completed	시뮬레이션이 끝난 후에 probe window 표시
All Markers on open schematics		회로 상에 표시한 모든 marker의 전압, 전류를 probe 화면에 자동으로 표시
Last Plot		가장 최근의 probe session 자동 재실행
Nothing		probe 화면에 파형을 표시하지 않음

5 키르히호프의 전압 법칙

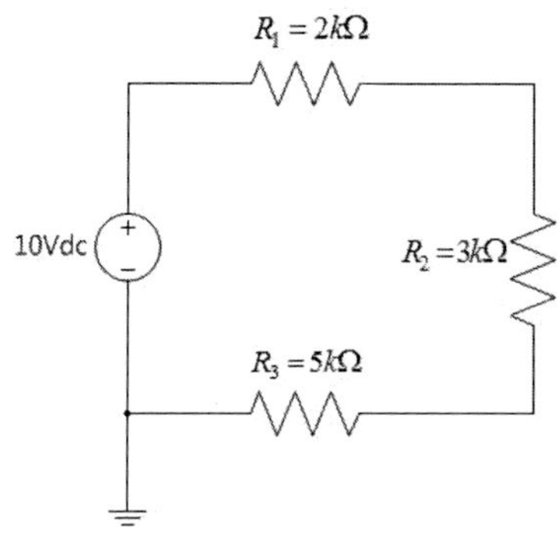

그림 17.21 **직렬 저항 회로**

(a) 그림 17.21의 회로에서 PSpice를 사용하여 R1, R2, R3 각각의 저항 양단에 걸리는 전압과 흐르는 전류를 구한다.

(b) 각 저항 양단에 걸리는 전압의 이론값과 실험 결과 값을 비교한다.

(c) 각 저항에 걸리는 전압을 하나의 그래프에 중첩하여 나타낸다.

6 키르히호프의 전류 법칙

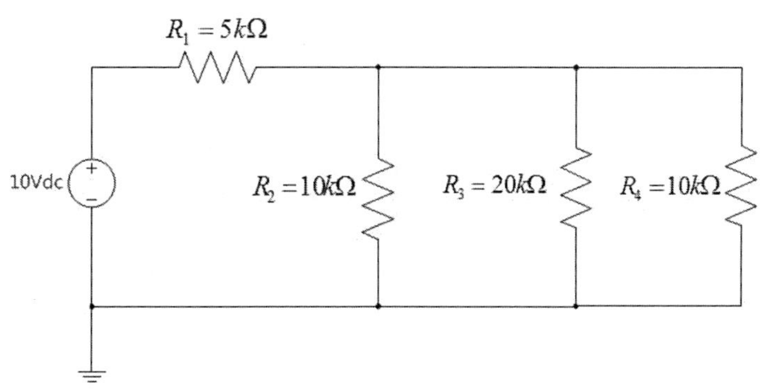

그림 17.22 **병렬 저항 회로**

(a) 그림 17.22의 회로에서 PSpice를 사용하여 R1, R2, R3, R4 회로 각각의 저항 양단에 걸리는 전압과 흐르는 전류를 구한다.

(b) 각 저항에 흐르는 전류의 실험 결과 값과 이론값을 비교한다.

(c) 각 저항에 흐르는 전류를 하나의 그래프에 중첩하여 나타낸다.

7 테브난, 노턴 등가회로

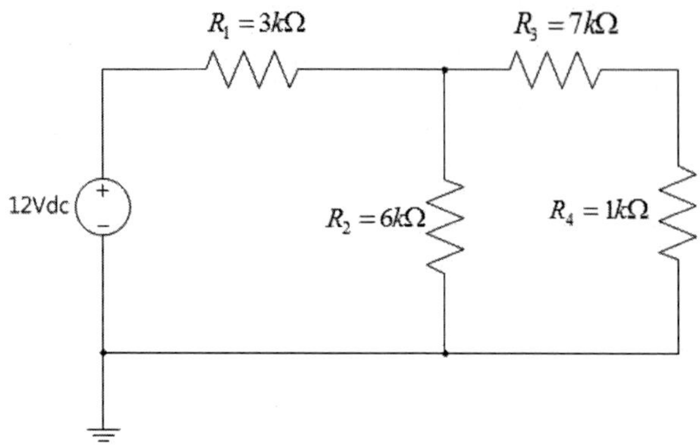

그림 17.23 기본 저항 회로

(a) 그림 17.23의 기본 저항 회로에서 R4 양단에 걸리는 전압을 계산하고 PSpice를 사용하여 측정하여 계산 값과 측정값을 비교한다.

(b) R4를 제외한 좌측회로를 테브난 등가회로, 노턴 등가회로로 각각 변환한다.

(c) 변환된 등가회로 2개를 PSpice로 구현하고 각각의 회로에서 R4 양단에 걸리는 전압을 측정한다.

(d) (c)에서 측정된 값과 (b)에서 계산한 값이 동일함을 보인다.

	계산값	실험값
기본회로		
테브난		
노턴		

8 반전 증폭기

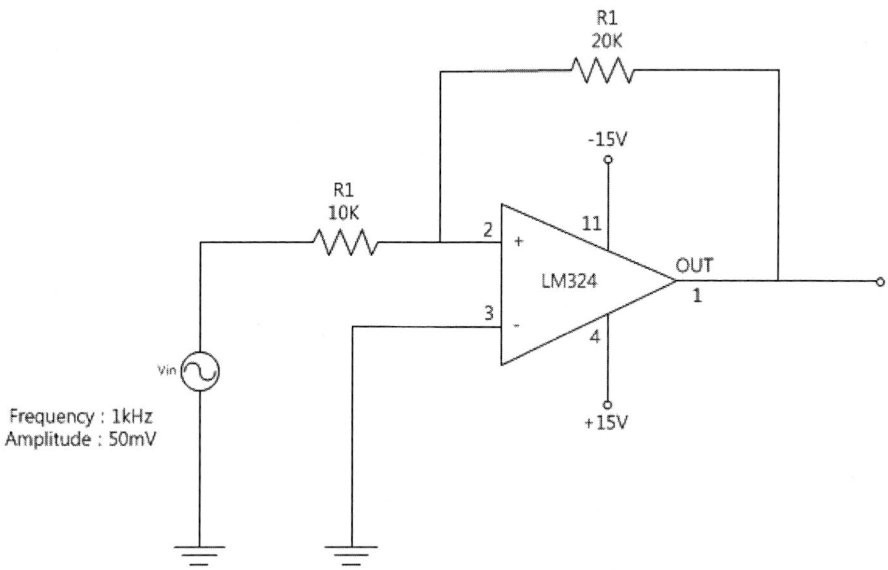

▌그림 17.24 **반전 증폭기 회로**

(a) 그림 17.24의 회로를 PSpice를 사용하여 시뮬레이션을 수행한 후 입력전압과 출력전압을 측정한다. (회로도면 편집기에서 LM324소자를 사용)

(b) 측정 결과를 1개의 그래프에 중첩하여 나타내시오.

(c) 본문에 설명된 예비지식을 활용하여 위 회로의 전압이득 $A_v = V_{out}/V_{in}$ 을 구하시오.

(d) OrCAD를 사용하여 전압 이득이 1.5인 반전증폭기를 설계하고 시뮬레이션을 통하여 검증하시오.

9 비반전 증폭기

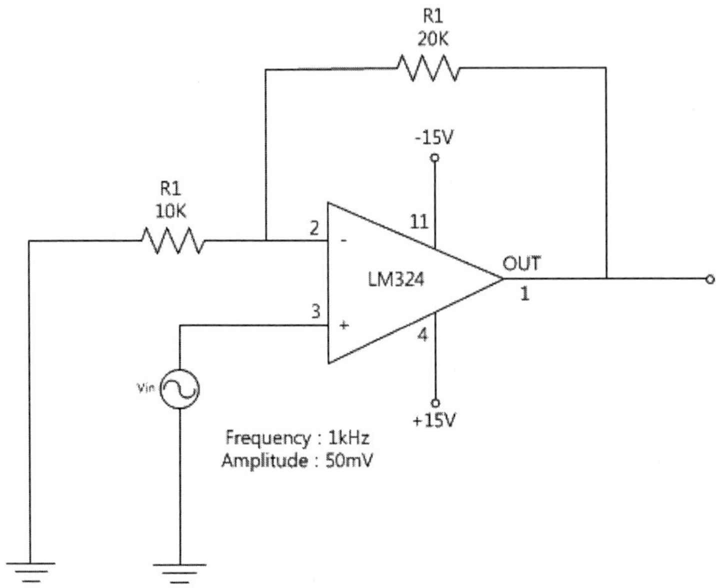

▌그림 17.25 **비반전 증폭기**

(a) 그림 17.25의 회로를 PSpice를 사용하여 시뮬레이션을 수행한 후 입력전압과 출력전압을 측정한다. (회로도면 편집기에서 LM324소자를 사용)

(b) 측정 결과를 1개의 그래프에 중첩하여 나타내시오.

(c) 본문에 설명된 예비지식을 활용하여 위 회로의 전압이득 $A_v = V_{out}/V_{in}$을 구하시오.

(d) OrCAD를 사용하여 전압 이득이 1.5인 반전증폭기를 설계하고 시뮬레이션을 통하여 검증하시오.

5 자체평가

1. 시뮬레이션을 실행하면("Run PSpice" button 클릭) 원하는 지점에서의 결과 파형을 보여주는 PSpice A/D 창이 나타난다. 이 때 시뮬레이션 진행상황이 PSpice A/D창 왼쪽 하단 (　　　　　) 창에 나타나며, 오른쪽 하단에는 시뮬레이션 계산 스텝과 시뮬레이션 경과시간, 시뮬레이션 완료시간 등 시뮬레이션에 관련된 파라미터를 표시하는 (　　　　　) 창이 나타난다.

2. "Simulation Settings"창에 나타나는 "Analysis" 설정부분에서 (　　　　　)는 "시간 영역에서의 회로의 과도상태 해석"을 할 경우 설정해준다.

3. 설계된 회로의 원하는 지점에서의 전류/전압 파형을 보기 위해서는 (　　　　　)을 회로의 특정 위치에 미리 표시한 후 시뮬레이션하면 된다.

4. Marker의 종류 중 의 기능은 (　　　　　) 을 측정하기 위해 사용한다.

5. 교류회로 시뮬레이션을 위해서는 먼저 "Simulation Settings"창에 나타나는 "Analysis" 설정부분에서 (　　　　　) 을 선택한 후 이에 따른 세부 파라미터를 설정해야 한다.

PART

II

디지털 회로

제18장 기본 논리소자를 활용한 논리회로

1 실험 목적

1) 디지털 실험을 위한 기자재의 용도와 사용법을 학습한다.
2) 기본 논리 소자인 AND, OR, NOT 게이트의 동작을 TTL IC를 활용하여 학습한다.
3) AND, OR, NOT 게이트를 조합하여 NAND, NOR, XOR 게이트를 설계한다.
4) 주어진 논리식 또는 진리표를 TTL IC를 이용하여 회로로 구현한다.
5) 주어진 논리회로 출력을 측정하여 진리표를 작성하는 능력을 키운다.

2 예비 지식

1 브레드 보드(breadboard)

브레드 보드는 그림 18.1과 같이 회로를 쉽게 구성하고 변경할 수 있는 도구로서, 만능 기판에 납땜이나 랩핑(wrapping)으로 회로를 만들기 전에 회로를 간단히 시험하고 디버깅하는 용도로 사용된다. IC 소자의 핀과 전선들을 소켓(socket)이라 불리는 구멍들을 이용하여 연결하기 때문에 회로를 쉽게 만들고 변경할 수 있다. 그림 18.2는 작은 구멍들이 내부에서 어떻게 연결되어 있는지 나타내는 그림이다. 즉 위 아래는 전원을 위하여 가로로 연결되어 있으며, 중간 단자에서는 전선을 이용한 연결을 위하여 세로로 연결되어 있다. 따라서 브레드 보드를 이용하여 다양한 회로의 구성이 가능하다. 그러나 기판을 작게 자를 수 없고 납땜처럼 배선을 고정시킬 수 없기 때문에, 테스트 후 실제로 사용할 회로는 다시 납땜으로 만들게 된다. 참고로 브레드보드는 원래 빵 자르는 도마라는 뜻이다.

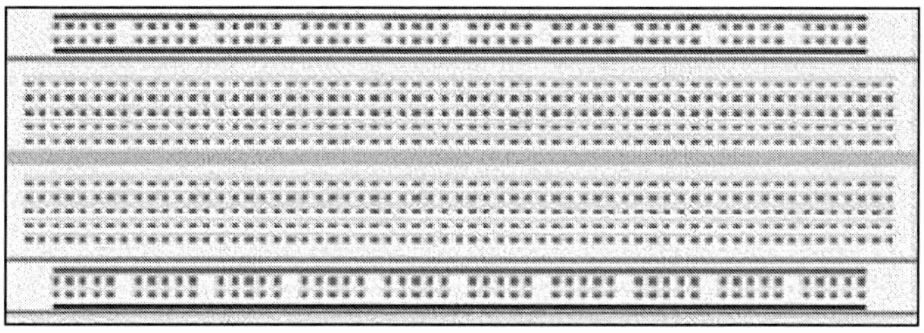

▌그림 18.1 **브레드 보드**

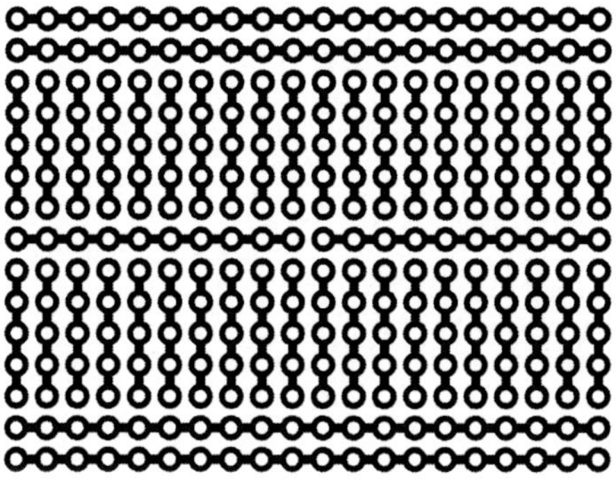

▌그림 18.2 **브레드 보드 내부 연결 상태**

2 기본 논리소자

기본 논리소자는 논리 게이트라고도 불리우며 디지털 회로를 만드는데 있어 가장 기본적인 요소이다. 교재에서는 두 개의 입력과 한 개의 출력을 가지는 기본 논리소자를 이용하도록 한다. 디지털 논리소자의 모든 단자는 주어진 어떤 순간에 두 개의 조건 중의 하나인데, 이것을 서로 다른 전압으로 표현하면 전압이 높음(1)과 낮음(0)이다. 한 단자의 논리 상태 즉 논리소자의 입출력 상태는 회로의 설계에 따라 일반적으로 자주 변할 수 있다. 대부분의 논리소자에서, 전압이 높은 상태는 TTL의 경우 5 볼트(+5 V) 정도이며, 낮은 상태는 0 볼트(0 V)에 가깝다.

따라서 논리 게이트에서 논리 "1" 은 V_{CC}(공급 전압)과 같으며, 논리 "0" 은 GND(접지) 상태와 같다. 그러나 입출력 단자의 논리상태를 판정하는 기준에는 일정한 여유 영역이 존재하며, 이는 실험을 통하여 관찰하도록 한다.

기본 논리소자는 AND, OR, NOT 3개이며, 이를 이용하여 또 다른 기본 논리소자인 NAND, NOR 그리고 XOR를 구현할 수 있다. 그리고 이와 같은 논리소자의 출력을 나타내는 논리식은 부울 대수(Boolean Algebra)를 이용하여 나타낸다.

(a) AND 게이트

입력 중 어느 하나라도 0이 되면 출력은 0이 되는 동작 특성을 갖고 있다.

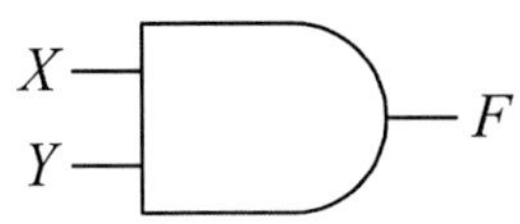

$$F=XY=X\cdot Y$$

▌그림 18.3 AND 게이트 기호 및 논리식

▌표 18.1 AND 게이트 진리표

X	Y	F
0	0	0
0	1	0
1	0	0
1	1	1

(b) OR 게이트

입력 중 어느 하나라도 1이 되면 출력은 1이 되는 동작 특성을 갖고 있다.

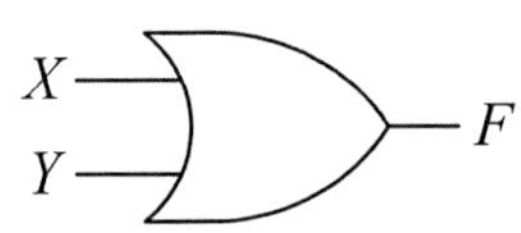

$$F=X+Y$$

▌그림 18.4 OR 게이트 기호 및 논리식

▌표 18.2 OR 게이트 진리표

X	Y	F
0	0	0
0	1	1
1	0	1
1	1	1

(c) NOT 게이트

한 개의 입력과 한 개의 출력을 갖는 게이트로 논리부정을 나타낸다.

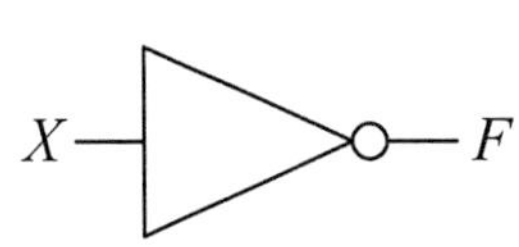

$$F=\overline{X}$$

▌그림 18.5 NOT 게이트 기호 및 논리식

▌표 18.3 NOT 게이트 진리표

X	F
0	1
1	0

(d) NAND 게이트

입력이 모두 1인 경우에만 출력이 0이 되는 동작 특성을 갖고 있다.

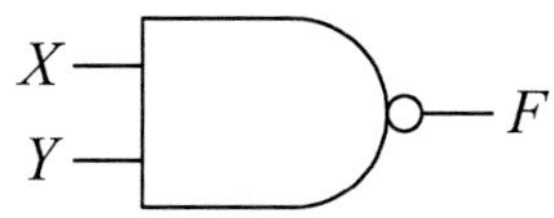

$$F=\overline{XY}=\overline{X\cdot Y}$$

▎그림 18.6 NAND 게이트 기호 및 논리식

▎표 18.4 NAND 게이트 진리표

X	Y	F
0	0	1
0	1	1
1	0	1
1	1	0

(e) NOR 게이트

입력이 모두 0인 경우에만 출력이 1이 되는 동작 특성을 갖고 있다.

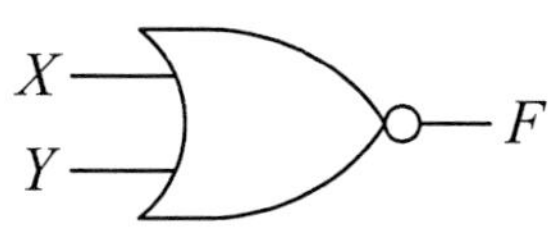

$$F=\overline{X+Y}$$

▎그림 18.7 NOR 게이트 기호 및 논리식

▎표 18.5 NOR 게이트 진리표

X	Y	F
0	0	1
0	1	0
1	0	0
1	1	0

(f) XOR 게이트

입력 중 1의 개수가 홀수 개인 경우 출력이 1이 되는 동작 특성을 갖고 있다.

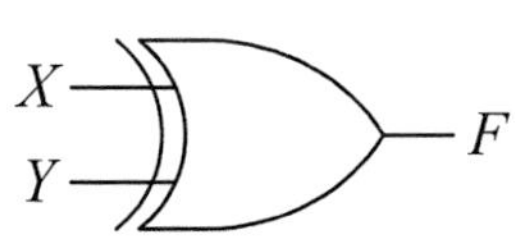

$$F=X\oplus Y=\overline{X}Y+X\overline{Y}$$

▎그림 18.8 XOR 게이트 기호 및 논리식

▎표 18.6 XOR 게이트 진리표

X	Y	F
0	0	0
0	1	1
1	0	1
1	1	0

3 부울 대수(Boolean algebra)

디지털 회로에서 각 논리회로의 동작을 기술하고 회로 분석 및 설계를 위하여 수학적 표시법이 필요하게 된다. 이러한 논리회로에 사용되는 수학적 표현 방법은 부울 대수를 이용한다. 그 이름은 1854년에 수학적인 논리이론을 소개한 책을 출판한 영국의 수학자 조지 부울(George Boole)을 기념하여 붙여진 것이다. 우리가 공부할 부울 대수는 디지털 게이트의 상호 연결을 설명하고 부울 대수 조작을 통하여 논리회로를 설계하는 데 쓰인다.

다음은 부울 대수의 몇 가지 주요한 특성을 나타내는 항등식이다.

〈부울 대수의 기본 항등식〉

부울대수:	$X+0=X$	$X \cdot 1=X$
	$X+1=1$	$X \cdot 0=0$
	$X+X=X$	$X \cdot X=X$
	$X+\overline{X}=1$	$X \cdot \overline{X}=0$
	$\overline{\overline{X}}=X$	
교환법칙:	$X+Y=Y+X$	$XY=YX$
결합법칙:	$(X+Y)+Z=X+(Y+Z)$	$(XY)Z=X(YZ)$
분배법칙:	$X(Y+Z)=XY+XZ$	$X+YZ=(X+Y)(X+Z)$
드모르간:	$\overline{X+Y}=\overline{X} \cdot \overline{Y}$	$\overline{X \cdot Y}=\overline{X}+\overline{Y}$

3 실험 기자재와 부품

1) 직류전원 공급기
2) 브레드 보드
3) 디지털 멀티미터(DMM)
4) TTL 7408 (AND 게이트) 1개
5) TTL 7432 (OR 게이트) 1개
6) TTL 7404 (NOT 게이트) 1개
7) 연결선

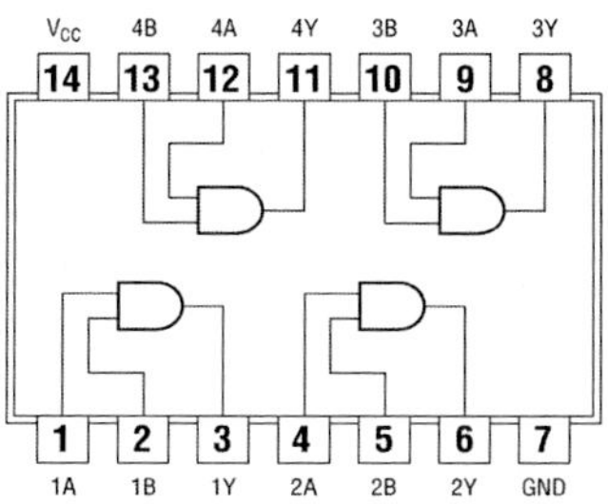

▌그림 18.9 IC 7408

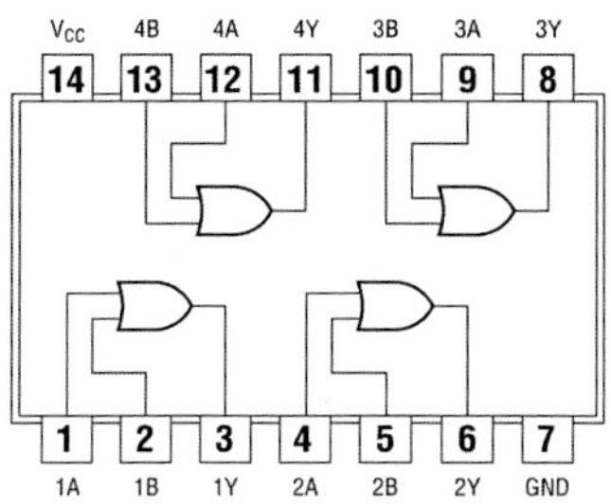

▌그림 18.10 IC 7432

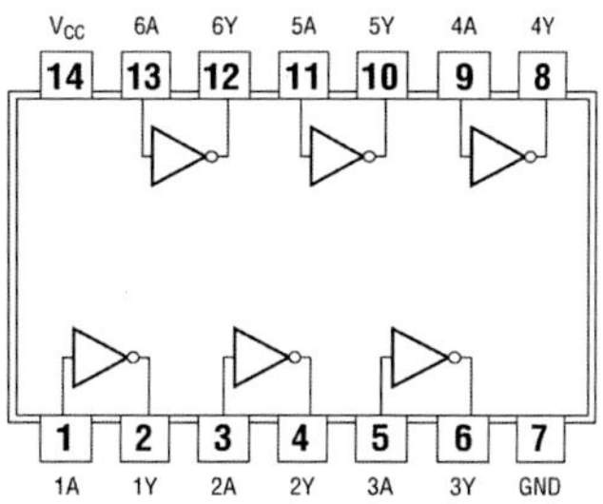

▌그림 18.11 IC 7404

4 실험 절차

1 브레드 보드 사용법 실습

a) 직류 전원 공급기에 전원을 공급한 후 채널.A의 전압을 전압조절기를 이용해 5V로 설정한 후 디지털 멀티미터로 채널.A의 전압을 측정하여라.

((+) 단자에 적색 리드선을 (-) 단자에 흑색 리드선을 이용한다)

b) 니지딜 멀디미터의 측정단자를 바꾸어 측정해본다.

c) 브레드 보드를 준비하고, 연결선을 이용하여 채널.A의 V_{CC}를 브레드 보드의 (A)(빨간색)에 연결하고, GND는 브레드 보드의 (B) (파란색)에 연결한다. 그런 후 (A)라인과 (B)라인 중 임의의 위치에 대하여 디지털 멀티미터로 전압을 측정해 본다. 측정결과를 토대로 (A)라인과 (B)라인의 브레드 보드의 내부 연결 선로를 그려 보아라.

d) 브레드 보드의 (C)라인과 (A)라인을 연결선으로 연결하고, (D)라인은 (B)라인과 연결한 후 디지털 멀티미터를 이용하여 (C)라인과 (D)라인의 각 지점을 측정한다. 측정결과를 토대로 (C)라인과 (D)라인의 브레드 보드의 내부 연결 선로을 그려 보아라. 그림 18.2에 나타낸 것과 같은 연결 선로가 나타나야 한다.

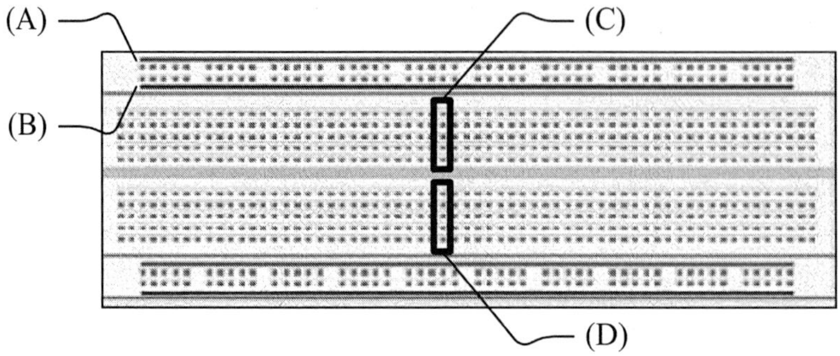

▌그림 18.12 **브레드 보드 사용법 실습**

2 AND, OR, NOT 게이트의 동작특성 실험

a) AND 논리소자인 7408 IC 칩을 앞 실험의 브레드 보드 연결 선로를 감안하여 핀이 서로 단락되지 않도록 브레드 보드의 적절한 위치에 꽂는다. 전원 공급장치를 이용하여 5V 전원과 접지를 브레드 보드의 전원 단자에 각각 연결한다. 또한 그림 18.9와 같은 데이터 시트를 참고하여 브레드 보드의 전원 단자를 이용하여 V_{CC}와 GND를 연결한다. 실험 보고서 표와 같이 전원을 7408 IC 칩의 AND 게이트에 입력하여 해당하는 게이트의 출력 단자 전압을 측정한다. 이 측정된 전압을 이용하여 진리표를 작성한다.

X	Y	F
0	0	
0	5V	
5V	0	
5V	5V	

AND 게이트 전압 측정

X	Y	F

AND 게이트 진리표 작성

b) X=5V를 유지하면서 Y 전압을 5V 아래로 0.3V 단위로 내리면서 출력 F의 전압이 5V에서 0V로 변하는 지점까지 측정을 반복하여 기입하시오.

c) b)의 결과를 분석하시오.

d) OR 논리소자인 7432 IC 칩을 이용하여 위 실험 a)를 반복 수행한다.

X	Y	F
0	0	
0	5V	
5V	0	
5V	5V	

OR 게이트 전압 측정

X	Y	F

OR 게이트 진리표 작성

e) X=0V를 유지하면서 Y 전압을 0V에서 0.2V 단위로 증가하면서 출력 F의 전압이 0V에서 5V로 변하는 지점까지 측정을 반복하여 기입하시오.

f) e)의 결과를 분석하시오.

g) NOT 논리소자인 7404 IC 칩을 이용하여 a) 실험을 반복 수행한다.

X	F
0V	
5V	

NOT 게이트 전압 측정

X	F

NOT 게이트 진리표 작성

3 AND, OR, NOT 게이트를 조합하여 NAND, NOR, XOR 게이트를 구성하는 실험

a) AND 논리소자인 7408 IC와 NOT 논리소자인 7404 IC 칩을 조합하여 그림 18.6에 나타낸 NAND 게이트를 브레드 보드 상에 구성한다. 구성한 NAND 게이트의 연결 회로를 보고서에 작성한다. 그리고 입력 X, Y에 각각 진리표대로 입력을 주었을 때 출력 F의 전압을 측정하여 진리표를 작성한다.

X	Y	F
0	0	
0	1	
1	0	
1	1	

NAND 게이트

b) OR 논리소자인 7432 IC와 NOT 논리소자인 7404 IC 칩을 조합하여 그림 18.7에 나타낸 NOR 게이트를 구성하는 회로도를 보고서에 작성한다. 그리고 진리표를 작성하는 실험을 수행한다.

X	Y	F
0	0	
0	1	
1	0	
1	1	

NOR 게이트

c) AND 논리소자인 7408 IC, OR 논리소자인 7432 IC와 NOT 논리소자인 7404 IC 칩을 조합하여 그림 18.8에 나타낸 XOR 게이트를 구성하는 회로도를 보고서에 작성한다. 그림 18.8에 나타낸 부울 대수식을 이용하도록 한다. 그리고 진리표를 작성하는 실험을 수행 한다.

X	Y	F
0	0	
0	1	
1	0	
1	1	

XOR 게이트

5 자체평가

1. 브레드 보드에서 빨간색 라인은 (　　　　)를 파란색 라인은 (　　　　)를 나타낸다.

2. 3개의 입력 X, Y, Z를 갖는 AND 게이트에 1, 0, 0의 입력을 공급했을 때의 출력은?

3. 2개의 입력 X, Y를 갖는 OR 게이트의 출력이 0 이면 입력 X, Y의 상태는?

4. NAND 게이트는 (　　　　)와 (　　　　)의 조합회로 이다.

5. NOR 게이트는 (　　　　)와 (　　　　)의 조합회로 이다.

6. $Y \cdot \overline{Y} = 0$ 은 부울 대수의 (　　　　)이다.

제19장 논리회로 응용 및 Karnaugh Map

1 실험 목적

1) 조합논리회로를 이해한다.
2) 논리적 진리표가 동일한 회로를 간략화하는 능력을 키운다.
3) Karnaugh Map 작성 방법을 익힌다.
4) Karnaugh Map을 이용한 간략화 방법을 이해한다.
5) 동일한 부울 대수식에 대하여 이론적 진리표와 간략화된 논리회로의 실험적 진리표를 검증하여 조합논리회로의 최적화 개념을 활용할 수 있는 능력을 키운다.

2 예비 지식

1 조합논리회로

조합논리회로는 그림 19.1과 같이 n 개의 입력에 대하여 m 개의 출력을 가지는 회로로서 논리곱 (AND), 논리합 (OR), 논리 부정 (NOT)의 세 가지 기본 논리 게이트를 조합하여 구성한 디지털 회로이다. 따라서 내부에 메모리 소자가 없이 입력 신호가 인가되면 게이트 지연 시간 후에 출력신호가 나타나는 회로이다. 또한 모든 조합논리회로는 부울 대수식으로 표현되며, 모든 입력 변수의 조합에 대한 부울 대수식의 출력식을 표로 나타낸 진리표를 이용하여 출력값을 나타낸다. 이러한 조합논리회로의 대표적인 예로는 가산기, 감산기, 디코더, 인코더, 코드변환기, 멀티플렉서, 패리티 검사회로 등이 있다.

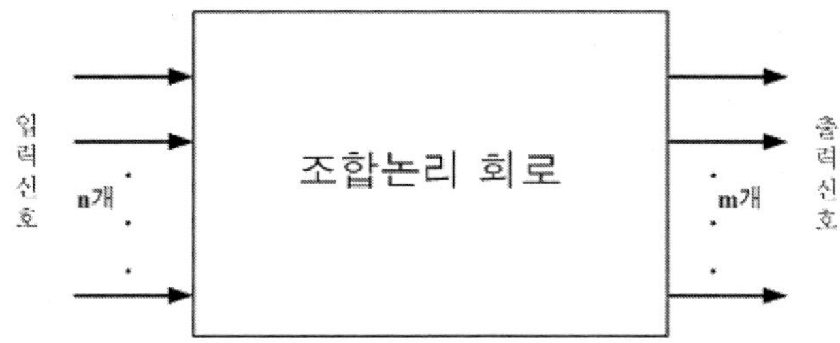

▌그림 19.1 **조합논리회로 블록 다이어그램**

조합논리회로에서 간략화라는 개념은 부울 대수로 표현된 수식을 더 적은 항 및 변수를 이용하여 동일한 출력을 얻는 것이다. 따라서 간략화를 하면 더 적은 논뢰회로를 이용하여 동일한 출력을 얻을 수 있으므로 효율적인 회로가 된다.

일반적으로 부울 대수를 간략화하는 방법은 두 가지가 존재한다. 첫째로, 18장에 나타낸 부울 대수 항등식을 이용하여 간략화하는 것이다. 두 번째는 Karnaugh map을 이용하는 것이다.

2 부울 대수식을 이용한 간략화

수식 (1)의 부울 대수식으로 표현된 조합논리회로의 진리표를 표 19.1에 나타내었다. 이와 같이 입력 조합에 대한 출력을 표의 형태로 나타내는 것을 진리표라 한다.

$$F=\overline{X}YZ+\overline{X}Y\overline{Z}+XZ \tag{1}$$

부울 대수식 (1)로 표현된 F를 18장에서 공부한 부울 대수 항등식을 이용하여 간략화하면 수식 (2)와 같이 표현된다.

$$F=\overline{X}Y+XZ \tag{2}$$

부울 대수식 (2)에 대하여 진리표를 나타내면 표 19.2와 같이 나타낼 수 있다. 표 19.1과 19.2에서 보듯이 모든 입력 조합 즉 X, Y, Z의 8개 조합에 대하여 동일한 출력값을 가지고 있다. 따라서 수식 (1)과 (2)는 동일한 회로이며 수식 (2)는 수식 (1)에 대한 간략화된 회로라고 할 수 있다.

▍표 19.1 수식 (1)의 진리표

X	Y	Z	F
0	0	0	0
0	0	1	1
0	1	0	0
0	1	1	1
1	0	0	0
1	0	1	1
1	1	0	0
1	1	1	1

▍표 19.2 수식 (2)의 진리표

X	Y	Z	F
0	0	0	0
0	0	1	1
0	1	0	0
0	1	1	1
1	0	0	0
1	0	1	1
1	1	0	0
1	1	1	1

수식 (1)과 (2)를 논리소자를 이용하여 회로로 구현하면 각각 그림 19.2와 19.3과 같이 표현된다. 그림과 같이 수식 (2)를 구현한 그림 19.3의 회로는 동일한 출력을 가짐에도 불구하고 논리 게이트가 더 적게 사용됨을 알 수 있다. 이와 같이 동일한 출력을 갖는 회로를 최소한의 논리 게이트로 구현하는 것을 간략화라 한다.

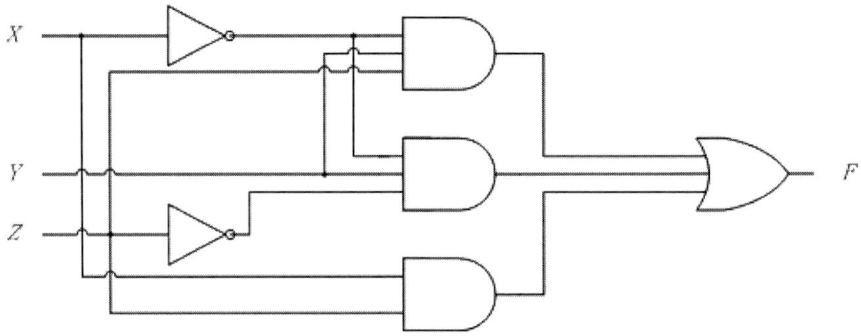

▍그림 19.2 수식 (1)의 부울 대수식을 구현한 조합논리회로

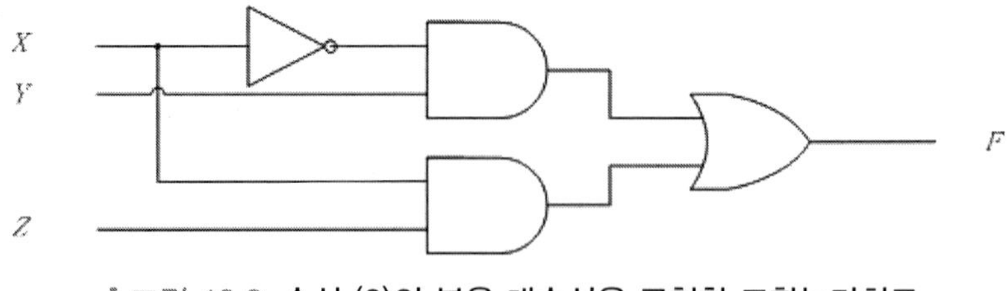

▍그림 19.3 수식 (2)의 부울 대수식을 구현한 조합논리회로

3 카르노 맵(Karnaugh map)

부울 대수식을 이용한 간략화 방법은 복잡하고 실수할 확률도 높으며, 간략화되었는지 검증하기도 어렵다. 그래서 다른 표현 방법으로 나타낸 간략화 방법을 이용하는데 여기서는 카르노 맵을 이용하는 방법을 공부하도록 한다.

카르노 맵은 1953년 모리스 카르노(Maurice Karnaugh)가 소개하였다. 카르노 맵은 함수에서 사용할 최소항들을 각 칸 안에 넣어서 표로 만들어놓은 것이다.

카르노 맵을 이해하기 위하여 최소항과 최대항을 먼저 살펴보도록 한다. 앞선 수식 (1)에서 입력 변수가 X, Y, Z로 세 개의 변수인 경우 항 1과 2는 세 변수가 모두 존재한다. 이와 같이 AND 항 즉 곱의 항(Product Term)으로 모든 변수가 다 존재하는 항을 최소항이라 한다. 이와는 별도로 OR 항 즉 합의 항(Sum Term)으로 모든 변수가 다 존재하는 항을 최대항이라고 한다. 예를 들면 두 변수 X, Y의 경우 최소항은 XY, $\overline{X}Y$, $X\overline{Y}$, 그리고 $\overline{X}\overline{Y}$로 표현된다. 최대항은 OR 항 이므로 $X+Y$, $\overline{X}+Y$, $X+\overline{Y}$, 그리고 $\overline{X}+\overline{Y}$로 표현된다. 세 변수를 갖는 부울 대수식에 대하여 최소항과 최대항을 각각 표 19.3과 19.4에 나타내었다.

표 19.3 **세 변수 최소항**

X	Y	Z	최소항	기호	m_0	m_1	m_2	m_3	m_4	m_5	m_6	m_7
0	0	0	$\overline{XYZ}$	m_0	1	0	0	0	0	0	0	0
0	0	1	$\overline{XY}Z$	m_1	0	1	0	0	0	0	0	0
0	1	0	$\overline{X}Y\overline{Z}$	m_2	0	0	1	0	0	0	0	0
0	1	1	$\overline{X}YZ$	m_3	0	0	0	1	0	0	0	0
1	0	0	$X\overline{YZ}$	m_4	0	0	0	0	1	0	0	0
1	0	1	$X\overline{Y}Z$	m_5	0	0	0	0	0	1	0	0
1	1	0	$XY\overline{Z}$	m_6	0	0	0	0	0	0	1	0
1	1	1	XYZ	m_7	0	0	0	0	0	0	0	1

▌표 19.4 **세 변수 최대항**

X	Y	Z	최소항	기호	M_0	M_1	M_2	M_3	M_4	M_5	M_6	M_7
0	0	0	$X+Y+Z$	M_0	0	1	1	1	1	1	1	1
0	0	1	$X+Y+\overline{Z}$	M_1	1	0	1	1	1	1	1	1
0	1	0	$X+\overline{Y}+Z$	M_2	1	1	0	1	1	1	1	1
0	1	1	$X+\overline{Y}+\overline{Z}$	M_3	1	1	1	0	1	1	1	1
1	0	0	$\overline{X}+Y+Z$	M_4	1	1	1	1	0	1	1	1
1	0	1	$\overline{X}+Y+\overline{Z}$	M_5	1	1	1	1	1	0	1	1
1	1	0	$\overline{X}+\overline{Y}+Z$	M_6	1	1	1	1	1	1	0	1
1	1	1	$\overline{X}+\overline{Y}+\overline{Z}$	M_7	1	1	1	1	1	1	1	0

표 19.3과 19.4에 나타낸 바와 같이 각각의 최대항과 최소항을 이용하여 카르노 맵을 그린다. 카르노 맵은 2 변수일 때는 $4(2^2)$개, 3 변수일 때는 $8(2^3)$개, 4 변수일 때는 $16(2^4)$개 칸이 필요하다.

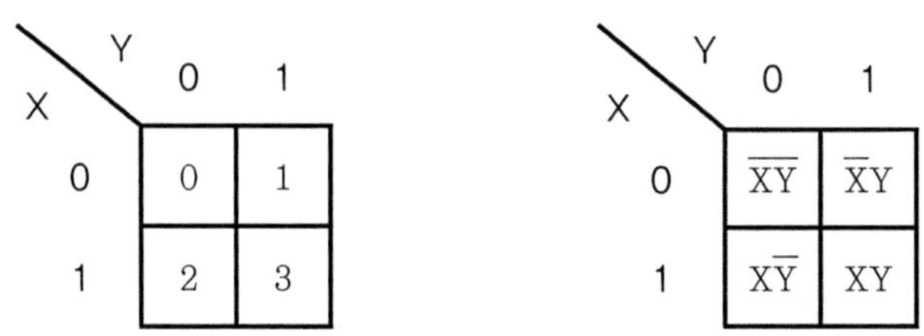

▌그림 19.4 **2변수 카르노 맵 표현 방법**

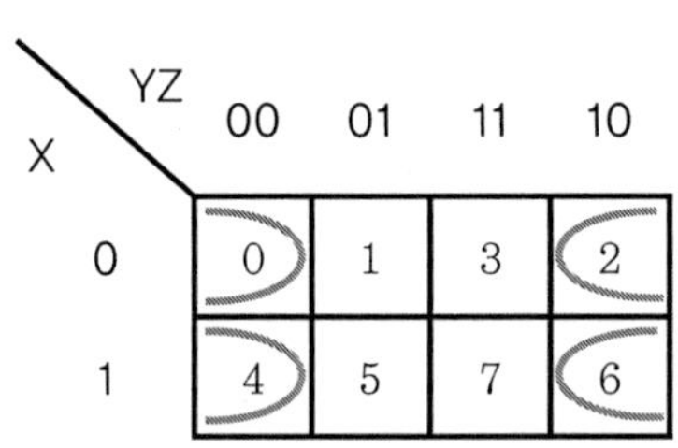

▌그림 19.5 **3변수 카르노 맵 표현 방법**

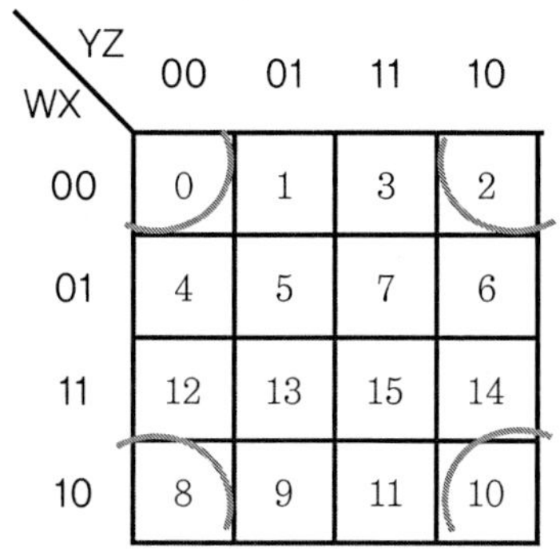

▌그림 19.6 **4변수 카르노 맵 표현 방법**

그림의 칸 안의 숫자는 최소항 숫자를 나타낸다. 또한 카르노 맵을 이용하여 간략화할 경우는 인접한 항을 이용하여 한 변수를 지우기 때문에 그림 19.5 및 그림 19.6에 나타낸 바와 같이 표의 순서가 00, 01, 11, 10의 순서로 변수가 하나씩 변하도록 최소항의 순서를 맞춘 것에 유의해야 한다.

4 카르노 맵을 이용한 간략화

카르노 맵을 이용한 간략화 방법을 공부하기 위하여 가장 간단한 2변수 카르노 맵을 살펴보도록 한다. 그림 19.7은 부울 대수식을 진리표와 카르노 맵으로 표현한 것이다.

A	B	F
0	0	1
0	1	1
1	0	0
1	1	1

(a) 진리표

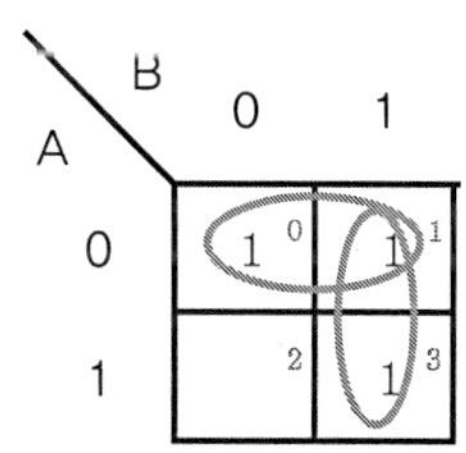

(b) 카르노 맵

▌그림 19.7 **2변수 카르노 맵 간략화 방법**

그림 19.7의 (a)와 같이 표현된 진리표에 대하여 해당하는 최소항의 위치에 출력값 1을 표현하였다. 즉 최소항 0, 1 및 3이 출력값 1에 해당한다. 그러면 어떻게 간략화 할 것인가 하는 문제가 발생한다. 카르노 맵은 인접한 항에 대하여 2의 배수로 묶으면 된다. 즉 그림 19.7의 (b)의 경우는 2의 배수에 해당하는 2개 항이 인접하게 출력값 1에 해당하여 그림과 같이 묶을 수 있다. 첫 번째 묶음에 대한 부울 대수식을 나타내면 다음과 같다.

$$f_1 = \overline{A}\,\overline{B} + \overline{A}B = \overline{A} \quad (3)$$

이 수식은 앞선 항등식에 의하여 간단히 $\overline{A}$ 로 표현됨을 알 수 있다. 즉 그림에서 출력값이 1인 항을 묶었을 때 서로 다른 값을 나타내는 변수를 제거하면 된다. 위의 그림 19.7의 (b)의 경우는 묶음 속에 변하는 변수는 B 이므로 제거하고 변하지 않는 변수는 $\overline{A}$ 에 해당하여 묶음에 대한 진리값이 정해진다. 마찬가지로 최소항 1, 3을 묶은 경우에 값이 변하는 변수는 A 이고 변하지 않는 변수는 B 임을 알 수 있다. 따라서 출력에 대한 간략화된 값은 다음과 같다.

$$F = \overline{A}\,\overline{B} + \overline{A}B + AB = \overline{A} + B \quad (4)$$

3 변수인 경우에 인접하는 항에 대하여 2의 배수는 2, 4, 8임을 알 수 있다. 그런데 그림 19.5에 나타낸 바와 같이 최소항 0과 최소항 2는 서로 인접함을 알 수 있다. 즉 변수 Y 만 변하고 있기 때문에 최소항 0과 최소항 2는 서로 묶을 수 있다. 마찬가지로 최소항 0, 2, 4, 6의 경우는 2의 배수인 4로 묶을 수 있으며 이 경우 변수 X, Y가 변하는 변수이므로 간략화된 값은 변하지 않는 변수인 $\overline{Z}$로 표현된다. 즉 2개의 항이 묶일 경우는 변수 하나가 제거되며, 4개의 항이 묶일 경우는 변수 2개가 제거되고 8개가 묶일 경우는 3 변수의 경우 변수 3개는 모두 제거되고 출력이 1인 부울 대수식이 된다.

4 변수인 경우도 인접하는 항에 대하여 2의 배수는 2, 4, 8 및 16임을 알 수 있다. 또한 인접하다는 의미도 그림 19.6과 같이 도우넛의 형태로 생각할 수 있다. 다음 그림 19.8에는 4변수 카르노 맵을 간략화하는 방식을 나타내었다.

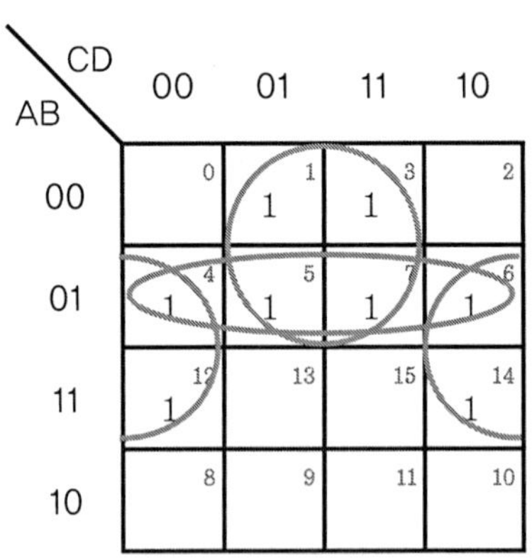

그림 19.8 **4변수 카르노 맵 간략화 방법**

그림 19.8에 나타낸 카르노 맵은 그림과 같이 인접한 2의 배수의 항이 3개가 존재한

다. 그러나 최소항 4, 5, 7, 6을 포함한 묶음 항은 이미 최소항 1, 3, 5, 7과 최소항 4, 6, 12, 14의 묶음 항에 모든 항이 포함되어 있다. 따라서 이 경우는 2 개의 묶음으로 충분하며 간략화된 부울 식은 두 개의 묶음 항에 대하여 간략화하여 다음과 같이 표현된다.

$$F = \overline{A}D + B\overline{D} \tag{5}$$

5 카르노 맵(Karnaugh map)을 이용한 합의 곱(Product of Sums) 최소화 방법

지금까지 카르노 맵을 이용할 때 최소항에 대하여 출력을 구하는 방법을 살펴보았다. 수식 (5)로 표현된 수식은 두 개의 곱의 합 즉 AND 항이 하나의 합의 항 즉 OR 항으로 회로가 구성된다. 이와 같은 회로를 곱의 합(Sum of Products) 회로라 한다. 이에 비하여 때로는 합의 항 즉 OR 항이 먼저 구성되고 모든 합의 항이 곱의 항 즉 AND 항으로 묶이는 합의 곱 형태로 회로를 구현하고 싶은 경우가 있다. 이와 같은 경우의 회로 구현 방법을 공부하도록 한다.

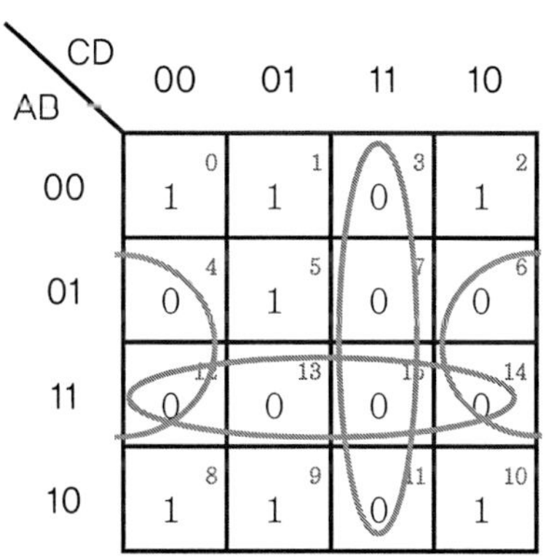

▎그림 19.9 **합의 곱 회로 구현 방법**

그림 19.9에 나타낸 부울 대수식은 그림과 같이 최소항 0, 1 ,2 ,5, 8, 9, 10의 값이 1인 회로이다. 곱의 합의 형태의 회로를 구현하기 원하는 경우는 최소항이 1인 칸들을 2의 배수로 묶어서 최소화하여야 한다. 그러나 여기서는 합의 곱 형태로 회로를 구현하기를 원한다. 이와 같은 경우는 $\overline{F}$ 를 구하고 다시 보수를 취하는 방식으로 구한다. 즉 그림 19.9에 대하여 $\overline{F}$ 를 구한다는 의미는 출력값이 0인 항들을 2의 배수의 형태로 묶어서 간략화하는 것이다. 따라서 그림 19.9의 경우는 다음과 같이 간략화 된다.

$$\overline{F} = AB + CD + B\overline{D} \tag{6}$$

그러나 원하는 값은 수식 (6)의 보수 형태임으로 최종적인 간략화된 수식은 보수를 취하여 다음과 같이 얻어진다.

$$F = (\overline{A} + \overline{B})(\overline{C} + \overline{D})(\overline{B} + D) \tag{7}$$

수식 (7)을 살펴보면 합의 항 즉 OR 항들이 곱의 형태 즉 AND로 구현됨을 알 수 있다. 이와 같이 곱의 합 또는 합의 곱 형태는 NAND나 NOR 등으로 하나의 논리 게이트를 이용하여 모든 조합회로를 구현하고자할 경우 매우 중요한 개념이다.

3 실험 기자재와 부품

1) 직류전원 공급기
2) 브레드 보드
3) 디지털 멀티미터(DMM)
4) TTL 7404 (NOT 게이트) 3개
5) TTL 7408 (AND 게이트) 3개
6) TTL 7432 (OR 게이트) 4개
7) 브레드 보드 연결선

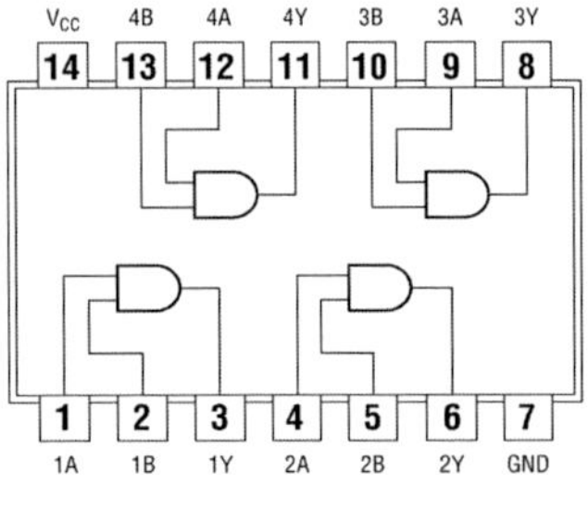

그림 19.10 7408

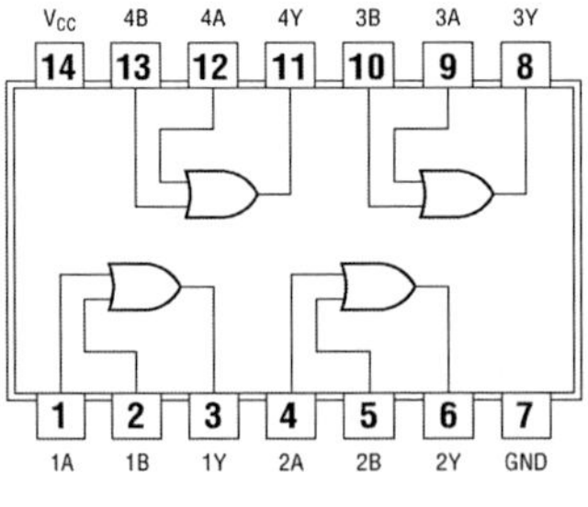

그림 19.11 7432

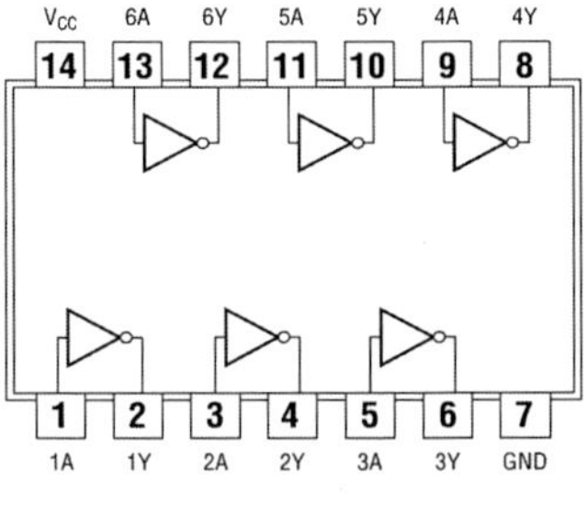

그림 19.12 7404

4 실험 절차

1 논리식의 간략화 및 논리회로 구성 실험

$$F = \overline{X}\,\overline{Y}\,\overline{Z} + \overline{X}YZ + \overline{X}Y\overline{Z} + XYZ + X\overline{Y}Z \tag{8}$$

a) 수식 (8)에 주어진 부울 대수식을 실험하기 위하여 2 입력 AND, OR, NOT 게이트를 이용하여 논리 회로를 설계하시오.

b) 실험을 위하여 주어진 수식 (8)을 그림 19.10~19.12의 TTL IC를 이용하여 연결 도면을 설계하시오.

c) 설계된 회로를 브레드 보드를 이용하여 연결하고 진리표에 의하여 전압을 공급하면서 출력을 측정하여 부울 대수의 진리표를 구하여 결과 보고서에 입력한다. 실험 결과를 조교를 통하여 확인받는다.

X	Y	Z	F
0	0	0	
0	0	1	
0	1	0	
0	1	1	
1	0	0	
1	0	1	
1	1	0	
1	1	1	

2 논리회로 간략화

a) 주어진 부울 대수식 (8)을 부울 다항식을 이용하여 간략화 하시오.

b) 주어진 부울 대수식 (8)을 카르노 맵을 그리고 간략화 하시오. 그리고 결과를 a)와 동일한지 확인하시오.

c) 간략화된 부울 대수식을 실험하기 위하여 2입력 AND, OR, NOT 게이트를 이용하여 논리 회로를 설계하시오.

d) 간략화한 부울 대수식의 실험을 위하여 그림 19.10~19.12의 TTL IC를 이용하여 연결 도면을 설계하시오.

3 간략화 논리회로 검증

a) 간략화된 수식에 의하여 구성한 회로의 입력 X, Y, Z 입력에 대한 출력전압을 디지털 멀티미터로 측정하고 진리표를 작성하여 결과 보고서에 입력한다. 실험 결과를 조교를 통하여 확인받는다.

X	Y	Z	F
0	0	0	
0	0	1	
0	1	0	
0	1	1	
1	0	0	
1	0	1	
1	1	0	
1	1	1	

b) a)번 실험 결과를 1번 c)에서 수행한 실험 결과와 비교하고 논의한다.

c) 두 개의 실험에서 사용된 게이트 수를 확인하고 이를 이용하여 원가 및 성능 측면에서 차이점을 기술하시오.

5 자체평가

1. 조합논리회로의 간략화는 동일한 출력을 갖는 회로를 구현함에 있어서 최소한의 논리 게이트를 이용하여 구현하는 것인다. 참 (　　) 거짓 (　　)

2. 조합논리회로의 간략화 방법은 일반적으로 두 가지가 있다. 각각은 무엇인가?
(　　　　　　　　　　　　　) (　　　　　　　　　　　　　)

3. 간략화된 조합논리회로는 동일한 입력 조합에 대하여 원래의 회로에 대하여 어떠한 출력을 갖는가?

4. 곱의 합(Sum of Products) 회로를 위한 간략화는 최소항의 출력이 (　　)인 항에 대하여 간략화를 실시한다.

5. 합의 곱(Product of Sums) 회로를 위한 간략화는 최소항의 출력이 (　　)인 항에 대하여 간략화를 실시하고 간략화된 수식에 대하여 (　　　)를 취한다.

6. 동일한 출력을 갖기 위하여 최소한의 논리 게이트를 사용하는 것은 경제적으로나 회로의 전력 소비 및 신호 지연 등의 측면에서 매우 유리하다. 참 (　　) 거짓 (　　)

제20장

ModelSim 및 VHDL을 활용한 논리회로의 구현

1 실험 목적

1) 수업에서 학습한 VHDL 문법을 활용하는 능력을 키운다.
2) ModelSim을 이용한 VHDL 코드 시뮬레이션 방법을 습득한다.
3) 주어진 논리식을 VHDL로 구현하는 능력을 키운다.
4) VHDL로 구현된 조합논리회로의 동작을 ModelSim을 이용하여 검증한다.
5) 7-세그먼트 LED 디코더, 멀티플렉서 및 가산기 회로를 VHDL을 활용하여 조합논리회로로 설계하는 능력을 키운다.
6) ModelSim을 활용하여 설계된 회로의 동작을 이해하고 검증하는 능력을 키운다.

2 예비 지식

1 하드웨어 설계 언어

하드웨어를 설계할 때 회로도를 이용하는 방법과 하드웨어 기술 언어(HDL, Hardware Description Language)를 이용하는 방법이 있다. 일반적으로 복잡한 시스템을 설계할 때 컴퓨터를 이용한 CAD(Computer-aided Design)를 이용하는데 단위별 회로를 구성하고 그 회로를 라이브러리로 활용하여 계층적으로 복잡한 회로를 구현하게 된다. 이와 같은 과정에서 회로도를 이용하는 방법이 있으나 하드웨어 구조와 행위를 설계할 수 있는 하드웨어 설계 언어가 산업체에서 일반적으로 활용되고 있다.

하드웨어 설계 언어는 일반적으로 프로그래밍 언어와 유사한 형태이나 병렬적 동작이 가능하다는 큰 차이점을 가지고 있다. 그리고 스키매틱을 대신하여 설계된 언어를 이용한 회로 동작을 검증하는 시뮬레이션이 가능하다는 장점을 가지고 있다. 또한 논리합성이 가능한데 기본적으로 구현된 회로를 이용하여 레지스터 전송수준(Register Transfer Level)에서 자동화가 가능하기 때문에 복잡한 논리설계에 매우 효과적으로 사용이 가능하다.

현재 하드웨어 설계 언어는 VHDL과 Verilog HDL이 많이 사용되어 진다. VHDL은 IEEE 표준으로 시작하였고 Verilog HDL은 Verilog라는 회사의 제품이었으나 표준으로 채택되어서 많은 사용자를 확보하고 있다.

본 교재에서는 VHDL을 기준으로 작성하도록 한다.

2 설계 방식

하드웨어 설계 언어는 기본적으로 프로그램 언어의 형태를 취하나 하드웨어 동작을 표현하는 언어이기 때문에 설계하고자 하는 하드웨어를 고려하여 사용하여야 한다. 또한 언어로서 도구 내에서 컴파일되어서 논리합성을 위한 레지스터 전송수준의 파일이 생성되기 때문에 반드시 정해진 언어 규칙을 지켜서 설계를 하여야 한다.

설계 방법은 구조적 설계(Structural Design)와 데이터플로 설계(Dataflow Design)로 나누어진다. 구조적 설계는 회로도와 동일한 구조의 설계 방법이다. 즉 게이트를 먼저 선언하고 게이트의 입출력을 연결하는 형식이다. 이에 비하여 데이터플로 설계는 회로의 구조 위주가 아니라 함수적으로 회로를 구현하는 방법이다. 특히 하드웨어 설계 언어의 병렬 동작을 많이 활용한다.

그림 20.1은 when-else를 사용한 4-to-1 멀티플렉서의 VHDL 구문이다. 데이터플로 방식으로 논리적 구문과 병렬적 수행이 이루어진다. 볼드체는 지정된 키워드이다.

3~4번째 줄에서 library와 use라는 구문은 미리 컴파일된 VHDL 코드로 구성되는 패키지를 사용하는 것이다. 표준 논리회로를 이용하기 위하여 library ieee를 호출하고 라이브러리 중에서 std_logic_1164를 사용하는 것이다. 그 다음이 입출력을 선언하는 entity 부분이다. 입력과 출력 그리고 멀티플렉서에서 사용하는 selector 신호를 2개 선언하였다. 마지막으로 실제 회로의 동작을 설계하는 부분이 architecture 이다. begin - end의 형태를 취하고 있으며, selector 신호가 “00”일 경우 입력 신호 i0가 출력 신호 z로 연결되는 형태를 취한다. 멀티플렉서는 입력 신호 중 하나를 선택하는 회로로 이와 같은 기능을 구현하고 있다.

```
-- mux.vhd

library ieee;
use ieee.std_logic_1164.all;

entity MUX41 is
port (
   i0, i1, i2, i3 : in std_logic;
   sel : in std_logic_vector (1 downto 0);
   z : out std_logic
);
end MUX41;

architecture dataflow of MUX41 is
begin
   with sel select
       z <= i0 when "00",
            i1 when "01",
            i2 when "10",
            i3 when others;
end dataflow;
```

그림 20.1 4-to-1 멀티플렉서 VHDL 구문

3 ModelSim-Altera Starter Edition 설치 방법

ModelSim은 Mentor Graphics란 회사의 상용 EDA(Electronic Design Automation) 소프트웨어로서 VHDL이나 Verilog 등 HDL로 설계된 디지털 회로의 동작을 검증하기 위한 시뮬레이션 소프트웨어이다. 한편, Altera란 회사는 Xilinx란 회사와 더불어 대표적인 FPGA(Field Programmable Gate Array) 제조업체인데, 자사의 FPGA를 활용한 디지털 회로 설계 과정에서의 동작 검증을 위하여 ModelSim-Altera Starter Edition을 무료로 제공하고 있다. 프로그램 설치를 위한 최소 하드웨어 사양 및 설치 파일 다운로드 방법 등은 Altera 사의 홈페이지(www.altera.com)를 참조한다. 본 교재에서는 Windows XP 이상의 운영체제가 설치된 PC를 기준으로 설명한다.

4 ModelSim을 이용한 시뮬레이션 방법

(a) 프로젝트 생성 및 VHDL 코드 작성

ModelSim-Altera Starter Edition을 실행하고 File->New->Project를 선택한다. 그림 20.2와 같이 "Create Project" 창에서 Project Name, Project Location을 설정한다. 주의해야 할 사항으로 경로명에 한글이나 공백이 포함되어서는 안된다.

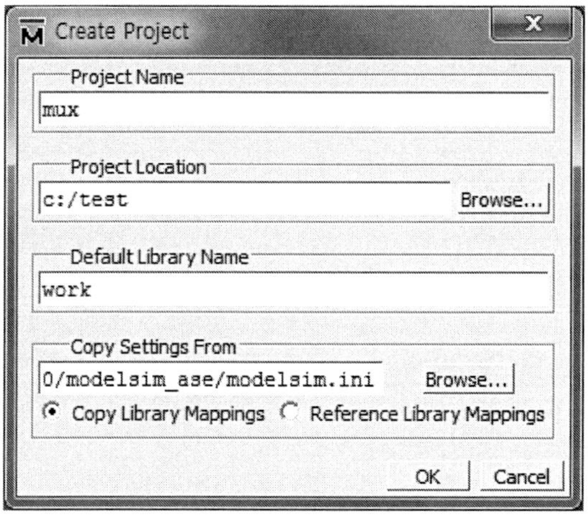

▌그림 20.2 **프로젝트 생성**

그림 20.3과 같이 "Create New File"을 선택하여 생성된 프로젝트에 새로운 VHDL 파일을 추가한다. VHDL 파일의 확장자는 ".vhd"가 사용되며, 파일 이름에도 한글이나 공백이 포함되어서는 안된다.

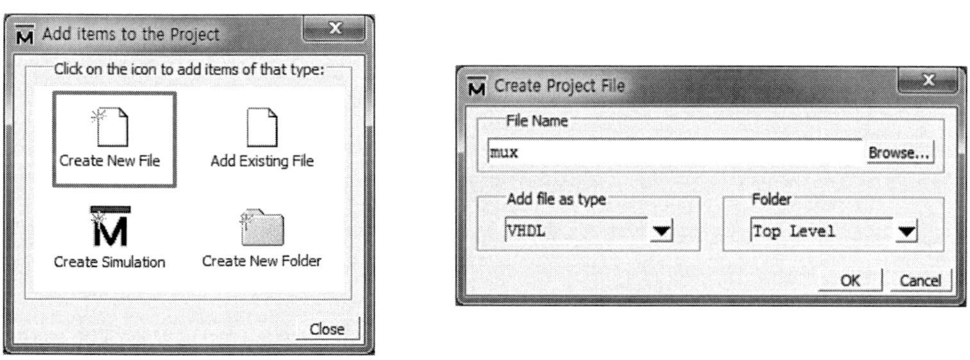

▌그림 20.3 **프로젝트에 새로운 파일 추가**

mux.vhd를 선택하여 4-to-1 멀티플렉서 파일을 작성한다. 본 실험에서는 그림 20.1

에 나타낸 데이터플로 방법으로 멀티플렉서를 구현한다. 그림 20.1의 VHDL 코드를 새로 추가한 mux.vhd 파일에 그림 20.4와 같이 입력한다.

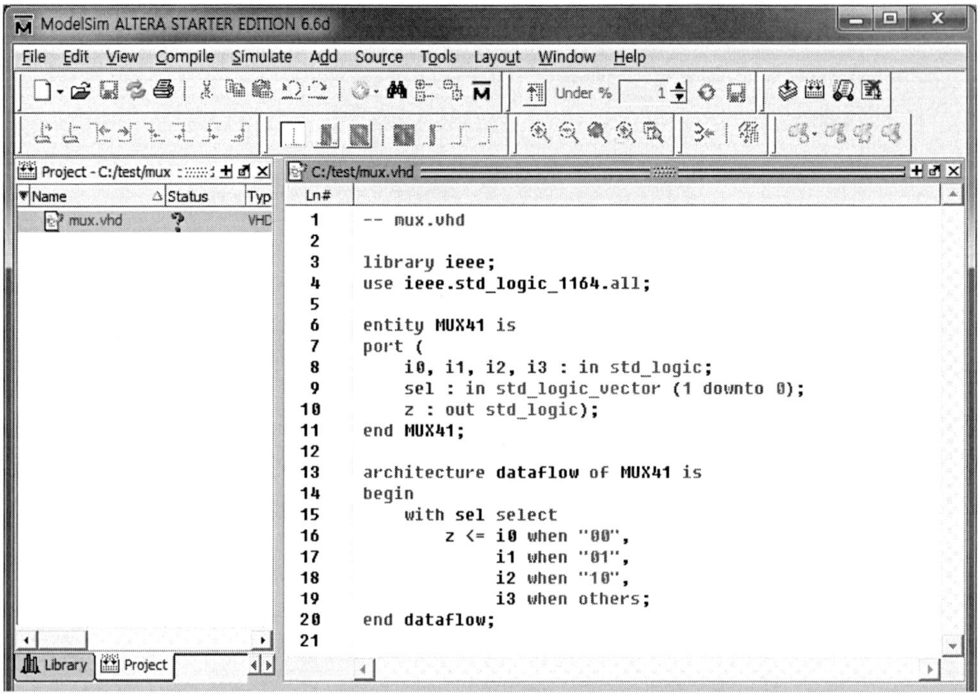

▌그림 20.4 mux.vhd 코드 작성

(b) 테스트벤치(Testbench) 파일 생성

그림 20.4에서 입력한 VHDL 코드는 총 4개 입력의 상태에 따라 1개의 출력을 결정하는 디지털 회로이다. 작성한 VHDL 코드는 입력에 따라 출력이 어떻게 결정되는지를 기술한 것이므로 작성한 VHDL 코드가 제대로 동작하는지는 실제 입력 신호를 인가하고 출력을 확인해보아야 알 수 있다. 이를 위하여 시간에 따른 입력 신호를 생성하여 앞서 작성한 VHDL 코드에 인가하는 작업을 하여야 한다. 여기서 입력 신호를 생성하는 파일을 테스트벤치 파일로 부른다. 참고로 테스트벤치 파일도 VHDL 코드로 작성한다.

파일 목록에서 마우스 우측 클릭한 후 Add to Project->New File 선택하면 그림 20.5와 같이 "Create Project File" 대화상자가 나타난다. 여기에 테스트벤치 파일 이름은 무엇으로 정해도 무관하지만, 통상적으로 테스트하려는 VHDL 코드 파일명의 앞이나 뒤에 "tb_" 또는 "_tb"를 추가하여 사용한다.

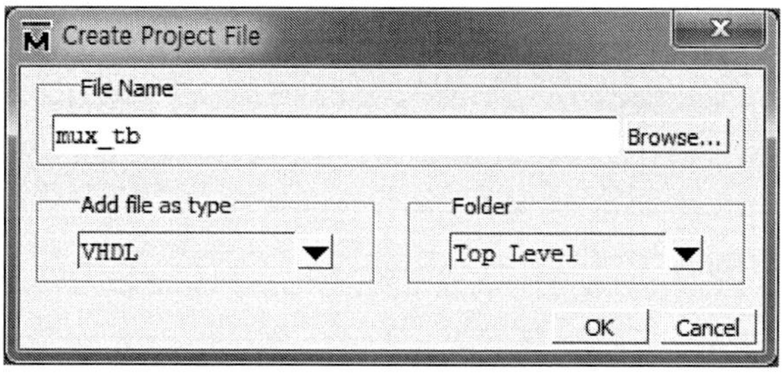

▌그림 20.5 **테스트벤치 파일 생성**

파일목록에 mux_tb.vhd 파일이 생성되어 있다. 이 파일을 더블클릭하여 그림 20.6에 예시한 테스트벤치 코드를 입력한다.

```vhdl
-- mux_tb.vhd

library ieee;
use ieee.std_logic_1164.all;

entity mux_tb is
end mux_tb;

architecture testmux41 of mux_tb is
component MUX41
port (
   i0, i1, i2, i3 : in std_logic;
   sel : in std_logic_vector (1 downto 0);
   z : out std_logic);
end component;
signal s0, s1, s2, s3, sz : std_logic;
signal ssel :std_logic_vector(1 downto 0);
begin
   U0 : MUX41 port map (i0=>s0, i1=>s1, i2=>s2, i3=>s3, sel=>ssel, z=>sz);
   s0 <= '1';
   s1 <= '0';
   s2 <= '1';
   s3 <= '0';
   ssel <= "00", "01" after 10 ns, "10" after 20 ns, "11" after 30 ns;
end testmux41;
```

▌그림 20.6 **테스트벤치 코드 작성**

그림 20.6의 테스트벤치 코드를 살펴보면 앞선 그림 20.1의 mux.vhd 코드와 매우 유사한 형태를 가지고 있지만 몇 가지 차이점이 확인된다. 먼저 실험하고자 하는 MUX41(mux.vhd 파일)을 architecture 내에서 component로 설정하고, 이를 port map 구문을 이용하여 객체로 선언한다. 시간에 따라 생성되어 MUX41에 입력되는 신호는 테스트벤치 내에서 signal로 선언한 s0, s1, s2, s3, 그리고 ssel이며, 이들 신호의 시간에 따른 변화는 begin - end 문에서 구현된다. sz는 MUX41의 출력 신호를 받는 용도이다.

그림 20.6은 실험을 위한 코드로서 실험하고자 하는 목적에 의하여 시나리오를 작성해야 한다. 입력 신호를 작성한 회로의 신호와 매칭하는 작업을 하고는 원하는 신호를 인가한다. 현재 그림 20.6에서는 s0='1', s1='0', s2='1', s3='0'이 인가되어 있는 상황이다. 또한 selector 신호인 ssel 신호가 처음에는 '00'에서 10nsec 간격으로 '01'->'10'->'11'로 변환하는 코드이다. 이러한 신호의 상태는 실험하고자 하는 목적에 맞추어 생성하여야 하며 일정한 지연 시간이 있어야 회로의 동작을 확인할 수 있다.

(c) 작성한 VHDL 코드 컴파일

작성한 코드는 하드웨어 기술 언어로 작성한 것으로 구문 및 레지스터 전송레벨로 컴파일이 이루어져야 한다. 좌측 "Project" 탭에서 우클릭 후 compile->compile All을 선택하거나 메뉴에서 compile->compile All을 선택한다. 정상적으로 진행되었다면 좌측 "Project" 탭에는 "mux.vhd" 파일과 테스트벤치인 "mux_tb.vhd" 파일이 표시되어야 한다. 컴파일 결과 에러가 있다면 아래 transcript에 표현되며 에러가 없다면 컴파일 된 메시지가 표시된다.

(d) 라이브러리 선택 및 simulate

그림 20.7에 나타낸 바와 같이 "Library" 탭을 선택하고 work->mux_tb를 선택하여 마우스 우클릭하면 팝업 창이 생성된다. 여기서 simulate를 선택한다.

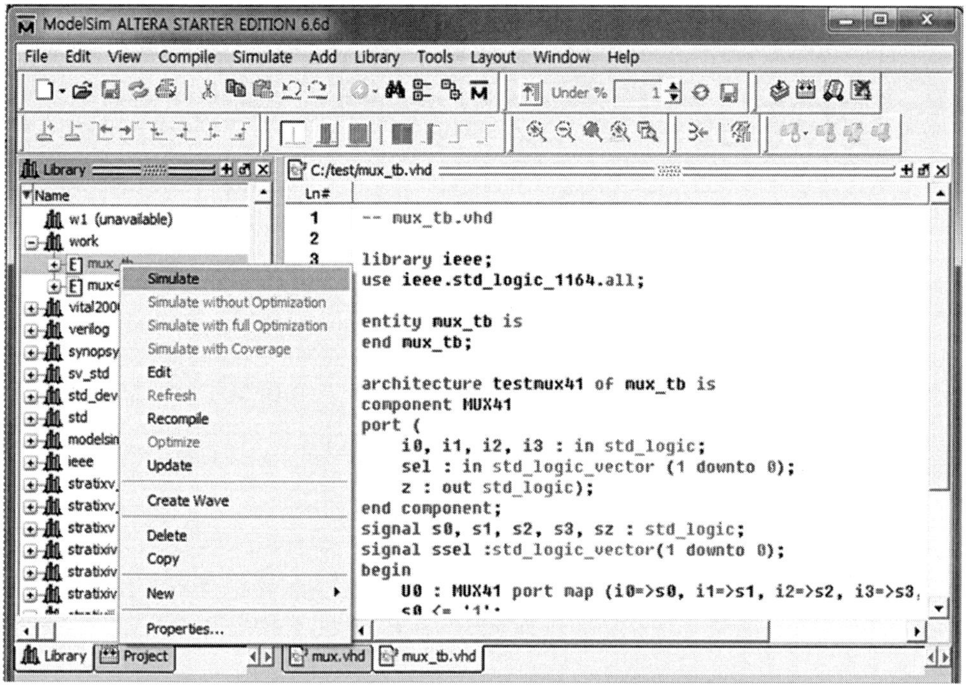

▎그림 20.7 Library에서 mux_tb 선택 후 Simulate

(e) 입력과 출력 신호를 wave 창에 추가

simulate 탭을 선택하면 그림 20.8과 같이 시뮬레이션을 위한 화면이 나타난다. 여기에서 mux_tb->u0를 마우스 우클릭으로 선택한 후 나타나는 팝업 창에서 Add->To Wave->All items in region을 선택한다. wave 창에 u0의 모든 입출력 신호가 추가된 것을 확인할 수 있다. 참고로 u0는 테스트벤치인 mux_tb 내에서 생성한 MUX41의 객체를 의미한다. mux_tb.vhd 파일 내에서 port map 구문으로 MUX41의 객체를 생성할 때 u0 라는 라벨을 사용하였는데, 시뮬레이션에서는 이 라벨로 객체를 구분한다.

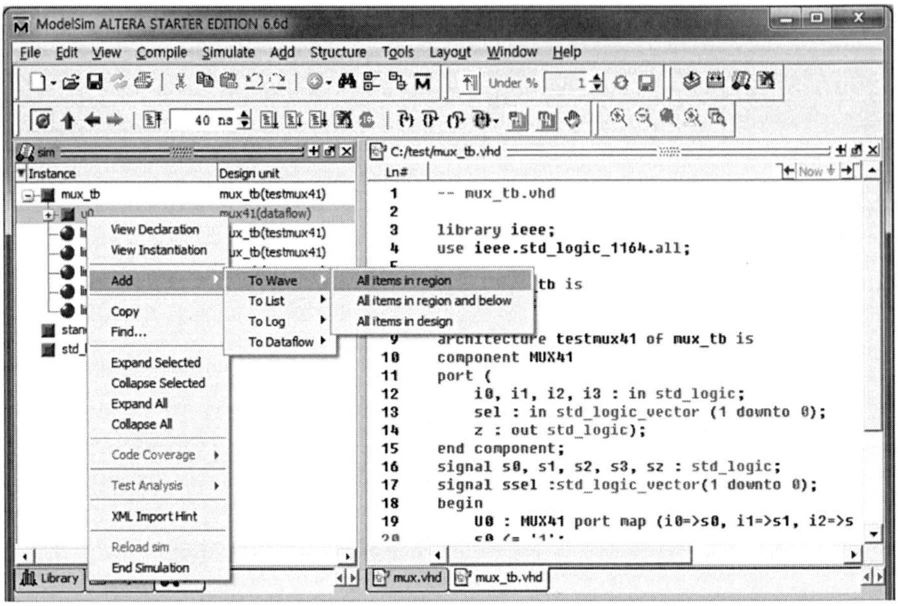

Ⅰ그림 20.8 **입출력 신호를 wave 창에 추가**

(f) 시간 설정 및 시뮬레이션 시작

그림 20.9에 나타낸 바와 같이 시뮬레이션 수행 시간을 테스트벤치에서 작성한 코드에 맞추어 40 ns로 설정한다. 시뮬레이션 시작을 위해 Run 버튼을 클릭하면 시뮬레이션이 진행된다.

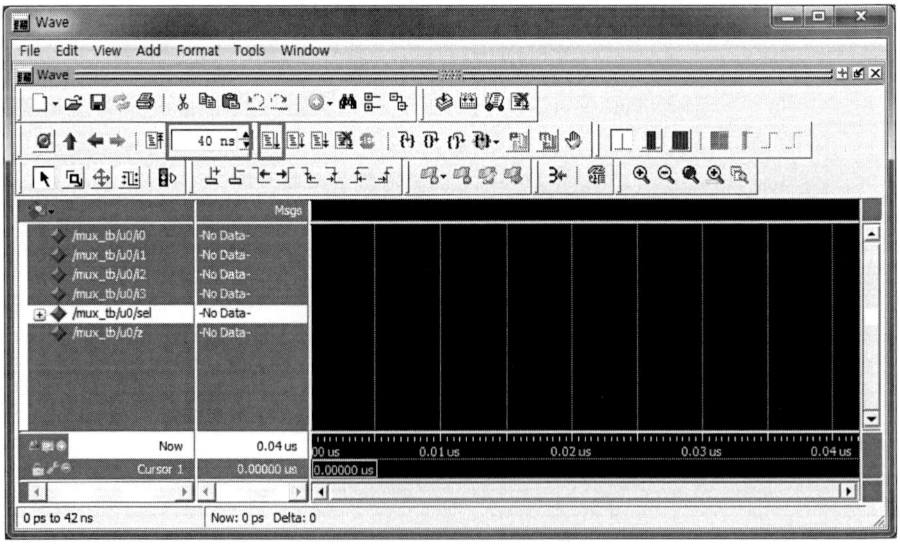

Ⅰ그림 20.9 **시간 설정 및 시뮬레이션 시작**

(g) 결과 확인 및 검증

그림 20.10은 4-to-1 멀티플렉서를 시뮬레이션한 결과이다. 그림에 나타낸 바와 같이 처음에 sel 신호는 '00'->'01'->'10'->'11'로 10ns의 간격으로 변화하고 있으며, 출력 z에는 sel 신호에 따라 입력 신호 i0, i1, i2, i3 중 1개가 선택되어 나타나고 있다.

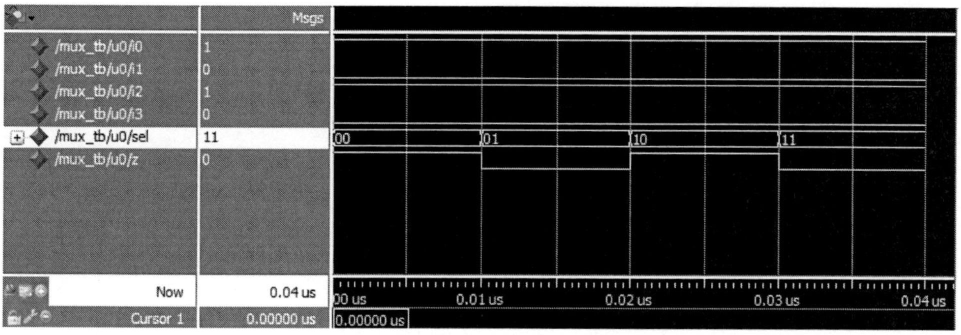

▮ 그림 20.10 **시뮬레이션 결과**

표 20.1에는 본 실험에서 다룬 멀티플렉서의 진리표를 나타낸다. sel 신호에 따라 입력 신호 4개중 하나가 출력에 연결되어짐을 알 수 있다. 본 교재에서 실험한 결과는 그림 20.10의 결과와 표 20.1의 진리표의 결과가 동일함을 알 수 있다. 따라서 설계한 VHDL 코드가 정상적으로 동작함을 알 수 있다.

▮ 표 20.1 **4-to-1 멀티플렉서 진리표**

sel(1)	sel(0)	i3	i2	i1	i0	z
0	0	0	1	0	1	i0=1
0	1	0	1	0	1	i1=0
1	0	0	1	0	1	i2=1
1	1	0	1	0	1	i3=0

3 실험 기자재와 부품

1) Windows XP 이상의 PC

2) ModelSim-Altera Starter Edition

4 실험 절차

1 ModelSim을 이용한 4-to-1 멀티플렉서 구현

a) 본 실험은 교재에 있는 내용대로 먼저 따라서 설계하는 과정을 나타낸다. 다만 개인별 실험을 위하여 그림 20.1에 나타낸 entity 이름을 본인의 이름과 같이 결합하여 시뮬레이션을 한다. 즉 자신의 이름의 이니셜이 gdhong이면 entity 이름을 gdhongmux로 하여 VHDL 파일과 테스트벤치 파일을 만들어서 실험하기 바란다. 그림 20.10과 같은 실험 결과를 조교를 통하여 확인받는다.

b) 그림 20.6과 같이 작성한 테스트벤치 파일에서 입력의 조건을 i0=i1=0, i2=i3=1로 하여 다시 컴파일하고 시뮬레이션을 통하여 결과를 확인하고 보고서를 작성하시오.

c) 실험 1-b)에서 구현된 내용에 대하여 진리표를 작성하여 보고서에 입력하시오.

sel(1)	sel(0)	i3	i2	i1	i0	z
0	0					
0	1					
1	0					
1	1					

2 VHDL을 활용한 7segment 디코더 구현

a) BCD-to-7segment는 그림과 같은 7개의 세그먼트를 이용하여 BCD 코드에 해당하여 십진수로 LED를 점등하는 회로이다. 즉 입력이 0000인 경우 십진수 0을 표시하여야 하므로 A=B=C=D=E=F=1, G=0의 출력을 가져야 한다. 단 그림에서 점을 나타내는 DP는 사용하지 않는다. 설계를 위하여 디코더에 대한 진리표를 작성하여 결과 보고서에 입력하시오.

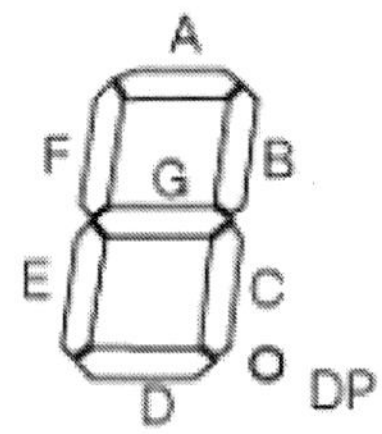

BCD 입력				A	B	C	D	E	F	G
B3	B2	B1	B0							
0	0	0	0							
0	0	0	1							
0	0	1	0							
0	0	1	1							
0	1	0	0							
0	1	0	1							
0	1	1	0							
0	1	1	1							
1	0	0	0							
1	0	0	0							
다른 입력										

b) 2-a) 나타낸 회로 구현을 위하여 VHDL 코드를 작성한다. entity 이름은 자신의 이니셜과 seg를 붙여 사용한다. 즉 gdhongseg를 사용한다. 그리고 데이터플로우 방식을 이용하여 구문은 case - when 구문을 이용하여 작성하도록 한다.

c) 10ns의 지연 시간을 이용하여 그림과 같이 입력이 0000에서 1001로 변화하는 테스트 벤치 코드를 작성하시오. 이 경우에도 자신의 이름 이니셜을 계속 이용하기 바란다.

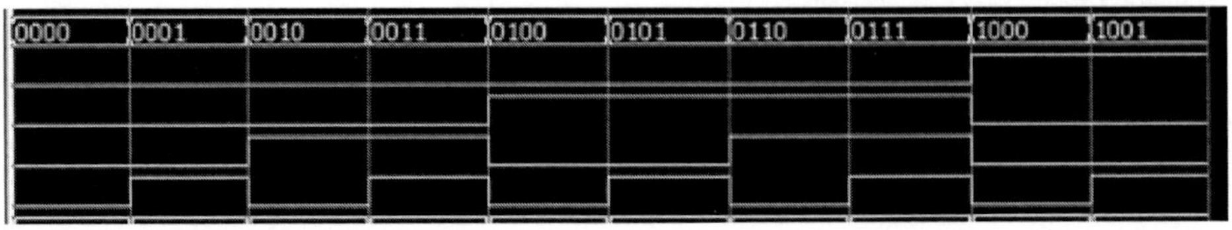

d) 2-b)에서 작성한 VHDL 코드와 2-c)에서 작성한 테스트벤치 코드를 이용하여 시뮬레이션을 수행하시오. 시뮬레이션 결과를 캡쳐하여 보고서를 작성하고, 실험 결과는 조교를 통하여 확인 받는다.

e) 2-d)에서 얻은 결과와 2-a)에서 얻은 진리표를 비교하여 동작을 검증하고, 결과를 보고서에 작성한다.

3 VHDL을 활용한 이진 전가산기(Full Adder) 구현

a) 전가산기는 3비트에 대하여 산술 덧셈을 수행하는 조합 논리회로로 2개의 출력인 덧셈결과 S와 캐리 C로 구현된다. 전가산기에 대한 진리표를 작성하여 결과 보고서에 입력하시오.

X	Y	Z	S	C
0	0	0		
0	0	1		
0	1	0		
0	1	1		
1	0	0		
1	0	1		
1	1	0		
1	1	1		

b) 3-a)에서 구한 진리표를 이용하여 S와 C에 대한 부울 대수식을 구하시오.

c) 3-b)에서 구한 부울 대수식을 이용하여 전가산기를 반가산기 2개와 OR 회로를 이용하여 회로도를 작성하시오.

d) 3-c)에서 작성한 반가산기 논리 회로도를 이용하여 AND, OR, XOR 연산자를 이용하여 VHDL 코드를 작성하시오.

e) 10ns 지연을 이용하여 3-a)에 나타낸 진리표의 입력 순서대로 테스트벤치 코드를 작성하시오.

f) 시뮬레이션 결과를 캡쳐하여 보고서에 작성하고 실험 결과는 조교를 통하여 확인 받는다.

g) 3-f)에서 얻은 결과를 이용하여 3-a)에서 얻은 진리표를 비교하여 결과를 작성한다.

5 자체평가

1. 하드웨어 설계 언어를 사용하는 장점을 간략히 기술하시오.

2. 하드웨어 설계 방법은 두 가지가 있다. 각각 무엇인가?
   ( ) ( )

3. 구현된 VHDL 코드를 시뮬레이션하기 위하여 입력 신호를 만들어 주어야 하는데 이 과정을 무엇이라 하는가?

4. ModelSim을 이용하여 멀티플렉서와 BCD-to-7segment 디코더, 그리고 전 가산기를 구현하였다. 데이터플로우 구현 방식과 구조적 구현 방식으로 구현한다고 하였을 때 장단점을 비교하시오.

제21장 플립플롭을 이용한 카운터 및 시프트 레지스터

1 실험 목적

1) 플립플롭(Flip-Flop)의 기본 개념을 이해한다.
2) D 플립플롭의 구성과 동작 특성을 실험을 통하여 이해한다.
3) D 플립플롭과 조합논리소자를 활용한 시프트 레지스터의 동작을 이해한다.
4) D 플립플롭과 조합논리소자를 활용한 카운터의 동작을 이해한다.
5) D 플립플롭과 조합논리소자를 활용한 시프트 레지스터를 설계한다.
6) D 플립플롭과 조합논리소자를 활용한 카운터를 설계한다.

2 예비 지식

1 순차논리회로

디지털 회로는 논리 연산으로 이루어진 조합논리회로와 기억 소자를 가지고 있는 순차논리회로 구분되어진다. 따라서 회로 구성이 그림 21.1과 같이 순차논리회로는 조합논리회로와는 다르게 기억 소자를 포함하여 현재 상태와 다음 상태라는 또 다른 변수가 존재한다. 디지털 회로에서 가장 일반적인 기억 소자로는 래치(Latch)와 플립플롭(Flip-Flop)을 꼽을 수 있으며, 모두 이진 정보를 기억하고 있다. 순차논리회로는 입력신호 이외에 현재 상태 일부가 입력으로 피드백되어 최종 출력을 결정하는 회로이며, 이러한 순차논리회로의 가장 기본이 되는 회로가 플립플롭 회로이다.

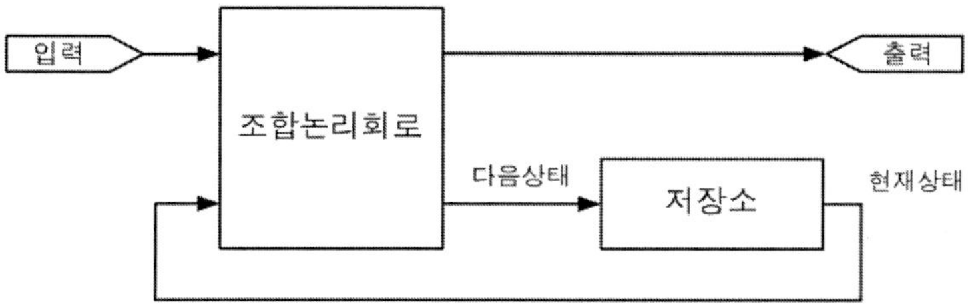

▌그림 21.1 **순차논리회로의 구성**

순차논리회로는 기억 소자가 입력을 받아들이는 시점과 출력이 변화하는 시점을 기준으로 동기식(synchronous) 회로와 비동기식(asynchronous) 회로로 구분된다. 동기식 회로에서는 기억 소자의 상태가 이산적 시간에 동기되어 변화하는데, 일반적인 이산적 동기 신호를 클럭(clock)이라고 한다. 이에 비하여 비동기식 회로는 입력의 변화가 연속적으로 이루어지며 상태의 변화도 임의의 시간에 이루어진다. 이와 같은 경우 클럭이 있어도 또 다른 입력으로 간주된다.

플립플롭은 순차논리회로를 구성하는 가장 기본적인 기억 소자이다. 동기식 순차논리회로에서 클럭에 동기화된 기억 소자를 플립플롭이라고 하며, SR 플립플롭, D 플립플롭, JK 플립플롭 및 T 플립플롭이 많이 사용되고 있다.

2 플립플롭

플립플롭은 High 또는 Low의 이진 정보를 저장할 수 있는 능력을 가지고 있다. 플립플롭은 외부에서 인가되는 입력이 특정 조건을 만족하지 않으면 원래의 상태를 유지한다. 이와 같은 플립플롭은 기억 소자로 사용되며, 레지스터, 카운터 등 디지털 회로의 기본 소자로 활용된다.

(a) 비동기식 SR 플립플롭

SR 플립플롭은 두 개의 출력단자 Q, $\overline{Q}$를 가지고 있으며, 두 개의 입력단자 S와 R 단자를 가지고 있다.

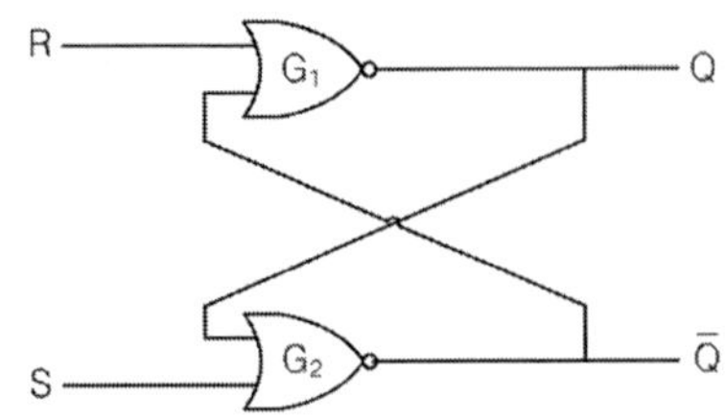

▎그림 21.2 **비동기식 SR 플립플롭 논리회로**

S=1이고 R=0인 경우 NOR 게이트의 특성에 따라 2번 게이트의 출력 $\overline{Q}$=0이 되고 피드백되어 1번 게이트에 0이 가해진다. 1번 게이트의 2개 입력이 모두 0이므로 Q=1 상태가 된다. S=0이고 R=0인 경우 이전의 출력 $\overline{Q}$=0, Q=1 이었으므로 1번 게이트의 출력 Q=1이 되고 $\overline{Q}$=0이 되므로 변화가 없다. S=0이고 R=1인 경우 1번 NOR게이트의 입력은 1 과 0이므로 출력 Q=0이 되고, 2번 NOR게이트 입력은 모두 0이므로 $\overline{Q}$=1이 된다. S=1, R=1인 경우 NOR게이트의 특성에 의해 Q=0이 되고 $\overline{Q}$=0이 된다. 이러한 경우는 값을 특징지을 수 없다. 비동기식 SR 플립플롭의 특성표를 작성하면 표 21.1과 같이 표현된다.

▎표 21.1 **비동기식 SR 플립플롭 특성표**

S	R	$Q(t+1)$
0	0	$Q(t)$ (불변)
0	1	0
1	0	1
1	1	(부정)

(b) 동기식 SR 플립 플롭

동기식 플립플롭은 기본 플립플롭의 회로에 게이트를 추가하여 플립플롭이 한 클럭 펄스 발생 기간 동안에만 입력에 응답하도록 만든 것이다. NOR로 구성된 기본 플립플롭에 두 개의 AND 게이트를 추가하여 클럭 펄스가 0일 때 S와 R 값에 관계없이 플립플롭의 출력 상태는 변하지 않지만 클럭 펄스가 1일 때 S와 R 값이 플립플롭에 전달되어 출력에 영향을 준다.

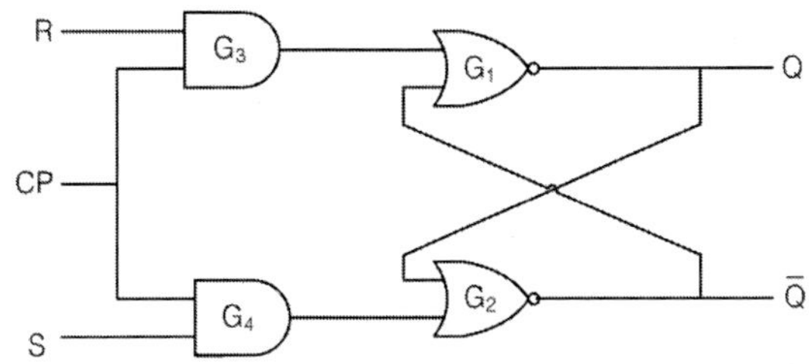

▌그림 21.3 **동기식 RS 플립플롭 논리회로**

입력 S와 R은 클럭 펄스 CP가 1일 때 플립플롭의 상태를 결정하는 제어 입력이며 클럭 입력은 입력 S와 R에 따라서 상태 변화를 일으키는 신호로 트리거 입력이라고 한다.

그림 21.4는 SR 플립플롭의 특성표로서 입력 조건 S(set), R(reset)에 따라 현재의 상태값이 다음 상태값으로 변화되는 값을 나타낸다. 특이 사항은 SR 입력 조건이 (11)은 허용되지 아니한다. 즉 특성표에서 X 는 임의 값을 나타낸다. 또한 기호에서 클럭을 의미하는 기호를 사용하며 특성표의 상태 변화는 클럭이 인가되는 시점에 변경된다. 또한, 타이밍도를 통하여 모든 상태 변화는 클럭 입력에 동기화됨을 알 수 있다.

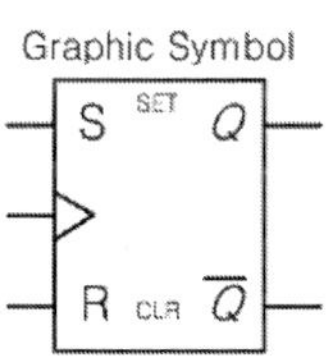

S R	Q(t)	Q(t+1)
0 0	0	0
0 0	1	1
0 1	0	0
0 1	1	0
1 0	0	1
1 0	1	1
1 1	0	X
1 1	1	X

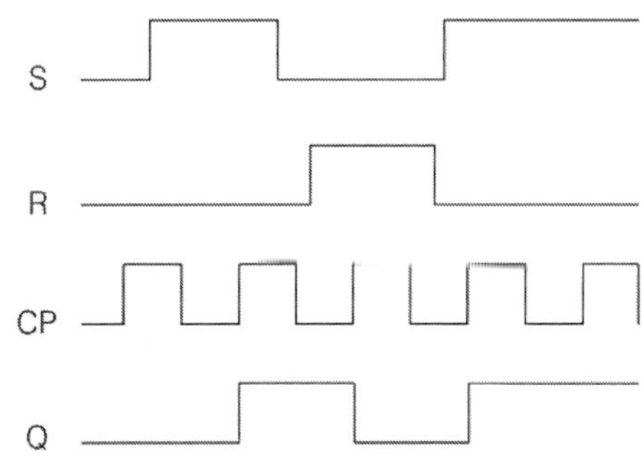

▌그림 21.4 **SR 플립플롭의 기호, 특성표 및 타이밍도**

(c) D 플립플롭

D 플립플롭은 SR 플립플롭의 개량된 플립플롭으로, 클럭 외의 입력이 오직 하나뿐인 플립플롭이다. D 플립플롭은 현재 상태와 관계없이 D의 입력이 지연되어 그대로 전달되는 플립플롭이다. 그림 21.5는 플립플롭에 대한 논리회로이다.

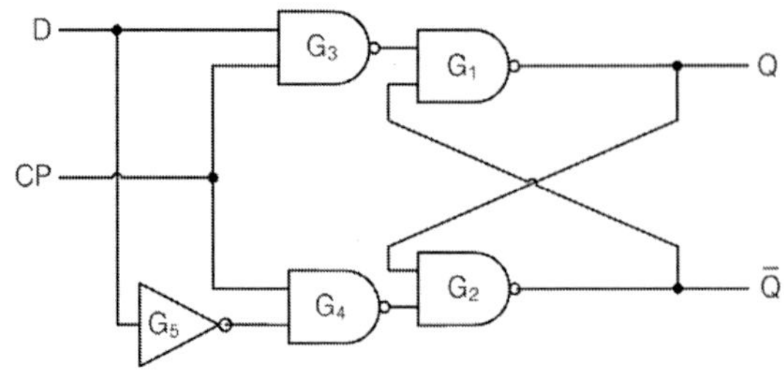

▌그림 21.5 D 플립플롭의 논리회로

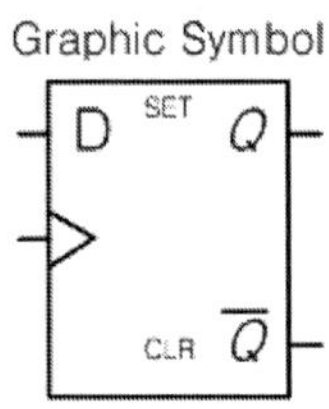

D	Q(t)	Q(t+1)
0	0	0
0	1	0
1	0	1
1	1	1

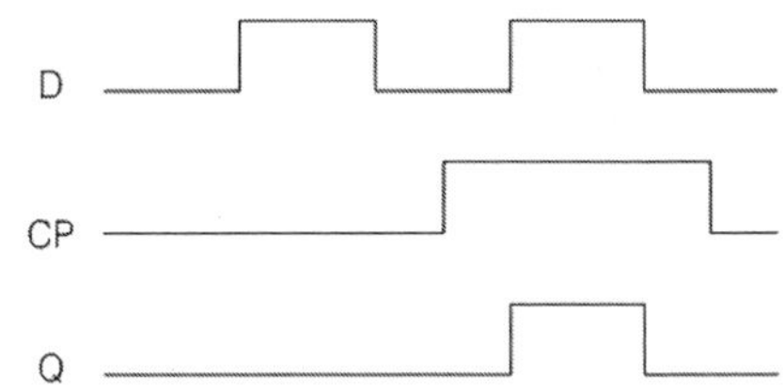

▌그림 21.6 D 플립플롭의 기호, 특성표 및 타이밍도

그림 21.6은 동기식 D 플립플롭의 기호 및 특성표로서 입력 조건에 따라 현재의 상태값이 다음 상태값으로 변화되는 값을 나타내는데, D 입력이 클럭의 상승 에지에 의해 다음 상태로 나타남을 알 수 있다. 만일 클럭 신호가 0에서 1로 바뀔 때 D가 1이면 플립플롭이 세트되어 Q = 1이 되고, D가 0이면 플립플롭이 리셋 되어 Q=0이 된다. 따라서 그림 21.6과 같은 상승 에지에 트리거되는 D 플립플롭은 클럭 입력이 0에서 1로 바뀔 때 D 입력의 상태를 저장하게 된다.

여기서 한 가지 주의할 사항이 있다. 그림 21.5에 나타낸 논리회로에서는 CP=1인 경우가 유지되면 D 입력의 상태가 Q에 바로 나타나게 된다. 하지만, 실제 D 플립플롭의 경우에는 클럭이 1로 유지되는 상황에서 D 입력이 아무리 변하더라도 출력은 변화하지 않는다. 이러한 차이는 그림 21.5에 나타낸 논리회로는 D 플립플롭이라기 보다는 D 래치에 가까운 회로이기 때문이다. 래치와 플립플롭을 구분하는 명확한 기준은 존재하지 않지만, 일반적으로 래치는 클럭의 레벨에 반응하고 플립플롭은 클럭의 에지에 반응한다. 그림 21.5의 회로는 D 플립플롭의 개념 설명으로 이해하여야 한다.

(d) JK 플립플롭

JK 플립플롭은 입력단자 J와 K, 클럭펄스 입력단자 C_P, 출력단자 Q와 $\overline{Q}$를 가지고 있다. JK 플립플롭은 SR 플립플롭의 변형된 형태로서 J 단자는 S 단자에 K 단자는 R 단자에 해당되는 입력이다. 이 JK 플립플롭은 SR 플립플롭에서 금지되어 있는 입력인 J=1, K=1인 상태에서도 동작하도록 만든 특징이 있다. 그림 21.7에는 JK 플립플롭의 논리회로를 나타내었다.

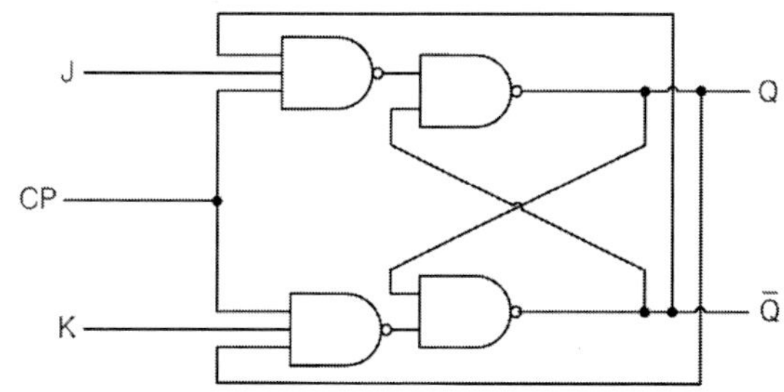

그림 21.7 JK 플립플롭 논리회로

그림 21.8은 JK 플립플롭의 특성표로서 입력 조건에 따라 현재의 상태값이 다음 상태값으로 변화되는 값을 나타낸다. 그림 21.4의 SR 플립플롭에서 허용되지 않는 입력 조건에 대한 입력을 허용하며 현재 상태를 반전하는 값을 저장하게 된다.

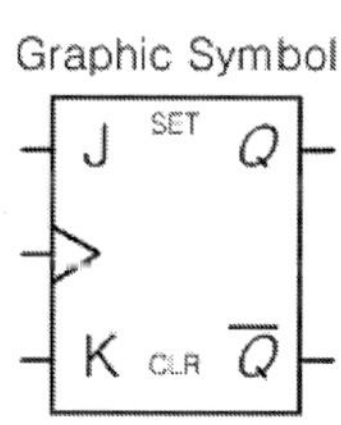

J	K	Q(t)	Q(t+1)
0	0	0	0
0	0	1	1
0	1	0	0
0	1	1	0
1	0	0	1
1	0	1	1
1	1	0	1
1	1	1	0

그림 21.8 JK 플립플롭 기호 및 특성표

(e) T 플립플롭

그림 21.10은 T 플립플롭의 특성표로서 입력 조건에 따라 현재의 상태값이 다음 상태값으로 변화되는 값을 나타낸다. 그림 20.6의 D 플립플롭과 비교하여 보면 T(toggle) 입력이 1인 경우에 상태가 반전되어 저장됨을 알 수 있다.

Graphic Symbol

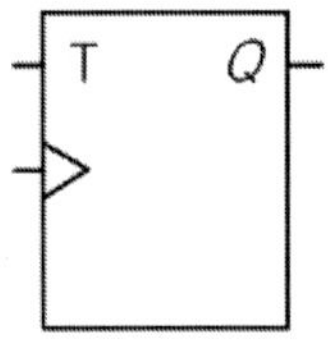

T	Q(t)	Q(t+1)
0	0	0
0	1	1
1	0	1
1	1	0

▌그림 21.9 **T 플립플롭 기호 및 특성표**

(f) 플립플롭 여기표

앞에서 설명한 특성표는 주어진 입력에 대하여 현재의 상태가 다음 상태로 어떻게 변화되는가 하는 것을 나타내는 표이다. 이에 비하여 현재 상태와 다음 상태의 변화를 위하여 어떠한 입력을 주어야 하는가를 나타내는 표를 여기표라고 한다. 이와 같은 여기표는 주로 설계에 사용되어 지며, 그림 21.10에 간략히 나타내었다. 여기서 X는 임의의 값을 의미한다.

SR-FF 여기표

Q(t)	Q(t+1)	S	R
0	0	0	X
0	1	1	0
1	0	0	1
1	1	X	0

JK-FF 여기표

Q(t)	Q(t+1)	J	K
0	0	0	X
0	1	1	X
1	0	X	1
1	1	X	0

D-FF 여기표

Q(t)	Q(t+1)	D
0	0	0
0	1	1
1	0	0
1	1	1

T-FF 여기표

Q(t)	Q(t+1)	T
0	0	0
0	1	1
1	0	1
1	1	0

▌그림 21.10 **플립플롭 여기표**

3 레지스터(Register)

레지스터는 이진 정보를 저장하는데 사용되는 소자로서 디지털 회로에서 가장 기본적으로 사용되는 저장 회로이다. 플립플롭 한 개당 1 비트의 이진 정보를 저장할 수 있다. 하나의 플립플롭이 이진 기억 소자의 역할을 하므로 플립플롭의 집합으로 레지스터를 구성할 수 있다. 레지스터는 플립플롭과 그들의 상태 전이를 도와주는 게이트들로 구성된다. 좁은 의미에서 보면, 레지스터는 데이터 처리작업을 수행하는 소수의 순차게이트가 포함된 플립플롭들의 집합으로 정의될 수 있다. 그 내부의 플립플롭은 자료를 저장하고, 게이트는 새로운 자료나 수정된 자료를 플립플롭에 입력되도록 할 것인지를 결정한다.

4 시프트 레지스터(Shift register)

저장되어 있는 비트 데이터를 한 방향이나 양 방향으로 측면 이동시킬 수 있는 기능을 가진 레지스터를 시프트 레지스터(shift register)라고 한다. 시프트 레지스터는 여러 개의 플립플롭을 계층적으로 연결하여 한 플립플롭의 출력이 그 옆에 있는 플립플롭의 입력으로 연결되게 구현한다.

(a) 직렬입력 – 직렬출력 시프트 레지스터(serial in–serial out shift registers)

직렬입력–직렬출력 시프트 레지스터는 데이터를 직렬로 받아들여 직렬로 출력한다. 즉, 데이터를 1비트씩 입력하여 1비트씩 출력한다. 그림 21.11은 D 플립플롭으로 구성된 4비트 직렬입력–직렬출력 시프트 레지스터를 나타낸다.

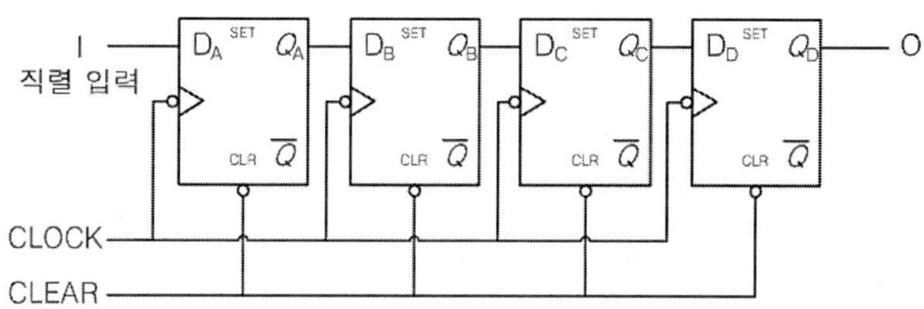

▌그림 21.11 **직렬입력–직렬출력 시프트 레지스터**

이 방식은 4 비트 직렬입력–직렬출력 시프트 레지스터로 클리어(clear) 입력을 가지고 있으며, 직렬 입력은 시프트 과정에서 제일 왼쪽의 플립플롭 입력에 연결되고, 직렬 출력은 가장 오른쪽 플립플롭의 출력과 연결되어 있다. 이 시프트 레지스터는 4개의 플립플롭으로 구성되므로 4비트의 데이터를 저장할 수 있다.

직렬입력–직렬출력 시프트 레지스터의 동작을 알아보기 위해 4비트 2진수 1001을 처리하는 방법을 알아보도록 하겠다. 그림 21.11의 직렬입력–직렬출력 시프트 레지스터의 저장순서에서 맨 처음 순간적으로 클리어(clear) 입력을 1->0으로 하면 내부 데이타를 리셋(reset) 시킨다. 4비트 2진수의 맨 왼쪽(최하위) 비트에 데이터 입력 1을 인가하고, 첫 번째 클럭 펄스가 가해지면 하강 에지(falling edge)에서 플립플롭 A가 세트되어 1이 저장된다. 따라서 $Q_A = 1$ 의 상태가 된다.

두 번째 비트로 데이터 입력 0을 인가하기 위하여 I=0을 인가하고 두 번째 클럭 펄스가 가해지면 $Q_A = D_B = 1$ 이므로 플립플롭 B가 세트되어 $Q_B = 1$의 상태가 됨과 동시에 플립플롭 A는 $D_A = 0$이므로 리셋되어 $Q_A = 0$이 된다. 즉, 플립플롭 A에 저장되어 있던 첫 번째 비트 1이 플립플롭 B로 시프트되고 플립플롭 A에는 두 번째 비트 0 이 새롭게 저장된다. 따라서 Q_B=1, Q_A=0의 출력상태가 된다.

세 번째 비트에 데이터 입력 0이 가해지고, 세 번째 클럭 펄스가 가해지면 D_A=0, D_B=0, D_C=Q_B=1 이므로 플립플롭 A, 플립플롭 B 및 플립플롭 C는 각각 Q_C=1, Q_B=0, Q_A=0의 출력 상태가 된다. 즉 첫 번째 비트가 세 번 자리 이동한 것이다.

마지막(최상위) 비트에 데이터 입력 1이 가해지고 네 번째 클럭 펄스가 가해지면 플립플롭 A가 세트되는 동시에 플립플롭 B, 플립플롭 C. 플립플롭 D는 Q_D =1, Q_C = 0, Q_B = 0, Q_A = 1의 출력 상태가 된다. 이상과 같은 4비트 2진수 1001이 시프트 레지스터의 4개의 플립플롭에 순서대로 저장되는 것이다. 이 상태는 전원이 가해져있는 한 그대로 유지된다. 이러한 동작 과정은 아래 그림 21.12에 나타내었다.

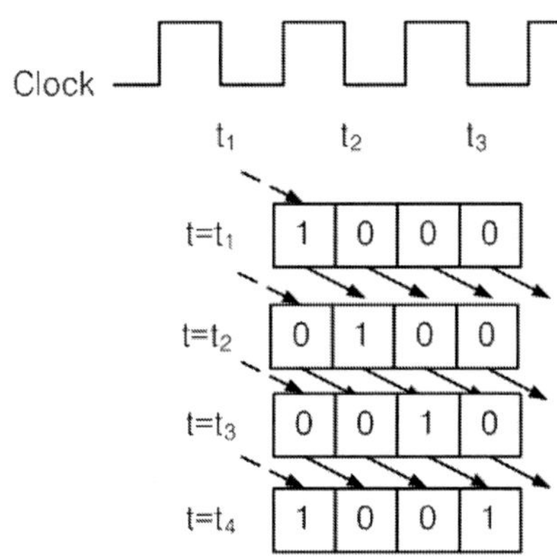

▎그림 21.12 **직렬입력–직렬출력 시프트 레지스터의 저장 순서**

(b) 직렬입력 – 병렬출력 시프트 레지스터(serial in–parallel out shift registers)

직렬입력–병렬출력 시프트 레지스터는 그림 21.13과 같이 D형 플립플롭을 사용하여 각 레지스터로부터 출력을 끌어내는 점을 제외하고는 직렬입력–직렬출력의 레지스터의 플립플롭 구성과 같다. 각 비트가 시프트되어 저장되면 각 플립플롭의 출력이 해당 데이터를 나타내게 된다.

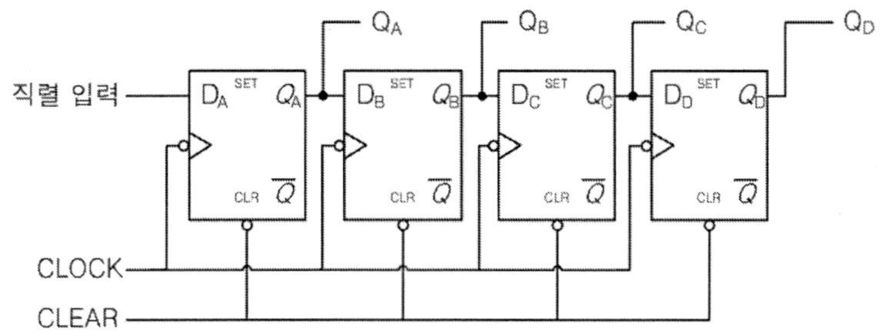

그림 21.13 **직렬입력-병렬출력 시프트 레지스터**

(c) 병렬입력 – 직렬출력 시프트 레지스터(parallel in-serial out shift registers)

이 방식은 모든 입력 데이터 비트를 병렬형식으로 동시에 입력한다. 일단 여러 개의 비트 데이터가 복수로 저장되면 그것을 직렬로 출력하게 된다. 따라서 이 시프트 레지스터는 디지털 컴퓨터에서 병렬-직렬 변환기 등으로 널리 이용되고 있다. 그림 21.14는 전형적인 4비트 병렬입력-직렬출력 시프트 레지스터로서 4개의 D형 플립플롭이 공동 클럭 입력에 의해 접속되어 있다. D_A, D_B, D_C 및 D_D의 4개 입력에 가해진 데이터는 클럭 펄스가 더해지고, 또 이들 데이터 입력에 접속된 AND 게이트를 인에이블하는 병렬 인에이블(PE) 입력이 로직 1이 될 때 각 해당 플립플롭에 저장된다.

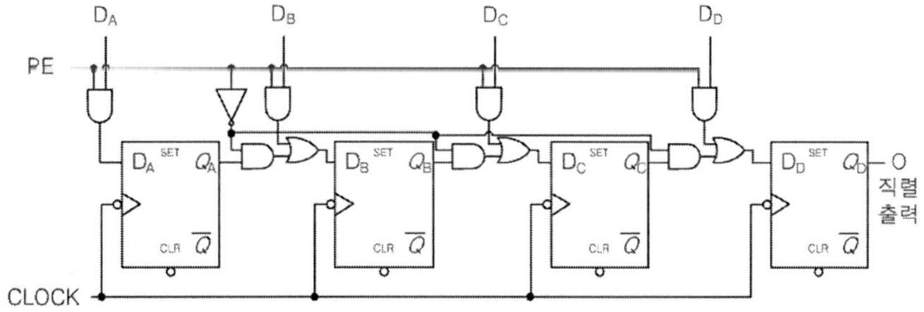

그림 21.14 **병렬입력-직력출력 시프트 레지스터**

출력 데이터를 직렬로 끌어내려면 병렬 인에이블(PE) 입력을 먼저 로직 0으로 하여 병렬입력 AND 게이트를 디스에이블하는 동시에 플립플롭 A, 플립플롭 B 및 플립플롭 C의 출력에 접속된 AND게이트를 인에이블시켜야 한다. 다음에 3개의 클럭 펄스가 가해지면 나머지 3비트를 레지스터를 통해 이동시킨다.

(d) 병렬입력-병렬출력 시프트 레지스터

가장 간단한 4비트 병렬입력-병렬출력 시프트 레지스터는 그림 21.15와 같다. 기본적으로 공동 클럭 입력을 갖는 4개의 D형 래치 구성으로 모든 플립플롭이 동시에 클럭되면 병렬입력 D_A, D_B, D_C 및 D_D에 가해지는 4비트 데이터가 동시에 병렬출력에 나타난다.

실제로 병렬입력을 갖는 모든 시프트 레지스터는 직렬입력 시프트 레지스터로서도 사용할 수 있다. 즉 병렬입력-직렬출력 및 병렬입력-병렬출력 레지스터는 각각 직렬입력-직렬출력 및 병렬입력-직렬출력 레지스터로서도 사용할 수 있다.

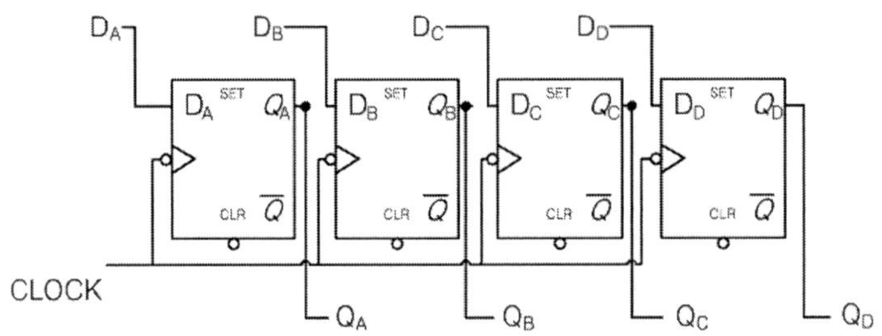

그림 21.15 **병렬입력-병력출력 시프트 레지스터**

5 카운터 (Counter)

레지스터가 입력 클럭에 따라 미리 정해진 상태 값의 순서로 이어지는 레지스터를 카운터라 한다. 카운터의 종류는 입력 펄스의 인가 방식에 따라 동기 카운터(Synchronous counter)와 리플 카운터(Ripple counter)로 구분할 수 있다. 동기 카운터는 외부에서 모든 레지스터에 동시에 입력 펄스가 인가되는 경우이다. 그리고 앞의 플립플롭의 출력이 다음 플립플롭의 클럭으로 동작하는 경우를 리플 카운터라 한다.

그림 21.16에 2비트 리플 카운터를 나타내었다. 앞 단의 플립플롭의 출력이 다음 단의 플립플롭의 클럭으로 연결되어 있음을 알 수 있다. 그림 21.16의 하강 에지 D 플립플롭의 경우에 대하여 타이밍 다이어그램을 나타내었다.

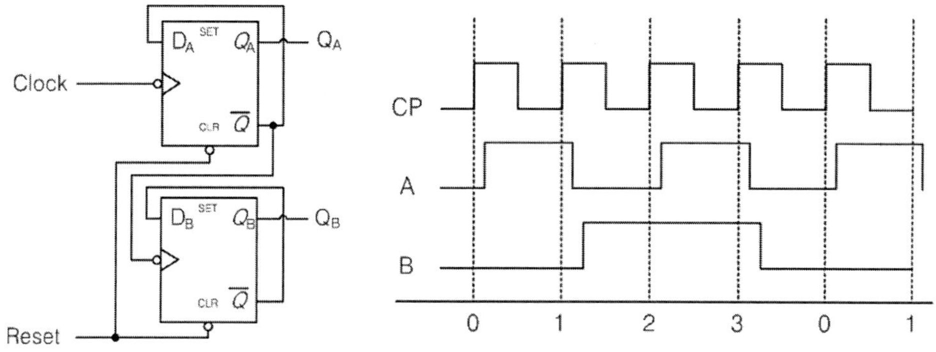

▌그림 21.16 **2비트 리플 카운터**

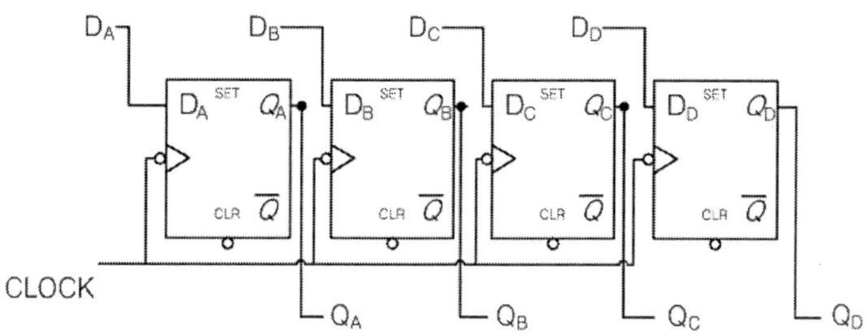

▌그림 21.17 **동기 카운터**

그림 21.17은 동기 카운터를 나타내고 있다. 즉 각 D 플립플롭에 동일한 입력 클럭이 인가되고 있다. 그림 21.17에서 카운터의 값은 출력을 어떠한 형태로 연결하느냐에 따라 결정된다. 따라서 여기서는 동기 카운터의 특징만을 표시하고 있다. 그리고 미리 정해진 상태 값의 순서에 따라 여러 이름으로 불리어지며 특히 이진수를 카운트하는 경우 이진 카운터라고 하고 BCD를 카운트하는 경우 BCD 카운터라고 한다. 물론 임의의 상태 값을 갖는 카운터도 설계가 가능하다. 본 교재에서는 이진 카운터에 대하여 동기 카운터와 리플 카운터에 대한 실험을 통하여 동작을 검증하도록 한다.

3 실험 기자재와 부품

1) 파워서플라이
2) 디지털 멀티미터(DMM)
3) 브레드 보드
4) 저항(150Ω)
5) 7404
6) 7400
7) LED
8) 7474
9) 토글 스위치

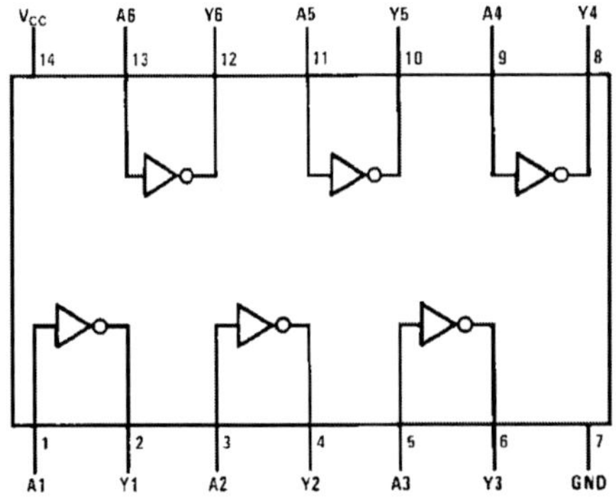

▌그림 21.18 7404

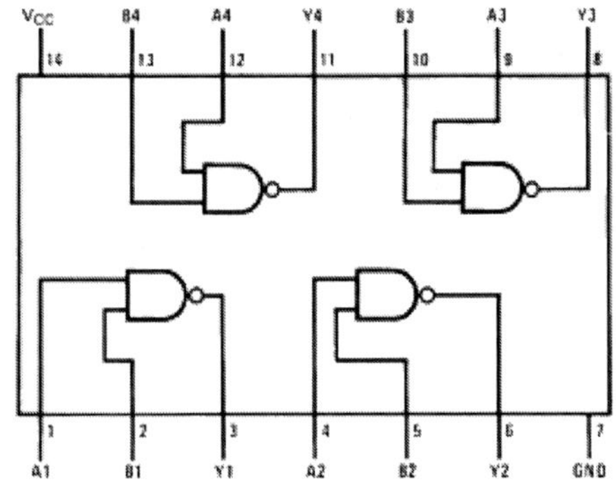

▌그림 21.19 7400

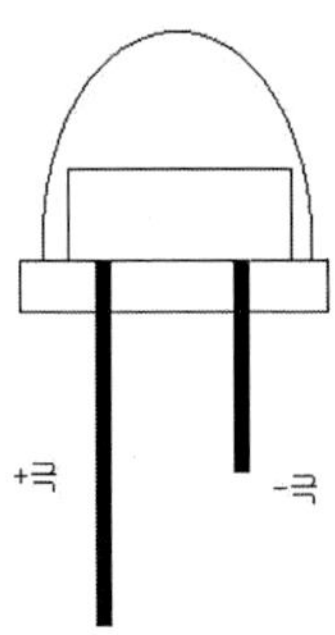

▌그림 21.20 LED

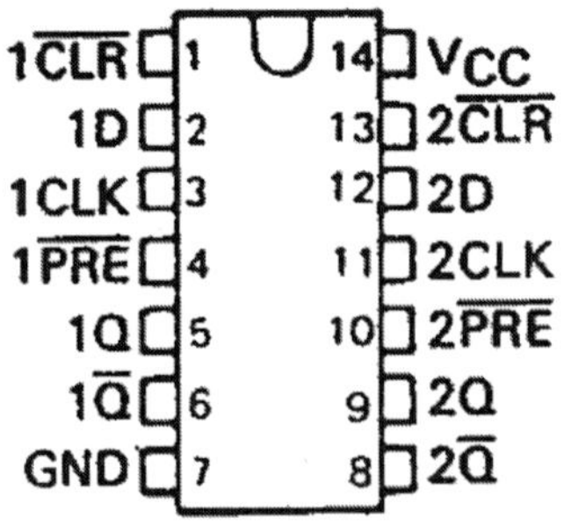

▌그림 21.21 7474

4 실험 절차

1 D 플립플롭의 동작특성 실험

a) 7400칩 1개와 7404칩 1개, LED 2개, 저항(150Ω) 2개, 토글스위치 1개를 준비한다. 그림의 각 칩의 매뉴얼을 이용하여 그림 21.5에 나타낸 D 플립플롭의 논리회로를 구성하는 연결 도면을 결과 보고서 1. a)에 작성한다. 클럭 입력은 토글스위치를 사용(스위치 양쪽 끝의 두 접점에 5V와 접지를 연결하고 가운데 접점은 C_P에 연결)하고, 출력에는 출력 확인을 위하여 저항과 LED를 이용하여 회로를 구현하여야 한다. 설계된 도면을 이용하여 보드 상에 알맞은 위치에 칩을 배치시키고 각 칩의 7번 핀(GND)에 0V를 인가하고, 14번 핀(V_{CC})에 5V를 공급한다.

b) 최초의 입력은 0으로 하고 표 21.2에 나타낸 입력을 인가하여 LED에 표시되는 출력을 기재한 후 결과 보고서에 포함한다. 클럭 펄스 입력단자 C_P 입력에 따라 동작 여부도 확인하여 한다. C_P 입력은 토글스위치를 사용하여 5V일 때 high, 0V일 때 low 신호를 보내도록 한다. 손으로 그림 21.6의 타이밍도를 만들어야 한다. 출력 LED가 ON인 경우가 출력은 1이며, LED가 OFF인 경우가 출력 0인 경우이다. 또한 조교를 통하여 회로의 동작에 대한 검증을 받는다.

▍표 21.2

C_P	D	Q	$\overline{Q}$
0	0		
0	1		
0	0		
1	0		
1	1		
1	0		
0	0		
0	1		
1	1		

2 D 플립플롭과 조합논리회로를 이용한 시프트 레지스터 동작특성 실험

a) 그림 21.22와 같이 7404 및 7474 2개를 이용하여 4비트 시프트 레지스터의 실험회로를 구성한다. 각각의 출력 단에는 출력 확인을 위하여 저항(150Ω)과 LED를 연결한다. 프리셋 스위치(PRE SW), 입력 스위치(입력 SW), 클럭 스위치(CLK SW)와 클리어 스위치(CLR SW)는 그림 21.22의 회로도와 같이 결선한 후 모두 HIGH(5V) 상태로 구성한다. 그림 21.21의 7474 IC를 이용하여 그림 21.22를 구성하는 회로도를 실험보고서 2-a)에 작성한다.

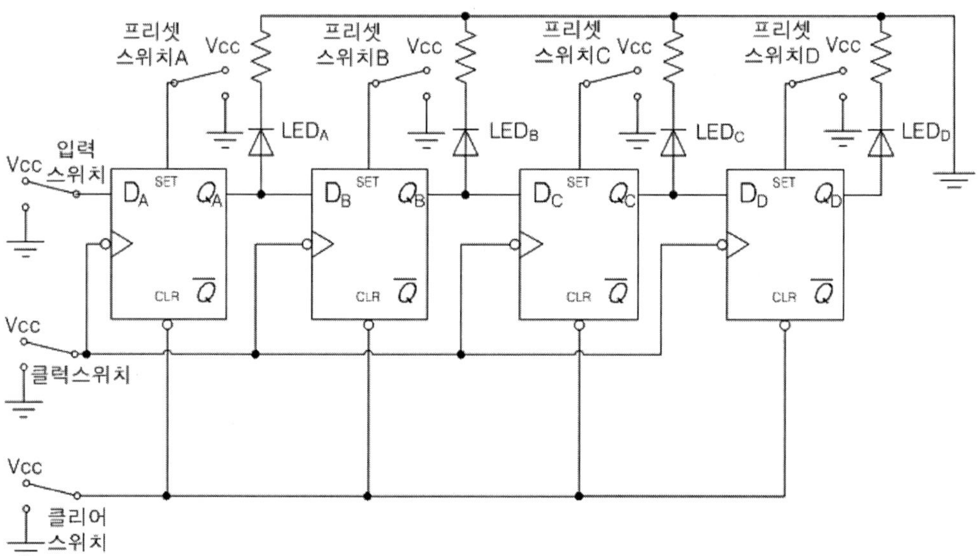

▌그림 21.22 **4비트 우측 시프트 레지스터 결선도**

▌표 21.3 **7474 D 플립플롭 기능표**

INPUTS				OUTPUTS	
$\overline{PRE}$	$\overline{CLR}$	CLK	D	Q	$\overline{Q}$
L	H	X	X	H	L
H	L	X	X	L	H
L	L	X	X	H⇧	H⇧
H	H	⇧	H	H	L
H	H	⇧	L	L	H
H	H	L	X	Q_0	$\overline{Q}_0$

b) 표 21.3의 기능표와 같이 프리셋 스위치(PRE SW)는 HIGH(5V) 상태에서, 클리어 스위치(CLR SW)를 순간적으로 HIGH(5V) 상태에서 LOW(0V) 상태로 전환하여, 플립플롭의 출력 A~D가 모두 LOW(RESET)이 되는지 LED를 통하여 확인 한다. 표 21.4를 작성하여 실험 보고서에 결과를 포함한다. 상태가 모두 확인되면 클리어 스위치(CLR SW)는 다시 HIGH(5V) 상태로 유지한다.

▌표 21.4

A	B	C	D

c) 앞선 실험을 통하여 모든 플립플롭이 RESET 상태로 되어 있다. 또한 클리어 스위치(CLR SW)는 다시 HIGH(5V) 상태로 유지 되었다. 이 상태에서 프리셋 스위치 A, 프리셋 스위치 C만 HIGH(5V) 상태에서 LOW(0V) 상태로 전환한다. 표 21.3의 기능표와 같이 해당되는 플립플롭만 출력이 HIGH 상태를 나타낸다. LED를 통하여 A~D의 출력 상태를 확인한다. 표 21.5에 결과를 작성하여 결과 보고서에 포함한다. 상태를 확인한 후 프리셋 스위치를 모두 HIGH(5V) 상태를 유지하도록 스위치를 변경한다.

▌표 21.5

A	B	C	D

d) 프리셋 스위치와 클리어 스위치가 모두 HIGH인 상태에서 표 21.3의 기능표와 같이 클럭의 상승 에지에 의하여 플립플롭의 입력 상태가 출력에 나타나며, 앞선 플립플롭의 출력이 다음 플립플롭의 입력이 됨에 따라 표 21.3의 기능표와 같이 출력이 변화한다. 클럭 입력은 앞에서와 같이 HIGH(5V) -> LOW(0V)을 반복 동작함으로서 완성되며 상승 에지에서 입력이 출력에 나타나게 된다. 각각의 영향을 확인하기 위하여 표 21.6을 완성하여 결과보고서에 포함하고 결과를 설명하시오.

▎표 21.6

클럭 인가수	입력 SW	A	B	C	D
0	0	1	0	1	0
1	0				
2	0				
3	0				

3 D 플립플롭과 조합논리회로를 이용한 BCD 카운터 동작 실험

a) 앞서 실험한 7474와 AND 회로를 이용하여 BCD 카운터를 설계하고자 한다. 먼저 4개의 D 플립플롭을 이용하여 구성된 BCD 카운터 상태표를 표 21.7에 작성하고 보고서에 포함하시오. 그리고 BCD 카운터가 1001 다음에 0000 으로 순서를 가지기 위하여 CLR(클리어) 입력으로 연결하는 출력 Y를 구하시오.

▎표 21.7

Q_8	Q_4	Q_2	Q_1	$Q_8(t+1)$	$Q_4(t+1)$	$Q_2(t+1)$	$Q_1(t+1)$	Y
0	0	0	0					
0	0	0	1					
0	0	1	0					
0	0	1	1					
0	1	0	0					
0	1	0	1					
0	1	1	0					
0	1	1	1					
1	0	0	0					
1	0	0	1					

b) BCD 카운터를 구현하기 위하여 각 플립플롭의 입력식에 출력 Y에 대한 부울 대수식을 구하시오.

c) 7474 2개와 7400 및 7404를 이용하여 연결 도면를 2-b)에서 구한 입력식을 이용하여 회로도를 구현하시오. 그림 21.22에서 프리셋 스위치는 모두 HIGH(5V)로 연결하며 클럭 스위치만 구현한다. 또한 모든 플립플롭의 출력과 출력 Y에는 그림 21.22에서와 같이 출력을 확인하는 LED를 구현하도록 한다.

d) 처음 시작을 위하여 클리어 스위치로 모두 0000의 상태에서 클럭 스위치의 상승 에지에 의하여 BCD 카운트가 동작하는지 확인한다. 결과를 3-a)와 비교하여 검증한다.

5 자체평가

1. 순차논리회로와 조합논리회로의 차이점은 무엇인가.

2. 순차논리회로에서 이진 기억 소자는 어떠한 것이 존재하는가.

3. 플립플롭의 종류에는 어떠한 것이 있는가.

4. 플립플롭의 특성표와 여기표의 차이점은 무엇인가.

5. 레지스터와 카운터의 차이점은 무엇인가.

6. 리플 카운터와 동기 카운터의 차이점은 무엇인가.

제22장 VHDL을 활용한 순차논리회로의 구현

1 실험 목적

1) 플립플롭의 동작을 이해하고 VHDL로 구현한다.

2) VHDL을 사용하여 Up-Down Counter를 설계한다.

3) 주어진 상태도대로 동작하는 순차논리회로를 VHDL로 구현한다.

2 예비 지식

1 플립플롭의 동작과 제어 입력

앞의 21장에서는 D 플립플롭 TTL IC에 대하여 설명하였다. 여기서는 VHDL을 이용하여 D 플립플롭을 구현하는 것을 다룬다. TTL IC로 주어진 D 플립플롭을 사용하는 경우에는 주어진 D 플립플롭의 동작 특성을 그대로 사용할 수 밖에 없다. 반면, VHDL을 이용하면 D 플립플롭의 동작을 자유자재로 변경할 수 있다. 여기서는 clear와 preset 기능이 동기식이거나 비동기식인 경우를 예로 들어 설명하겠다.

동기식과 비동기식의 의미는 동작이 클럭에 동기되어 동작하는지 여부를 의미한다. 예를 들어, 비동기식 clear 기능은 클럭 신호와 무관하게 D 플립플롭의 출력을 0으로 리셋하는 방식이다. 극단적으로는 클럭 신호가 Low 또는 High로 고정되어도 동작한다. 반면, 동기식 clear 기능은 clear 단자가 활성화 되더라도 클럭 신호의 에지가 발생하지 않으면 clear 기능이 동작하지 않는다. 즉, clear 기능이 동작하려면 clear 단자가 활성화된 상태에서 클럭 신호에 에지가 발생할 때 플립플롭의 출력이 0으로 리셋된다. 따라서, 클럭 신호가 Low 또는 High로 고정되어 있으면 clear 단자가 아무리 활성화 되어도 출력은 리셋되지 않는다.

(a) 비동기 clear 및 preset 입력을 가지는 D 플립플롭

- Active-high 클럭 : 클럭(clk)의 양의 천이(positive edge)와 동기되어서 입력 D의 상태가 출력 Q로 전달.
- 비동기 active-low clear 입력 : 클럭의 상태에 관계없이 clear 입력이 low 상태가 되면 출력 Q가 0으로 클리어됨.
- 비동기 active-low preset 입력 : 클럭의 상태에 관계없이 preset 입력이 low 상태가 되면 출력 Q가 1로 설정됨.

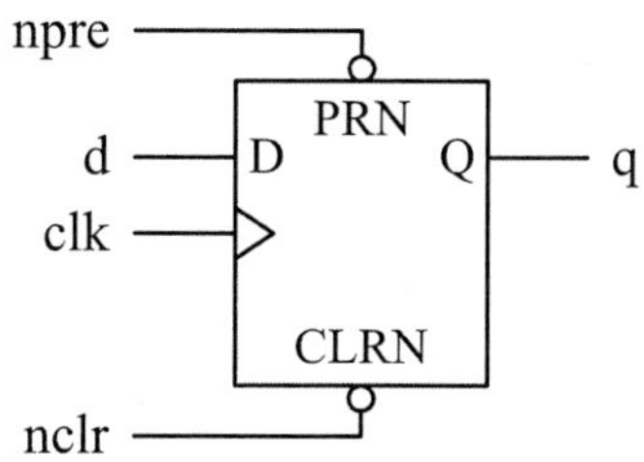

▌그림 22.1 clear와 preset입력을 가지는 D 플립플롭

(b) 동기 clear 및 preset 입력을 가지는 D 플립플롭

- 동기 active-low clear 입력 : clear 입력이 low인 상태에서 클럭의 positive edge가 인가되면 출력 Q가 0으로 클리어.
- 비동기 active-low preset 입력 : preset 입력이 low인 상태에서 클럭의 positive edge가 인가되면 출력 Q가 1로 설정.

2 VHDL을 이용한 D 플립플롭의 구현 및 동작 검증

(a) 비동기 preset 기능을 포함한 D 플립플롭 코드 작성

ModelSim-Altera Starter Edition을 실행하여 새로운 프로젝트를 생성하고 그림 22.2와 같은 VHDL코드를 새로운 파일로 추가한다. 참고로 여기서는 D 플립플롭은 비동기 active-low preset 입력을 가진 D 플립플롭을 예시하였다.

```
-- dff.vhd

library ieee;
use ieee.std_logic_1164.all;

entity dff is
port(
   D, CLK, PRN : in std_logic;
   Q : out std_logic
);
end dff;

architecture behavior of dff is
begin
   process (PRN, CLK)
   begin
       if (PRN = '0') then
           Q <= '1';
       elsif (rising_edge(CLK)) then
           Q <= D;
       end if;
   end process;
end behavior;
```

▌그림 22.2 비동기 preset 기능을 포함한 D플립플롭의 VHDL코드(dff.vhd)

(b) 시뮬레이션을 위한 testbench 코드 생성

파일목록에서 마우스 우클릭 후 Add to Project-> New File을 선택하여 그림 22.3에 예시한 testbench 코드를 추가한다.

```
-- dff_tb.vhd

library ieee;
use ieee.std_logic_1164.all;

entity dff_tb is
end dff_tb;

architecture testdff of dff_tb is
component dff
port(
   D, CLK, PRN : in std_logic;
   Q : out std_logic
);
end component;
signal d, npre, q : std_logic;
signal clk : std_logic :='0';
begin
   U0 : dff port map (D=>d, CLK=>clk, PRN=>npre, Q=>q);
   CLK_GEN : process begin
       wait for 5 ns;
       clk <= not clk;
   end process CLK_GEN;

   d <= '1', '0' after 10 ns, '1' after 30 ns, '0' after 40 ns;
   npre <= '1', '0' after 18 ns, '1' after 23 ns, '0' after 48 ns;
end testdff;
```

▌그림 22.3 D 플립플롭 테스트를 위한 VHDL 코드(dff_tb.vhd)

(c) 시뮬레이션 검증

작성된 D 플립플롭 코드와 testbench 코드를 사용하여 시뮬레이션을 수행하고, 비동기 preset 기능을 가지는 D 플립플롭의 동작을 확인한다.

3 동기 카운터

클럭에 동기되어 1씩 증가하는 카운터를 구현한다. 여기에 modulo 개념을 적용하면 제한된 수 범위를 반복하여 계수하는 기능으로 구현할 수 있다.

(a) Modulo−16 up counter

클럭에 동기되어서 카운트 값이 0에서 15까지 반복적으로 계수된다. 그림 22.4에는 Modulo−16 up counter의 동작 파형을 나타내었다. 카운터 출력 q가 클럭의 positive edge에서 1씩 증가하여 0~15까지 카운트하는 동작을 반복하고 있다.

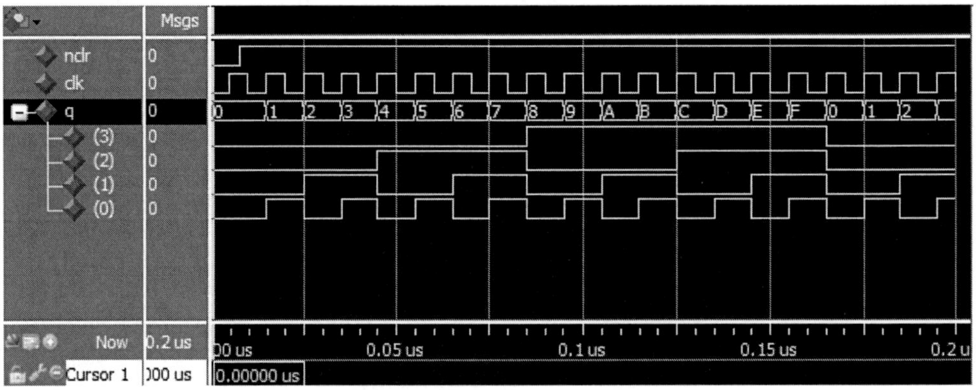

▎그림 22.4 Modulo−16 counter의 동작

그림 22.4와 같이 동작하는 카운터를 구현한 VHDL 코드를 그림 22.5에 예시하였다. 클럭의 positive edge마다 1씩 증가하는 기능은 VHDL에서 제공하는 덧셈 기능을 사용한다. 다만, 이를 위해서는 ieee.std_logic_unsigned.all package를 사용하여야 한다.

```
-- mod16cnt.vhd

library ieee;
use ieee.std_logic_1164.all;
use ieee.std_logic_unsigned.all;

entity mod16cnt is
port(
```

```
    clk, nclr : in std_logic;
    q : out std_logic_vector(3 downto 0)
);
end mod16cnt;

architecture behavior of mod16cnt is
signal sq : std_logic_vector(3 downto 0);
begin
    process(nclr, clk)
    begin
        if (nclr = '0') then
            sq <= "0000";
        elsif (rising_edge(clk)) then
            sq <= sq + "0001";
        end if;
    end process;

    q <= sq;
end behavior;
```

▌그림 22.5 Modulo-16 up counter(mod16cnt.vhd)

4 상태 미신(State Machine)

State machine은 현재 상태(state)를 저장하는 플립플롭과 현재 상태와 입력으로부터 다음 상태를 결정하는 조합논리회로로 구성된다. 여기서, 상태 머신의 출력을 결정하는 방식에 따라 크게 두 종류의 상태 머신으로 구분할 수 있는데, 입력이 출력에 직접적으로 반영되는지 여부에 따라 다음과 같이 구분할 수 있다.

- 밀리 머신(Mealy machine) : 출력이 현재 상태와 입력의 조합논리회로에 의해서 결정되는 경우.
- 무어 머신(Moore machine) : 출력이 현재 상태의 조합논리회로에 의해서 결정되며, 입력은 다음 상태의 결정에만 반영되는 경우.

개념적으로 보았을 때, 무어 머신은 밀리 머신에 포함되는 것으로 간주할 수도 있다.

(a) 밀리 머신

출력이 현재 상태와 현재 입력에 의해서 결정되는 상태 머신을 의미한다. 그림 22.6에는 밀리 머신의 블록선도를 나타내었다.

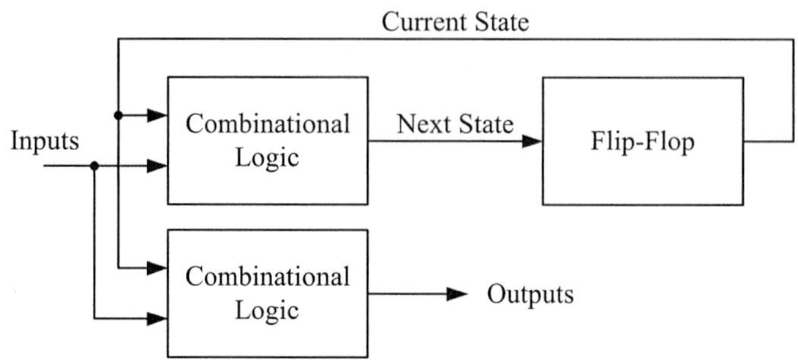

▌그림 22.6 **밀리 머신 형태의 상태 머신 구성**

간단한 밀리 머신의 예로 그림 22.7과 22.8에는 각각 밀리 머신의 상태도와 VHDL 코드를 예시하였다.

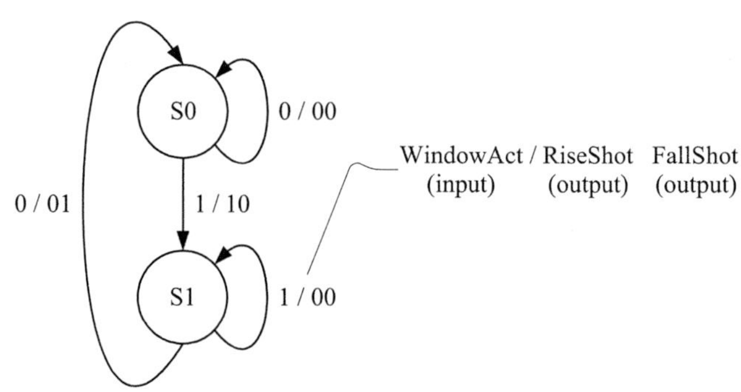

▌그림 22.7 **밀리 머신 상태도 예시**

그림 22.7의 상태도를 해석하면 다음과 같다.

- WindowAct 입력 신호가 0이면 다음 상태는 S0가 되고, 1이면 다음 상태가 S1이 됨.
- RiseShot 출력은 현재 상태가 S0이고 WindowAct 입력이 1인 경우에 1로 출력됨.
- FallShot 출력은 현재 상태가 S1이고 WindowAct 입력이 0인 경우에 1로 출력됨.

위의 상태도 및 해석을 종합하면 RiseShot이나 FallShot 출력 신호는 WindowAct 입력이 변화하고 다음 상태로 상태 천이가 발생하기 전까지 짧은 시간동안 1의 출력이 나타난다. 그림 22.8에는 그림 22.7의 상태도를 VHDL 코드로 구현한 것을 예시하였다.

```
-- RiseFallShot.vhd

library ieee;
use ieee.std_logic_1164.all;

entity RiseFallShot is
port(
   clk : in std_logic;
   reset : in std_logic;
   WindowAct : in std_logic;
   RiseShot, FallShot : out std_logic
);
end RiseFallShot;

architecture behavior of RiseFallShot is
type state_type is (s0, s1);
signal state : state_type;
begin
   process (clk, reset)
   begin
       if (reset = '0') then
          state <= s0;
       elsif (rising_edge(clk)) then
           case (state) is
               when s0 =>
                   if (WindowAct = '1') then
                       state <= s1;
                   else
                       state <= s0;
                   end if;
               when others =>
                   if (WindowAct = '0') then
                       state <= s0;
                   else
                       state <= s1;
```

```
                    end if;
                end case;
            end if;
    end process;

    process (state, WindowAct)
    begin
        if (state = s0 and WindowAct = '1') then
            RiseShot <= '1';
        else
            RiseShot <= '0';
        end if;

        if (state = s1 and WindowAct = '0') then
            FallShot <= '1';
        else
            FallShot <= '0';
        end if;
    end process;
end behavior;
```

▌그림 22.8 **밀리 머신 구현 코드**

(b) 무어 머신

출력이 현재 상태에 의해서만 결정되는 상태 머신을 의미한다. 그림 22.9에는 무어 머신의 블록선도를 나타내었는데, 입력이 다음 상태를 결정하는 조합논리회로에만 연결된 것을 확인할 수 있다.

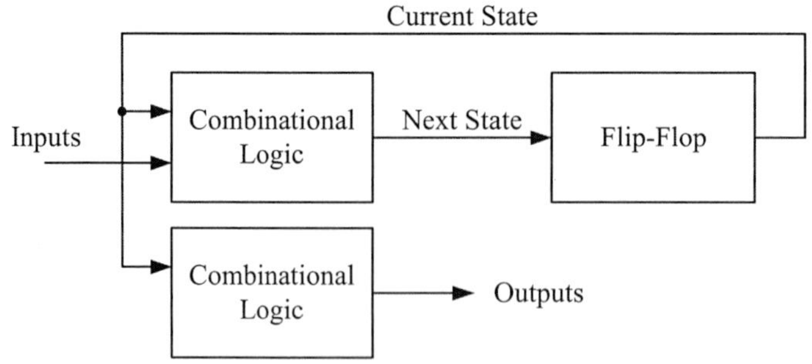

▌그림 22.9 **무어 머신 형태의 상태 머신 구성**

간단한 무어 머신의 예로 그림 22.10과 22.11에는 각각 무어 머신의 상태도와 VHDL 코드를 예시하였다.

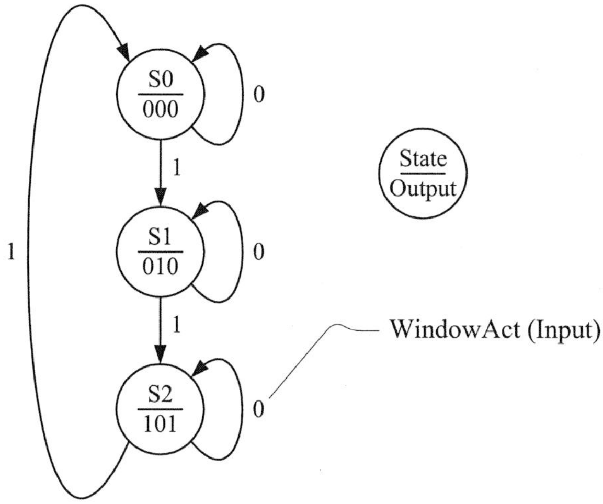

▌그림 22.10 **무어 머신 상태도 예시**

그림 22.10의 상태도를 해석하면 다음과 같다.

- WindowAct 신호가 0에서는 상태의 변화가 없으며, 1인 경우에는 S0 -> S1 -> S2 -> S0 의 순으로 상태가 변화.
- 3 비트 출력신호 y는 현재 상태가 S0인 경우는 "000", S1인 경우에는 "010", 그리고 S2인 경우에는 "101"을 출력.

그림 22.11에는 그림 22.10의 상태도를 VHDL 코드로 구현한 것을 예시하였다.

```
-- MooreMachine.vhd

library ieee;
use ieee.std_logic_1164.all;

entity MooreMachine is
port(
   clk : in std_logic;
   reset : in std_logic;
```

```
   WindowAct : in std_logic;
   y : out std_logic_vector(2 downto 0)
);
end MooreMachine;

architecture behavior of MooreMachine is
type STATE_TYPE is (s0, s1, s2);
signal state: STATE_TYPE;
begin
   process (clk, reset)
   begin
      if (reset = '0') then
         state <= s0;
      elsif (rising_edge(clk)) then
         case (state) is
               when s0 =>
               if (WindowAct = '1') then
                  state <= s1;
               else
                  state <= s0;
               end if;
               when s1 =>
               if (WindowAct = '1') then
                  state <= s2;
               else
                  state <= s1;
               end if;
               when others =>
               if (WindowAct = '1') then
                  state <= s0;
               else
                  state <= s2;
               end if;
            end case;
      end if;
   end process;
```

```
    process (state)
    begin
        case (state) is
            when s0 =>
                y <= "000";
            when s1 =>
                y <= "010";
            when others =>
                y <= "101";
        end case;
    end process;
end behavior;
```

▌그림 22.11 무어 머신 구현 코드

3 실험 기자재와 부품

1) Windows XP 이상의 PC

2) ModelSim-Altera Starter Edition

4 실험 절차

1 플립플롭 동작과 제어입력 실습

a) 그림 22.2와 22.3의 VHDL 코드를 활용하여 비동기 preset 기능을 가지는 D 플립플롭을 구현하고 ModelSim을 활용하여 검증하시오. ModelSim 프로젝트를 생성, VHDL 파일 추가 및 입력, 컴파일 및 시뮬레이션 절차는 20장의 내용을 참조하시오.

b) 1-a)의 결과에 비동기 clear 기능을 추가하고, testbench 파일을 수정한 후 ModelSim으로 시뮬레이션하여 동작을 검증하시오.

c) 동기 Preset과 동기 Clear 기능을 가지도록 프로그램을 수정하고 같은 2-b)에서 사용한 testbench 코드를 사용해서 시뮬레이션 한 후 결과를 비동기 제어 입력의 경우와 비교해 보시오.

2 동기 카운터의 동작 실습

a) 그림 22.5의 up counter 테스트를 위한 테스트벤치 프로그램을 작성하고 시뮬레이션을 통해 동작을 검증하시오.

b) Modulo-15 up 카운터 구현을 위한 코드를 작성하고 ModelSim에서 동작을 검증하시오. Modulo-15 카운터는 0에서 14까지 카운트하여야 한다.

3 상태 머신 구현

a) 그림 22.11의 무어 머신 예제 코드를 포함하는 새로운 프로젝트를 생성하시오.

b) 무어 머신 예제 코드의 동작을 확인하기 위한 테스트벤치 프로그램을 작성하고 동작을 확인하시오.

5 자체평가

1. D 플립플롭에서 비동기 clear와 동기 clear의 차이는?

2. Modulo-15 카운터는 (   )개의 카운터 비트를 필요로 한다.

3. Mealy Machine의 출력은 (   )에 의해서 결정된다.

제23장 FPGA를 이용한 LED 및 FND 구동

1 실험 목적

1) FPGA를 이용해서 논리회로를 구현한다

2) DigComV32 실습키트를 이용해서 LED와 FND를 사용한다.

3) 계수기와 FND를 이용해서 간단한 계수표시장치를 구현한다.

2 예비 지식

1 실습키트 소개

(a) DigComV32 실습키트

그림 23.1에는 본 실험에서 사용할 FPGA 실습키트인 DigComV32의 전체 하드웨어 구성을 나타내었다. DigComV32에서 사용할 수 있는 입출력 장치는 6개의 7 세그먼트 LED, 16개의 푸시버튼 스위치, 8개의 슬라이드 스위치 및 15개의 LED 등이 있다.

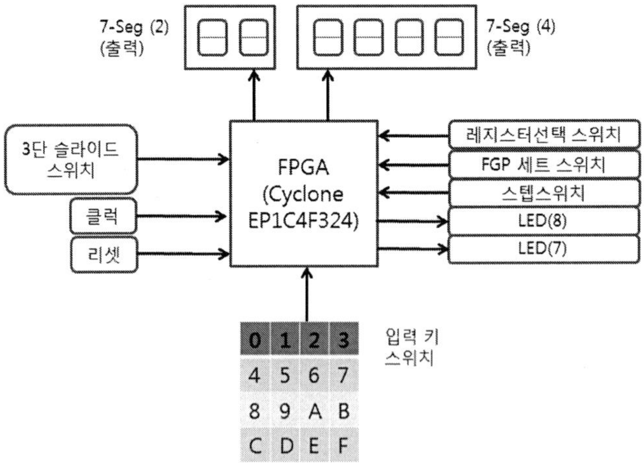

그림 23.1 DigComV32 구성도

(b) FPGA 핀 할당

그림 23.1에 나타낸 바와 같이 다양한 입출력 소자가 FPGA에 연결되어 있다. 이들을 사용하기 위해서는 각 입출력 소자가 연결된 FPGA의 단자를 알아야 한다. 본 실험에서 사용하게 될 LED와 7 세그먼트 LED가 FPGA에 연결된 단자를 표 23.1과 23.2에 요약하였다.

총 15개의 LED 중 8개를 본 실험에서 사용하며, 각 LED가 연결된 FPGA의 단자를 High로 설정하면 LED가 ON되며 Low 또는 Hi-Z로 설정하면 LED가 OFF된다. 참고로 LED는 다이오우드의 한 종류로서 전류가 흐를 때 빛이 발생하는 반도체 소자이다.

표 23.1 LED(D1~D8) 할당

LED 번호	D1	D2	D3	D4	D5	D6	D7	D8
FPGA Pin	R10	U10	V10	R11	V12	T13	U13	V13

7 세그먼트 LED는 총 8개의 LED를 조합하여 숫자나 문자를 표시하기 위한 용도로 사용된다. 여기서 소수점을 표시하기 위한 DP를 제외하면 7개의 LED가 사용되는데, 그림 23.2에 표시한 바와 같이 각 세그먼트의 이름은 A에서 G 세그먼트로 명명된다. 7 세그먼트 LED는 크게 공통 캐소드(common cathode)와 공통 애노드(common anode)로 구분할 수 있는데, 본 실험에서 사용하는 실습 키트에는 공통 캐소드가 탑재되어 있으며, 공통 단자는 회로에서 접지되어 있다. 따라서, 각 세그먼트를 ON 하기 위해서 FPGA에 연결된 단자를 High로 설정하여야 한다. 참고로 숫자 0을 표시하기 위해서는 A에서 F까지의 세그먼트는 ON하고, G 세그먼트는 OFF하여야 한다.

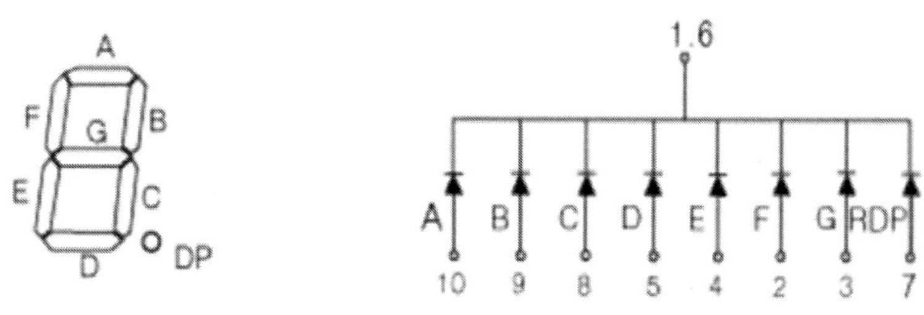

그림 23.2 7 세그먼트 LED(공통 캐소드)

실험에 사용할 실습 키트에는 총 6개의 7 세그먼트 LED가 장착되어 있으므로 총 42개의 FPGA 핀을 사용하고 있으며, 그 연결 상태는 표 23.2에 요약하였다.

▌표 23.2 7-세그먼트 LED (SEG1~SEG6) 핀 할당

SEG1	SEG1-A	SEG1-B	SEG1-C	SEG1-D	SEG1-E	SEG1-F	SEG1_G
FPGA Pin	B6	C6	D6	D5	C5	A4	B4
SEG2	SEG2-A	SEG2-B	SEG2-C	SEG2-D	SEG2-E	SEG2-F	SEG2_G
FPGA Pin	A8	B8	C8	E7	D7	B7	C7
SEG3	SEG3-A	SEG3-B	SEG3-C	SEG3-D	SEG3-E	SEG3-F	SEG3_G
FPGA Pin	D9	F9	A10	C9	B9	E8	A9
SEG4	SEG4-A	SEG4-B	SEG4-C	SEG4-D	SEG4-E	SEG4-F	SEG4_G
FPGA Pin	B11	C11	D11	A11	F10	C10	D10
SEG5	SEG5-A	SEG5-B	SEG5-C	SEG5-D	SEG5-E	SEG5-F	SEG5_G
FPGA Pin	F11	A13	B13	D12	C12	A12	B12
SEG6	SEG6-A	SEG6-B	SEG6-C	SEG6-D	SEG6-E	SEG6-F	SEG6_G
FPGA Pin	B15	C15	B16	A15	D14	D13	C16

2 4비트 카운터와 7 세그먼트 디코더의 설계

4비트 계수기를 사용해서 펄스의 개수를 카운트하고, 그 결과를 7 세그먼드에 출력하는 실험을 수행한다. 4비트 계수기에 들어가는 펄스는 DigComV32에 1MHz 시스템 클럭을 분주하여 사용한다.

(a) 4비트 카운터 설계

클럭 입력마다 1씩 증가하는 4비트 카운터를 설계한다. 그림 23.3에 예시한 카운터는 22장의 modulo-16 카운터에서 clear 신호를 삭제한 것 이외에 차이가 없다. 참고로 여기서 클럭의 positive edge를 감지하기 위하여 사용된 “rising_edge”는 std_logic_1164 package에 선언된 함수이다.

```
-- upcnt4.vhd

library ieee;
use ieee.std_logic_1164.all;
use ieee.std_logic_unsigned.all;

entity upcnt4 is
port(
   clk : in std_logic;
   q : out std_logic_vector(3 downto 0)
);
end upcnt4;

architecture behavior of upcnt4 is
signal sq : std_logic_vector(3 downto 0) := "0000";
begin
   process(clk)
   begin
       if (rising_edge(clk)) then
           sq <= sq + "0001";
       end if;
   end process;

   q <= sq;
end behavior;
```

▌그림 23.3 4 비트 카운터를 구현한 VHDL 코드(upcnt4.vhd)

(b) 7 세그먼트 디코더의 VHDL 설계

앞에서 설계한 4비트 카운터의 카운트 값을 7 세그먼트에 출력하기 위해서는 4 비트 바이너리 값으로부터 각 세그먼트에 연결된 FPGA 단자를 High 또는 Low로 출력하는 디코더가 필요하다. 그림 23.4에는 7 세그먼트 디코더의 일부분을 예시하였다.

디코더의 입력으로는 4 비트 바이너리 값이 카운터로부터 인가된다. 디코더에서는 case 문을 사용하여 해당 숫자를 표시하기 위한 7개의 출력 단자 상태를 결정한다. 참고로 출력 seg는 7 비트로 최상위 비트부터 세그먼트 A에서 G를 의미한다.

```
-- seg7dec.vhd

library ieee;
use ieee.std_logic_1164.all;
use ieee.std_logic_unsigned.all;

entity seg7dec is
port(
   val : in std_logic_vector(3 downto 0);
   seg : out std_logic_vector(6 downto 0)
);
end seg7dec;

architecture behavior of seg7dec is
signal sq : std_logic_vector(3 downto 0);
begin
   process(val)
   begin
       case (val) is
           when "0000" => seg <= "1111110";
           when "0001" => seg <= "0110000";
           -- 코드 추가 필요
           -- ...
           -- 코드 추가 필요
           when others => seg <= "1000111";
       end case;
   end process;
end behavior;
```

▌그림 23.4 **7 세그먼트 디코더(seg7dec.vhd)**

(c) 클럭 분주기

실습 키트에는 1 MHz 주파수의 오실레이터가 장착되어 있다. 이 1 MHz 클럭을 그대로 카운터에서 사용하여 동작시킨 카운터 값을 7 세그먼트에 표시하면 카운터 값이 1초에 백만 번 변경되기 때문에 값을 확인할 수 없다.(아마도 숫자 8이 표시될 것이다.) 따라서, 1 MHz의 시스템 클럭을 1 Hz로 분주하여 사용한다. 참고로 1 Hz의 클럭은 주기가 1초이며, 0.5초 동안은 High, 나머지 0.5초 동안은 Low 상태를 나타낸다. 그림 23.5에는 이를 위한 VHDL 코드를 예시하였다.

```
-- clkdiv.vhd

library ieee;
use ieee.std_logic_1164.all;
use ieee.std_logic_unsigned.all;

entity clkdiv is
port(
   mclk : in std_logic;
   clkout : out std_logic
);
end clkdiv;

architecture behavior of clkdiv is
signal cnt : std_logic_vector(19 downto 0) := "00000000000000000000";
signal sclk : std_logic := '0';
begin
   process (mclk)
   begin
       if (rising_edge(mclk)) then
           if (cnt >= "________________________") then
               cnt <= "00000000000000000000";
               sclk <= not sclk;
           else
               cnt <= cnt + "1";
           end if;
       end if;
   end process;

   clkout <= sclk;
end behavior;
```

그림 23.5 클럭 분주기를 구현한 VHDL 코드(clkdiv.vhd)

3 Quartus II 소프트웨어 활용법

지금까지는 VHDL 코드를 작성하고 컴파일하여 시뮬레이션하는 작업을 모두 ModelSim 소프트웨어를 활용하여 수행하였다. ModelSim은 VHDL 등 HDL 코드의 동작을 실제 하드웨어에 적용하기 전에 검증하기 위하여 사용하는 툴이다. 실제 FPGA에 작성한 코드를 적용하기 위해서는 해당 FPGA에 맞도록 합성한 후 사용하는 하드웨어에 다운로드하여야 한다. 이를 위해서 Altera 사에서 제공하는 소프트웨어가 Quartus II 이다. 여기서는 Quartus II 소프트웨어를 활용하여 VHDL을 컴파일하고 다운로드하는 방법을 소개한다. 이해의 편의를 위하여 8개의 LED에 증가하는 바이너리 값을 표시하는 예제로 진행한다.

(a) Quartus Ⅱ 프로젝트 생성

- Quartus II 프로그램을 실행시킨 후, 메뉴에서 File -> New를 선택하면 그림 23.6과 같이 팝업창이 나타나는데, 여기서 "New Quartus II Project"를 선택한다.

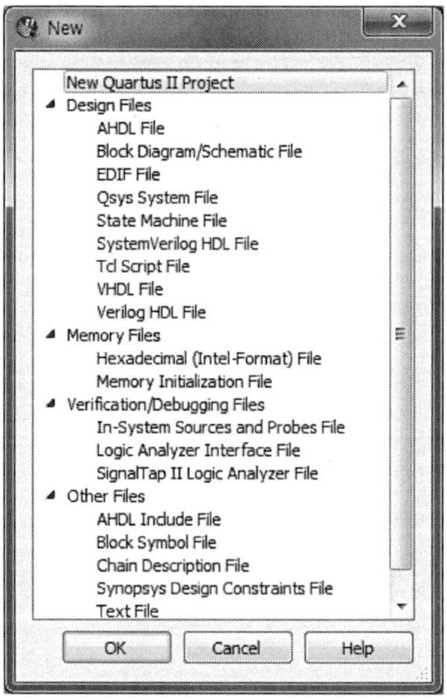

▌그림 23.6 **새 프로젝트 생성**

- "New Project Wizard"가 실행되는데, "Next"를 선택한다.
- 1단계 : 프로젝트를 생성할 경로명과 프로젝트명을 입력하는 창이 나타난다. 적절한 경로명과 프로젝트명을 입력한 후 "Next"를 선택한다. 한 가지 주의할 사항으로 경로명과 프로젝트명에 한글이나 공백이 포함되어서는 안된다. 여기서는 일단 경로명 "D:₩LEDTest", 프로젝트명은 "LEDTest"로 입력한다.
- 2단계 : 프로젝트에 추가할 파일을 선택하는 창이 나타나는데, 아직 작성한 코드가 없고, 추후에 추가할 수 있으므로 일단 "Next"를 선택한다.

- 3단계 : 사용할 FPGA를 선택하는 창이 나타난다. 실습 키트에 장착된 FPGA는 Cyclone Family의 EP1C4F324C8 device이므로 그림 23.7과 같이 선택한다. 여기까지 입력한 후 “Finish”를 선택하여 wizard를 종료한다.

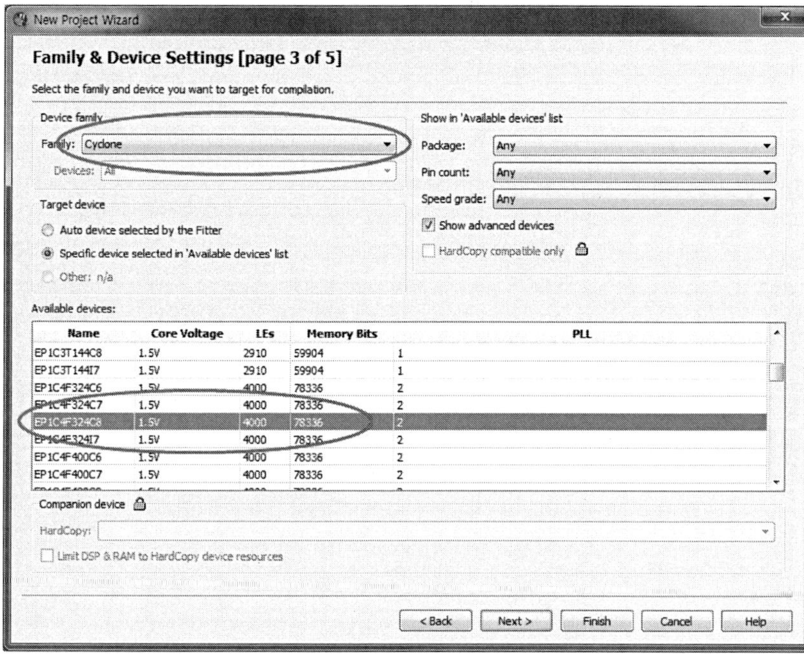

▌그림 23.7 **디바이스 선택**

(b) VHDL 코드 추가 및 컴파일

이제 Quartus II 소프트웨어의 프로젝트가 생성되었으므로 VHDL 코드를 프로젝트에 추가하고 작성한다.

- File->New->VHDL File을 선택하면 에디터 창이 나타난다. 여기에 그림 23.8에 제공된 코드를 입력한다. 설명을 추가하자면 이 코드는 1 MHz 클럭을 24 비트 카운터로 카운트하고, 최상위 8 비트를 8개의 LED에 출력하는 코드이다.

```
-- LEDTest.vhd

library ieee;
use ieee.std_logic_1164.all;
use ieee.std_logic_unsigned.all;

entity LEDTest is
port(
   mclk : in std_logic;
   LED : out std_logic_vector(8 downto 1)
);
end LEDTest;

architecture behavior of LEDTest is
signal cnt : std_logic_vector(23 downto 0) := "000000000000000000000000";
begin
   process (mclk)
   begin
       if (rising_edge(mclk)) then
           cnt <= cnt + "1";
       end if;
   end process;

   LED <= cnt(23 downto 16);
end behavior;
```

▌그림 23.8 LED Test 코드(LEDTest.vhd)

- 입력이 완료되면 파일명을 "LEDTest.vhd" 파일로 저장한다. 저장 위치는 프로젝트를 생성한 경로에 정확히 저장하여야 한다.
- 저장 후 메뉴에서 Processing -> Start Compilation을 선택하여 컴파일을 시작한다. Quartus II 프로그램에서는 VHDL을 컴파일하여 FPGA에 적용할 수 있는 코드를 생성한다. 컴파일 과정에서 에러가 발생하면 코드 입력 오류가 없는지 확인한다.

(c) FPGA 핀 할당

그림 23.8의 예제에서 사용하는 입출력 신호는 입력 1개와 출력 8개이다. 이제 적용할 하드웨어의 회로 정보를 입력하여야 한다. 이것은 입력인 클럭 신호와 출력인 8개의 LED 신호가 매우 많은 FPGA 핀 중에서 어디에 연결할지 Quartus II 프로그램에 알려주는 과정이다. 참고로 본 교재에서 사용하는 FPGA는 전체 핀 수가 324개이므로 정확한 핀 번호를 입력하지 않으면 동작하지 않는다.

- 메뉴에서 Assignments -> Pin Planner를 선택한다.
- 그림 23.9와 같은 "Pin Planner" 창이 나타나는데, "Node Name"아래에 우리가 선언한 입출력 신호가 총 9개 확인된다. "Location"위치에 표 23.1에 제공한 핀 번호를 참조하여 입력한다. 마우스로 해당 창을 클릭하면 콤보박스가 나타나서 선택할 수도 있고, 마우스로 클릭 후 키보드로 직접 입력해도 된다. 1 MHz 클럭이 입력되는 mclk는 "j3"으로 설정하여야 한다. 입력이 완료되면 창을 닫는다.

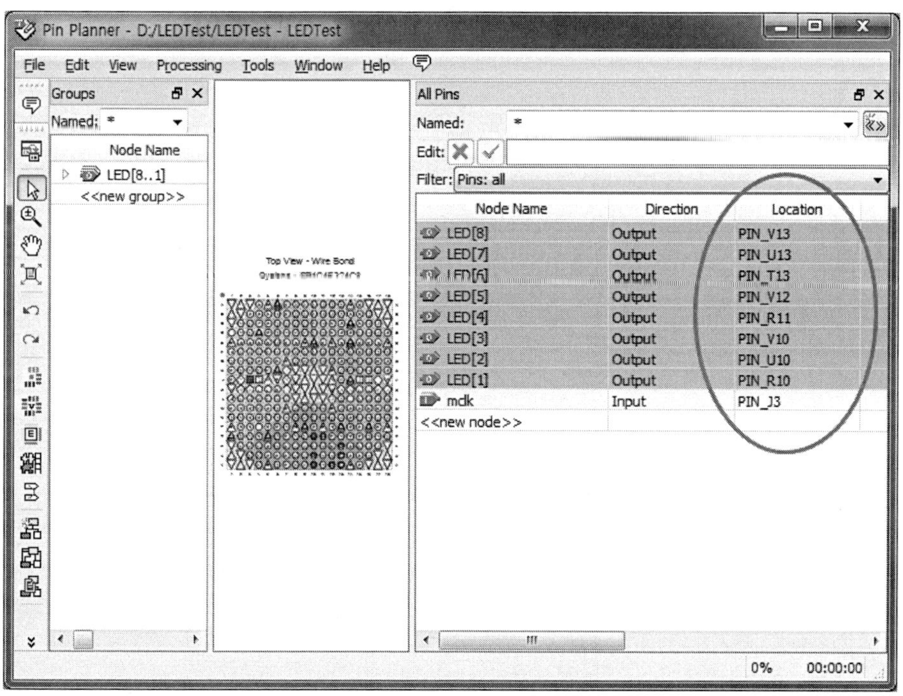

❙그림 23.9 FPGA 설정

d) 기타 설정

FPGA 핀 설정 외에 몇 가지 추가 설정할 사항은 다음과 같다.

■ 메뉴에서 Assignments -> Device를 선택하면 "Device" 창이 나타난다. 여기서 "Device and Pin Options"를 선택하면 "Device and Pin Options" 창이 나타난다.

■ 그림 23.10과 같이 "Configuration"을 선택한 후, "Configuration scheme"에서 "Active Serial"을 선택하고, "Configuration device" 항목에서 "EPCS1"을 선택한다. FPGA는 전원을 껐다가 켜면 적용했던 코드 정보가 모두 지워지는 RAM과 같은 특성이 있다. 이런 이유로 전원이 켜지면 자동으로 기존에 적용했던 코드가 동작하도록 하기 위하여 serial configuration ROM을 사용하는데, 본 교재에서 사용하는 실습 키트에 장착된 configuration ROM이 EPCS1이므로 컴파일할 때 알려주어야 한다.

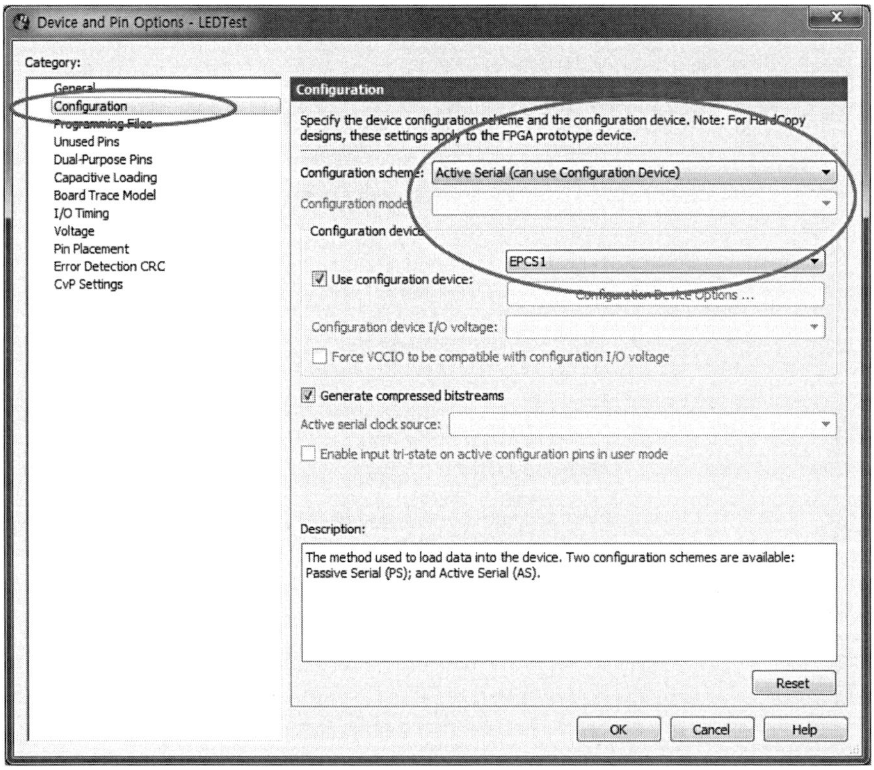

▎그림 23.10 Configuration Device 설정

■ 그림 23.11과 같이 "Unused Pins"을 선택한 후, 콤보박스를 이용하여 "As input tri-stated"를 선택한다. 이 실험에서 사용하는 입출력 신호는 실습 키트의 FPGA에 연결된 신호보다 훨씬 적다. 즉, 회로는 연결되어 있으나 사용하지 않는 핀이 매우 많다. 이 경우에 사용하지 않는 핀의 상태를 Hi-Z 상태로 설정하지 않으면

실습 키트에 손상이 발생할 수 있으므로 이와 같이 설정한다.

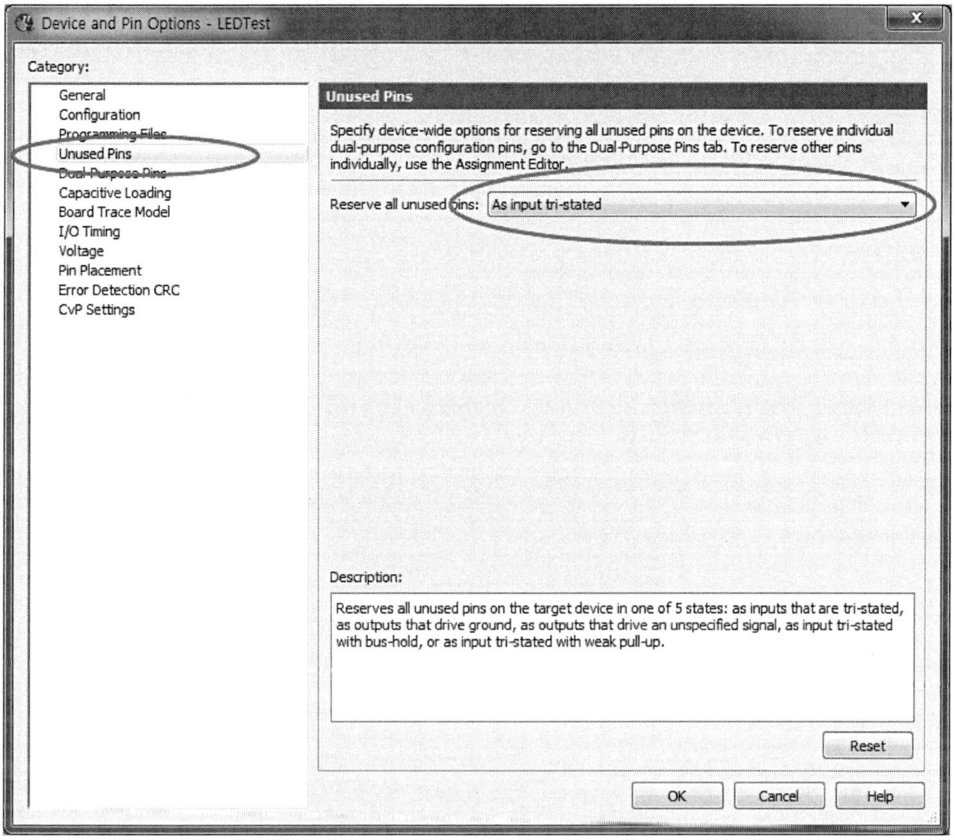

▌그림 23.11 Unused Pins 설정

(e) 재컴파일 및 다운로드

이제 모든 설정이 마무리되었으므로 다시 한번 컴파일한다. 컴파일 결과 프로젝트 폴더에 "LEDTest.pof" 파일이 생성된다. 이제 실습 키트에 다운로드해보자.

- PC의 USB 포트에 다운로드용 USB Blaster 또는 호환 케이블을 꼽는다.
- 실습 키트의 전원이 꺼진 상태에서 USB Blaster의 10핀 컨넥터를 실습 키트의 10핀 헤더에 연결한다.
- 실습 키트의 USB 단자와 PC의 다른 USB 포트를 연결한다. 이 USB 단자는 실습 키트에 전원을 공급하기 위하여 사용된다.
- 실습 키트 좌측 아래의 전원용 슬라이드 스위치를 조작하여 전원을 켠다.

- 이제 다운로드를 위하여 Quartus II 프로그램에서 Tools -> Programmer를 선택하면 그림 23.12와 같이 "Programmer" 창이 나타난다.
- "USB-Blaster"가 표시되었는지 확인한다. 만약 "No Hardware"로 표시되면 "Hardware Setup" 버튼을 클릭하여 USB Blaster를 설정한다.
- "Active Serial Programming"이 선택되었는지 확인한다. 만약 다른 설정이 적용되어 있으면 콤보박스를 이용하여 올바르게 설정한다.
- "LEDTest.pof"가 나타나지 않았으면 "Add File" 버튼을 클릭하고 "LEDTest.pof" 파일을 선택한다. "Program/Confiture"와 "Verify" 체크박스를 설정한 후, "Start" 버튼을 클릭하면 다운로드가 진행된다.
- 다운로드가 완료되면 바로 실습 키트에서 동작한다.

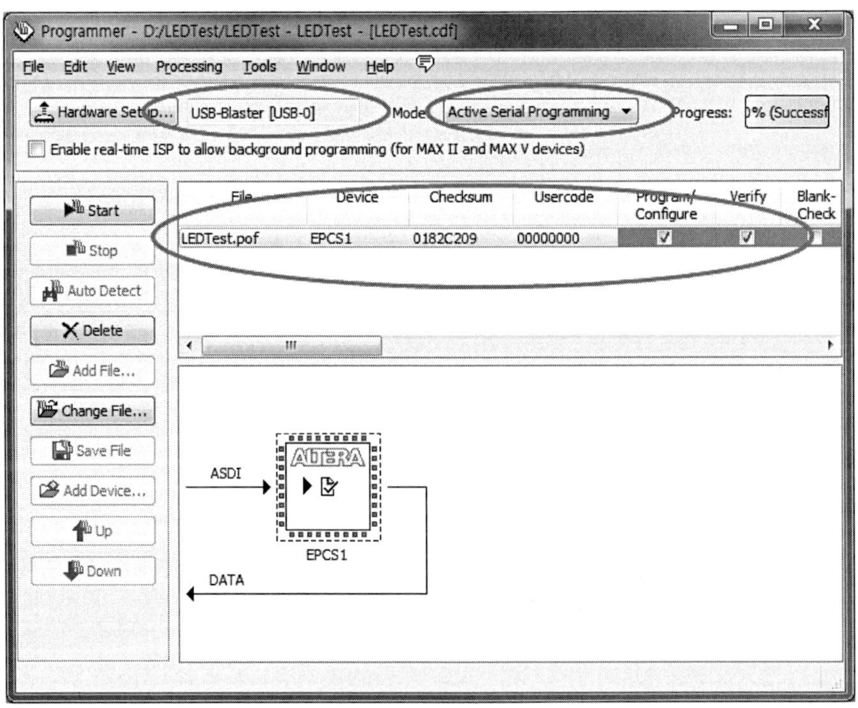

▌그림 23.12 Programmer

3 실험 기자재와 부품

1) Windows XP 이상의 PC

2) ModelSim 및 Quartus II 소프트웨어

3) FPGA 실습 키트(HyBus DigComV32)

4) FPGA 다운로드 케이블(USB Blaster 또는 호환품)

4 실험 절차

1 클럭 분주기, 4 비트 카운터, 7 세그먼트 디코더 구현

a) 1 MHz 클럭을 1 kHz로 분주하는 코드를 그림 23.5에 예시한 VHDL 코드를 이용하여 작성하시오. 테스트벤치 코드를 작성하고, ModelSim을 이용하여 정확히 1 kHz의 클럭이 출력되는지 확인하시오. 최종적으로는 1 Hz의 클럭 생성이 목표이지만 ModelSim으로 시뮬레이션할 때의 편의를 위하여 1 kHz로 검증한다.

b) 그림 23.3에 예시한 4 비트 카운터 코드를 작성하시오. 테스트벤치 코드를 작성하고, ModelSim을 이용하여 입력 클럭마다 카운트 값이 1씩 증가하여 출력되는지 확인하시오.

c) 그림 23.4에 예시한 7 세그먼트 디코더를 작성하되, 그림 23.2의 7 세그먼트 LED의 세그먼트별 이름을 고려하여 미입력된 코드를 완성하시오. 테스트벤치 코드를 작성하고, ModelSim을 이용하여 동작을 검증하시오.

2 Quartus II 프로그램 사용 실습

a) 3) Quartus II 소프트웨어 활용법에 나타낸 절차에 따라 Quartus II 사용 방법을 실습하시오.

b) 그림 23.8에 제공된 코드를 수정하여 LED의 점멸이 2배 빠르게 동작하도록 수정하고 실습 키트에 적용하여 확인하시오. 설정은 한번만 하면 되므로 VHDL 코드를 수정하고, 컴파일 후 바로 다운로드하면 된다.

c) 그림 23.8에서 제공된 코드는 LED1이 가장 빠르고 LED8이 가장 느리게 점멸한다. 코드를 수정하여 LED1이 가장 느리고 LED8이 가장 빠르게 점멸하도록 수정한 후 실습 키트에 적용하여 확인하시오.(여기서 핀 설정을 수정하지 말고 VHDL 코드를 수정하여 적용하시오.)

3 1 Hz 카운터 코드 작성

a) 실험 1)에서 클럭 분주기, 4 비트 카운터, 7 세그먼트 디코더에 해당하는 3개의 VHDL 코드를 작성하였다. 이 3개의 코드를 하나로 묶어 1 MHz 클럭을 이용하여 7 세그먼트에 표시되는 1초 단위로 값이 증가하는 코드를 작성한다. 여기서는 그림 23.13에 나타낸 계층적 구조를 적용한다.

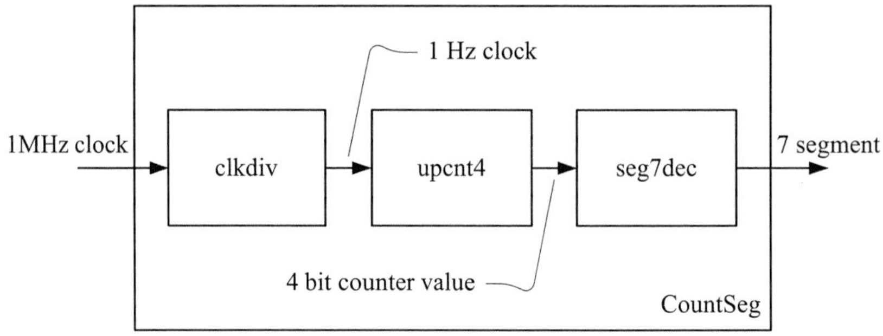

▌그림 23.13 1 Hz 카운터

b) Quartus II에서 "CountSeg"라는 프로젝트명으로 새 프로젝트를 생성한다. 앞에서 작성한 3개의 VHDL 코드 외에 "CountSeg.vhd" 파일을 프로젝트에 추가한 후 그림 23.14와 같이 입력한다. "CountSeg.vhd" 파일 내에서 clkdiv, upcnt4, seg7dec를 객체로 생성하여 사용한다. CountSeg의 역할은 3개 블록간의 신호를 연결해주는 기능을 담당한다.

```
-- CountSeg.vhd

library ieee;
use ieee.std_logic_1164.all;
use ieee.std_logic_unsigned.all;

entity CountSeg is
port (
   mclk : in std_logic;

   SEG1 : out std_logic_vector(7 downto 1)
);
end CountSeg;

architecture eelab_arch of CountSeg is
component clkdiv
port(
   mclk : in std_logic;
   clkout : out std_logic
);
end component;

component upcnt4
port(
   clk : in std_logic;
   q : out std_logic_vector(3 downto 0)
);
end component;

component seg7dec
port(
   val : in std_logic_vector(3 downto 0);
   seg : out std_logic_vector(6 downto 0)
);
end component;
signal oclk : std_logic;
signal cnt : std_logic_vector(3 downto 0);
```

```
signal segout : std_logic_vector(6 downto 0);
begin
   U0 : clkdiv port map (mclk=>mclk, clkout=>oclk);
   U1 : upcnt4 port map (clk=>oclk, q=>cnt);
   U2 : seg7dec port map (val=>cnt, seg=>segout);

   SEG1 <= segout;
end eelab_arch;
```

▌그림 23.14 CountSeg 예제의 최상위 계층(CountSeg.vhd)

c) 메뉴에서 Project -> Add/Remove Files in Project를 선택하면 Setting 창이 나타나는데, 여기서 기존의 VHDL 파일 3개(clkdiv.vhd, upcnt4.vhd, seg7dec.vhd)를 프로젝트에 추가한다. 이 때, 앞에서 clkdiv.vhd 작성에서는 1 MHz를 1 kHz로 분주하였는데, 1 Hz로 출력하도록 코드를 수정하여 적용한다.

d) 이 후의 절차는 앞에서 설명한 내용과 동일하다. 컴파일 후 핀 설정, configuration device 설정, unused pin 설정을 수행하고 다시 컴파일한다. 실습 키트에 다운로드하여 동작을 확인한다.

e) 코드를 수정하여 LED1 ~ LED4에 카운터 출력 값을 바이너리 형태로 표시하도록 코드를 수정하시오.

5 자체평가

1. DigComV32에 사용된 FPGA 소자의 family 명은 (　　　　　) 이다.

2. clk의 상승에지를 감지하여 동기신호로 쓰기 위한 함수는 (　　　　　　)이다.

3. 1Hz 신호를 만들기 위해서 클럭 신호를 (　　　　)분주 하였다.

4. FPGA 프로그래밍을 위해서 사용하고 있는 USB-Blaster의 모드는 (　　　　　　)이다.

5. Quartus 프로그램을 이용하여 FPGA 모듈에 디지털회로를 구현하기 위해서는 프로젝트 생성, 코드작성, 컴파일, (　　　), 컴파일, (　　　)의 과정을 거친다.

제24장 FPGA를 활용한 스위치 인터페이스

1 실험 목적

1) 스위치를 활용한 디지털 신호 생성 회로를 이해한다.
2) FPGA에서 스위치 신호를 입력받는 방법을 실습한다.
3) 스위치에서 발생하는 채터링(chattering) 현상을 제거하는 디바운싱(debouncing) 회로에 대하여 이해한다.
4) 여러 개의 스위치를 사용하는 경우에 입력된 스위치를 LED 및 FND를 활용하여 검증하는 VHDL 코드를 실습한다.

2 예비 지식

1 스위치

스위치는 전기/전자 회로에서 회로의 일부분을 개방(open) 또는 단락(short) 시키는 기능을 한다. 그림 24.1에는 일상생활에서 흔히 사용되는 전등의 ON/OFF 회로를 간략히 표현하였다. 220V 전원과 전등 사이에 스위치를 설치하고, 스위치를 닫으면 전등이 전원에 연결되어 불이 켜지고, 반대로 스위치를 열면 전원과 전등의 연결이 끊어져서 불이 꺼진다. 이 경우에서 스위치의 역할은 전원과 전등 사이에 전류가 흐르거나 흐르지 않도록 제어하는 역할을 한다. 스위치의 종류와 스위치를 활용하는 방식은 매우 다양하지만 기본적인 스위치의 동작은 회로를 연결하거나 끊어서 전류가 흐르거나 흐르지 않도록 제어하는 것으로 이해할 수 있다.

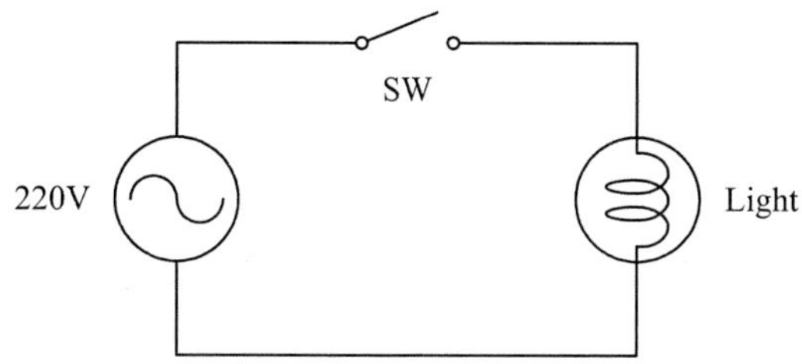

그림 24.1 전등의 ON/OFF 제어를 위한 스위치 활용

2 스위치의 구분

대부분의 스위치는 사용자의 조작에 의하여 기계적으로 단자를 단락 또는 개방하는 소자이다. 스위치의 단락과 개방 상태를 유지하는 토글(toggle) 스위치와 입력이 없을 때의 상태로 복귀하는 스위치 등 그 종류는 매우 다양하지만 스위치를 구분하는 구분 기준은 접점과 단자의 수로 구분하는 경우가 일반적이며, 대표적인 예를 표 24.1에 나타내었다.

표 24.1에서 사용된 pole과 throw의 의미는 다음과 같다.

- Pole : 스위치에 의해 단락 또는 개방이 결정되는 회로의 수
- Throw : 스위치에서 선택할 수 있는 단락 상태의 수

표 24.1 스위치 구분

구분	구분 설명	기호
SPST	Single Pole Single Throw	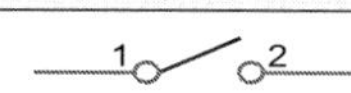
SPDT	Single Pole Double Throw	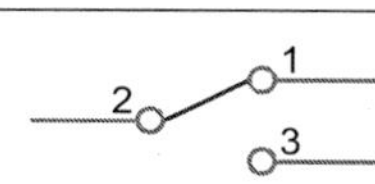
DPST	Double Pole Single Throw	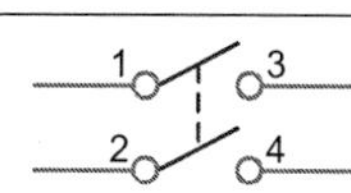
DPDT	Double Pole Double Throw	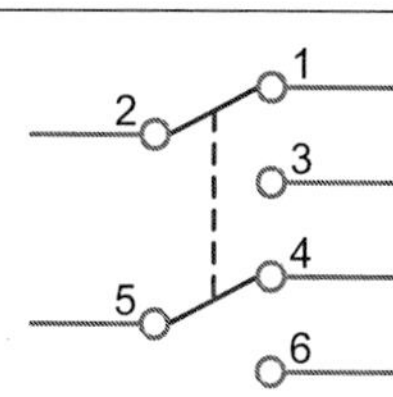

(a) SPST(Single Pole Single Throw)

회로 1개의 단락 또는 개방 상태를 결정할 수 있는 스위치로서 가장 단순한 스위치이다. 푸시버튼 스위치 또는 슬라이드 스위치 등의 형태로 구현될 수 있으며, 대표적인 예는 표 24.2에 나타내었다. 택트 스위치는 푸시버튼의 한 종류이며, 표 24.2에 나타낸 택트 스위치2는 4개의 단자가 있지만 단자 1, 2와 단자 3, 4가 스위치 내부에서 연결되어 있으므로 전기적으로는 택트 스위치1과 동일하다.

표 24.2 SPST 스위치 예시

	택트 스위치1	택트 스위치2	딥 스위치	푸시버튼 스위치
스위치 예시				
회로 기호	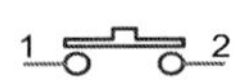	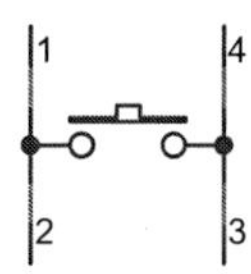	 X2	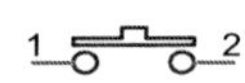

(b) SPDT(Single Pole Double Throw)

표 24.1의 SPDT 스위치에서 2번 단자는 공통(common) 단자로서 1번 단자에 연결되거나 3번 단자에 연결될 수 있다. 슬라이드 스위치 또는 토글 스위치가 대표적이며, 표 24.3에 나타낸 것과 같이 전기적인 회로 기호는 모두 동일하다. 1개의 공통 단자와 3개 이상의 연결 단자로 구성된 스위치는 SP3T, SP4T 등으로 불린다.

표 24.3 SPDT 스위치 예시

	토글 스위치	슬라이드 스위치	로커 스위치
스위치 예시			
회로 기호	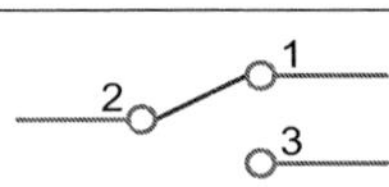	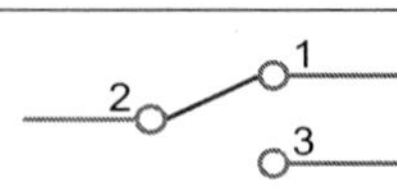	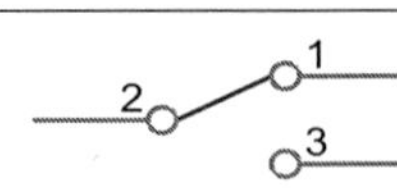

(c) DPST(Double Pole Single Throw)

한번의 스위치 조작으로 2개의 회로를 동시에 단락 또는 개방하는 스위치의 종류이다. 딥 스위치는 다수의 SPST 스위치를 개별적으로 조작할 수 있는 반면, DPST 스위치는 2개의 SPST 스위치를 동시에 조작하는 스위치이다. 3개 이상의 SPST를 동시에 조작하는 스위치는 3PST 또는 4PST 등으로 불린다.

(d) DPDT(Double Pole Double Throw)

2개의 SPDT 스위치를 동시에 조작하는 스위치이다. 참고로 pole의 수 또는 throw의 수가 3개 이상으로 구성되는 DP3T, 3PDT, 3P3T 등의 스위치도 있다.

3 디지털 회로에 스위치 신호 입력

앞서 예를 들어 설명한 전등의 ON/OFF 용도로서의 스위치는 전기 에너지를 부하에 전달하는 용도로 사용되었다. 반면, TV 리모콘을 예로 들면 스위치 입력에 따라 볼륨을 조절하거나 채널을 변경하는 용도로 사용되는데, 이 경우에는 사용자의 스위치 조작 정보를 디지털 신호로 변환하여 회로에 전달하는 기능을 수행한다. 즉, 스위치 입력 상태의 정보를 디지털 신호인 High 또는 Low의 상태로 출력하고, 이를 FPGA 또는 마이크로 프로세서 등을 활용한 디지털 회로에서 입력으로 사용하여 처리하는 방식이다. 스위치를 활용하는 용도는 다르지만 이 경우에도 스위치의 동작은 전류를 ON/OFF 제어하는 기능에서 벗어나지 않는다. 그림 24.2에는 스위치 입력 상태를 디지털 신호로 나타내는 회로를 예시하였다.

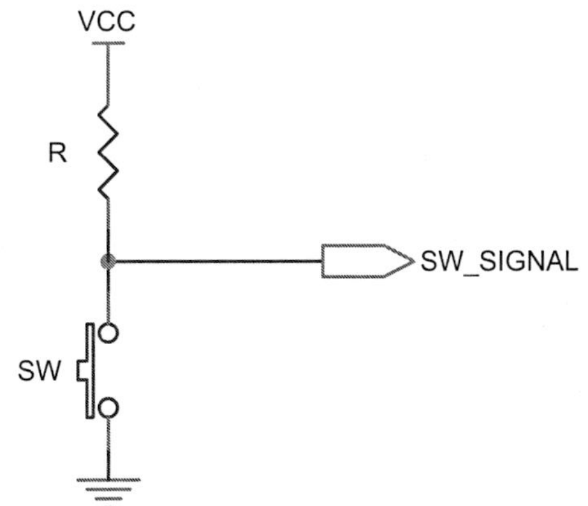

그림 24.2 **스위치 입력 생성 회로(Active Low)**

그림 24.2에서 사용자가 스위치를 누르지 않으면 스위치 회로는 개방되어 SW와 R에는 전류가 흐르지 않고, 스위치를 누르면 SW와 R에 전류가 흐르게 된다. 전류가 흐를 때와 흐르지 않을 때, SW_SIGNAL 단자의 전압은 각각 GND와 Vcc 상태를 나타내므로 디지털 신호 Low와 High에 해당한다.

그림 24.2의 회로와 유사하지만 그림 24.3과 같은 회로를 구성할 수도 있다. 그림 24.3의 회로에서는 스위치와 저항의 위치를 바꾸어서 스위치를 누를 때와 누르지 않을 때, SW_SIGNAL 단자에는 각각 High와 Low 상태의 디지털 신호가 출력된다. 스위치 신호의 극성이 그림 24.2의 경우와 반대이지만 동작 원리는 두 경우에 동일하다.

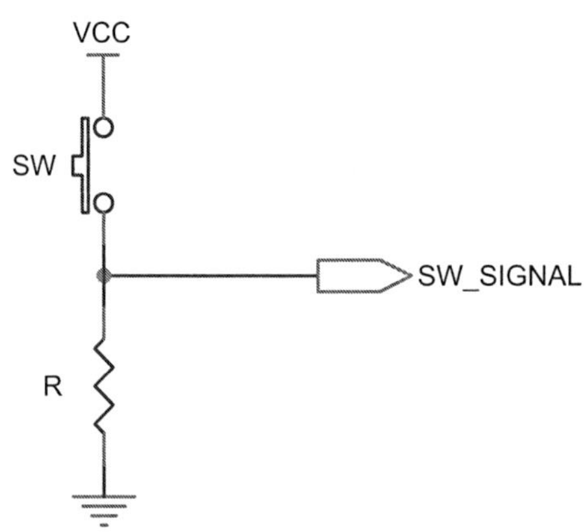

그림 24.3 **스위치 입력 생성 회로(Active High)**

4 스위치의 채터링(또는 바운싱) vs. 디바운싱

대부분의 스위치에서는 사용자가 스위치를 누르거나 뗄 때, 스위치 접점이 여러 번 붙었다가 떨어지는 과도 현상이 발생하는데, 이를 스위치 접점의 바운싱(bouncing) 또는 채터링(chattering)이라 한다. 스위치에서 채터링 현상은 기계적 접점의 스프링 성분으로 인하여 발생하는 것으로 기계적 스위치를 사용하는 한 피할 수 없는 문제이다. 이러한 채터링 현상은 스위치의 상태가 전환되는 짧은 순간에만 발생하는데, 채터링 횟수 및 시점은 정확히 알 수 없으나 통상적으로 스위치 상태 전환 직후 수십 msec 이내에 사라진다. 그림 24.4에는 그림 24.2의 active low 스위치 회로에서 스위치 신호에 발생하는 채터링 현상을 나타내었다. 여기서 L은 채터링이 지속되는 최대 시간을 의미하는데, 대략 수십 msec로 간주할 수 있다.

▌그림 24.4 **스위치 입력 생성 회로(active low)**

이러한 채터링 현상은 스위치를 사용하는 용도에 따라 시스템의 오동작을 유발하기도 한다. 예를 들어, 스위치가 눌리면 LED를 켜고 스위치를 떼면 LED를 끄는 예제를 생각해보면 스위치의 On/Off 전환 시 발생하는 채터링 현상이 큰 문제를 유발하지 않는다. 하지만, 스위치가 눌린 횟수를 카운트하는 시스템에서는 실제 스위치를 누른 횟수보다 많이 카운트하는 현상이 발생하게 된다. TV 리모컨의 음량 조절 스위치를 예를 들면 사용자가 스위치를 한 번만 눌렀는데도 채터링 현상에 의하여 음량이 몇 단계 이상 변할 수도 있다. 따라서, 스위치 신호를 사용할 때는 채터링 현상을 제거하는 디바운싱 회로를 적용하여야 한다. 디바운싱 회로는 아날로그 방식과 디지털 방식을 사용할 수 있다.

(a) 아날로그 디바운싱 회로

스위치 신호의 채터링 현상을 제거하는 방법으로 아날로그 신호처리 회로를 이용하는 방법을 그림 24.5에 나타내었다. 그림 24.5에서 SW_SIG에는 그림 24.4와 같은 채터링 현상이 발생하는데, 이를 RC 저역통과필터를 이용하여 고주파 성분을 제거한 SW_LPF 신호로 변환하고, 슈미트 트리거(schmitt trigger) NOT 게이트를 활용하여 채터링이 없는 디지털 신호로 변환하는 방식을 사용한다. 실험에 사용되는 실습 키트에도 그림 24.5와 같은 디바운싱 회로가 포함되어 있다.

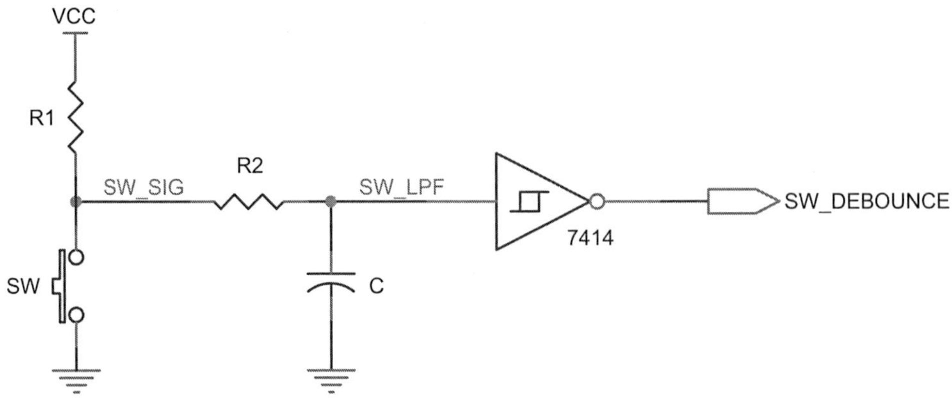

ǀ 그림 24.5 **아날로그 디바운싱 회로**

그림 24.6에는 그림 24.5의 디바운싱 회로를 적용하였을 때, 각각의 신호를 나타내었다. SW_LPF 신호를 생성하는 저역통과필터의 특성은 R과 C에 의한 시정수(time constant)에 의하여 결정되는데, 앞에서 언급한 채터링이 지속되는 시간보다 큰 시정수로 설정하여야 한다. 그림 24.5의 회로에서는 스위치를 누를 때와 뗄 때의 시정수가 다음과 같이 정리된다.

- 스위치 누를 때(방전) : $\tau_1 = R_1 C$
- 스위치 뗄 때(충전) : $\tau_2 = (R_1 + R_2)C$

7414는 슈미트 트리거 기능이 내장된 NOT 게이트로서 일반 NOT 게이트와는 다르게 비교 전압이 Vth1과 Vth2로 2개가 있다. 입력이 Vth1보다 작으면 출력은 High가 되고, 입력이 Vth2보다 높으면 출력은 Low가 된다. 입력이 Vth1과 Vth2 사이의 전압이면 출력 상태는 이전 상태를 유지하게 되어 작은 노이즈 성분이 출력에 나타나지 않도록 한다.

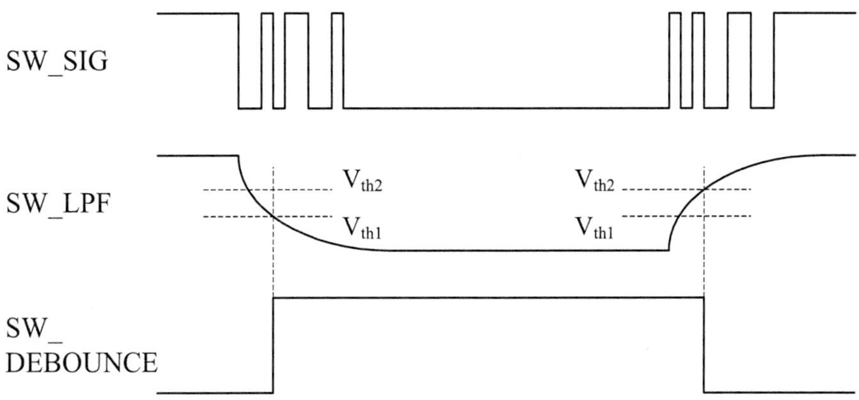

▎그림 24.6 **아날로그 디바운싱 회로의 신호 파형**

(b) 디지털 디바운싱 회로

스위치의 채터링 현상을 제거하는 또 다른 방법으로 디지털 방식을 적용할 수 있다. 디지털 방식의 디바운싱 회로에서는 스위치 신호가 변화한 후 일정 시간동안의 스위치 신호 변화를 무시하는 방식이다. 여기서 스위치 입력을 무시하는 시간은 채터링이 발생하는 최대 시간으로 대략 수십 msec로 설정하여야 한다. 그림 24.7에는 디지털 방식의 디바운싱 회로를 적용할 때의 신호 파형을 나타내었다. SW Signal Ignore는 SW 신호에 에지가 발생한 후 일정 시간동안 스위치 신호를 무시하는 구간으로 빠른 마스터 클럭을 이용한 타이머를 구현하여 적용하여야 한다.

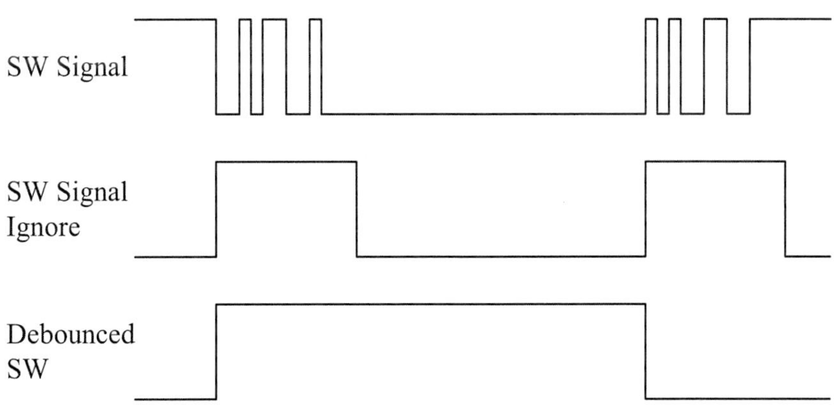

▎그림 24.7 **디지털 디바운싱 회로의 신호 파형**

5 스위치 신호 상태 변화의 감지

스위치 신호를 디지털 회로에서 사용하는 방법은 High 또는 Low 상태의 레벨을 감지하는 방법과 High⇒Low 또는 Low⇒High 상태로의 변화인 에지(edge)를 감지하는 방법이 있다. 여기서는 스위치 디바운스 회로를 적용하여 채터링이 없는 스위치 신호를 사용하는 것을 가정한다.

(a) 레벨 검출(level detection)

신호의 레벨을 감지하는 것은 스위치가 눌린 상태인지 아닌지를 감지하는 방법으로 현재의 스위치 상태만을 알 수 있다. 현재 스위치 신호의 상태에 따라 동작하므로 과거의 정보를 기억하는 플립플롭을 사용하지 않아도 된다. 비교적 간단히 구현할 수 있는 장점이 있는 반면 하나의 스위치로 다양한 기능을 구현할 수 없는 단점이 있다.

(b) 에지 검출(edge detection)

신호의 에지를 감지하는 것은 과거의 상태와 현재 상태를 비교하여 발생한 차이를 감지하는 방법이다. 과거의 상태를 기억하기 위해서 반드시 마스터 클럭에 동기되는 플립플롭을 사용하여야 하고, 플립플롭에 저장된 과거 상태와 현재 상태를 비교하여 에지를 감지한다.

그림 24.8에는 스위치 신호의 에지를 검출하는 디지털 회로를 예시하였다. DFF에 저장되는 신호 SW_SIGz는 이전 클럭 에지에서의 스위치 상태이다. NegEdgeDet와 PosEdgeDet는 스위치 신호가 각각 High⇒Low, 또는 Low⇒High 상태로 변할 때 High 상태를 가지는데, 이 두 에지 검출 신호의 논리식을 VHDL로 표현하면 다음과 같다.

- NegEdgeDet 〈= not SW_SIG and SW_SIGz;
- PosEdgeDet 〈= SW_SIG and not SW_SIGz;

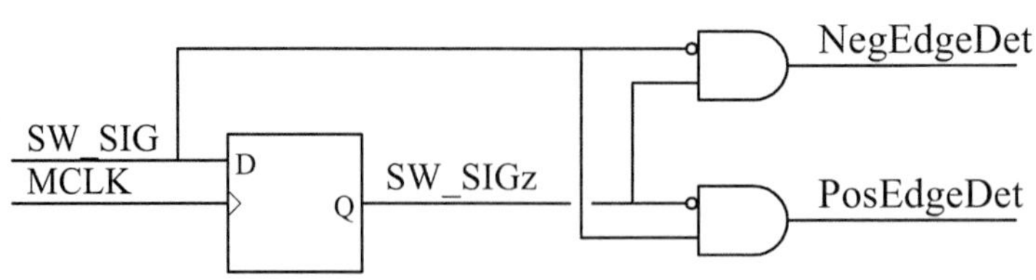

▎그림 24.8 에지 검출 회로

그림 24.9에는 그림 24.8의 에지 검출 회로가 동작하는 타이밍도를 나타내었다.

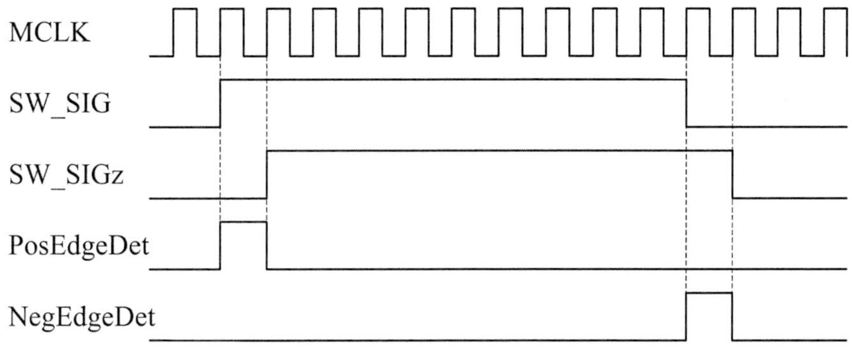

▎그림 24.9 **에지 검출 타이밍도**

6 동기화 회로(Synchronizer)

최근 대부분의 디지털 시스템은 마스터 클럭에 동기되어 동작하는 동기식 설계 방식을 적용한다. 동기식 설계를 적용하면 디지털 시스템 내부의 모든 디지털 상태 변화가 마스터 클럭의 상승 또는 하강 에지의 시점에서 발생한다. 하지만, 스위치 입력은 디지털 시스템 외부에서 인가되는 신호이므로 클럭과 무관한 비동기 신호이다. 비동기 신호를 동기식 디지털 회로에 인가할 때는 디지털 High 또는 Low 상태가 아닌 meta-stability 등의 문제가 발생할 가능성이 있는데, 이로 인한 시스템의 오동작은 항상 발생하는 것이 아니므로 원인을 제거하기가 어렵다. 이러한 비동기 신호를 동기식 시스템에 적용하기 위해서는 입력 신호를 마스터 클럭에 동기시키는 동기화 회로를 적용하여야 한다. 동기화 회로는 그림 24.10에 나타낸 것과 같이 여러 단의 D 플립플롭을 통과시키는 형식이며, D 플립플롭의 수가 많을수록 meta-stability의 가능성은 줄어든다. 3~4개의 D 플립플롭을 적용하면 큰 문제없이 사용할 수 있다.

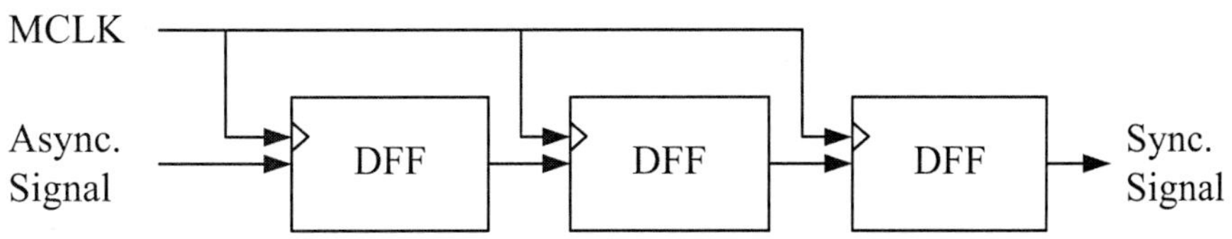

▎그림 24.10 **간단한 동기화 회로의 구조**

3 실험 기자재와 부품

1) Windows XP 이상의 PC
2) ModelSim 및 Quartus II 소프트웨어
3) FPGA 실습 키트(HyBus DigComV32)
4) FPGA 다운로드 케이블(USB Blaster 또는 호환품)

4 실험 절차

1 푸시버튼 스위치 동작 확인

a) 푸시버튼 스위치의 상태를 LED에 출력하는 그림 24.11의 코드를 입력하고, Quartus II에서 컴파일 후 실습 키트에 다운로드한다. '0'에서 '3'까지의 푸시버튼 스위치를 조작하면서 해당 LED의 ON/Off 상태를 표 24.4에 정리하시오. Quartus II 프로젝트 생성, FPGA 핀설정 등의 내용은 23장을 참조하시오.

```
library ieee;
use ieee.std_logic_1164.all;

entity EELab is
port (
   KEY_INP     :   in std_logic_vector(3 downto 0);
   LED         :   out std_logic_vector(4 downto 1)
);
end EELab;

architecture eelab_arch of EELab is
begin
   LED(4 downto 1) <= KEY_INP(3 downto 0);
end eelab_arch;
```

그림 24.11 푸시버튼 스위치 동작 확인용 코드

▌표 24.4 푸시버튼 스위치 실험 결과

스위치	ON/OFF	논리값	LED	ON/OFF	논리값
SW0	OFF		LED1	OFF	0
	ON				
SW1	OFF		LED2		
	ON				
SW2	OFF		LED3		
	ON				
SW3	OFF		LED4		
	ON				

b) 위 실험에서 LED는 해당 신호가 '1'일 때 켜진다. 이로부터 푸시버튼 스위치가 눌렸을 때와 눌리지 않았을 때의 KEY_INP 입력의 상태를 '0' 또는 '1'로 확인하여 표 24.4를 완성하시오.

c) 스위치가 눌렸을 때 LED가 꺼지고 스위치가 눌리지 않았을 때 LED가 켜지도록 위 코드를 수정하시오.

2 슬라이드 스위치 동작 확인

a) 슬라이드 스위치의 상태를 LED에 출력하도록 그림 24.12의 코드를 완성하시오. 슬라이드 스위치 SW24~27를 조작하면서 해당 LED의 ON/Off 상태를 확인하여 표 24.5를 작성하시오. Quartus II 프로젝트 생성, FPGA 핀설정 등의 내용은 23장을 참조한다.

```
library ieee;
use ieee.std_logic_1164.all;

entity EELab is
port (
   S_SW        :  in std_logic_vector(4 downto 1);
   LED         :  out std_logic_vector(4 downto 1)
);
end EELab;

architecture eelab_arch of EELab is
begin
   LED(4 downto 1) <= ___________________;
end eelab_arch;
```

▌그림 24.12 슬라이드 스위치 동작 확인용 코드

▌표 24.5 슬라이드 스위치 실험 결과

스위치	ON/OFF	논리값	LED	ON/OFF	논리값
S_SW1	OFF		LED1	OFF	0
	ON				
S_SW2	OFF		LED2		
	ON				
S_SW3	OFF		LED3		
	ON				
S_SW4	OFF		LED4		
	ON				

b) 위 실험에서는 4개의 슬라이드 스위치와 4개의 LED를 사용하였다. 8개의 슬라이드 스위치와 8개의 LED를 사용하도록 VHDL 코드를 수정하고 동작을 확인하시오.

3 푸시버튼 스위치 신호의 에지 검출

a) 푸시버튼 스위치의 상태가 변할 때에 동작하는 코드를 작성하기 위해서는 스위치 신호가 Low에서 High로 변하거나 High에서 Low로 변화하는 상태를 검출하여야 한다. 그림 24.13과 24.14의 VHDL 코드를 ModelSim으로 확인하고, 실습 키트에 다운로드하여 동작을 확인하시오. Quartus II 프로젝트 생성, FPGA 핀설정 등의 내용은 23장을 참조한다.

b) 위 실험에서는 '0'과 '1'의 스위치를 누르는 순간 LED가 반응하였다. 코드를 수정하여 스위치를 눌렀다가 뗄 때 반응하도록 수정하시오.

```
library ieee;
use ieee.std_logic_1164.all;

entity tb_EELab is
end tb_EELab;

architecture behavior of tb_EELab is
component EELab
port (
   MCLK          :   in std_logic;
   KEY_INP       :   in std_logic_vector(1 downto 0);
   LED           :   out std_logic_vector(2 downto 1)  := "00"
);
end component;

signal sCLK : std_logic := '0';
signal sKEY_INP : std_logic_vector(1 downto 0)  := "00";
signal sLED : std_logic_vector(2 downto 1)  := "00";
begin
   u1 : EELab port map (MCLK=>sCLK, KEY_INP => sKEY_INP, LED => sLED);

   CLK : process begin
       wait for 500 ns;
       sCLK <= not SCLK;
```

```
    end process CLK;

    INPUT : process begin
        wait for 5000 ns;    sKEY_INP <= "01";
        wait for 5000 ns;    sKEY_INP <= "00";
        wait for 5000 ns;    sKEY_INP <= "10";
        wait for 5000 ns;    sKEY_INP <= "00";
    end process INPUT;
end behavior;
```

Ⅰ그림 24.13 푸시버튼 스위치 시뮬레이션용 테스트벤치 코드

```
library ieee;
use ieee.std_logic_1164.all;

entity EELab is
port (
    MCLK            :   in std_logic;
    KEY_INP         :   in std_logic_vector(1 downto 0);
    LED             :   out std_logic_vector(2 downto 1) := "00"
);
end EELab;

architecture eelab_arch of EELab is
signal sKEY_INPz1       : std_logic_vector(1 downto 0) := "00";
signal sKEY_INPz2       : std_logic_vector(1 downto 0) := "00";
signal sKEY_INPz3       : std_logic_vector(1 downto 0) := "00";
signal sKEY_DET         : std_logic_vector(1 downto 0) := "00";
signal sLED             : std_logic_vector(1 downto 0) := "00";
begin
    process (MCLK) begin
        if (rising_edge(MCLK)) then
            sKEY_INPz1 <= KEY_INP;
            sKEY_INPz2 <= sKEY_INPz1;
            sKEY_INPz3 <= sKEY_INPz2;
        end if;
```

```
    end process;

    sKEY_DET <= not sKEY_INPz3 and sKEY_INPz2;

    process (MCLK) begin
        if (rising_edge(MCLK)) then
            if (sKEY_DET(0) = '1') then
                sLED(0) <= not sLED(0);
            elsif (sKEY_DET(1) = '1') then
                sLED(1) <= not sLED(1);
            end if;
        end if;
    end process;

    LED(2 downto 1) <= sLED(1 downto 0);
end eelab_arch;
```

▌그림 24.14 푸시버튼 스위치 신호의 positive edge 검출 실험 코드

4 (설계)푸시버튼 스위치를 이용한 카운터 증가/감소 및 LED 출력

a) 그림 24.15의 VHDL 코드를 컴파일 및 다운로드하여 실행시키시오. 푸시버튼 스위치 '0'을 입력하면 4개의 LED가 바이너리 값으로 1씩 증가하고, '1'을 입력하면 LED에 표시된 값이 1씩 감소하는 것을 확인할 수 있다. 사용하는 라이브러리에 "use ieee.std_logic_unsigned.all;"가 추가되었음을 주의한다. 덧셈과 뺄셈은 이 라이브러리를 사용하면 쉽게 구현할 수 있다.

```
library ieee;
use ieee.std_logic_1164.all;
use ieee.std_logic_unsigned.all;

entity EELab is
port (
    MCLK        : in std_logic;
    KEY_INP     : in std_logic_vector(1 downto 0);
```

```
   LED          :    out std_logic_vector(4 downto 1) := "0000"
);
end EELab;

architecture eelab_arch of EELab is
signal sKEY_INPz1       : std_logic_vector(1 downto 0) := "00";
signal sKEY_INPz2       : std_logic_vector(1 downto 0) := "00";
signal sKEY_INPz3       : std_logic_vector(1 downto 0) := "00";
signal sKEY_DET         : std_logic_vector(1 downto 0) := "00";
signal sCOUNT           : std_logic_vector(3 downto 0) := "0000";
begin
   process (MCLK) begin
       if (rising_edge(MCLK)) then
           sKEY_INPz1 <= KEY_INP;
           sKEY_INPz2 <= sKEY_INPz1;
           sKEY_INPz3 <= sKEY_INPz2;
       end if;
   end process;

   sKEY_DET <= not sKEY_INPz3 and sKEY_INPz2;

   process (MCLK) begin
       if (rising_edge(MCLK)) then
           if (sKEY_DET(0) = '1') then
               sCOUNT <= sCOUNT + "0001";
           elsif (sKEY_DET(1) = '1') then
               sCOUNT <= sCOUNT - "0001";
           end if;
       end if;
   end process;

   LED(4 downto 1) <= sCOUNT(0) & sCOUNT(1) & sCOUNT(2) & sCOUNT(3);
end eelab_arch;
```

▌그림 24.15 푸시버튼 스위치를 이용한 카운터 예제

b) 카운터 값을 LED 뿐만 아니라 FND(7 Segment)로도 출력하는 코드를 그림 24.16의 형태로 작성하여 그림 24.15의 VHDL 코드에 추가하시오. FND에 출력하는 방법은 23장의 내용을 참고하되 다음의 형식으로 추가하시오.

```
with sCOUNT select
SEG1 <= "1111110" when "0000",
        "0110000" when "0001",
        ________코드 추가________,
        ...

        "1000111" when others;
```

▌그림 24.16 7 세그먼트LED 출력 코드

5 자체평가

1. 스위치의 상태가 변경될 때, 기계적 스위치 접점이 수차례 ON/Off 되어 발생하는 채터링 현상을 제거하기 위해서는 (   ) 회로를 사용하여야 한다.

2. 하나의 공통 단자를 다른 두 단자 중 하나에 선택적으로 연결할 수 있는 3단자 스위치는 (   )라고 구분된다.

3. 스위치가 ON 되었을 때 해당 스위치 신호가 High 이면 Active High이고, 반대로 스위치 신호 Low이면 (   )이다.

4. 스위치의 상태 변화를 감지하기 위한 에지 검출기의 동작에 대하여 간략히 기술하시오.

5. 동기식 디지털 논리회로에 외부 입력을 인가할 때는 (   ) 회로를 거쳐 마스터 클럭에 동기된 신호로 변환하여야 한다.

설계 3-스톱워치 설계

1 실험 목적

1) FPGA 실습 키트를 활용하여 스톱워치(Stop Watch)를 구현한다.
2) Switch 입력과 FND 및 LED 출력을 위한 VHDL 코드를 작성한다.
3) 스톱워치 동작을 위한 내부 상태머신을 설계 및 구현하고, 상태 전환이 설계 사양대로 동작함을 확인한다.
4) 스톱워치를 VHDL 코드를 이용하여 구현하고, 이를 ModelSim으로 검증하며, FPGA 실습 키트에 적용하여 동작을 확인한다.

2 설계 사양

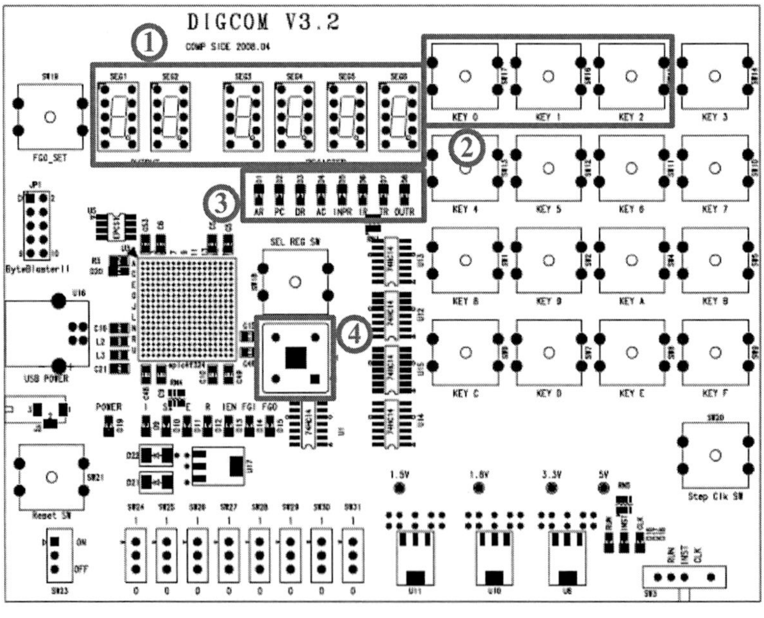

▎그림 25.1 실습 키트 및 스톱워치 구성

FPGA와 푸시버튼 스위치, 그리고 7 세그먼트 LED가 장착된 실습 키트에서 스톱워치를 구현한다. 실습 키트에서 스톱워치에 사용될 스위치, 7 세그먼트 LED 및 LED는 그림 25.1에 나타내었다. 푸스 버튼 스위치와 7 세그먼트 LED 등은 실습 키트의 회로에서 FPGA에 연결되어 있으며, FPGA에서 동작할 VHDL 코드를 다음의 설계 요구 사항을 만족하도록 작성한다. 실습 키트 회로는 부록 2의 회로도를 참조한다.

1 7 세그먼트 LED

총 6개의 7 세그먼트 LED를 사용하여 측정된 시간을 표시한다. 각 7 세그먼트 LED의 용도는 다음과 같다. 참고로 7 세그먼트에 포함된 dot는 사용되지 않는다.

- 좌측 2개 7 세그먼트 LED : 분 단위 시간을 표시하는 용도로 사용되며, 00~99까지 표현.
- 중앙 2개 7 세그먼트 LED : 초 단위 시간을 표시하는 용도로 사용되며, 00~59까지 표현.
- 우측 2개 7 세그먼트 LED : 각각 0.1초와 0.01초 단위 시간을 표시하는 용도로 사용되며, 00~99까지 표현.

2 푸시버튼 스위치(Push Button Switch)

총 3개의 푸시버튼 스위치를 사용하여 스톱워치의 동작을 결정한다. 각각의 스위치 용도는 다음과 같다.

- 푸시버튼 스위치 '0' : SW '0'을 누를 때마다 스톱워치의 상태를 Run/Stop 상태로 전환하는 용도로 사용.
- 푸시버튼 스위치 '1' : 스톱워치가 Stop 상태에서 SW '1'을 누르면 표시된 시간을 0으로 reset하는 용도로 사용되며, 스톱워치가 동작하는 상황에서는 입력이 무시됨.
- 푸시버튼 스위치 '2' : 스톱워치가 동작 상태에서 SW '2'를 누르면 그 순간의 랩 타임(Lap Time)을 표시하는 용도로 사용되며, 스톱워치가 정지한 상태에서는 입력이 무시됨.

3 LED

총 8개의 LED를 사용하여 스톱워치가 동작 중임을 나타내는 용도로 사용된다. 이를 표현하는 방법은 다음 두 가지 선택 사양 중 하나를 적용한다.

- 공통사양 : 스톱워치가 reset되면 모든 LED는 OFF.
- 선택사양1 : 스톱워치가 동작 중일 때, 1초 단위로 8개의 LED가 점멸을 반복. 즉, 0.5초 동안은 ON, 0.5초 동안은 Off 상태를 반복. 스톱워치가 정지하면 LED는 현 상태로 고정.
- 선택사양2 : 스톱워치가 동작 중일 때, 4개의 LED를 1초 동안 순차적으로 켰다가 일시에 끄는 동작을 반복. 즉, 0.2초 단위로 우측의 LED부터 순차적으로 하나씩 켜고, 모두 켜지면 4개의 LED를 일시에 끄는 동작을 반복. 스톱워치가 정지하면 LED는 현 상태로 된다.

4 마스터 클럭

스톱워치는 하나의 마스터 클럭에 동기되어 동작되도록 동기식 설계 방식을 적용한다. 마스터 클럭으로는 실습 키트에 장착된 1 MHz 오실레이터를 사용한다.

5 스톱워치 블록선도 및 동작 세부 사항

그림 25.2에는 스톱워치 구현을 위한 FPGA 내부 블록선도를 나타내었다. 블록선도에는 표시하지 않았지만 각 블록은 마스터 클럭에 동기되도록 동기 설계를 적용하여야 한다. 그림 25.2의 블록선도는 설명을 위한 예시이며, 실제 설계를 위해서는 다른 구조를 사용할 수도 있으며, 예시한 블록선도를 보완하여 보다 상세한 블록선도로 작성하여야 한다. 각 블록의 기능은 다음과 같다.

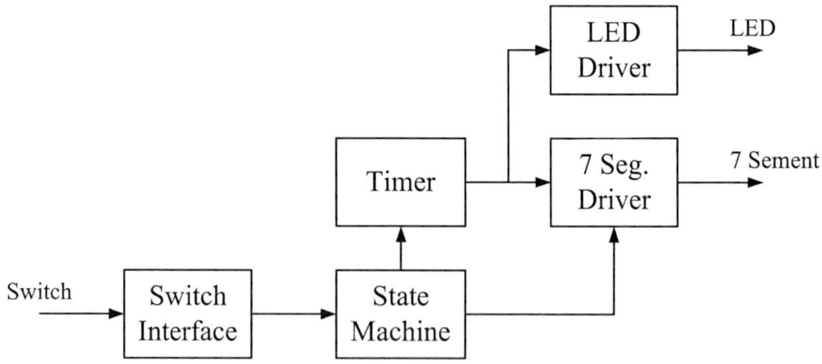

Ⅰ그림 25.2 **스톱워치 내부 블록선도**

- Switch Interface : 3개의 스위치 신호 입력을 받아서 상태 머신으로 전달하는 기능을 수행한다. 스위치 신호는 비동기 신호이므로 동기화기를 이용하여 동기 신호

로 변환하여야 한다. 에지 검출기는 switch interface 블록 또는 상태 머신 블록 내부에 구현하여야 한다.

- State Machine : 3개의 스위치 신호 입력을 이용하여 스톱워치의 상태 머신을 구동한다. 스톱워치의 상태에 따라 Timer를 구동, 정지 또는 리셋 시킬 수 있도록 제어 신호를 Timer 블록에 제공한다. 또한, 랩 타임 기능의 구현을 위해서 7 Segment Driver 블록에 제어 신호를 제공하여 Timer의 현재 시간을 표시하거나 랩 타임 측정 순간의 시간을 표시하도록 선택할 수 있도록 한다.
- Timer : 1 MHz의 마스터 클럭을 활용하여 0.01초 단위로 값이 증가하는 카운터를 구현한다. 타이머의 출력은 LED와 7 Segment Driver 블록으로 입력되는데, 7 세그먼트 별 카운터를 별도로 만들면 편리하다.
- 7 Segment Driver : 타이머에서 제공되는 시간 정보를 6개의 7 세그먼트로 출력한다. 7 세그먼트 별로 0~9 또는 0~5의 숫자를 표시하여야 하며, 이를 위한 7 세그먼트 decoder를 구현하여야 한다. 또한, 랩 타임을 표시하여야 할 때는 타이머의 시간 정보를 저장하여 이 값을 표시하여야 한다.
- LED Driver : 타이머에서 제공되는 0.1초 단위의 시간 정보를 활용하여 LED를 점멸하도록 구현한다. LED는 7 세그먼트와 다르게 랩 타임 기능과 무관하고, 스톱워치가 동작하면 무조건 점멸을 반복한다.

3 사용 기자재와 부품

1) Windows XP 이상의 PC
2) ModelSim 및 Quartus II 소프트웨어
3) FPGA 실습 키트(HyBus DigComV32)
4) FPGA 다운로드 케이블(USB Blaster 또는 호환품)

4 설계 절차

1 상세 블록선도 및 블록별 입출력 신호의 정의

a) 그림 25.2에 예시한 블록선도를 바탕으로 각자 설계할 스톱워치의 상세 블록선도를 작성한다.

b) 상세 블록선도에 포함되는 각 블록의 입출력 신호와 용도, 그리고 각 블록의 동작을 명확히 기술한다. 입출력 신호의 이름, 비트 수까지 명확히 작성하여야 다음 절차인 VHDL 코드 작성이 쉬워진다. 상태 머신이 포함되는 블록은 상태도를 명확히 작성한다.

c) 블록선도 및 각 블록의 기능을 전반적으로 검토하여 설계에 문제가 없음을 확인한다. 필요하다면 예상되는 타이밍도를 작성해볼 수도 있다.

2 각 기능블록 VHDL 코딩 및 ModelSim 시뮬레이션

a) 앞에서 작성한 상세 블록선도 및 블록별 기능 설명을 바탕으로 각각의 블록을 VHDL로 작성한다. 그림 25.2의 블록선도를 예로 들면, 5개의 블록을 각각 별도의 VHDL 파일로 작성한다. 이렇게 작성하면 각 블록별로 나누어 동작을 검증할 수 있다.

b) 각 블록별 VHDL 코드를 검증하기 위한 테스트벤치 코드를 작성하고, ModelSim을 이용하여 동작을 검증한다. 참고로 테스트벤치에서 각 블록에 입력하는 마스터 클럭은 100 MHz로 적용한다. 본 설계과제는 수십 초 이상 시뮬레이션하여야 동작을 확인할 수 있는데, 이 시간은 ModelSim으로 검증하기에 너무 긴 시간이다. 따라서 마스터 클럭을 100 MHz로 실제 하드웨어보다 100배 빠르게 적용하면 실제 하드웨어에서의 시간보다 1/100의 시간동안 검증하면 된다. 즉, 시뮬레이션에서의 1초는 하드웨어에서의 100초에 해당한다.

3 최상위 블록 코딩 및 ModelSim 시뮬레이션

a) 앞에서 작성한 각 블록별 VHDL 코드를 객체로 생성하여 사용하는 최상위 블록을 VHDL 코드로 작성한다. 계층적 설계에 관련된 사항은 23장과 부록 1의 내용을 참고한다.

b) 스톱워치 전체 시스템의 동작을 검증할 수 있는 테스트 벤치를 작성하여 ModelSim으로 동작을 검증한다. 여기서도 테스트벤치의 마스터 클럭은 100 MHz로 설정한다.

4 Quartus II에서 컴파일 및 다운로드

a) 3의 a)에서 작성하고 검증된 VHDL 코드를 Quartus II에서 컴파일하여 실습 키트에 다운로드 한다. 다운로드 후 다음의 동작 상태를 테스트하여 설계 사양대로 동작하는지 확인한다. Quartus II 사용 및 핀 설정은 23장과 부록 2의 실습 키트 회로도를 참고한다.

표 25.1 설계 결과 테스트 항목

순서	테스트 항목	확인 사항
1	초기 상태	- 7 세그먼트에는 모두 0이 표시되고, LED는 모두 OFF 상태로 정지해 있는가?
2	Start (SW '0')	- 7 세그먼트에는 표시되는 시간이 증가하고, LED가 설계한 대로 점멸하는가?
		- 7 세그먼트에 표시되는 시간 정보 중 1초 단위 시간 간격이 실제 시계와 유사하게 증가하는가?
		- 1분 이상 구동할 때, 59초 다음에 1분 00초로 변경되는가?
3	Stop (SW '0')	- 7 세그먼트와 LED의 상태가 최종 상태로 고정되어 표시되는가?
4	Restart (SW '0')	- 정지했던 상태에서 시작하여 다시 시간을 측정하는가?
5	Don't care (SW '1')	- 스톱워치가 동작 중인 상태에서의 SW '1' 입력에 대해서는 아무 반응이 없는가?
6	Stop (SW '0')	- 스톱워치가 정지하여 7 세그먼트와 LED의 상태가 최종 상태로 고정되어 표시되는가?
7	Reset (SW '1')	- 스톱워치가 정지한 상태에서의 SW '1' 입력에 대해서는 시간 표시를 0으로 되돌리고, LED는 모두 OFF 상태로 전환하여 초기 상태로 돌아가는가?
8	Start (SW '0')	- 초기 상태에서 시작하여 다시 시간을 측정하고, LED도 점멸하는가?
9	Lap time (SW '2')	- 스위치 입력 순간 7 세그먼트의 시간 표시는 정지하되, LED는 계속 점멸하는가?
10	Lap time (SW '2')	- 5~6초 후 다시 SW '2'를 입력할 때, 이전 랩타임보다 5~6초 증가된 시간이 표시되는가?
11	Don't care (SW '1')	- 스톱워치가 동작 중인 상태에서 SW '1' 입력은 아무 반응이 없는가?
12	Stop (SW '0')	- 최종 시간을 표시하고 7 세그먼트에 표시 값과 LED가 정지하는가?

b) 테스트 결과 설계 사양과 다르게 동작하는 경우에 원인을 파악하여 앞의 1 또는 2단계부터 다시 수행한다.

5 자체평가

1. FPGA를 활용할 때, ModelSim 등의 소프트웨어를 사용한 시뮬레이션의 필요성에 대하여 설명하시오.

2. 본 설계과제와 같이 일정 규모 이상의 시스템을 설계할 때 계층적 구조를 적용하면 어떤 장점이 있는지 설명하시오.

3. 전체 시스템을 마스터 클럭에 동기시키는 동기식 설계의 장점을 간단히 기술하시오.

제26장

설계 4-디지털 시계 설계

1 실험 목적

1) FPGA 실습 키트를 활용하여 디지털 시계를 구현한다.
2) Switch 입력과 FND 및 LED 출력을 위한 VHDL 코드를 작성한다.
3) 디지털 시계 동작을 위한 내부 상태머신을 설계 및 구현하고, 상태 전환이 설계 사양대로 동작함을 확인한다.
4) 디지털 시계를 VHDL 코드를 이용하여 구현하고, 이를 ModelSim으로 검증하며, FPGA 실습 키트에 적용하여 동작을 확인한다.

2 설계 사양

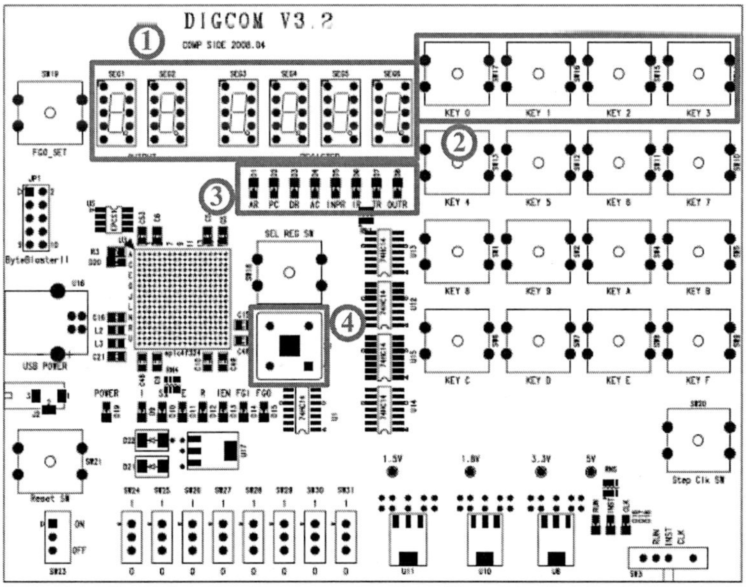

그림 26.1 실습 키트 및 디지털 시계 구성

FPGA와 푸시버튼 스위치, 그리고 7 세그먼트 LED가 장착된 실습 키트에서 디지털 시계를 구현한다. 실습 키트에서 디지털 시계에 사용될 스위치, 7 세그먼트 LED 및 LED는 그림 26.1에 나타내었다. 푸시버튼 스위치와 7 세그먼트 LED 등은 실습 키트의 회로에서 FPGA에 연결되어 있으며, FPGA에서 동작할 VHDL 코드를 다음의 설계 요구사항을 만족하도록 작성한다. 실습 키트 회로는 부록 2의 회로도를 참조한다.

1 7 세그먼트 LED

총 6개의 7 세그먼트 LED를 사용하여 현재 시간 표시 및 알람 시간 설정 등의 용도로 활용한다. 각 7 세그먼트 LED의 용도는 다음과 같다. 참고로 7 세그먼트에 포함된 dot는 사용되지 않는다.

- 좌측 2개 7 세그먼트 LED : 시간 단위를 표시하는 용도로 사용되며, 00~23까지 표시
- 중앙 2개 7 세그먼트 LED : 분 단위 시간을 표시하는 용도로 사용되며, 00~59까지 표시
- 우측 2개 7 세그먼트 LED : 초 단위 시간을 표시하는 용도로 사용되며, 00~59까지 표시

2 푸시버튼 스위치(Push Button Switch)

총 4개의 푸시버튼 스위치를 사용하여 디지털 시계의 동작을 결정한다. 각각의 스위치 용도는 다음과 같다.

- 푸시버튼 스위치 '0' : 디지털 시계의 모드를 설정하는 스위치로 한번 누를 때마다 "현재 시간 출력 모드", "시간 설정 모드", "알람 설정 모드"의 3가지 모드를 순차적으로 선택하게 함. 초기 모드는 "현재 시간 출력 모드"로 설정되어야 함.
- 푸시버튼 스위치 '1' : "시간 설정 모드" 또는 "알람 설정 모드"에서 SW'1'을 누를 때마다 변경할 위치를 시간 또는 분 위치로 이동. 변경할 위치의 7 세그먼트는 0.5초 간격으로 ON/OFF를 반복.
- 푸시버튼 스위치 '2' : "시간 설정 모드" 또는 "알람 설정 모드"에서 SW'2'를 누를 때마다 변경할 위치의 시간 또는 분이 1씩 증가. 선택 사양으로 SW'2'를 계속 누르고 있으면 0.5초마다 1씩 증가.
- 푸시버튼 스위치 '3' : "현재 시간 출력 모드"에서 알람 기능을 ON/OFF하는 용도로 사용.

3 LED

총 8개의 LED를 사용하여 디지털 시계의 동작 상태를 표시하는 용도로 사용된다. 각각의 LED 용도는 다음과 같다.

- LED1(가장 좌측) : "시간 설정 모드"에서 ON. 그 외의 동작 모드에서는 OFF.
- LED2 : "알람 설정 모드"에서 ON. 그 외의 동작 모드에서는 OFF.
- LED3 : 알람 기능을 사용할 때는 ON, 알람 기능이 꺼지면 OFF.
- LED4~8(우측 5개) : 알람 기능이 ON 상태에서 알람 설정 시간과 현재 시간이 일치하면 4개의 LED를 0.5초 간격으로 동시에 10초 동안 점멸.

4 마스터 클럭

디지털 시계는 하나의 마스터 클럭에 동기되어 동작되도록 동기식 설계 방식을 적용한다. 마스터 클럭으로는 실습 키트에 장착된 1 MHz 오실레이터를 사용한다.

5 디지털 시계 블록선도 및 동작 세부 사항

그림 26.2에는 디지털 시계 구현을 위한 FPGA 내부 블록선도를 나타내었다. 블록선도에는 표시하지 않았지만 각 블록은 마스터 클럭에 동기되도록 동기 설계를 적용하여야 한다. 그림 26.2의 블록선도는 설명을 위한 예시이며, 실제 설계를 위해서는 다른 구조를 사용할 수도 있으며, 예시한 블록선도를 보완하여 보다 상세한 블록선도로 작성하여야 한다. 각 블록의 기능은 다음과 같다.

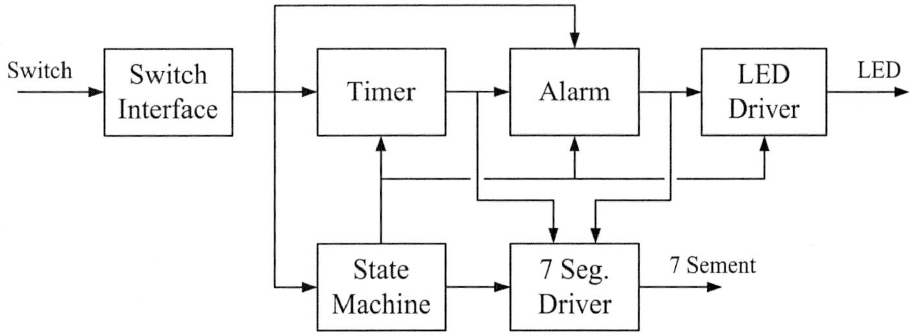

그림 26.2 **디지털 시계 내부 블록선도**

- Switch Interface : 4개의 스위치 신호 입력을 받아서 타이머, 알람, 그리고 상태 머신으로 전달하는 기능을 수행한다. 스위치 신호는 비동기 신호이므로 동기화기를 이용하여 동기 신호로 변환하여야 한다. 또한, 에지 검출기도 switch interface 블록에 구현하여야 다른 블록의 구현을 용이하게 할 수 있다.
- State Machine : 4개의 스위치 신호 입력을 이용하여 디지털 시계의 상태 머신을 구동한다. SW'0'의 입력에 따라 결정된 동작 모드를 상태 머신의 상태로 설정할 수 있다. 결정된 상태는 Timer와 Alarm, LED 및 7 Segment Driver에 제공되어 해당 상태에 따라 다른 블록들이 동작할 수 있도록 한다. 예를 들어, SW'1'과 SW'2'는 현재 시간 또는 알람 설정을 변경하기 위한 스위치인데, Timer에서는 동작 모드가 "시간 설정 모드"또는 "알람 설정 모드"인 경우에만 이 두 스위치 입력을 사용한다.
- Timer : 1 MHz의 마스터 클럭을 활용하여 1초 단위로 값이 증가하는 타이머를 구현한다. 타이머의 출력은 7 세그먼트 에 표시되거나 Alarm 블록에서 알람 설정 시간과 비교하여 Alarm 발생을 결정하도록 한다. "시간 설정 모드"에서 SW'1'과 SW'2'의 입력을 이용하여 현재 시간과 분을 설정한다.
- Alarm : Timer에서 제공되는 현재 시간과 설정된 알람 시간을 비교하여 같은 경우 10초간 알람을 발생시킨다. 알람 발생은 5개의 LED를 0.5초 간격으로 점멸하는 것이므로 알람 발생 상황을 LED 드라이버에 전달한다. "알람 설정 모드"에서는 SW'1'과 SW'2'의 입력을 이용하여 알람 발생 시간과 분을 설정한다.
- 7 Segment Driver : Timer에서 제공되는 현재 시간 정보 또는 Alarm에서 제공되는 알람 설정 시간을 State Machine에서 제공되는 현재 모드에 따라 표시한다. "시간 설정 모드" 또는 "알람 설정 모드"에서 변경할 값의 7 세그먼트는 0.5초 간격으로 점멸하여야 하는데, 이 기능은 Timer와 Alarm 블록에 포함시킬 수도 있고, 7 Segment Driver 블록에 포함시킬 수도 있다.
- LED Driver : 좌측 2개 LED는 각각 "시간 설정 모드"와 "알람 설정 모드"를 표시하는 용도로 사용된다. 세 번째 LED는 알람 기능의 ON/OFF 여부를 표시한다. 나머지 5개 LED는 알람 발생시 0.5초 간격으로 점멸한다. 알람 기능의 ON/OFF 상태 정보는 State Machine 또는 Alarm 블록에서 제공될 수 있다.

3 사용 기자재와 부품

1) Windows XP 이상의 PC

2) ModelSim 및 Quartus II 소프트웨어

3) FPGA 실습 키트(HyBus DigComV32)

4) FPGA 다운로드 케이블(USB Blaster 또는 호환품)

4 설계 절차

1 상세 블록선도 및 블록별 입출력 신호의 정의

a) 그림 26.2에 예시한 블록선도를 바탕으로 각자 설계할 디지털 시계의 상세 블록선도를 작성한다.

b) 상세 블록선도에 포함되는 각 블록의 입출력 신호와 용도, 그리고 각 블록의 동작을 명확히 기술한다. 입출력 신호의 이름, 비트 수까지 명확히 작성하여야 다음 절차인 VHDL 코드 작성이 쉬워진다. 상태 머신이 포함되는 블록은 상태도를 명확히 작성한다.

c) 블록선도 및 각 블록의 기능을 전반적으로 검토하여 설계에 문제가 없음을 확인한다. 필요하다면 예상되는 타이밍도를 작성해볼 수도 있다.

2 각 기능블록 VHDL 코딩 및 ModelSim 시뮬레이션

a) 앞에서 작성한 상세 블록선도 및 블록별 기능 설명을 바탕으로 각각의 블록을 VHDL로 작성한다. 그림 26.2의 블록선도를 예로 들면, 6개의 블록을 각각 별도의 VHDL 파일로 작성한다. 이렇게 작성하면 각 블록별로 나누어 동작을 검증할 수 있다.

b) 각 블록별 VHDL 코드를 검증하기 위한 테스트벤치 코드를 작성하고, ModelSim을 이용하여 동작을 검증한다. 참고로 테스트벤치에서 각 블록에 입력하는 마스터 클럭은 100 MHz로 적용한다. 본 설계과제는 수십 초 이상 시뮬레이션하여야 동작을 확인할 수 있는데, 이 시간은 ModelSim으로 검증하기에 너무 긴 시간이다. 따라서 마스터 클럭을 100 MHz로 실제 하드웨어보다 100배 빠르게 적용하면 실제 하드웨

어에서의 시간보다 1/100의 시간동안 검증하면 된다. 즉, 시뮬레이션에서의 1초는 하드웨어에서의 100초에 해당한다.

3 최상위 블록 코딩 및 ModelSim 시뮬레이션

a) 앞에서 작성한 각 블록별 VHDL 코드를 객체로 생성하여 사용하는 최상위 블록을 VHDL 코드로 작성한다. 계층적 설계에 관련된 사항은 23장과 부록 1의 내용을 참고한다.

b) 디지털 시계 전체 시스템의 동작을 검증할 수 있는 테스트 벤치를 작성하여 ModelSim으로 동작을 검증한다. 여기서도 테스트벤치의 마스터 클럭은 100 MHz로 설정한다.

4 Quartus II에서 컴파일 및 다운로드

a) 3의 a)에서 작성하고 검증된 VHDL 코드를 Quartus II에서 컴파일하여 실습 키트에 다운로드 한다. 다운로드 후 다음의 동작 상태를 테스트하여 설계 사양대로 동작하는지 확인한다. Quartus II 사용 및 핀 설정은 23장과 부록 2의 실습 키트 회로도를 참고한다.

표 26.1 설계 결과 테스트 항목

순서	테스트 항목	확인 사항
1	초기 상태	- 현재 시간 00:00:00에서 시작하여 1초 단위로 시간 증가
		- LED는 모두 OFF 상태
2	시간설정모드 (SW '0')	- LED1(가장 좌측)이 ON 되는가?(시간 설정 모드)
		- 좌측 2개의 7 세그먼트가 0.5초 간격으로 점멸하는가?
3	시간 설정 (SW '2')	- 누를 때마다 시간이 1씩 증가하는가?
		- 좌측 2개의 7 세그먼트가 0.5초 간격으로 점멸하는가?
		- 시간이 23에서 0으로 넘어가는가?
4	시간/분 선택 (SW '1')	- 누를 때마다 시간 표시 또는 분 표시 7 세그먼트가 0.5초 간격으로 점멸하는가?
5	시간 설정	- SW '0', SW '1' 과 SW '2' 를 조작하여 현재 시간을 맞출 수 있는가?

표 26.1 설계 결과 테스트 항목(계속)

순서	테스트 항목	확인 사항
6	수정시간적용 SW '0'	- SW '0' 을 두 번 눌러 시간 표시 모드로 변경했을 때, 앞에서 수정한 시간으로 설정되는가?
7	모드 변경 SW '0'	- 누를 때마다 현재 시간 출력 모드", "시간 설정 모드", "알람 설정 모드" 의 3가지 동작 모드가 순차적으로 선택되는가?
		- 누를 때마다 변경되는 동작 모드를 좌측 2개의 LED로 확인이 가능한가?
8	알람 설정	- SW '0', SW '1' 과 SW '2' 를 조작하여 알람 시간을 맞출 수 있는가?
		- 알람 시간을 현재 시간보다 1~2분 뒤로 맞출 수 있는가?
9	수정알람적용 SW '0'	- SW '0' 을 한 번 눌러 시간 표시 모드로 변경했을 때, 현재 시간이 정상적으로 표시되는가?
10	SW '3'	- 누를 때마다 좌측 3번째 LED가 점멸하는가?
11	알람 확인	- 좌측 3번째 LED가 ON 상태에서 현재 시간이 알람 시간과 일치할 때, 우측 5개 LED가 점멸하며 알람 상태를 알리는가?
		- 10초 후 알람이 정지하는가?
12	알람 정지 SW '3'	- 알람이 발생하고 있을 때, SW'3'을 누르면 알람이 정지하는가?

b) 테스트 결과 설계 사양과 다르게 동작하는 경우에 원인을 파악하여 앞의 1 또는 2단계부터 다시 수행한다.

5 자체평가

1. FPGA를 활용할 때, ModelSim 등의 소프트웨어를 사용한 시뮬레이션의 필요성에 대하여 설명하시오.

2. 본 설계과제와 같이 일정 규모 이상의 시스템을 설계할 때 계층적 구조를 적용하면 어떤 장점이 있는지 설명하시오.

3. 전체 시스템을 마스터 클럭에 동기시키는 동기식 설계의 장점을 간단히 기술하시오.

설계 5-디지털 도어락 설계

1 실험 목적

1) FPGA 실습 키트를 활용하여 디지털 도어락을 구현한다.
2) Switch 입력과 FND 및 LED 출력을 위한 VHDL 코드를 작성한다.
3) 디지털 도어락 동작을 위한 내부 상태머신을 설계 및 구현하고, 상태 전환이 설계 사양대로 동작함을 확인한다.
4) 디지털 도어락을 VHDL 코드를 이용하여 구현하고, 이를 ModelSim으로 검증하며, FPGA 실습 키트에 적용하여 동작을 확인한다.

2 설계 사양

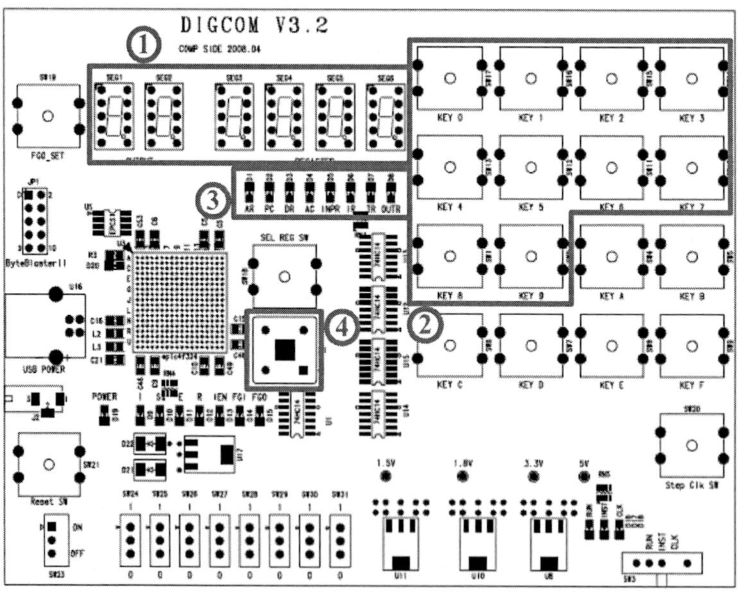

그림 27.1 실습 키트 및 디지털 도어락 구성

FPGA와 푸시버튼 스위치, 그리고 7 세그먼트 LED가 장착된 실습 키트에서 디지털 도어락을 구현한다. 실습 키트에서 디지털 도어락에 사용될 스위치, 7 세그먼트 LED 및 LED는 그림 27.1에 나타내었다. 푸시버튼 스위치와 7 세그먼트 LED 등은 실습 키트의 회로에서 FPGA에 연결되어 있으며, FPGA에서 동작할 VHDL 코드를 다음의 설계 요구 사항을 만족하도록 작성한다. 실습 키트 회로는 부록 2의 회로도를 참조한다.

1 7 세그먼트 LED

총 6개의 7 세그먼트 LED를 사용하여 사용자가 입력하는 6자리의 암호를 표시하고, 현재 동작 모드를 표시하는 용도로 사용된다.

- 대기 모드 : 모든 7 세그먼트 LED를 OFF.
- 암호 입력 모드 : 가운데 세그먼트(하이픈, '-')만 ON.
- 암호 설정 모드 : 아래 세그먼트(언더라인, '_')만 ON.

2 푸시버튼 스위치(Push Button Switch)

총 12개의 푸시버튼 스위치를 사용하여 디지털 도어락의 동작을 결정한다. 각각의 스위치 용도는 다음과 같다.

- 푸시버튼 스위치 '0'~'9' : 6자리의 암호를 입력하는 용도로 사용된다.
- 푸시버튼 스위치 'A' : "대기 모드"와 "암호 입력 모드"를 전환하는 용도의 입력으로 사용된다. 문이 잠겨 있을 때만 "암호 입력 모드"로 전환되며, 문이 잠기지 않았을 때는 암호를 묻지 않고 문을 잠근다.
- 푸시버튼 스위치 'B' : "대기 모드"와 "암호 설정 모드"를 전환하는 용도의 입력으로 사용된다. 문이 잠기지 않은 상태에서만 반응한다.

3 LED

총 8개의 LED를 사용하여 문이 잠긴 상태를 나타낸다. 문이 잠긴 상태는 모든 LED가 ON 상태이고, 문이 잠기지 않은 상태는 모든 LED가 OFF 상태여야 한다. 문이 잠겼다가 락이 풀릴 때는 0.1초 단위로 LED가 1개씩 OFF 되고, 문이 잠길 때는 반대로 0.1초 단위로 LED가 1개씩 ON 되어야 한다.

4 마스터 클럭

디지털 도어락은 하나의 마스터 클럭에 동기되어 동작되도록 동기식 설계 방식을 적용한다. 마스터 클럭으로는 실습 키트에 장착된 1 MHz 오실레이터를 사용한다.

5 디지털 도어락 블록선도 및 동작 세부 사항

그림 27.2에는 디지털 도어락 구현을 위한 FPGA 내부 블록선도를 나타내었다. 블록선도에는 표시하지 않았지만 각 블록은 마스터 클럭에 동기되도록 동기 설계를 적용하여야 한다. 그림 27.2의 블록선도는 설명을 위한 예시이며, 실제 설계를 위해서는 다른 구조를 사용할 수도 있으며, 예시한 블록선도를 보완하여 보다 상세한 블록선도로 작성하여야 한다. 각 블록의 기능은 다음과 같다.

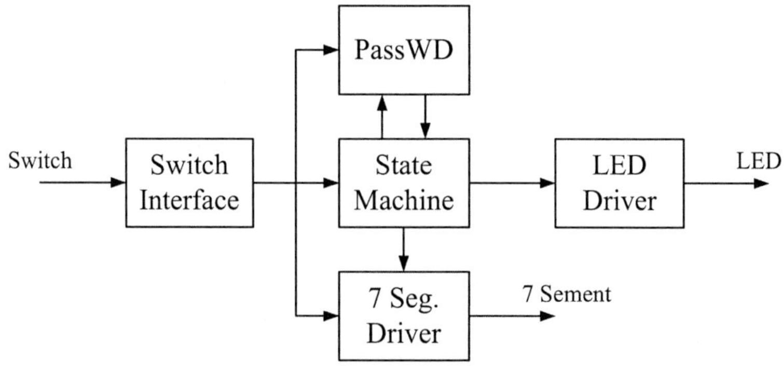

▌그림 27.2 **디지털 도어락 내부 블록선도**

- Switch Interface : 12개의 스위치 신호 입력을 받아서 상태 머신 블록, PassWD 블록, 그리고 7 Segment Driver 블록으로 전달하는 기능을 수행한다. 스위치 신호는 비동기 신호이므로 동기화기를 이용하여 동기 신호로 변환하여야 한다.
- State Machine : 스위치 신호 입력과 PassWD 블록에서 제공되는 정보를 이용하여 디지털 도어락의 상태 머신을 구동한다. 디지털 도어락의 상태는 "대기 모드", "암호 입력 모드", 그리고 "암호 설정 모드"로 구분할 수 있으며, 자물쇠 상태에 따라 "잠김"과 "열림" 상태를 가질 수 있다.
- PassWord : 6자리의 암호를 저장한다. 초기상태의 암호는 "123456"으로 사용한다. "암호 설정 모드"에서는 스위치 입력에 따라 설정된 암호를 변경하여 저장한다. "암호 입력 모드"에서는 입력된 6자리 암호와 저장된 암호를 비교하여 일치하는지 여부를 상태머신에 제공한다.

- 7 Segment Driver : 사용자가 입력하는 6자리의 암호를 표시하거나, 디지털 도어락의 상태를 표시하는 용도로 사용된다.
- LED Driver : 자물쇠의 상태로 "열림" 또는 "잠김" 상태를 표시한다. 자물쇠의 상태가 변경될 때에는 8개의 LED가 1개씩 0.1초 간격으로 순차적으로 ON 또는 OFF로 변경된다.

3 사용 기자재와 부품

1) Windows XP 이상의 PC
2) ModelSim 및 Quartus II 소프트웨어
3) FPGA 실습 키트(HyBus DigComV32)
4) FPGA 다운로드 케이블(USB Blaster 또는 호환품)

4 설계 절차

1 상세 블록선도 및 블록별 입출력 신호의 정의

a) 그림 27.2에 예시한 블록선도를 바탕으로 각자 설계할 디지털 도어락의 상세 블록선도를 작성한다.

b) 상세 블록선도에 포함되는 각 블록의 입출력 신호와 용도, 그리고 각 블록의 동작을 명확히 기술한다. 입출력 신호의 이름, 비트 수까지 명확히 작성하여야 다음 절차인 VHDL 코드 작성이 쉬워진다. 상태 머신이 포함되는 블록은 상태도를 명확히 작성한다.

c) 블록선도 및 각 블록의 기능을 전반적으로 검토하여 설계에 문제가 없음을 확인한다. 필요하다면 예상되는 타이밍도를 작성해볼 수도 있다.

2 각 기능블록 VHDL 코딩 및 ModelSim 시뮬레이션

a) 앞에서 작성한 상세 블록선도 및 블록별 기능 설명을 바탕으로 각각의 블록을 VHDL로 작성한다. 그림 27.2의 블록선도를 예로 들면, 5개의 블록을 각각 별도의 VHDL 파일로 작성한다. 이렇게 작성하면 각 블록별로 나누어 동작을 검증할 수 있다.

b) 각 블록별 VHDL 코드를 검증하기 위한 테스트벤치 코드를 작성하고, ModelSim을 이용하여 동작을 검증한다. 본 설계과제는 수 초 이상 시뮬레이션하여야 동작을 확인할 수 있는데, 이 시간은 ModelSim으로 검증하기에 너무 긴 시간이다. 따라서 마스터 클럭을 100 MHz로 실제 하드웨어보다 100배 빠르게 적용하면 실제 하드웨어에서의 시간보다 1/100의 시간동안 검증하면 된다. 즉, 시뮬레이션에서의 1초는 하드웨어에서의 100초에 해당한다.

3 최상위 블록 코딩 및 ModelSim 시뮬레이션

a) 앞에서 작성한 각 블록별 VHDL 코드를 객체로 생성하여 사용하는 최상위 블록을 VHDL 코드로 작성한다. 계층적 설계에 관련된 사항은 23장과 부록 1의 내용을 참고한다.

b) 디지털 도어락 전체 시스템의 동작을 검증할 수 있는 테스트 벤치를 작성하여 ModelSim으로 동작을 검증한다. 여기서도 테스트벤치의 마스터 클럭은 100 MHz로 설정한다.

4 Quartus II에서 컴파일 및 다운로드

a) 3의 a)에서 작성하고 검증된 VHDL 코드를 Quartus II에서 컴파일하여 실습 키트에 다운로드 한다. 다운로드 후 다음의 동작 상태를 테스트하여 설계 사양대로 동작하는지 확인한다. Quartus II 사용 및 핀 설정은 23장과 부록 2의 실습 키트 회로도를 참고한다.

표 27.1 설계 결과 테스트 항목

순서	테스트 항목	확인 사항
1	초기 상태	- 7 세그먼트는 모두 OFF(대기 모드) - 8개 LED 모두 ON(문 잠김) - 내부에 저장되는 초기 암호는 "123456" 으로 초기화
2	암호입력모드 SW 'A'	- 모든 7 세그먼트에 가운데 세그먼트(하이픈)만 ON 하여 "암호 입력 모드" 임을 표시
3	암호 입력 SW '1'~'6'	- "123456" 의 초기 암호 입력함에 따라 좌측 7 세그먼트부터 입력된 숫자 표시
4	암호 확인 SW 'A'	- 8개의 LED가 0.1초 단위로 순차적으로 OFF 되어 모두 꺼져서 문 열림 상태로 변경 - 7 세그먼트가 모두 OFF 되어 "대기 모드" 로 전환
5	암호설정모드 SW 'B'	- 모든 7 세그먼트에서 아래쪽 세그먼트(_)만 ON 하여 "암호 설정 모드" 임을 표시
6	암호입력 SW '0'~'9'	- 10개의 숫자 중에서 6개를 조합하여 입력함에 따라 좌측 7 세그먼트부터 입력된 숫자 표시
7	암호 설정 SW 'B'	- 모든 7 세그먼트에 숫자 '8'을 0.5초 간격으로 2번 점멸 후 OFF - 내부에 저장되는 암호를 입력된 6개의 숫자로 변경
8	문 잠금 SW 'A'	- 8개의 LED가 0.1초 단위로 순차적으로 ON 되어 모두 켜져서 문 잠김 상태로 변경
9	암호설정모드 SW 'B'	- 문이 잠긴 상태에서는 암호 설정 모드로 변경되지 않음
10	암호입력모드 SW 'A'	- 2의 상태와 동일하게 "암호 입력 모드"로 변경
11	암호 입력 SW '1'~'6'	- 3과 같이 변경 전의 초기 암호를 입력할 때, 7 세그먼트에 입력 숫자 표시
12	암호 확인 SW 'A'	- 모든 7 세그먼트는 OFF 되어 "대기 모드"로 변경 - 입력한 암호와 내부 저장된 암호가 다르므로 모든 LED는 ON 되어 문 잠김 상태에서 변동 없어야 함.
13	암호입력모드 SW 'A'	- 2의 상태와 동일하게 "암호 입력 모드"로 변경
14	암호 입력 SW '1'~'6'	- 변경 후의 암호를 입력할 때, 7 세그먼트에 입력 숫자 표시
15	암호 확인 SW 'A'	- 8개의 LED가 0.1초 단위로 순차적으로 OFF 되어 모두 꺼져서 문 열림 상태로 변경 - 모든 7 세그먼트는 OFF 되어 "대기 모드"로 변경

b) 테스트 결과 설계 사양과 다르게 동작하는 경우에 원인을 파악하여 앞의 1 또는 2단계부터 다시 수행한다.

5 자체평가

1. FPGA를 활용할 때, ModelSim 등의 소프트웨어를 사용한 시뮬레이션의 필요성에 대하여 설명하시오.

2. 본 설계과제와 같이 일정 규모 이상의 시스템을 설계할 때 계층적 구조를 적용하면 어떤 장점이 있는지 설명하시오.

3. 전체 시스템을 마스터 클럭에 동기시키는 동기식 설계의 장점을 간단히 기술하시오.

Eletrical & Electronic Basic Experiments

부록

VHDL의 활용

아주 오래전 과거에는 디지털 논리 회로를 설계하는 방법으로 논리 게이트를 연결하여 회로도 형식으로 작성하는 방법이 활용되었다. 게이트 수가 몇 개 안되는 상황에서는 이 방법이 효과적일 수 있지만 게이트 수가 증가하면 복잡도가 증가하여 회로도 형식으로는 설계가 불가능하다.

HDL(Hardware Description Language)은 디지털 회로를 회로도가 아닌 텍스트 코드로 표현하는 언어로서 VHDL과 Verilog가 가장 널리 사용된다. FPGA를 활용한 디지털 회로 구현에서는 두 가지 언어를 모두 사용할 수 있다.

HDL은 소프트웨어 프로그래밍 언어와 문법적으로는 매우 유사하지만, 동시성과 병렬성이라는 큰 차이가 존재한다. 단적으로 예를 들면, 소프트웨어 프로그래밍 언어는 한 시점에 한 부분만 실행되어 순차적으로 실행된다. 통상적으로 소스코드 파일에서 윗줄에 작성된 부분이 아랫줄에 작성된 코드보다 먼저 실행된다. 하지만, HDL에서는 소스코드 파일의 모든 코드가 동시에 실행된다. 소스코드 파일의 위에 배치하거난 아래에 배치하는 것이 전혀 동작에 영향을 미치지 않는다. 본 부록에서는 VHDL의 기본 문법 및 간단한 활용 방법을 소개한다.

1 VHDL 문법의 기초

VHDL은 디지털 회로를 회로도가 아닌 텍스트로 표현하는데, 컴퓨터가 이를 이해하여 모의실험과 합성 등을 수행하기 위해서는 정해진 규칙에 따라 기술하여야 한다. 여기서는 VHDL의 문법 중 기본적인 내용을 정리한다.

1 기본 구조

그림 1에는 VHDL의 주요 구성 요소를 표현하였다. VHDL 문법에는 더 많은 구성요소가 포함되지만 여기서는 가장 많이 사용되는 요소만 다룬다.

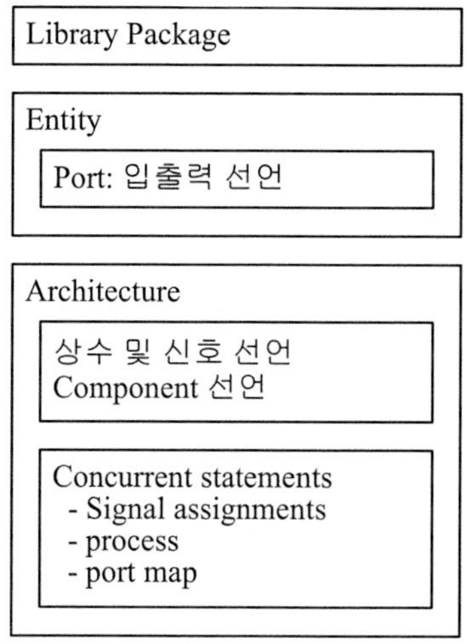

그림 1 VHDL의 주요 구성 요소

❑ Entity

- port 문을 이용하여 입력과 출력 신호를 선언
- 입력과 출력 신호의 mode와 type 등을 명시
- 입출력 신호 외에 generic 문을 이용한 파라미터 선언 가능

❑ Architecture

- entity에서 선언한 입력과 출력의 관계를 기술
- 설계하려는 디지털 회로의 동작을 설명하는 부분
- 하나의 entity 선언에 대하여 1개 이상의 architecture가 명시될 수 있음.
- 많은 경우 하나의 entity에 하나의 architecture를 사용
- architecture 내부에서 사용될 변수 선언
- 다른 기능블록(모듈)을 객체로 생성하기 위한 component 명시
- 기본적으로 architecture 내에 명시한 내용은 병렬로 실행됨

❑ Process

- architecture 내에서 사용
- process 문 내부에서는 순차적인 동작이 이루어짐(행위수준 모델링에 사용)

❑ Library package(optional)

- 사용할 라이브러리 및 package 명시
- STD_LOGIC 또는 STD_LOGIC_VECTOR 등의 미리 정의된 type을 사용하기 위함

2 VHDL 기초 문법 및 활용 예제 소개

VHDL의 기초 문법에 대하여 설명하기에 앞서서 다음의 사항을 기억한다.

- VHDL에서 예약된 키워드 들은 신호명이나 사용자 정의 식별자로 사용할 수 없다.
- 키워드와 사용자 정의 식별자는 대소문자를 구별하지 않는다.
- 두 개의 연속된 하이픈(--)은 주석문의 시작을 알리는 것으로 해당 라인 끝까지 컴파일러에서 무시된다.
- VHDL은 줄바꿈, 추가된 공백(space) 등을 무시한다.

이제 VHDL의 기초 문법에 대하여 설명한다. 설명의 편의를 위하여 다음의 규칙을 바탕으로 설명한다.

- **굵은 글씨체**는 VHDL 키워드를 의미
- <u>밑줄</u>은 사용자 정의 명칭을 의미
- *이탤릭체*는 몇 가지 VHDL 키워드 중 하나를 적용하여야 함을 의미
- [...]는 선택 입력 사항을 의미

(a) Entity와 port를 사용한 입출력 신호 정의

❑ 문법 설명

```
entity 사용자정의_entity명 is
port(
    입력1 : mode type;
    입력2 : mode type;
    ...
    출력1 : mode type;
    출력2 : mode type
);
end 사용자정의_entity명;
```

그림 2 entity 구문 문법

- entity 키워드 뒤에 사용자가 정의한 entity 명을 선언
- entity 문 내에 port 문을 사용하여 입출력 신호를 선언

- 사용자가 선언한 입출력 신호 뒤에 mode와 type을 명시
- 가장 마지막 신호 뒤에는 세미콜론(;)이 없음에 주의
- mode는 해당 신호가 입력인지 출력인지 입출력 단자인지에 따라 in, out, inout, buffer 중 하나를 선택
- in : 입력 신호로서 해당 신호가 설계하는 블록 내에서 참조만 되고 갱신되지 않아야함.
- out : 출력 신호로서 해당 신호가 설계하는 블록 내에서 갱신만 되고 참조되지 않아야함.
- inout : 입력과 출력이 모두 가능한 신호.
- buffer : 출력 신호와 기본적으로 같으나 출력된 신호를 내부에서 참조도 가능.
- type은 신호가 가질 수 있는 값에 따라 bit가 기본적으로 사용가능하며, 가질 수 있는 값은 '0' 또는 '1'을 가질 수 있음.

❑ 예제1

- 3개의 입력을 AND 오퍼레이션하여 출력하는 그림 3의 모듈 MyAND entity 선언 예시.
- 입력 신호 3개를 한 번에 선언할 때는 신호 사이를 콤마(,)로 구분.
- 여기서는 입력 신호 3개를 한 번에 선언하였으나, 각 신호를 나누어 선언하는 것도 가능

▌그림 3 input AND 게이트

```
entity MyAND is
port(
   A, B, C : in bit;
   R : out bit
);
end MyAND;
```

▌그림 4 input AND 게이트의 입출력 신호 선언

❑ 예제2

- 비동기 active high reset 기능이 포함된 DFF인 그림 5의 MyDFF의 entity 선언 예시
- 각각의 신호를 나누어서 선언하였으나, 동시에 선언하는 것도 가능함.

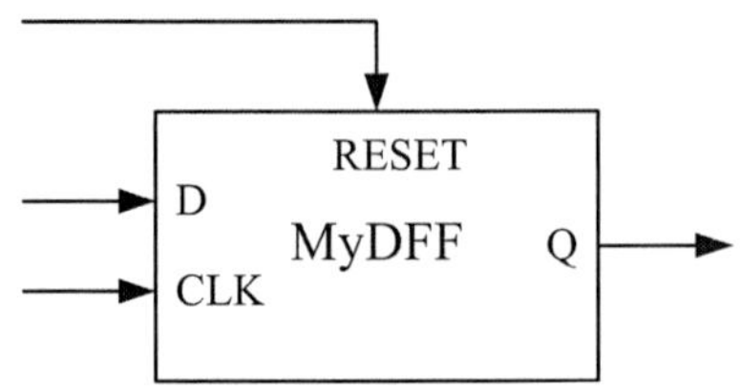

▎그림 5 리셋 포함 DFF

```
entity MyDFF is
port(
   RESET : in bit;
   CLK : in bit;
   D : in bit;
   Q : out bit
);
end MyDFF;
```

▎그림 6 리셋 포함 DFF의 입출력 신호 선언

(b) std_logic type의 활용

❑ 문법 설명

```
library ieee;
use ieee.std_logic_1164.all;

entity 사용자정의_entity명 is
port(
   입력1 : mode std_logic;
   출력1 : mode std_logic
);
end 사용자정의_entity명;
```

▎그림 7 std_logic type의 신호 선언을 위한 문법

- bit는 VHDL에서 기본적으로 제공하는 신호 type.
- bit type의 신호가 가질 수 있는 상태는 '0' 또는 '1'의 상태임.
- 이 외에 디지털 신호가 가질 수 있는 상태는 여러 가지가 있는데, VHDL에서는 std_logic type이 가장 대표적임.
- std_logic type을 사용하기 위해서는 ieee 라이브러리의 std_logic_1164 package를 사용하여야 함.
- 사용할 라이브러리 및 패키지는 entity 문 위에 library와 use 키워드로 선언하여야 함.
- std_logic type으로 선언된 신호가 가질 수 있는 상태는 표 1에 정리하였음.
- 많이 사용되는 상태는 '0', '1', 'z' 등을 꼽을 수 있음.

표 1 std_logic type이 가질 수 있는 상태

상태	의미	상태	의미
'u'	uninitialized	'x'	forcing unknown
'0'	forcing 0	'1'	forcing 1
'z'	high impedance	'w'	weak unknown
'l'	weak 0	'h'	weak 1
'–'	don't care		

❑ 예제1

- 그림 4의 MyAND 게이트 예제를 std_logic으로 표현함.

```
library ieee;
use ieee.std_logic_1164.all;

entity MyAND is
port(
   A, B, C : in std_logic;
   R : out std_logic
);
end MyAND;
```

그림 8 std_logic type으로 선언한 3 input AND 게이트의 신호 선언

(c) bit_vector 또는 std_logic_vector type을 활용한 array 선언

❑ 문법 설명

```
library ieee;
use ieee.std_logic_1164.all;

entity 사용자정의_entity명 is
port(
    입력1 : mode bit_vector(x downto y);
    출력1 : mode std_logic_vector(y to x)
);
end 사용자정의_entity명;
```

그림 9 array type의 신호 선언 문법

- 다수의 bit 또는 std_logic type 신호를 array 형식으로 활용 가능.
- bit를 확장한 bit_vector, 또는 std_logic을 확장한 std_logic_vector type을 사용할 수 있음.
- 신호를 선언할 때 array의 range를 type에 명시해주어야 함.
- 위 문법 설명에서는 array range를 명시할 때, x가 y보다 큰 경우를 가정함.

❑ 예제1

- 4개의 입력 중 하나를 출력으로 선택하는 그림 10의 4-to-1 MUX의 entity 선언 예시
- 이 예제에서 bit_vector와 std_logic_vector는 큰 차이 없음.
- (3 downto 0) 의 표현은 (0 to 3)으로 변경할 수도 있음.

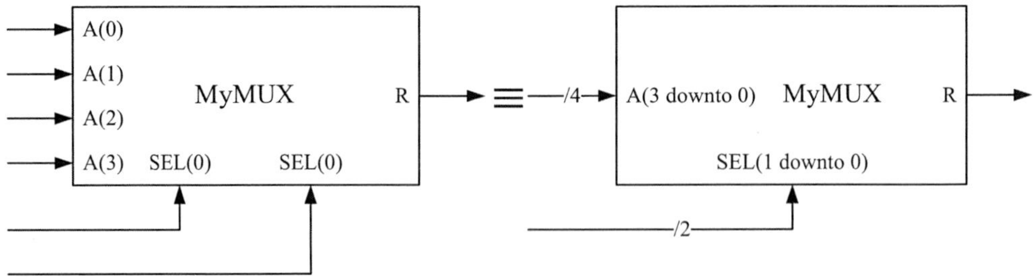

그림 10 4-to-1 MUX

```
library ieee;
use ieee.std_logic_1164.all;

entity MyMUX is
port(
   A : in bit_vector(3 downto 0);
   SEL : in std_logic_vector(1 downto 0);
   R : out std_logic
);
end MyDFF;
```

▌그림 11 4-to-1 MUX의 입출력 신호 선언

(b) Architecture를 이용한 논리회로 본체 기술

❑ 문법 설명

```
architecture 사용자정의_architecture명 of entity명 is
   constant 상수1 : type := 상수값;        -- 상수 선언
   signal 신호1 : type := 초기값;          -- 신호 선언
   -- component 선언
   -- function 선언
begin
   -- architecture 본체(입력과 출력 관계 기술)
   -- 동시신호할당문
   -- process문
   -- port map문
end 사용자정의_architecture명;
```

▌그림 12 architecture 관련 문법

- 앞에서 학습한 entity에 대하여 1개 이상의 architecture가 선언되어야 함.
- 위 문법에서의 entity명은 앞에서 entity 선언에서 사용자가 정한 entity명이어야 함.
- architecture 본체를 기술하기에 앞서서 architecture에서 사용할 상수 및 내부 신호 선언, architecture 내부에서 파생할 객체의 component 선언, 그리고 architecture 내에서 사용할 함수 등을 먼저 기술.

- 상수 선언과 신호 선언을 위해서는 각각 constant와 signal 키워드를 사용하는데, 상수는 architecture 내에서 값이 변경될 수 없음.
- constant와 signal의 type은 앞에서 입출력 신호 선언에서 사용한 bit, std_logic, bit_vector, std_logic_vector 외에도 integer도 사용 가능
- architecture 본체에 기술하는 내용은 기본적으로 동시성(concurrency)이 보장되는 동시구문(concurrent statement)으로 동시신호할당문, process문, port map문 등이 사용될 수 있음.

❑ 예제1

- 그림 3에 예시한 3 input AND 게이트를 VHDL로 구현하기 위하여 신호할당문을 사용하여 구현함.
- 3개의 신호를 모두 and 연산하여 출력 R에 대입하기 위하여 신호할당 연산자 <=를 사용함
- 앞으로 전개될 설명의 편의를 위하여 신호 type을 std_logic으로 설정.

```
library ieee;
use ieee.std_logic_1164.all;

entity MyAND is
port(
   A, B, C : in std_logic;
   R : out std_logic
);
end MyAND;

architecture arch_MyAND of MyAND is
begin
   R <= A and B and C;
end arch_MyAND;
```

▌그림 13 3 input AND 게이트의 VHDL 코드

❑ 예제2

- 그림 5에 예시한 비동기 active high reset을 포함한 MyDFF을 process 문을 이용하여 구현.
- rising_edge() 함수를 사용하여 신호의 positive edge를 검출.

- rising_edge()는 ieee library에 선언된 함수로서 이를 사용하기 위해서는 신호가 std_logic type으로 선언되어야 함.
- process 문에 명시된 신호가 변경되는 경우에만 process 문 내부가 실행됨.
- 아래 예제 코드의 경우 RESET 또는 CLK 신호가 변경될 때에만 내부의 if 문이 실행됨.
- RESET 또는 CLK가 변경되어 process 문 내부가 실행될 때, RESET 신호가 high이면 CLK와 무관하게 무조건 Q를 0으로 설정하므로 RESET 기능은 비동기이며 CLK보다 우선순위가 높음.
- RESET이 0이고 CLK에 rising_edge가 발생하는 경우만 D의 상태를 Q에 할당.
- if 구문은 반드시 process 문 내부에서 사용되어야 함.

```
library ieee;
use ieee.std_logic_1164.all;

entity MyDFF is
port(
   RESET : in std_logic;
   CLK : in std_logic;
   D : in std_logic;
   Q : out std_logic
);
end MyDFF;

architecture arch_MyDFF of MyDFF is
begin
   process (RESET, CLK)
   begin
       if (RESET = '1') then
           Q <= '0':
       elsif (rising_edge(CLK)) then
           Q <= D;
       end if;
   end process;
end arch_MyDFF;
```

❙ 그림 14 리셋 포함 DFF의 VHDL 코드

❑ 예제3

- 그림 10의 4-to-1 MUX를 신호할당문으로 구현하면 다음과 같음.
- 여기서는 편의상 모든 신호의 type을 std_logic 또는 std_logic_vector로 선언.
- with-select 구문을 사용하였는데, with-select 구문은 process 문 외부에서 사용되어야 함.

```
library ieee;
use ieee.std_logic_1164.all;

entity MyMUX is
port(
   A : in std_logic_vector(3 downto 0);
   SEL : in std_logic_vector(1 downto 0);
   R : out std_logic
);
end MyMUX;

architecture arch_MyMUX of MyMUX is
begin
   with (SEL) select
   R <=     A(0) when "00",
            A(1) when "01",
            A(2) when "10",
            A(3) when others;
end arch_MyMUX;
```

| 그림 15 with-select 구문을 이용한 4-to-1 MUX의 VHDL 코드

- with-select 구문과 유사한 when-else 구문을 사용한 4-to-1 MUX의 architecture 예시

```
architecture arch_MyMUX of MyMUX is
begin
   R <=     A(0) when (SEL="00") else
            A(1) when (SEL="01") else
            A(2) when (SEL="10") else
            A(3);
end arch_MyMUX;
```

| 그림 16 when-else 구문을 이용한 4-to-1 MUX의 architecture

- with-select 또는 when-else 구문과 같은 신호할당문 외에 process 문 내에서 if 문 또는 case 문을 활용하여 동일한 동작을 구현할 수 있으며, 두 경우의 architecture를 예시하면 다음과 같음.

```
architecture arch_MyMUX of MyMUX is
begin
   process(A, SEL)
   begin
       if (SEL="00") then
           R <= A(0);
       elsif (SEL="01") then
           R <= A(1);
       elsif (SEL="10") then
           R <= A(2);
       else
           R <= A(3);
       end if;
   end process;
end arch_MyMUX;
```

▌그림 17 if 구문을 이용한 4-to-1 MUX의 architecture

```
architecture arch_MyMUX of MyMUX is
begin
   process(A, SEL)
   begin
       case (SEL) is
           when "00" => R <= A(0);
           when "01" => R <= A(1);
           when "10" => R <= A(2);
           when others => R <= A(3);
       end case;
   end process;
end arch_MyMUX;
```

▌그림 18 case 구문을 이용한 4-to-1 MUX의 architecture

(c) VHDL의 구문 요소

❑ 식별자(Identifier)

- entity명과 신호명 등 VHDL을 사용할 때 사용자가 정의한 이름.
- 식별자를 선정할 때 다음에 주의하여야 함.
- 알파벳이나 숫자, underline(_)을 사용할 수 있으며, 길이에 제한 없음.
- 알파벳 대소문자를 구분하지 않음.
- 식별자의 첫 문자는 알파벳이어야 함.
- 식별자의 마지막 문자는 알파벳이나 숫자여야 하며, underline은 올 수 없음.
- underline을 두 개 이상 연속으로 사용할 수 없음.
- entity, in, out 등 VHDL에서 예약된 키워드는 식별자로 사용할 수 없음
- 예약된 키워드는 표 2에 정리함.

표 2 VHDL의 예약된 키워드

abs	downto	library	postponed	srl
access	else	linkage	procedure	subtype
after	elsif	literal	process	then
alias	end	loop	pure	to
all	entity	map	range	transport
and	exit	mod	record	type
architecture	file	nand	register	unaffected
array	for	new	reject	units
assert	function	next	rem	until
attribute	generate	nor	report	use
begin	generic	not	return	variable
block	group	null	rol	wait
body	guarded	of	ror	when
buffer	if	on	select	while
bus	impure	open	severity	with
case	in	or	signal	xnor
component	inertial	others	shared	xor
configuration	inout	out	sla	
constant	is	package	sll	
disconnect	label	port	sra	

❑ Numbers, Characters, Strings 및 Bit Strings

- 10진수 정수 또는 실수 : 기본적으로 아무 표시가 없으면 10진수
- 2진수, 8진수, 16진수 : 진수에 해당하는 숫자로 시작하여 두 개의 # 사이에 표현
- 긴 숫자를 표현할 때 가독성을 높이기 위하여 underline(_)을 사용할 수 있음.
- charcter는 홑따옴표, string은 쌍따옴표 사용
- bit string은 여러 bit를 표시하기 위하여 쌍따옴표를 사용
- 기본적으로 2진수를 나타내며, 2진수, 8진수, 16진수 형태로 표시하기 위하여 각각 B, O, X 등을 접두사로 사용할 수 있음
- B, O, X 등을 접두사로 사용하면 가독성을 높이기 위한 underline(_)을 사용할 수 있음.

```
12 10 256E3 1.2 3.14E-2       -- 10진수 정수 및 실수
2#1010# 8#12# 16#A#           -- 10진수 10에 해당하는 2진수, 8진수, 16진수
'A' "ABCD"                    -- character와 string
"1010" B"1010_0001"           -- 2진수 형식의 Bit String
X"C8" O"17"                   -- 16진수와 8진수 형식의 bit string
```

그림 19 Numbers, Characters, Strings 및 Bit Strings 예시

(d) 데이터 형식: 포드(Port), 신호(Signal), 상수(Constant), 변수(Variable)

❑ 포트(Port)

- 앞에서 entity-port 구문을 사용하여 논리회로 블록의 입출력 단자로 선언.
- 데이터의 이동 방향에 해당하는 mode와 데이터 형식의 type을 명시하여야 함.
- 관련 문법은 그림 2 참조.

❑ 신호(Signal)

- architecture 내부에서만 사용되는 내부 신호로서 해당 architecture 밖에서는 참조할 수 없음.
- architecture 선언 시 begin 이전에 선언.
- 식별자에 해당하는 신호명과 type을 명시하여야 함.
- initial value는 선택 사항.

❑ 상수(Signal)

- architecture에서 선언하면 해당 architecture에서 사용할 수 있으며, process에서 선언하면 해당 process 내부에서만 사용할 수 있음.
- architecture 또는 process 선언 시 begin 이전에 선언.
- 식별자에 해당하는 신호명과 type을 명시하여야 함.
- initial value는 선택 사항.

❑ 변수(Variable)

- process에서 선언하여 해당 process 내부에서만 사용할 수 있음.
- process 선언 시 begin 이전에 선언.
- 식별자에 해당하는 신호명과 type을 명시하여야 함.
- initial value는 선택 사항.
- 변수의 값를 갱신하기 위해서는 변수 할당문(:=)을 사용하여야 함.
- 신호와 거의 동일하게 사용할 수 있지만, 시간지연 없이 즉시 갱신되는 특성이 있어 신호와 동작이 다를 수 있음.

```
signal list_of_signal_names : type [:= initial value];
constant list_of_name_of_constant : type [:= initial value];
variable list_of_variable_names : type [:= initial value];
```

그림 20 Signal, Constant, Variable의 선언 관련 문법

(e) 데이터 타입(Data Types)

❑ Type 키워드로 선언

- VHDL에서는 데이터들은 대부분 Type 키워드로 선언되어 있으며, 주로 사용되는 데이터 타입을 표 3에 정리하였음.
- 앞에서 설명했듯이 ieee 라이브러리의 std_logic_1164 package에는 type 키워드를 이용하여 std_logic과 std_logic_vector가 미리 선언되어 있으며, 나머지는 std 라이브러리의 standard package에 선언됨.

▌표 3 VHDL의 대표적인 데이터 타입

데이터 형	값	표기법
std_logic	U, X, 0, 1, Z, W, L, H, -	' '
std_logic_vector	std_logic형의 array	" "
bit	0, 1	' '
bit_vector	bit형의 array	" "
boolean	True 혹은 false	따옴표 없음
integer	지정된 범위의 정수	따옴표 없음
natural	지정된 범위의 양수	따옴표 없음
time	ps, ns, us등의 시간	따옴표 없음

- 표 3에 정리된 데이터 타입 외에도 사용자가 직접 데이터 타입을 type 키워드로 선언하여 사용할 수 있는데, 가장 많이 사용되는 enumerated type의 데이터 타입을 선언하는 문법 및 예제를 그림 21에 예시함.

```
type type_name is (identifier list or character literal);

type my_3values is ('0', '1', 'Z');
type state_type is (S0, S1, S2, S3);
```

▌그림 21 enumerated type 문법 및 예시

❑ 배열(array) 형식의 활용

- 앞에서 배열 형식의 데이터 타입으로 bit_vector와 std_logic_vector의 선언 방법에 대하여 기술함.
- 배열 형식을 다룰 때 배열의 전체 또는 일부를 참조/갱신하거나 여러 신호를 배열에 할당하는 방법을 그림 22에 예시함.
- 배열 형식의 신호 식별자만 다루면 배열 전체를 의미.

```
signal a : std_logic_vector(3 downto 0);
signal b : std_logic_vector(3 downto 0);
signal c : std_logic_vector(3 downto 0);

a <= b;                          -- b의 4비트를 모두 a의 4비트에 할당
a(3 downto 0) <= b(3 downto 0);  -- 위와 동일한 결과
a(3) <= b(0);                    -- b의 0번 비트를 a의 3번 비트에 할당
a(1 downto 0) <= b(3 downto 2);  -- b의 2,3번 비트를 a의 0,1번 비트에 할당
a(1 downto 0) <= b(1) & c(3);    -- b의 1번 비트와 c의 3번 비트를 각각
                                 -- a의 1번 2번 비트에 할당
```

▎그림 22 **배열 형식의 데이터 활용 예**

(f) 연산자(Operators)

- VHDL은 7 종류의 연산자를 제공하고 있음
- 표 4에는 VHDL의 연산자를 종류별로 요약하였음.

▎표 4 **VHDL의 대표적인 연산자**

Class	Operators	Priority
1. Logical operators	and or nand nor xor xnor	7(Lowest)
2. Relational operators	= /= 〈 〈= 〉 〉=	6
3. Shift operators	sll srl sla sra rol ror	5
4. Addition operators	+ = &	4
5. Unary operators	+ −	3
6. Multiplying operators	* / mod mem	2
7. Misc. operators	** abs not	1(Highest)
time	ps, ns, us등의 시간	따옴표 없음

❑ Class 1. Logical operators

- 기본적인 디지털 논리 연산을 수행.
- bit, boolean, std_logic, std_ulogic 및 vector type에 적용 가능.
- 결과는 피연산자와 동일한 타입으로 출력됨.

❑ Class 2. Relational operators

| 표 5 VHDL의 Relational operator 요약

연산자	설명	피연산자 타입	결과 타입
=	같다	모든 타입	Boolean
/=	다르다	모든 타입	Boolean
<	작다	scalar or discrete array types	Boolean
<=	작거나 같다	scalar or discrete array types	Boolean
>	크다	scalar or discrete array types	Boolean
>=	크거나 같다	scalar or discrete array types	Boolean

❑ Class 3. Shift operators

| 표 6 VHDL의 Shift operator 요약

<table>
<tr><th>연산자</th><th>설명</th><th>피연산자 타입</th><th>결과 타입</th></tr>
<tr><td>sll</td><td>Shift left logical
(우측은 0으로 채워짐)</td><td rowspan="6">좌측: bit, std_logic, 또는 boolean 타입의 1차원 배열

Right: integer</td><td rowspan="6">좌측 피연산자와 동일</td></tr>
<tr><td>srl</td><td>Shift right logical
(좌측은 0으로 채워짐)</td></tr>
<tr><td>sla</td><td>Shift left arithmetic
(가장 우측 비트로 채워짐)</td></tr>
<tr><td>sra</td><td>Shift right arithmetic
(가장 좌측 비트로 채워짐)</td></tr>
<tr><td>rol</td><td>Rotate left
(circular)</td></tr>
<tr><td>ror</td><td>Rotate right
(circular)</td></tr>
</table>

❑ Class 4. Addition operators

- ieee.std_logic_1164 package 외에 ieee.std_logic_unsigned package 또는 std_logic_arith package를 사용하여야 함.

- 표 7에 세부 사항을 요약함.

❙ 표 7 VHDL의 Addition operator 요약

연산자	설명	피연산자 타입	결과 타입
+	덧셈	숫자 타입	피연산자와 동일
−	뺄셈	숫자 타입	피연산자와 동일
&	접합	배열 타입	피연산자와 동일

❑ Class 5. Unary operators

- 숫자 형식의 데이터 타입에서 부호를 표시하는 용도로 사용.
- 표 8에 세부 사항을 요약함.

❙ 표 8 VHDL의 Unary operator 요약

연산자	설명	피연산자 타입	결과 타입
+	정극성	숫자 타입	피연산자와 동일
−	부극성	숫자 타입	피연산자와 동일

❑ Class 6. Multiplying operators

- 연산자 * : 곱셈 연산자
- 연산자 / : 나눗셈 연산자
- mod : modulus 연산자 (A mod B = A − B * N)
- rem : remainder 연산자 (A rem B = A − (A/B) * B)
- mod와 rem 연산 결과는 부호의 차이가 발생할 수 있음.
- 세부 사항은 생략함.

❑ Class 7. Misc. operators

- 연산자 ** : 지수 연산
- abs : 절대값 연산
- not : 논리 not 연산
- 세부 사항은 생략함.

3 VHDL을 활용한 디지털 회로 표현 방법

VHDL을 이용하여 디지털 회로를 표현하는 방법은 표현 수준에 따라 크게 4가지 방식으로 분류할 수 있다.

- 행위 수준 표현(Behavioral level description): 인간의 사고에 가장 가까운 표현 방법으로 C 프로그래밍과 매우 유사한 가장 상위 수준의 모델링 방법.
- 데이터 플로우 수준 표현(Data flow level description): 데이터의 흐름을 명백히 표현하는 방법으로 연산자를 사용한 동시신호할당문이 대표적임.
- 게이트 수준 표현(Gate level description): 논리 게이트와 플립플롭 등을 연결하는 방식으로 디지털 회로를 표현.
- 구조적 수준 표현(Structural level description): 전체 디지털 회로를 세부 기능 블록 단위 모듈로 분리하여 구현하고, 최종적으로 기능 단위 블록을 하나로 연결하여 전체 시스템을 구성하는 방식으로 일정 규모 이상의 시스템 설계에 적합.

위의 4가지 분류의 기준이 아주 명확하진 않으며, 때로는 여러 수준의 표현 방법을 혼용하여 사용하는 경우가 많다. 게이트 수준 표현은 가장 낮은 수준의 표현 방법으로 많이 사용되지는 않으며, 문법 상으로 봤을 때 구조 수준 표현과 같은 문법을 사용한다. 현실적으로는 나머지 3가지 방식을 적절히 섞어서 사용하는 경우가 많다. 여기서는 이 3가지 표현 방법에 대하여 그 차이를 확인하며, 특히 구조 수준 표현 형태에 대하여 설명한다.

(a) 데이터 플로우 수준 표현 vs. 행위 수준 표현

- 그림 13에 예시한 3 input AND 게이트가 데이터 플로우 수준 표현의 전형적인 예.
- 출력을 표현할 때, 여러 신호들의 논리식으로 기술하는 방식.
- 간단한 논리 회로의 경우는 효과적이지만 다소 복잡한 회로의 표현에는 적합하지 않음.
- 그림 15에서 18에 예시한 4-to-1 MUX의 VHDL 코드에서는 정확한 논리식을 입력하지 않고, 입력이 어떤 상황에서 어떤 출력을 내보내는지 사람이 쉽게 알아볼 수 있도록 표현.
- 두 경우를 비교하기 위하여 4-to-1 MUX를 데이터 플로우 수준으로 표현하여 그림 23에 나타내었음.
- 그림 23의 코드를 그림 15에서 18에 예시한 코드와 비교하면 동일한 동작을 수행하지만 사람이 보기에 매우 불편한 형태임을 확인할 수 있음.

```
architecture arch_MyMUX of MyMUX is
begin
   R <=    ((not SEL(1)) and (not SEL(0)) and A(0)) or
           ((not SEL(1)) and (     SEL(0)) and A(1)) or
           ((     SEL(1)) and (not SEL(0)) and A(2)) or
           ((     SEL(1)) and (     SEL(0)) and A(3));
end arch_MyMUX;
```

그림 24 데이터 플로우 수준 표현 방식의 4-to-1 MUX의 architecture

(b) 데이터 플로우 수준 표현

이론의 여지는 있지만 데이터 플로우 표현은 일반적으로 동시 구문(concurrent statements)를 사용한 표현 방식을 의미한다. 이 구문들의 특징은 기술된 순서와 무관하게 항상 동시에 동작한다는 점이다. 동시 구문은 동시 신호 할당문, 조건적 신호 할당문, 선택 신호 할당문의 3개로 구분할 수 있다. 모든 동시 구문은 architecture 내부에서 사용되지만 process 구문 밖에서 사용되어야 한다.

❑ 동시 신호 할당문(concurrent signal assignment statements)

- 연산자 <= 우측의 표현을 연산하여 그 결과를 좌측의 신호 또는 입출력 등으로 적용.

```
target_signal <= expression;
```

```
alpha <= A and B and C;
```

그림 24 동시 신호 할당문의 문법 및 활용 예

❑ 조건적 신호 할당문(conditional signal assignment statements)

- when-else 구문을 이용한 신호 할당
- boolean condition이 참인 경우 해당하는 expression의 연산 결과를 target signal에 대입.
- 여러 boolean condition이 참인 경우에는 먼저 선언된 expression을 적용.

```
target_signal <=   expression1 when Boolean_condition1 else
                   expression2 when Boolean_condition2 else
                          ...
                   expressionn;
```

```
R <=    A(0) when (SEL="00") else
        A(1) when (SEL="01") else
        A(2) when (SEL="10") else
        A(3);
```

그림 25 조건적 신호 할당문의 문법 및 활용 예

❑ 선택 신호 할당문(selected signal assignment statements)

- with-select 구문을 이용한 신호 할당
- choice expression이 choices와 같으면 해당 expression의 연산 결과를 target signal에 대입.
- choice expression이 가질 수 있는 모든 경우의 값이 when 뒤에 나열되거나, 그렇지 않으면 마지막 when 뒤에는 others를 사용하여야 함.

```
with choice_expression select
target_signal <=   expression1 when choices1,
                   expression2 when choices2,
                   ...
                   expression3 when choices3;
```

```
with (SEL) select
R <=    A(0) when "00",
        A(1) when "01",
        A(2) when "10",
        A(3) when others;
```

그림 26 선택 신호 할당문의 문법 및 활용 예

(c) 행위 수준 표현

행위 수준 표현은 일반적으로 process 구문과 process 구문 내부에서 실행되는 구문을 의미하며, 동시 구문과 대비되는 개념으로 순차 구문(sequential statements)이라 한다. 주요 구문의 문법과 활용 예를 제시한다.

❑ process 구문

- 그림 27에는 process 구문의 문법을 나타내었으며, 활용 예는 그림 14, 17, 18을 참조.
- sensitivity list에 콤마로 구분하여 나열한 신호들이 변경될 때에만 process 구문 내의 명령이 실행됨.
- process 구문 내에는 다양한 종류의 구문이 포함될 수 있지만 여기서는 가장 많이 사용되는 if 구문과 case 구문에 대한 설명을 추가함.

```
[process_label:] process [ (sensitivity_list) ] [is]
   [process_declarations]
begin
   -- list of sequential statements such as:
   -- signal assignments
   -- variable assignments
   -- if statement
   -- case statement
   -- exit statement
   -- loop statement
   -- next statement
   -- null statement
   -- procedure call
   -- wait statement
end process [process_label];
```

그림 27 process 구문의 문법

❑ if 구문

- C 언어의 if 구문과 거의 동일함.
- if 뒤에 명시된 condition이 참인 경우 해당 statement가 실행되며, 모든 condition이 거짓일 때는 else 뒤의 구문이 실행됨.
- 동시 구문의 조건적 신호 할당문인 when-else 구문과 유사하며, process 내에서 실행해야 한다는 차이점이 있음.

```
if condition1 then
   sequential statements1;
[elsif condition2 then
   sequential statements2; ]
[else
   sequential statementsn; ]
end if;
```

```
process(A, SEL)
begin
   if (SEL="00") then
       R <= A(0);
   elsif (SEL="01") then
       R <= A(1);
   elsif (SEL="10") then
       R <= A(2);
   else
       R <= A(3);
   end if;
end process;
```

▌그림 28 if 구문의 문법 및 활용 예

❑ case 구문

- C 언어의 case 구문과 거의 동일함.
- case 뒤에 명시된 expression이 when 뒤에 명시된 choice와 같은 경우 해당 statement가 실행되며, 일치하는 choice가 없는 경우 others 뒤의 구문이 실행됨.
- 동시 구문의 선택 신호 할당문인 with-select 구문과 유사하며, process 내에서 실행해야 한다는 차이점이 있음.

```
case expression is
   when choices1 =>
       sequential statements1;
   when choices2 =>
       sequential statements2;
   [when others => sequential statementsn;]
end case;
```

```
process(A, SEL)
begin
   case (SEL) is
       when "00" => R <= A(0);
       when "01" => R <= A(1);
       when "10" => R <= A(2);
       when others => R <= A(3);
   end case;
end process;
```

▎그림 29 case 구문의 문법 및 활용 예

(d) 구조적 수준 표현

구조적 수준 표현을 다른 말로 한다면 계층적 설계 방식으로 이해할 수 있다. 복잡한 디지털 논리 회로를 한 번에 설계하는 일은 거의 불가능한 일이지만, 전체 디지털 회로를 세부 기능 단위 블록으로 분할하여 기능 블록 단위로 구현하고, 구현된 기능 블록을 잘 연결함으로써 전체 시스템을 구성할 수 있다. 만일 분할된 기능 블록이 AND 또는 OR 게이트와 같이 나뉘어지면 이 경우는 게이트 수준 표현으로 볼 수 있다.

❑ 객체화(instantiation)

- C 프로그래밍에서도 함수를 선언한 후 그 함수를 사용하기 위해서는 다른 함수에서 호출하여야 함.
- CPP 프로그래밍에서도 클래스를 선언한 후 그 클래스를 사용하기 위해서는 해당 클래스를 파생하여 객체로 선언 후 사용함.
- VHDL에서도 이미 정의된 기능 블록을 다른 블록에서 component 객체로 생성(파생)하여 사용.
- 이를 위한 VHDL 문법을 그림 30에 정리함.
- 파생할 객체의 입출력 신호는 architecture 선언과 begin 사이에 component 구문을 사용하여 명시하며, 파생할 객체의 입출력 신호는 해당 블록의 entity에 선언된 것과 동일하여야 함.
- 실제 객체를 생성하는 것은 port map 구문을 활용하여 파생할 객체의 입출력 단자에 신호를 연결해주는데, 이 때 두 가지 방법이 있음.
- 위치에 의한 연결: 파생되는 모듈의 포트 리스트 순서와 동일한 순서로 연결. 순서가 잘못되면 오류가 발생.

- 이름에 의한 연결: 파생되는 모듈의 포트 이름과 여기에 연결될 신호 이름을 명시적으로 표현.

```
architecture 사용자정의_architecture명 of entity명 is
   component 파생할 객체의 entity명(component-name)
   port(
        -- 파생할 객체의 entity의 입출력 신호 port1 선언
        -- 파생할 객체의 entity의 입출력 신호 port2 선언
        ...
        -- 파생할 객체의 entity의 입출력 신호 portn 선언
   );
   end component;
   -- signal1 선언
   -- signal2 선언
   ...
   -- signaln 선언
begin
   -- 위치에 의한 연결
   label : component-name port map (signal1, signal2, … signaln);

   -- 이름에 의한 연결
   label : component-name port map
           (port1 => signal1, port2 => signal2, … port3 => signaln);
end        사용자정의_architecture명;
```

▌그림 30 **구조 수준 표현을 위한 문법**

❑ 예제1

- 그림 3의 3 input AND 게이트와 그림 5의 DFF을 기본 기능 단위로 활용하여 그림 31과 같은 디지털 회로를 구현하고자 함.
- 3 input AND 게이트의 결과를 DFF에 저장하는 그림 31의 MyTOP 모듈 예시.
- MyTOP 모듈은 상위 모듈이고, MyAND와 MyDFF 모듈은 하위 모듈.
- MyTOP 모듈에서 MyAND와 MyDFF 모듈을 파생하여 각각 myand0와 mydff0 라는 식별자를 가지는 객체로 선언
- MyTOP 모듈에서는 MyAND 모듈과 MyDFF 모듈의 내부는 정확히 몰라도 상관없으며, 하위 모듈의 입출력 포트에 대한 정보를 바탕으로 포트를 연결함.

- iA는 MyTOP 모듈의 입력이고, 이것을 MyAND 모듈의 A 입력에 연결
- 그림 32와 33의 VHDL 예제 소스에서는 위치에 의한 연결 방식과 이름에 의한 연결 방식을 예시하였으며, 결과는 동일함.

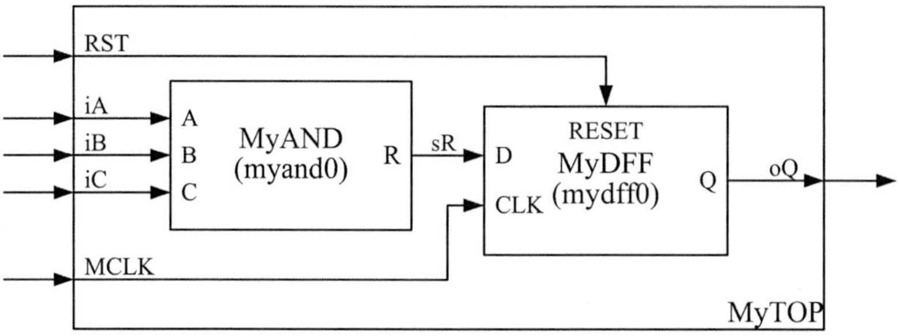

▌그림 31 3 input AND와 DFF 이용한 MyTOP 모듈

```
library ieee;
use ieee.std_logic_1164.all;

entity MyTOP is
port(
   iA, iB, iC : in std_logic;
   RST, MCLK : in std_logic;
   oQ : out std_logic
);
end MyTOP;

architecture arch_MyTOP of MyTOP is
   component MyAND
   port(
       A, B, C : in std_logic;
       R : out std_logic
   );
   end component;
   component MyDFF
   port(
       RESET : in std_logic;
       CLK : in std_logic;
       D : in std_logic;
```

```
        Q : out std_logic
    );
    end component;
    signal sR : std_logic;
begin
    myand0 : MyAND port map (iA, iB, iC, sR);
    mydff0 : MyDFF port map (RST, MCLK, sR, oQ);
end arch_MyTOP;
```

▌그림 32 3 input AND와 DFF 이용한 MyTOP 모듈(순서에 의한 연결)

```
begin
    myand0 : MyAND port map (A=>iA, B=>iB, C=>iC, R=>sR);
    mydff0 : MyDFF port map (RESET=>RST, CLK=>MCLK, D=>sR, Q=>oQ);
end arch_MyTOP;
```

▌그림 33 3 input AND와 DFF 이용한 MyTOP 모듈(이름에 의한 연결)

2 동기식 설계 및 레지스터 전달 표현

디지털 회로를 설계하는 방법은 마스터 클럭의 사용 유무에 따라서 동기식 설계와 비동기식 설계로 구분할 수 있다. 간단히 설명하여 동기식 설계는 마스터 클럭의 에지를 사용하고, 비동기식 설계는 마스터 클럭을 사용하지 않는다. 따라서, 동기식 설계는 마스터 클럭의 주파수에 따라 동작 속도가 결정되고, 아무리 빠른 클럭을 사용하더라도 마스터 클럭의 에지가 발생할 때까지 상태가 변화하지 않는 시간 지연이 발생한다. 반면, 비동기식 설계에서는 입력의 변화에 즉각적으로 상태 및 출력이 변경되므로 동기식 설계에 비하여 빠르다고 볼 수 있지만, 큰 규모의 디지털 회로를 설계하기에 어려움이 있다. 이러한 이유로 요즘의 디지털 회로는 거의 대부분 동기식 설계 방법을 적용한다. 단적인 예로 모든 CPU 또는 MCU에서는 마스터 클럭을 사용하고 있으며, 조금 과장하여 설명하면 아무리 많은 플립플롭을 사용한 디지털 회로더라도 하나의 마스터 클럭 에지에 모든 플립플롭이 동기되도록 설계한다. 회로의 동작 속도를 높이기 위해서는 클럭의 주파수를 높이는 방법을 사용한다.

1 상태 머신(State machine)

상태 머신은 동기식 순차 논리 회로로서 현재 내부 상태를 저장하는 메모리 소자(통상적으로 플립플롭)와 다음 클럭 에지가 발생할 때 변경될 내부 상태를 생성하는 제어부(조합 논리 회로로 구성)로 구성된다. 제어부에서는 입력 신호와 현재 내부 상태를 조합하여 다음 내부 상태를 출력한다. 출력 신호의 연산에 내부 상태만을 이용하는 Moore machine과 현재 내부 상태와 입력 신호를 조합하는 Mealy machine으로 구분되는 것은 디지털 논리 회로에서 이미 학습하였다.

그림 34에는 동기식 상태 머신의 가장 일반화된 블록선도를 나타내었다. 현재 상태를 저장하는 메모리 소자는 클럭에 동기되어 동작한다. 아울러, 시스템이 시작되는 초기 상태의 설정을 위해서 리셋 신호가 사용되었다. 다음 상태를 생성하는 제어부는 조합 논리회로로 구성된다.

앞에서 VHDL을 활용하여 디지털 회로를 표현하는 행위 수준 표현과 데이터 플로우 수준 표현 등에 대하여 다루었다. VHDL 등의 HDL을 활용하여 회로를 설계하는 과정을 RTL(레지스스터 전송 수준, Register Transfer Level) 설계라고 말한다. RTL은 이러한 동기식 상태 머신을 구현하는 효과적인 방법으로서 앞에서 설명한 행위 수준 표현과 데이터 플로우 수준 표현 등을 적절히 섞어서 사용하는 방식을 의미한다.

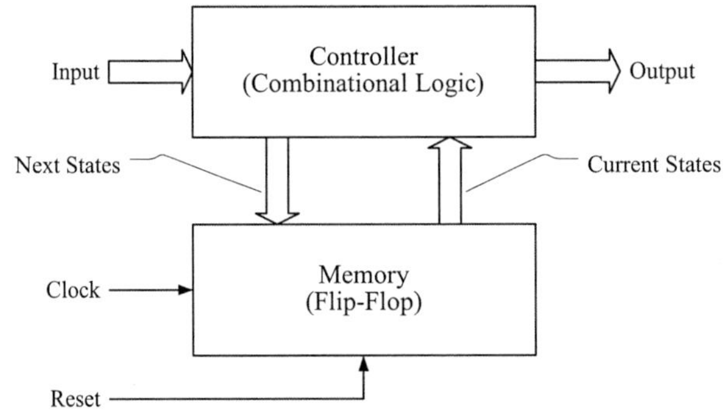

그림 34 **동기식 상태 머신**

2 레지스터 전달 표현

레지스터는 n개의 플립플롭이 병렬로 연결되어 n 비트의 정보를 저장하는 메모리 소자로 생각할 수 있다. 그림 34에서 메모리 블록은 해당 디지털 회로에 사용된 모든 레지스터의 집합으로 볼 수 있다. 따라서, 디지털 회로에 따라서 간단한 회로는 10개 미만의 플립플롭이 사용되고, 복잡한 회로는 수천 개 이상의 플립플롭이 사용될 수 있다.

여기서는 4 비트 레지스터를 구현하고, 이를 바탕으로 일반화된 레지스터 전송 표현을 소개한다.

❑ 예제1

- 4개의 플립플롭을 병렬로 나열하여 구성한 4 비트 레지스터
- 4개의 플립플롭에 동일한 클럭을 사용하며, 클럭의 상승 에지에서 동작

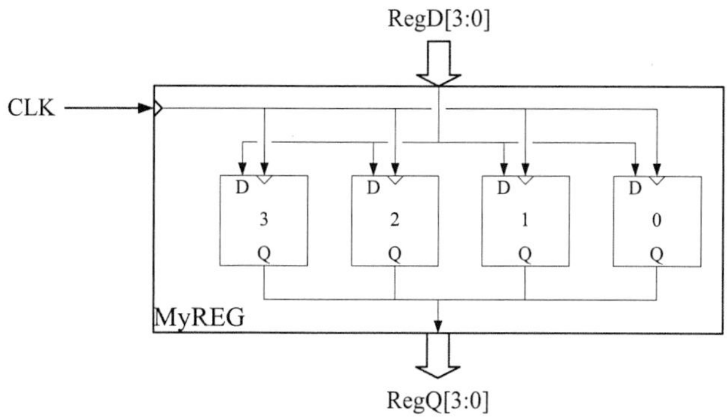

▌그림 35 4 비트 레지스터

```
library ieee;
use ieee.std_logic_1164.all;

entity MyREG is
port(
   CLK : in std_logic;
   RegD : in std_logic_vector(3 downto 0);
   RegQ : out std_logic_vector(3 downto 0)
);
end MyREG;

architecture arch_MyREG of MyREG is
begin
   process (CLK)
   begin
       if (rising_edge(CLK)) then
           RegQ <= RegD;
       end if;
   end process;
end arch_MyREG;
```

▌그림 36 4 비트 레지스터의 VHDL 코드 예시

❑ 예제2

- 앞의 예제1에서 reset에 의한 초기화 기능 추가.
- 초기화는 통상적으로 reset 신호에 맞추어 모든 비트를 0으로 clear하는 것이 보통이지만 1로 preset 하는 경우도 있음.
- RESET은 일반적으로 비동기 active low를 적용

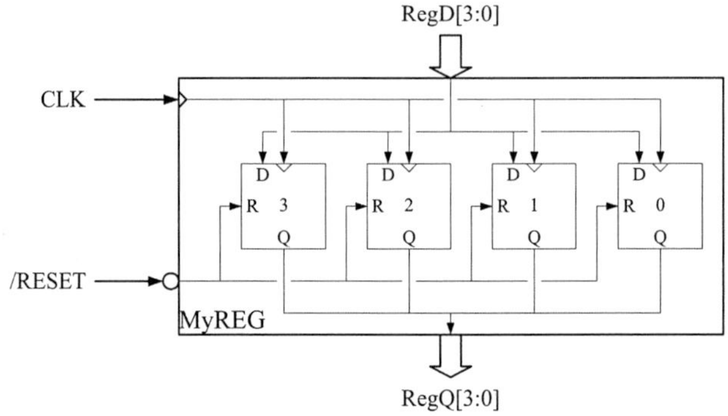

▌그림 37 비동기 active low 리셋 기능이 포함된 4 비트 레지스터

```
library ieee;
use ieee.std_logic_1164.all;

entity MyREG is
port(
   nRESET : in std_logic;
   CLK : in std_logic;
   RegD : in std_logic_vector(3 downto 0);
   RegQ : out std_logic_vector(3 downto 0)
);
end MyREG;

architecture arch_MyREG of MyREG is
begin
   process (nRESET, CLK)
   begin
       if (nRESET='0') then
           RegQ <= "0000";
       elsif (rising_edge(CLK)) then
           RegQ <= RegD;
       end if;
   end process;
end arch_MyREG;
```

▌그림 38 4 비트 레지스터의 VHDL 코드 예시

❑ 예제3

- 앞의 예제2에서는 CLK의 상승 에지에서 무조건 레지스터의 상태를 업데이트 하였음.
- EN 신호를 추가하여 EN 신호가 1일 때만 CLK의 상승 에지가 적용되도록 수정.

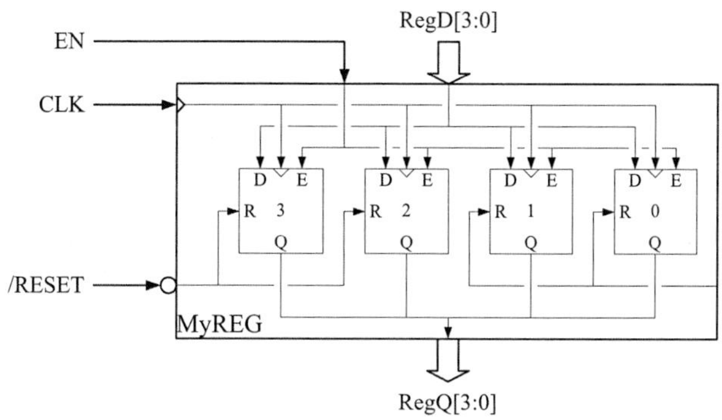

❙ 그림 39 EN 기능이 보강된 레지스터

```
library ieee;
use ieee.std_logic_1164.all;

entity MyREG is
port(
   nRESET : in std_logic;
   CLK : in std_logic;
   EN : in std_logic;
   RegD : in std_logic_vector(3 downto 0);
   RegQ : out std_logic_vector(3 downto 0)
);
end MyREG;

architecture arch_MyREG of MyREG is
begin
   process (nRESET, CLK)
   begin
       if (nRESET='0') then
           RegQ <= "0000";
       elsif (rising_edge(CLK) and EN='1') then
           RegQ <= RegD;
       end if;
   end process;
end arch_MyREG;
```

❙ 그림 40 EN 기능이 보강된 레지스터의 VHDL 코드 예시

❑ 레지스터 전달 표현

- 마스터 클럭 CLK와 비동기 RESET 신호를 가지며, 입력과 현재 상태에 따라 다음 상태가 결정되는 레지스터 전달 표현을 예시.
- MUX에 해당하는 부분을 별도의 process 구문으로 구현하거나, 하나의 process 구문에 같이 구현 가능하며, 동시 구문을 사용하여 구현할 수도 있음.

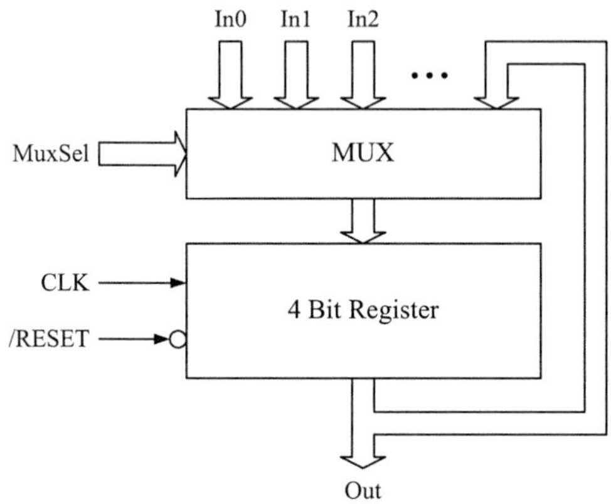

▌그림 41 4 비트 레지스터 전달 표현

```
architecture arch_MyREG of MyREG is
signal sMuxOut : std_logic_vector(3 downto 0);
begin
   sMuxOut <=  In0 when (MuxSel(0)='1') else
               In1 when (MuxSel(1)='1') else
               In2 when (MuxSel(2)='1') else
               ...
               Out;

   process (nRESET, CLK)
   begin
      if (nRESET='0') then
         RegQ <= "0000";
      elsif (rising_edge(CLK)) then
         RegQ <= sMuxOut;
      end if;
   end process;
end arch_MyREG;
```

▌그림 42 4 비트 레지스터 전달 표현의 VHDL 코드 예시

부록 2

실습 키트 회로도

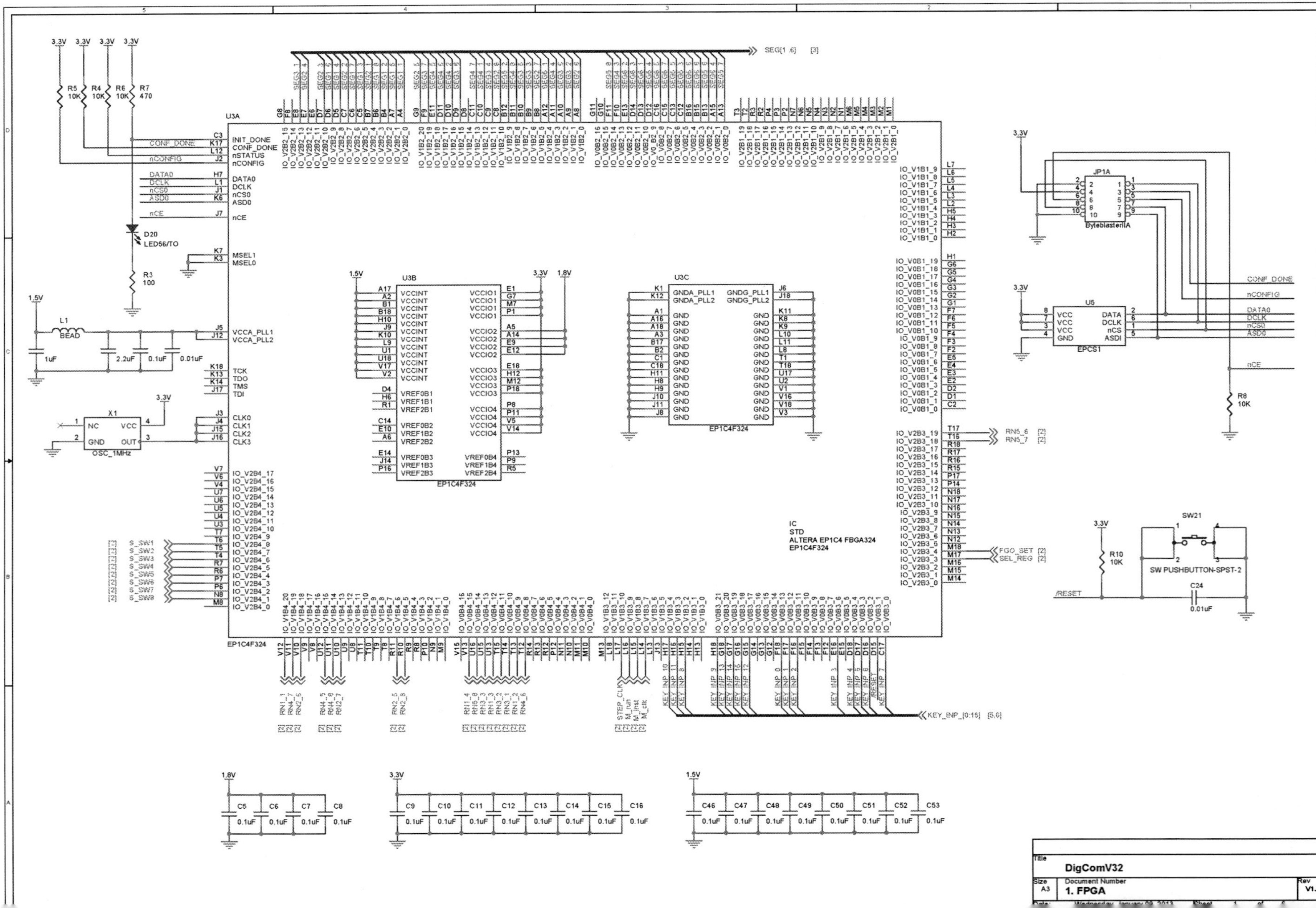
U3A
EP1C4F324
U3B
EP1C4F324
U3C
EP1C4F324
IC
STD
ALTERA EP1C4 FBGA324
EP1C4F324
JP1A
ByteblasterIIA
U5
EPCS1
CONF_DONE
nCONFIG
DATA0
DCLK
nCS0
ASD0
nCE
R8
10K
SW21
SW PUSHBUTTON-SPST-2
C24
0.01uF
R10
10K
/RESET
SEG[1..6] [3]
KEY_INP_[0:15] [5,6]
RN5_6 [2]
RN5_7 [2]
FGO_SET [2]
SEL_REG [2]
R5 10K
R4 10K
R6 10K
R7 470
D20
LED56/TO
R3
100
L1
BEAD
1uF
2.2uF
0.1uF
0.01uF
X1
OSC_1MHz
S_SW1
S_SW2
S_SW3
S_SW4
S_SW5
S_SW6
S_SW7
S_SW8
STEP_CLK
M_run
M_inst
M_clk
Title
DigComV32
Size
A3
Document Number
1. FPGA
Rev
V1.0

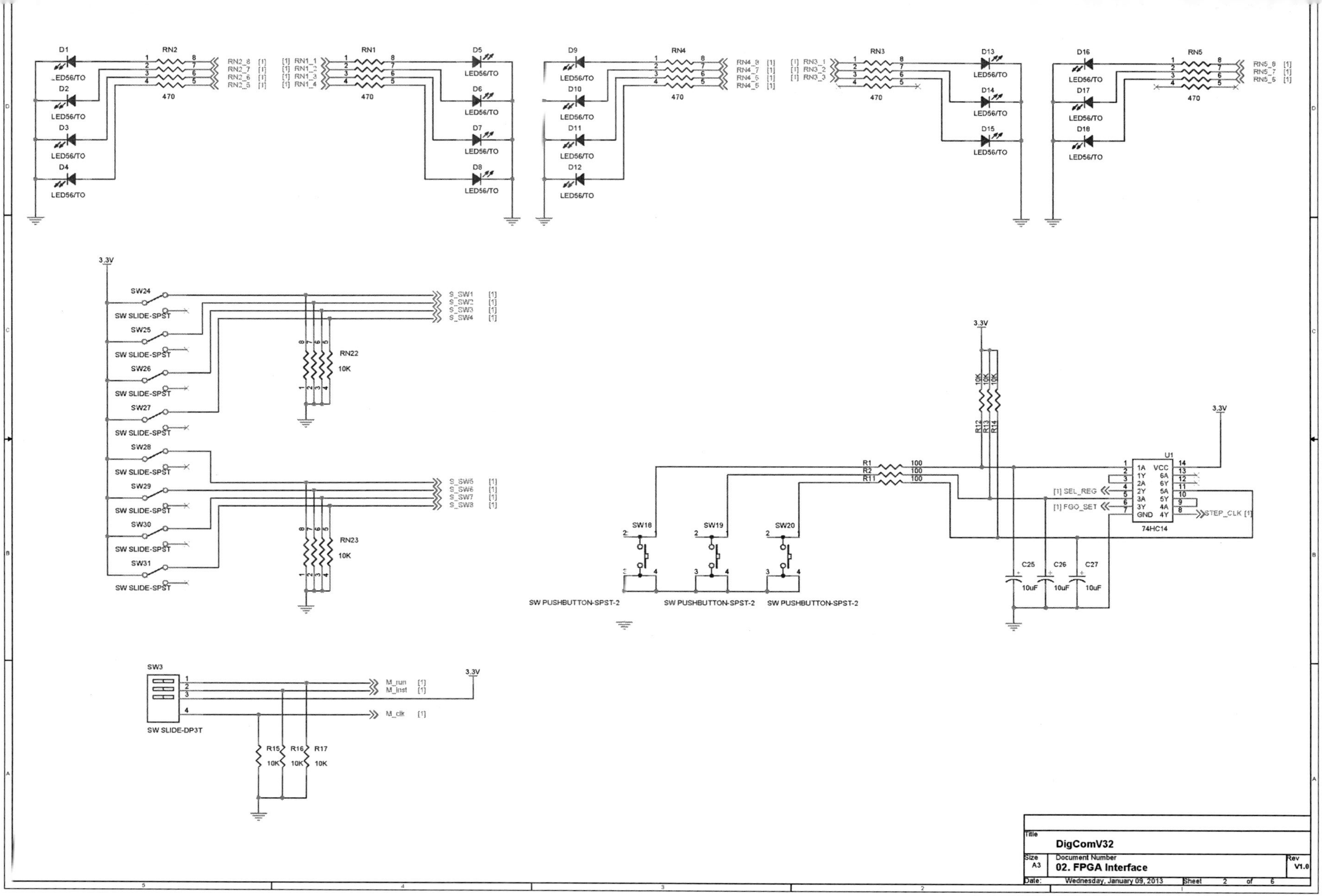
DigComV32
Document Number
02. FPGA Interface
Size A3
Rev V1.0
Date: Wednesday, January 09, 2013
Sheet 2 of 6
D1 D2 D3 D4 D5 D6 D7 D8 D9 D10 D11 D12 D13 D14 D15 D16 D17 D18
LED56/TO
RN1 RN2 RN3 RN4 RN5
470
RN22 10K
RN23 10K
SW24 SW25 SW26 SW27 SW28 SW29 SW30 SW31
SW SLIDE-SPST
S_SW1 S_SW2 S_SW3 S_SW4 S_SW5 S_SW6 S_SW7 S_SW8
3.3V
SW18 SW19 SW20
SW PUSHBUTTON-SPST-2
R1 R2 R11 100
R12 R13 R14 10K
U1 74HC14
[1] SEL_REG
[1] FGO_SET
STEP_CLK [1]
C25 C26 C27 10uF
SW3
SW SLIDE-DP3T
M_run [1]
M_inst [1]
M_clk [1]
R15 R16 R17 10K

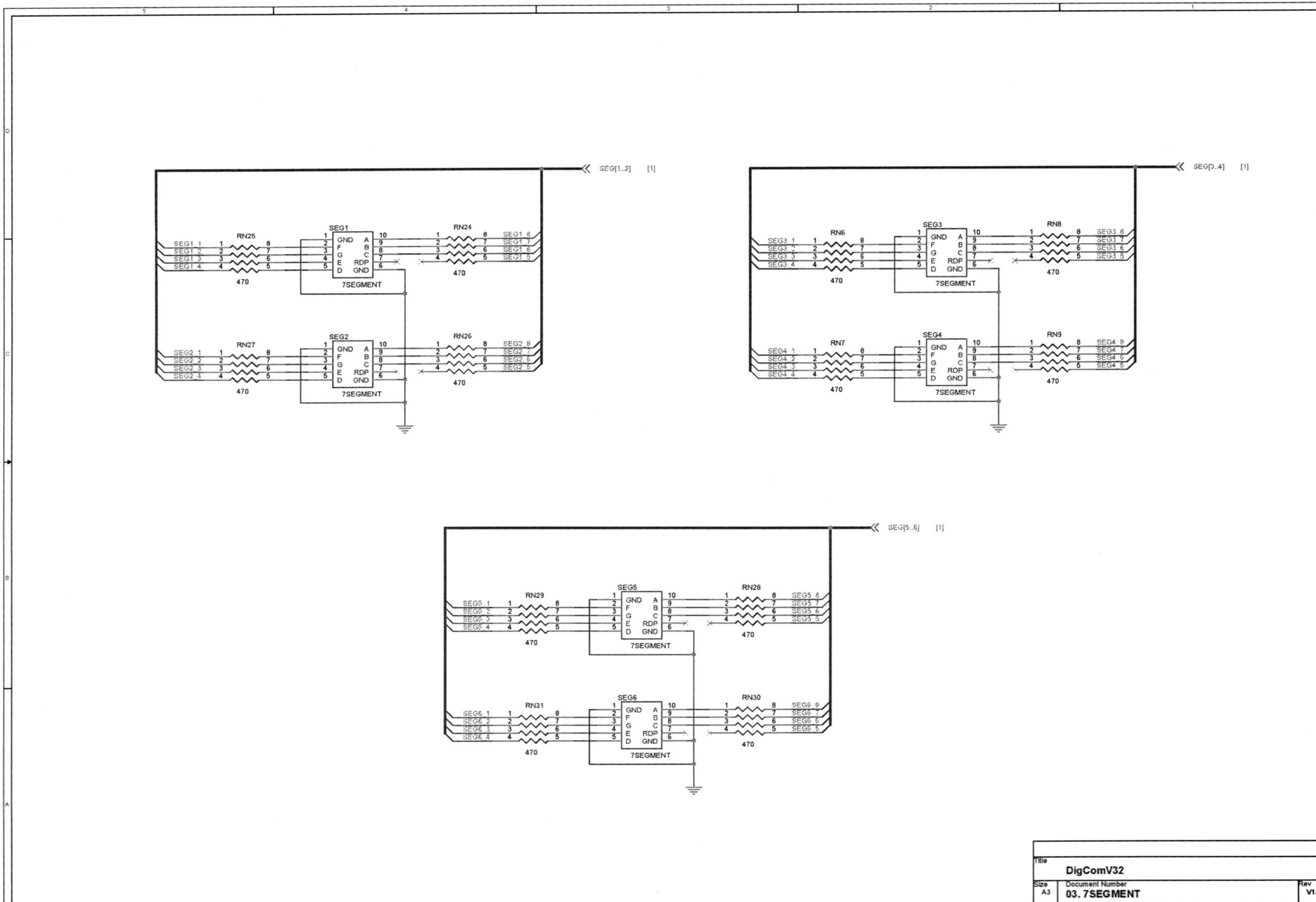

SEG[1..2] [1]
SEG[3..4] [1]
SEG[5..6] [1]
SEG1
SEG2
SEG3
SEG4
SEG5
SEG6
7SEGMENT
GND
A
B
C
D
E
F
G
RDP
RN6
RN7
RN8
RN9
RN24
RN25
RN26
RN27
RN28
RN29
RN30
RN31
470
Title
DigComV32
Size
A3
Document Number
03. 7SEGMENT
Rev
V1.0

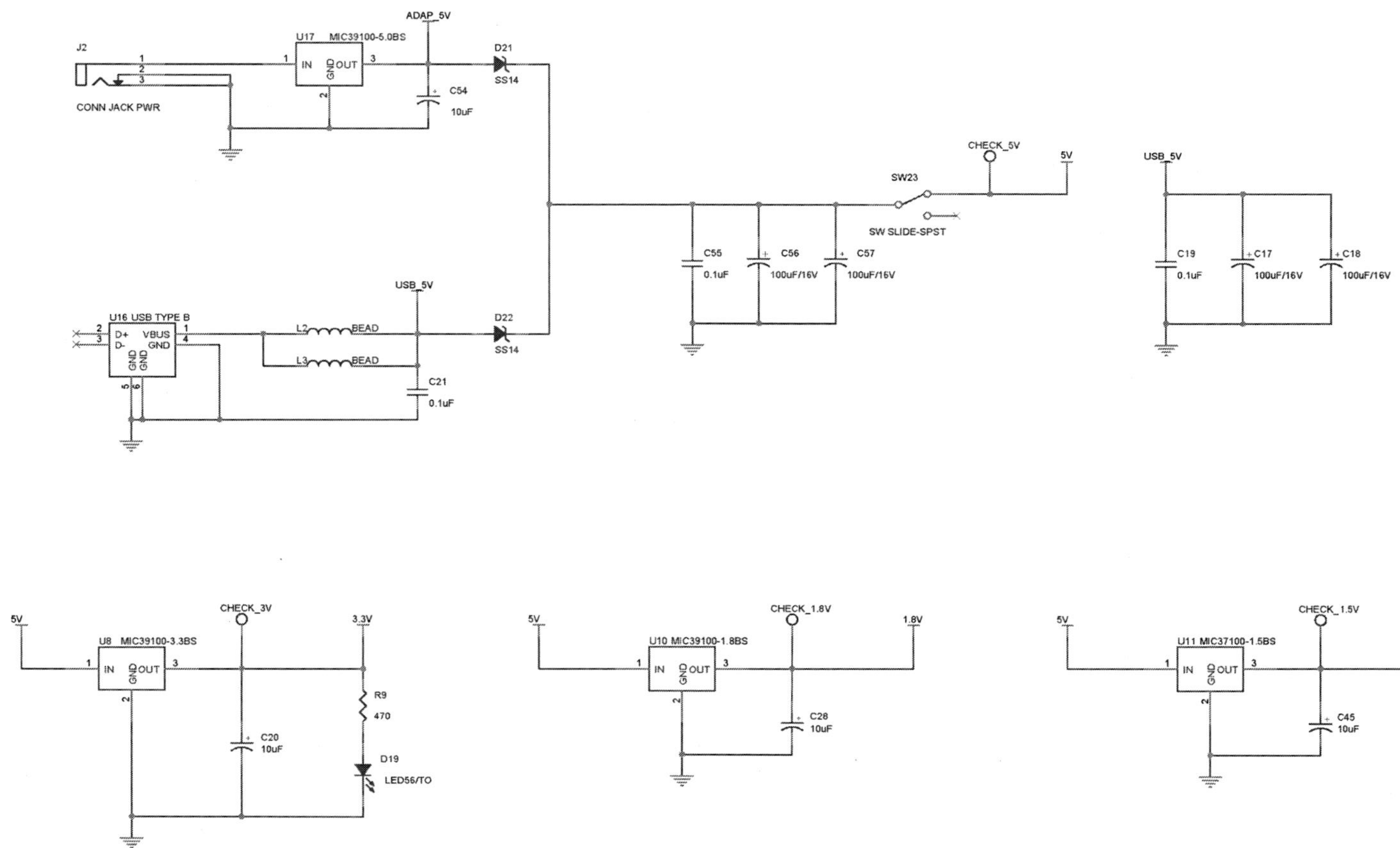

Title	DigComV32		
Size A3	Document Number 04. POWER		Rev V1.0
Date:	Wednesday, January 09, 2013	Sheet 4 of 6	

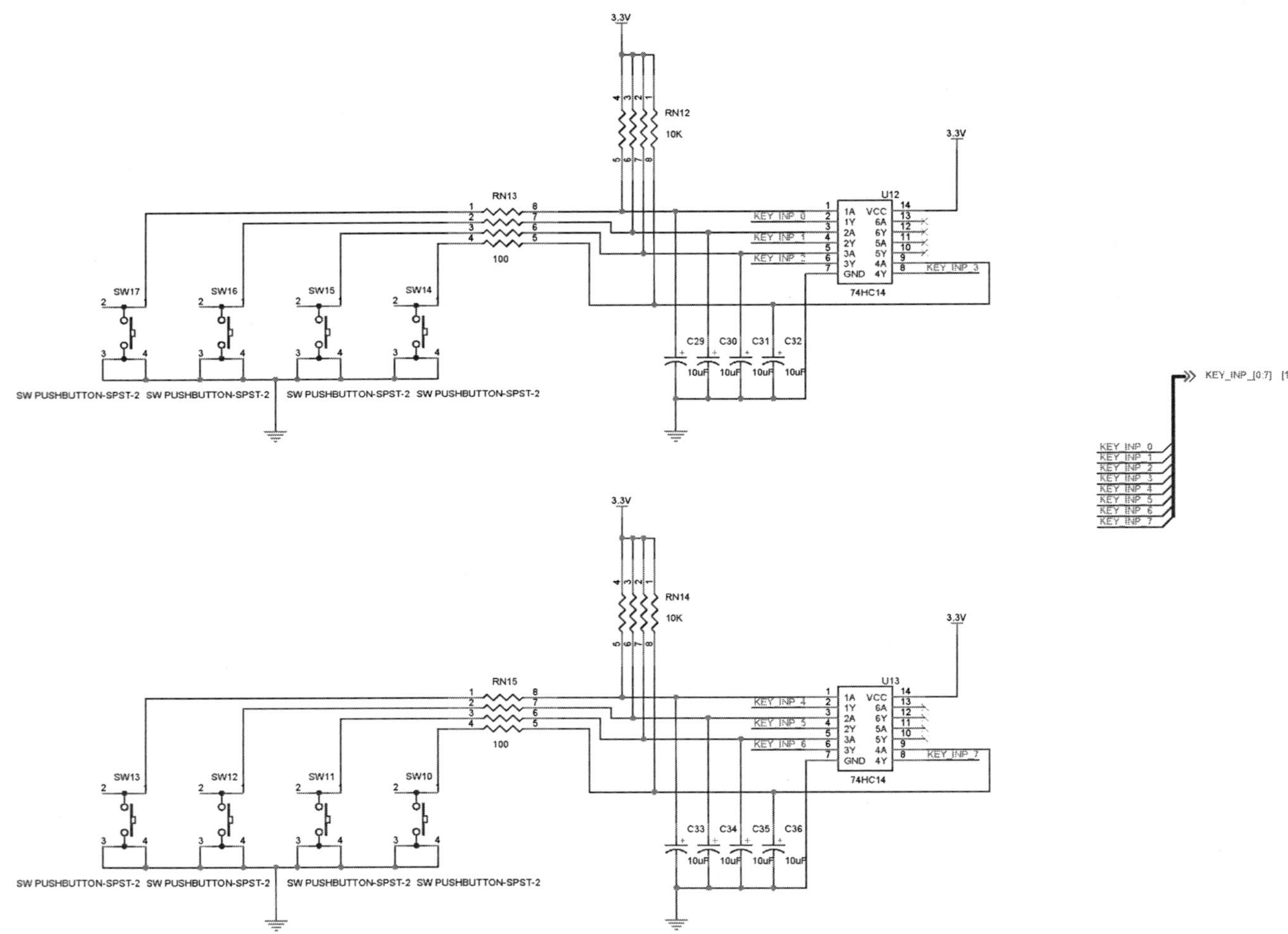

Title	DigComV32	
Size A3	Document Number 05. KEYPAD_1	Rev V1.0
Date:	Wednesday, January 09, 2013	Sheet 5 of 5

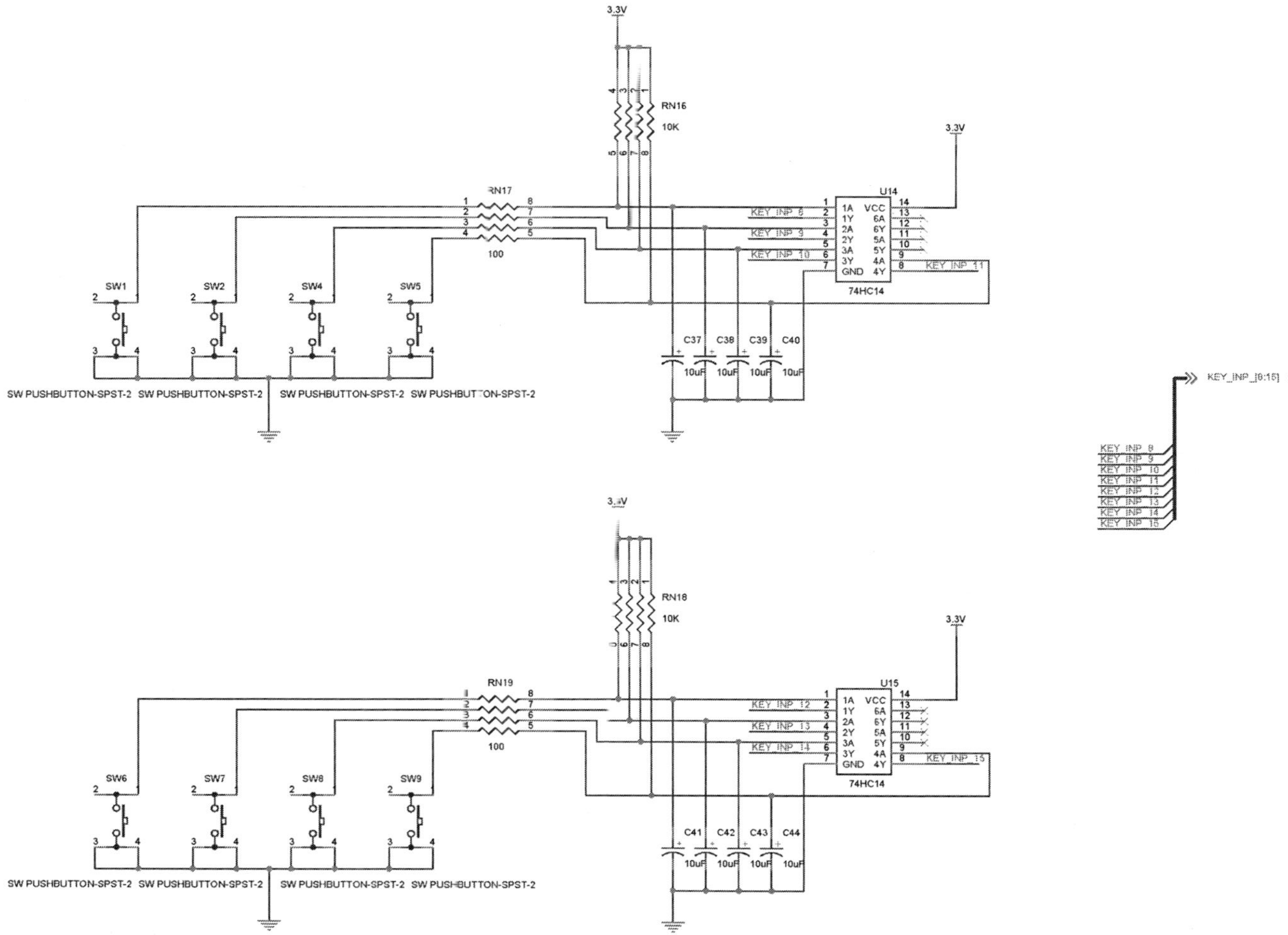

Title	DigComV32	
Size A3	Document Number 06. KEYPAD_2	Rev V1.0
Date:	Wednesday, January 09, 2013	Sheet 6 of 6

• **최창규**
서울과학기술대학교 전기정보공학과 교수
전기재료

• **이영일**
서울과학기술대학교 전기정보공학과 교수
디지털제어, 임베디드시스템

• **최병욱**
서울과학기술대학교 전기정보공학과 교수
임베디드시스템

• **이수영**
서울과학기술대학교 전기정보공학과 교수
로봇공학

• **전태현**
서울과학기술대학교 전기정보공학과 교수
통신시스템

• **류정래**
서울과학기술대학교 전기정보공학과 교수
디지털 모션 제어

• **차혁규**
서울과학기술대학교 전기정보공학과 교수
집적회로설계

본 도서는 2012년도 지식경제부의 재원으로 한국에너지기술평가원(KETEP)의 지원을 받아 수행한 연구 과제(No. 20124010100010)입니다.

정가 19,000원

전기전자기초실험

2013년 2월 18일 초판 인쇄
2013년 2월 28일 초판 발행
공저자 : 최창규 · 이영일 · 최병욱 · 이수영
전태현 · 류정래 · 차혁규
발행자 : 우명찬 · 송 준
발행처 : 홍릉과학출판사
주 소 : 서울시 강북구 인수동 455-60
142-885
등 록 : 1976년 10월 21일 제5-66호
전 화 : (02) 999-2274~5, 903-7037, 996-8341
팩 스 : (02) 905-6729
e-mail: hongpub@hongpub.co.kr
http://www.hongpub.co.kr
ISBN: 978-89-97570-74-4

저자와의 협의하에 인지생략